바이오로보틱스
Biorobotics

-기본설계와 응용-

바이오로보틱스
Biorobotics
-기본설계와 응용-

박성호 지음

평민사

사랑하는 아내와
딸 소영, 사위 경식에게
감사의 마음을 전하며

Preface

We knew it would be ludicrous to try to duplicate anything as
complex and finely evolved as this.
-Devens Gust, Jr-

지구상에서 생명이 탄생된 이래 30억 년 동안 생존을 위해 정교하게 진화된 것을 그것이 무엇이든 모사하려고 시도하는 것은 어리석은 바보짓이라고 했다. 생명체는 그만큼 완벽한 존재로서 이를 모방하여 만드는 것은 너무 어렵다는 의미일 것이기 때문이다.

생명체들은 지구상에 출현된 이래 지금 이 순간까지도 살아남기 위한 최적의 구조로 진화되고 생활방식을 변경하여 환경에 적응하고 살아가고 있다. 이들이 가진 특성들을 비슷하게나마 모방하여 문자 그대로 Bio-inspired robot을 만드는 경우, 발전된 형태의 로봇을 만들 수 있을 것이다. 생명체들이 가진 특성들은 이미 1950년대부터 의학, 약학 분야에서 유용하게 사용되고 있다. 물고기나 새들은 배나 비행기로 재현되었지만 아직까지 다리가 달린 척추동물이나 작은 곤충들은 완벽하게 모사되고 있지 않은 현실이다.

Bio-inspired robot의 경우 미국과 일본을 중심으로 활발하게 관련 연구가 진행되고 있지만 관련된 국제학회에서 국내 연구자들의 논문 발표는 매우 제한적이다. 지난 CES에서 4-족 로봇 Spot은 5분간의 짧은 시연 후 참석자들의 질문은 받지 않고 퇴장하였다. 흔히 그러했듯이 첨단 분야를 연구하는 기관들의 경우 논문발표에 제한을 두고 있으며 연구내용의 공개를 꺼리고 있는 현실이다. Spot은 현재까지 발전된 형태지만 효과적인 로봇이 되기 위해선 아직 해결해야 할 많은 기술들이 산적해 있다. 이를 극복할 수 있는 방법은 동물을 모델로 하여 이를 모사하는 것이다

필자는 Waldron의 제자인 Simon을 지도교수로 4-족 보행로봇 연구를 시작하였고, Univ. of Alabama에서 Dr. Parker, Belbas, Carden,

Youngblood 등의 지도로 관련 연구를 계속하였다. 특히 Alabama대학에서 공부할 때 Dr. Wilson의 지도를 받았는데, 그가 보유하고 있던 엄청난 분량의 생물학 관련 자료들은 척추동물의 구조 및 걸음새 연구에 큰 도움이 되었다.

　본서의 5, 6장의 경우는 Illinois대 재학 시 수강한 Dr. Souza의 강의 내용을 참고하였으며 이는 로봇공학의 가장 기본인 정운동학과 역운동학을 다루었다. 4장에 포함된 내용은 Sukhanov의 연구내용을 참고하여 개략적으로 설명하였으며 이를 근거로 걸음새들을 표현할 수 있다.

　생물학을 모방한 Bio-inspired robot은 미래의 먹거리가 될 것이다. 여기에 관심이 있는 후학들에게 도움이 될 수 있기를 기대하면서 본서를 준비하였으며 이를 통해서 연구에서의 시행착오를 줄일 수 있기를 바란다. 그리고 본서의 내용 이해를 돕기 위한 연습문제가 필요하거나 또는 본서의 내용이나 관련 연구의 방향을 결정하는 데 도움이 필요하다면 기꺼이 도울 것이다. (shpark@dyu.ac.kr) (ttown@daum.net)

　마지막으로 책자에 포함된 관련 내용들을 연구하여 논문에 자세히 설명한 연구자들에게 감사의 말씀을 드리며 아울러서 인터넷에 발표된 robot 제조회사들에 깊은 감사의 말씀을 드린다. 본서를 출판하는데 수고해주신 평민사 여러분들에게 깊은 감사의 말씀을 드린다.

　저자 박성호

[차례]

바이오 로봇

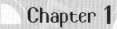

레오나르도 다빈치에 의해서 하늘을 나는 새들은 비행기로 구현되었고, 물고기를 모방한 배나 잠수함은 우리 삶에 유용하게 사용되고 있다. 하지만 다리가 달린 곤충이나 척추동물들은 아직도 기계적으로 완전하게 모방되어 우리의 생활에 사용되고 있지 않다.

최근 기계, 전자, 컴퓨터 등 공학 발달에 힘입어 로봇공학은 비약적으로 발전하고 있다. 80년대부터 생산라인에 투입된 로봇은 사람의 역할을 대신하고 있으며 나아가서 사람의 손보다 더 정확한 역할을 하며 제품의 품질향상에 크게 기여하고 있다.

하지만 기존의 로봇들은 고정된 위치에서 주어진 기능을 반복하여 수행하는 역할만을 한다. 로봇이 스스로 움직이며 다양한 기능을 수행하기 위해서는 바퀴나 다리가 장착되어 움직여야 하며 움직이는 동안에 넘어지지 않아야 한다. 이를 위해서는 다리가 6개, 또는 8개 달린 곤충이나 다리가 4개 달린 척추동물의 구조 및 보행특성을 로봇설계에 적용할 수 있다.

미국과 일본 등은 70년대부터 보행로봇에 관한 연구를 시작하였으며 지금까지 연구결과들을 활발하게 발표하고 있다. 특히 관련 conference를 활발하게 진행하고 있으나 국내 연구자들의 발표논문은 거의 없는 실정이다. 본 장에서는 보행로봇의 개발역사와 각국에서 진행되고 있는 현황을 검토하고 아울러서 제작된 모델들을 간단히 소개한다.

§ 1.1 개론

생명체들은 태양에너지를 흡수하여 스스로 살아가는 방법을 터득하였다. 그들은 지구상에서 화석연료를 고갈시키지 않고 생활한다. 자연의 활동들은 놀랄만한 것들이다.

특히 동물들은 걷고, 달리고, 그리고 어떠한 다리가 달린 로봇들보다도 더 우아하고 발전된 형태로 보행한다. 발전된 공학기술들이 이러한 로봇 구현에 적용된다면 동물과 같이 지능을 가진 보행로봇의 출현이 가능해질 것이다.[1] 최근 로봇연구자들은 발전된 생물학의 연구결과들에 관심을 가지고 Biomimicry라는 용어까지 만들게 되었다.

동물들은 변하는 주위의 환경에 적응하는 타고난 능력이 있으므로 울퉁불퉁한 또는 경사진 지면에서 어렵지 않게 보행한다. 동물들은 끊임없이 주위 환경에 적응하도록 몸의 구조를 변경하고 생활패턴을 바꾸어 왔다. 이것이 그들을 지구상에서 사라지지 않게 한 원인이며 이는 적자생존 (fittest survival)을 위한 방법이다. 자연은 우리 인간들보다 더 영리하며 그들은 사는 동안 터득한 유전인자들을 다음 세대에 내려 보낸다.[2][3] 동물들의 몸체구조, 보행 및 제어방식 등은 계속 발전해 왔으며 지금도 발전을 계속하고 있다.

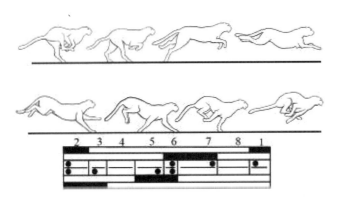

Figure 1.1.1 Fast galloping in the lateral-straight sequence. After Hildebrand(1961)
Gallop of Cheetah at a speed of 50km/h and its gait diagram[4]

Newcastle이 1657년에 사용한 걸음새의 개념은 지금과는 차이가 있지만, 말의 걸음새를 5가지로 정의하였으며 연구를 위한 중요한 단서를 제공하였다.[5] 18세기 후반 걸음새를 처음으로 표현하는 방법이 제안되었다.

생물학에서 동물의 걸음새 연구가 획기적으로 발전하게 된 동기는 동물들의 운동을 효과적으로 기록할 수 있는 사진기술의 발달에 기인한다. Herschel이 1839년에 처음으로 카메라를 만들었으며 이를 이용하여 동물들의 움직임 기록이 가능하게 되었으며 드디어 보행에 관한 연구가 획기적으로 발전하게 되었다.

Marley와 Muybridge는 발전된 카메라를 이용하여 여러 종류의 걸음새 패턴을 발표하였으며 그들의 저서 안에는 "*Animal locomotion*"(1657), "*La machine animale: Locomotion terrestre et aerienne*"(1658) and "*Le movement*"(1894) 등의 내용이 담겨있었다.[3]

마찬가지로 그들이 저술한 책자 안에는 그 시대 말 연구자들, 즉 hippologists들의 귀중한 연구내용들이 포함되어 있다. Fig 1.1.1에 나타난 그림과 같이, Hildebrand는 척추동물들의 걸음새에 관한 많은 연구를 수행하였다. Chap. 3에서 이와 관련한 내용이 다루어질 것이다.

사람들은 사람과 같은 형태의 인조인간(Humanoid) 등장을 생각하였다. 1921년 체코의 Caren Capek의 풍자극에서 처음으로 로봇이라는 용어가 사용되었다. 작품 속에서의 로봇은 사람의 명령에 순종하는 노예와 같은 역할로 묘사되었다.

그 당시 과학 수준에서 로봇의 출현은 인간을 노예로 만들 수 있다는 두려움에 로봇이 지켜야 할 3대 원칙을 만들었다. 소설이나 영화 속에서는 사람과 같이 생각하고 행동하는 로봇이었지만 실제로 이러한 로봇을 만들기에는 아직 과학 발전이 뒷받침되지 못하였다. 중세 이래 로봇과 비슷한 움직이는 모델들이 제작되었지만 거의 제한적으로 움직이는 장난감과 같은 것으로 현대적 개념의 로봇과는 거리가 멀었다.

로봇이 처음으로 제조현장에 사용된 것은 Ford 자동차 조립라인이었으며 그 후 로봇은 용접, 페인트, 조립 등 반복되는 작업을 사람 대신 수행하였다. 하지만 사람들이 생각하는 로봇에게 요구되는 다양한 기능들을 수행할 수 있는 이동 로봇의 필요성을 느끼게 되었다. 70년대 말 로봇공학자들은 기존의 제한된 로봇분야를 발전시킬 수 있는 내용들을 찾게 되었다.

생물학의 경우 척추동물의 구조, 걸음새, 보행특성, 에너지 소비 등의 연구가 상당히 발전된 수준이었던바 이들을 로봇연구에 적용하기 시작하였다. 특히 기존의 생물학적 방식에서 발전된 형태로 걸음새를 수학적 방식으로 표현하는 방법을 사용하기 시작하였다.

공학과 생물학의 융합을 통하여 두 부분이 서로 부족한 내용을 보완하기 시작하였다. 특히 유럽 등에서 생물학에 기반을 둔 공학 논문들이 활발하게 발표되었으며 특히 국제 conference에서 이러한 내용들이 소개되고 있다.

동물, 곤충과 같이 움직이는 생명체들을 모방한 바이오로봇에 관심을 갖게 되었으며 이러한 관심은 전적으로 공학의 발전에 의해서 가능하게 되었다. 따라서 다양한 기능을 스스로 수행할 수 있는 지능형 로봇의 출현을 기대할 수 있게 되었다.

지능형 로봇:

외부환경을 인식하고 상황을 판단하여 스스로 움직이며 원하는 작업을 수행하는 로봇.

현대의 로봇공학은 이와 같은 수준까지의 발전을 요구하고 있다. 우주 및 해양탐사, 건설, 의료, 국방 등 다양한 분야에서 새로운 서비스를 창출하는 발전된 형태의 로봇 개념으로 발전하고 있다. 특히 IT 기반의 발전된 기술들이 로봇공학에 적용됨으로 새로운 혁신적 전기를 맞이하고 있다.

지금까지 제작되어 사용되고 있는 로봇과 본서에서 다루는 보행로봇의 가장 큰 차이점은 고정되었는가 또는 움직이는가의 차이다. 따라서 로봇이 다음과 같은 최소한의 기능을 가지고 있는 경우에만 보행로봇으로 정의된다.

보행 로봇

1) 최소한 2개 이상의 다리를 장착할 것.
2) 최소한 주위의 상황을 인지할 것.

3) 스스로 안정도를 유지하며 움직일 것.

4) 주어진 명령을 안정적으로 수행할 것.

이러한 기능을 충분히 수행하는 것은 자연계에 존재하는 동물이나 곤충의 경우이다. 지금까지 많은 보행로봇의 모델들이 개발되었지만 아직은 완전한 단계의 수준이 아닌 것이 현실이다. 위의 조건들을 만족시키는 보행로봇이 개발되기 위해서는 동물들이 가지고 있는 여러 가지 감각기능을 대신하는 발달된 형태의 센서들이 선행적으로 개발되어야 한다.

여러 분야에서 다양한 센서들이 사용되고 있지만 그 역할은 제한적이다. 위에서 정의된 보행로봇의 기능이 충분히 발휘되기 위해서 요구되는 수준의 센서들은 아직도 개발 초기단계이다. 보행로봇에 관한 연구결과들이 발표되고 있지만 아직 기술적으로 해결해야 할 과제들이 남아 있다. 하지만 충분한 연구가 성공적으로 이루어지는 경우 보행로봇은 엄청난 파급효과를 가져올 것이다.

바이오로봇

동물이나 곤충과 같은 생명체들의 구조와 움직임 특성들을 모방한 기계적 로봇을 의미하며 이들과 같이 외부환경을 인식하고 상황을 판단하며 원하는 작업을 수행하는 로봇.

최소한의 지능을 가진 바이오로봇을 만들기 위해서는 많은 연구가 선행되어야 한다. 하지만 그동안 발전된 생물학의 연구결과들과 발전된 최근의 공학기술은 바이오로봇의 재현에 큰 역할을 할 것으로 기대된다.

§ 1.2 장점

접근성(accessibility)

자동차나 기차는 사람들이 미리 만들어 놓은 도로나 레일 위에서 이동하지만 보행로봇은 이러한 제약을 뛰어넘는다. 자동차가 만들어지기 전의 자동차 역할을 대신하던 말들은 산과 같이 높낮이가 불균형한 지형에서도 쉽게 이동할 수 있었다. 우리가 원하는 보행로봇은 Fig 1.2.1에서와 같이 험한 지형에서도 이동이 가능하다.

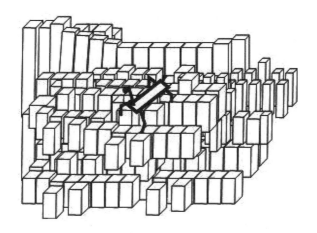

Figure 1.2.1 Quadrupedal locomotion on the uneven terrain

마찬가지로 모래사장과 같이 지면이 단단하지 않고 무른 표면에서의 경우에도 보행이 가능하다. 자동차와 같은 구동시스템의 경우 방향을 바꾸기 위해서는 넓은 회전 반경이 요구되지만 보행시스템은 좁은 공간에서도 방향을 바꿀 수 있다.

에너지 효율(energy efficiency)

자동차나 기차는 바퀴로 움직이며 움직이는 동안 바퀴는 지면과 연속적으로 접촉을 유지한다. 접촉하는 동안 계속 마찰이 발생하며 에너지를 소모하게 된다.

보행로봇의 경우에 다리는 착지해야 할 지면의 어느 점들을 불연속적으로 선택하게 된다. 따라서 에너지소모는 최소화된다. 구동시스템의 경우에 바퀴는 전체 하중을 지지하며 지면의 높낮이 그대로 하중을 올렸다 내렸다를 반복하여 에너지를 소비하게 된다. 이러한 에너지는 필요 없는 에너지다.

안락감(comfort)

자동차와 같은 구동시스템이 울퉁불퉁한 불규칙적인 길을 갈 때 자동차에 탄 사람 역시 지면 높이대로 상하로 움직인다. 하지만 말을 탄 경우 말은 스스로 높낮이를 조절하여 보행한다.

말의 등에 탄 사람은 지면의 높이대로 움직일 필요가 없게 된다. 말이 스스로 4개의 다리의 높이를 적절히 조절하므로 불규칙적인 진동이 최소화된다. 따라서 안락감이 보장된다. 마찬가지로 경사면을 오르거나 내려갈 때, 또는 피해야 할 지면의 경우에도 같은 역할을 하며 이는 자동차가 할 수 없는 기능이다.

안정도(stability)

보행로봇에서 항상 몇 개의 다리가 지면과 접촉하여 지지상을 이루고 있으며 이는 정역학적 안정을 이루고 있다. 안정도 유지를 위한 최소 다리의 개수는 4개이며 다리 개수가 많을수록 안정도 유지에는 유리하지만 보행속도와 충돌한다.

안정도 유지는 그동안 보행로봇 연구의 걸림돌이었다. 이를 극복하기 위해 6개 또는 8개의 다리를 장착한 모델들이 제시되었지만 이들의 경우는 제어 상 문제를 제시하였다. 하지만 최근 Boston Dynamics 제품과 같은 4-족 모델의 경우 이러한 문제점들을 해결하였다.

응용성(application)

어느 주어진 조건에서 요구되는 임무를 수행하기 위한 로봇이 필요한 경우 기존의 로봇을 변형하여 만들 수 있다. 하지만 적절한 기능을 가진 자연계에 존재하는 생명체를 모방하는 경우에도 도움이 된다. 다음 장에서 언급되는 생체모방의 경우가 그 모델이 될 것이다.

대부분의 일반적인 포유류들의 경우 지상에서 활동한다. 크기가 작은 곤충들은 날거나 나무 위에서 활동하며 어느 경우에는 땅강아지(mole cricket)와 같이 지표면 아래에 굴을 파고 이동하며 생활한다. 즉 주어진 환경에 따라 적절한 생명체들이 바이오 모델로 응용될 수 있다. 자연계에 존재하는 많은 생명체들은 가까운 장래에 모사될 수 있는 바이오로봇의 후보자들이다. 본서에서 다루는 4-족 보행로봇의 경우 이외에 생명체들이 가진 특성들이 다양한 분야에서 유용한 인간 삶을 위하여 응용할 수 있다.

§ 1.3 생체모방

생물학에서 생명체의 공통조상(last universal common ancestor, LUCA)으로 알려진 박테리아가 처음으로 지구상에 출현한 것은 대략 35억 년 전으로 알려져 있다. 그 후 오랜 기간을 거쳐서 다양한 생명체들이 출현하게 되었으며 일부의 생명체들은 어떤 이유로 지구상에서 사라져, 다시 말하면 환경에 적응하지 못하고 도태되어 지금은 화석으로만 남아있게 되었다.

육지, 바다 또는 지상에서 살면서 생존을 위한 수많은 시행착오를 거치며 얻어진 지식을 바탕으로 자신의 독특한 특성들로 발전시켜 왔다. 이러한 특성들은 매우 오랫동안 쌓여진 것으로 감히 인간들이 모방할 수 없는 내용들이다. 다만 사람들은 이러한 내용들의 일부만 피상적으로 추측할 따름이다. 염기성 서열을 분석할 수는 있지만 이것을 만들 수는 없다.

마찬가지로 가장 하등동물이라도 실험실에서는 만들 수 없다. 현대를 과학이 발달된 최첨단의 시대라고 말하지만 너무나 큰 착각이다. 생명체들이 가진 특성들과 현대과학을 비교하면 그 거리가 보이지 않을 정도로 먼 거리가 존재한다. 따라서 과학은 먼 거리에 희미하게 보일 듯 말 듯한 자연과의 거리를 조금이라도 좁히는 과정이라고 할 수 있을 것이다.

1610년에 완성되었으며 유네스코 세계기록유산으로 등재된 『동의보감』에는 수많은 동식물들이 약재로 기록되어있다. 마찬가지로 브라질 원주민들의 주술사들은 동식물을 약재로 사용하고 있으며 이러한 내용들은 세계적 제약회사들이 신약을 개발하는 단서를 제공하여 주었다.

Benyus : 1997년 Janine M. Benyus는 생체모방이라는 용어를 제안하였으며 그의 저서 *Biomimicry*에서 생체모방에 관한 다양한 내용들을 수록하였다. 그는 웹사이트[6]를 운영하고 있으며 그 기관이 취급하는 내용

을 보면 생체모방의 범위를 이해할 수 있으며 다음의 내용을 포함하고 있
다.

"Organizations that promotes the study and imitation of
nature's remarkably efficient designs, bringing together
scientists, engineers, architectures and inventors who can use
those models to create sustainable technologies."

그의 기관은 초등학생부터 전문가에 이르기까지 수준별로 다양한 교육
프로그램을 운영하고 있다. Benyus는 TED에 출연하여 생체모방에 관한
18분 강의를 하였다. 바다 속에 사는 전복은 단백질을 합성하고 서로 다
른 방향으로 여러 겹으로 겹쳐서 단단한 외피를 만드는 등 자연계에 존재
하는 생물체들이 가진 놀라운 사실들을 사진과 함께 설명하였다. 그가 운
영하는 교육 프로그램들은 어린아이들이 어려서부터 자연과 친근해지고
아울러서 자연을 사랑하는 기회를 제공하는데 큰 도움이 될 것이다.

Figure1.3.1 Biomimicry3.8과 관련이 있는 기업[6]

Benyus가 운영하는 Biomimicry3.8은 25여 국가들의 250개 이상의 세

계적 기업들과 생체모방에 관한 프로젝트를 수행하고 있으며 이와 관련된 교육을 하고 있다. AI, MetaBus 등과 같이 향후 다음 세대를 이끌어갈 사항들이 생체모방에 있다는 것을 기업들이 인식하고 이에 대한 관심을 기울이고 있다는 확실한 증거이다.

TV 시리즈 <CSI>에서는 **DNA**를 분석하여 개인의 신상을 파악하거나 범인을 찾아낸다. 또는 한국전쟁 당시 전사한 군인의 유해에 남겨진 DNA를 분석하여 신분을 밝혀내기도 한다. 1997년에는 독일의 뮌헨대 연구팀은 네안데르탈인의 뼈를 이용하여 유전자 염기서열을 발표하였다. 유전공학의 발달은 이미 지구상에서 사라진 시조새나 공룡을 복원하는 일이 불가능한 일은 아닐 수도 있을 것이다.

Intel의 공동창업자 **Moore**가 반도체의 집적도가 18개월마다 2배로 증가한다는 Moore의 법칙을 1965년에 발표하였다. 하지만 2002년 **ISSCC**에서 삼성전자의 황창규 사장은 집적도가 1년에 2배로 증가한다고 발표하였으며 이를 '황의 법칙'이라고 하였다. 반도체를 다루는 전자공학의 경우는 최근에 발전을 이루는 학문이지만 생물학은 오랜 역사를 가지고 있으며 큰 발전을 이룩한 학문이다. 하지만 최근 생물학의 발전속도는 놀랄만하다. 최근의 생물학 발전속도는 5년마다 지금까지 쌓여진 학문의 2배로 증가하고 있다고 한다.

1995년 Bower와 Christensen은 Harvard Business Review의 기고에서 향후 미래의 국가 경쟁력을 결정하는 기술들을 **Disruptive Technology**라고 처음으로 정의하였다. 한국생물공학회에서는 이 용어를 와해성 기술로 번역하여 사용하고 있다. 미국의 National Intelligence Council (NIC)는 이와 관련한 보고서 "Disruptive Civil Technologies – Six Technologies with Potential Impacts on US Interests out to 2025"를 발표하였다. 2025년까지 미국의 국익에 결정적 영향을 미치는 6개의 기술이라고 표현할 수 있으며 여기에는

    1) Biogerontechnology,
    2) Energy Storage Materials,
    3) Biofuels and Bio-based Chemicals,

4) Clean Coal Technology,

5) Service Robotics,

6) Internet of Things

이러한 기술들은 그 내용을 현재의 기술로 예측하기가 매우 어려운 특징을 가지고 있다. 마찬가지로 성공적 개발에 의한 그 파급 효과는 너무나 엄청나서 국가의 경쟁력을 좌우할 수 있다는 것이다. 1)의 노인복지기술, 2)의 에너지 저장물질, 3)의 바이오 연료 및 바이오 화학물질의 내용이 생물학과 관련된 과제이다.

인간의 수명이 연장되고 고령화 사회에 진입한 시대에 바이오 기술을 적용하여 의학의 발전 및 복지 기술은 새로운 산업으로 발전할 것이다. 생물이 사용하고 있는 광합성에 의한 에너지 생산 능력 등 바이오 시스템의 에너지 저장기능 및 이제까지 부분적으로만 사용하던 바이오 연료의 개발은 새로운 미래의 산업이 될 것이다.

인간이 사용하던 원유의 생산능력은 2025년을 기점으로 감소할 것으로 예상되므로 바이오 에너지와 같은 대체에너지의 개발이 시급한 실정이다. 이러한 절박성 때문에 미국의 NIC는 바이오 에너지의 개발을 Disruptive Technology의 한 항목으로 추가하였다.

바다 속에 살고 있는 작은 물고기들은 자신보다 작은 플랑크톤을 먹고 산다. 마찬가지로 육지에 사는 동물들은 자신보다 작은 동물이나 식물들을 먹고 산다. 오랜 기간 동안 먹이사슬을 이루면서 생존을 유지하여 왔다. 하지만 인간들과는 달리 그들이 사는 환경을 파괴하지 않고 지금까지 살아왔으며 앞으로도 인간의 방해가 없으면 계속 그들의 삶을 살아갈 것이다. 물론 그들이 지구상에 출현한 이래 지금까지 생존을 유지하고 있는 가장 큰 이유는 생존을 위한 그들만의 비밀이 있기 때문이다. 이 비밀이 생체모방의 대상이 된다.

바벨탑을 쌓은 인간의 교만이 자연계에도 적용된다. 사람들은 지금까지 자신들을 만물의 영장이라 표현하며 생물체들에 대하여 우월감을 가지고 있었다. 하지만 결론적으로 사람들은 자연이 이루는 것들을 만들 수 없다. 다만 자연이 가지고 있는 비밀의 극히 일부분을 유추할 뿐이다.

아무리 과학이 발달된 시대라고 할지라도 나뭇잎이 태양빛과 공기를 이용하여 만드는 **광합성작용**을 실험실에서 재현한 경우는 없다. 이것이 가능하면 태양이 지구에 공급하는 햇빛만으로도 충분히 에너지 부족 문제를 해결할 수 있을 것이다. 어떤 미생물들은 태양빛 대신 심해의 화산 분화구로부터 나오는 황화합물 등의 무기화합물의 에너지를 ATP로 전환하는 **화학무기영양**(Chemolithotrophy)을 수행하여 살아가며 결국 심해 먹이사슬의 맨 밑바닥을 차지하며 생태계의 가장 중요한 역할을 감당한다. 모든 생명체들은 이렇게 놀랄만한 비밀들을 가지고 있지만 우리는 이러한 비밀을 재현할 능력이 아직은 허락되지 않고 있다.

§ 1.4 생물학과 공학의 관계

1990년에 미국과학재단(National Science Foundation)은 'Biocontrol by Neural Network'라는 제목으로 workshop을 개최하였으며 이 자리에 참석한 공학자들은 생물학에서 다루는 분자, 유기체, 신경 등에 관하여 큰 관심을 가졌으며 마찬가지로 생물학자들은 공학에서 다루는 제어 메커니즘 등에 관하여 관심을 가지고 있다는 사실을 발견하였다.

이러한 요구에 부응하기 위하여 NSF는 3년 후 1993년에 BAC (Biosystems Analysis and Control) 연구회를 발족하게 되었으며 매년 workshop을 개최하였다.[7] 생물학과 공학 등 학계와 산업계의 학자들이 서로 연구분야를 발표하고 공유하여 분자생물학에서 생태학까지를 포함하여, 생물학을 다양한 분야에 응용하기 위한 토론의 기회를 가졌다. BAC는 NSF가 후원하며 생물학(biological)과 사람이 만든(artificial) 시스템 (man-made system) 상호 간에 서로 도움이 될 수 있는 모델링, 해석 및 제어를 위한 새로운 접근방법을 발달시킬 목적으로 개최되었다.

BAC
BAC의 이종 상호교류의 목적은 생체시스템이 어떻게 센서의 신호를 해석하는가, 생리적 과정을 제어하는가, 생체처리를 감시하고 제어하는가의 이해의 폭을 넓혀서 복잡한 동역학적 시스템을 분석하고 제어하는 획기적인 기술을 개발하는데 있다. 서로 다른 전공을 가진 다양한 참여자들이 이틀 동안 관심분야에 대해서 깊이 있게 토론하였으며 새로 관심이 집중되는 분야에서의 공동연구 가능성을 서로 협의하는 귀중한 시간을 가졌으며 마지막 3일째에는 향후 연구 가능한 목록들을 다음과 같이 제안되었다.

1. 생물체를 분석하고 특성화 하는 혁신적인 동역학적 system modeling 기술.
2. 생물체로부터 얻은 정보를 새로운 시스템 및 제어공학 발전에 적용.
3. 자연계 생물체의 기능을 공학에서 사용하는 제어방식으로 해석하는 방법.
4. 생물학적 모형을 근거로 한 새로운 공학의 적응제어 기법의 개발.
5. 생물학적 영향을 받은 제어전략을 생물학적 또는 비생물학적 시스템응용.
6. 향후 척추동물의 모델이 될 수 있는 혁신적 인공 신경네트워크의 개발.
7. 신경시스템에서 얻은 정보에 근거한 표현, 적응, 인식의 불확실성 모델 개발.

NSF가 지원하며 BAC가 진행 중인 공동연구의 연구과제들은 다음과 같으며, 이러한 과제들은 짧은 기간 내에 큰 발전의 업적을 이룩하였다. 전제의 내용 중 로봇공학과 관련된 사항들은 아래와 같다.

1. Perpetual and Motor Control Mechanisms in Visual Tracking.
2. Cooperation and Coordination of Two Arms in Biological and Robotic System.
3. Neural Network Control of Oscillatory Movements of Multi-segmented Musculoskeletal Systems.
4. Adaptive Control of Pheromone-Guided Locomotion.
5. Design and Control of Electromagnetic Orthotic Actuators Which Behave as Hill's Model of Human Muscles Predicts.
6. Development of a Biologically Motivated Model for Adaptive, Multi-input Multi-output Control of Human Balance.
7. Sensory Feedback and Control of Legged Locomotion: Biological Simulation And Robot Implementation.

8. Analysis of Insect Flight Dynamics.

위에서 제안된 사항들은 동물들이 가진 특성들을 로봇공학에 적용하기 위한 내용들이다. 하지만 이러한 과제들은 초창기에 제안된 상태에서 많은 발전이 아직 이룩되지 못했다. BAC에서 토의된 내용을 바탕으로 여러 제안들이 논의되었다. 신경생물학(Neurobiology)과 공학(Engineering)을 결합한 새로운 형태의 분야를 Neuroscience로 명명하였다

Cybernetics라는 용어는 Wiener가 처음 사용하였으며 후에 환경에 적응 또는 조회에 대하여 반응하는 지능을 가지는 기계를 의미하는 Artificial Intelligence라는 용어로 발전되었으며 McCarthy가 사용하였다. Biocybernetics라는 말은 생물시스템(biological system) 또는 생물학적 영향을 받은 시스템(biologically inspired system)이 지능을 사용하는 것을 말하며 computational mechanism이라고 말한다. 다이빙, 윈드서핑, 자전거타기와 같은 복잡한 운동을 하는 인간의 능력은 Biocybernetics 행위의 한 예라고 말할 수 있으며 다음의 분야를 포함할 수 있다.
이종교류를 목적으로 한 workshop은 매우 중요한 의미와 방향을 제시하였다. 학문의 영역들이 지정되어 각각의 제한된 분야만 교육하던 최근의 현실을 넘어선 혁신적인 내용들이었으며 예상을 넘어선 놀랄만한 결과를 가져왔다. 위의 두 그림에서 언급된 용어들은 사실 공학이나 생물학에서 연구자들이 그 필요성을 공감하였던 사항들이었다. 나아가서 학문의 경계를 넘어서 새로운 분야들을 제시하는 선구자적 역할을 하였다.

Biomimetric Millisystems Lab
캘리포니아 Berkley 대학의 생체모방로봇 연구소이며 로봇의 능력을 극대화하기 위한 animal manipulator, locomotion, sensing, actuation, mechanics, dynamics, 제어전략 등을 연구하는 기관이다. 생체의 특성들을 로봇에 적용하여 자동화된 로봇제작을 목적으로 한다. 이를 위하여 생물학자들과 협업을 하고 있으며 최근의 연구과제는 어떠한 지면에서도 움직임이 가능한 보행로봇 등이다. 최근 연구 테마는 다음과 같다.

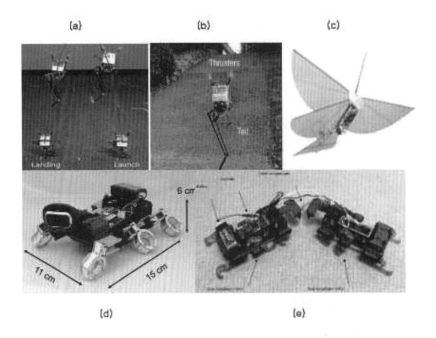

Figure 1.4.1 Biomodel at University of California, Berkley
[University of California, Berkley, Biomimietric Millisystems Lab]

1. Precision Robotic Leaping and Landing Using Stance-phase Balance (May 2020) IEEE Robotics and Automation Letters, 2020, (Fig 1.4.1 (a))

2. Drift-Free Roll and Pitch Estimation for High-Acceleration Hopping (May 2019) (Fig 1.4.1 (b))

3. Ornithopter Free Flight Compared to Wind Tunnel Data (June 2014) (Fig 1.4.1 (c))

4. OpenRoACH: A Durable Open-Source Hexapedal Platform with Onboard Robot (ROS) (May 2019). (ICRA 2019) (Fig 1.4.1 (d))

5. High-rate turning using dual VelociRoACHes (IEEE ICRA May 2017) (Fig 1.4.1 (e))

6. Steering of an Underactuated Legged Robot through Terrain Contact with an Active Tail (Oct. 2018)

7. Self-Engaging Spined Gripper with Dynamic Penetration and Release for

Steep (ICRA 2018) and video

Berkley 대학의 생체모방 연구는 오랜 전통을 가지고 있다. 과거 곤충과 같은 소형로봇들을 제작하여 사막지역에서 횡단실험을 수행한 적이 있다. 이러한 오랜 전통들이 **Biomimietric Millisystems Lab**에 의해서 이어지고 있다. Fig 1.4.1 (a)의 경우는 보폭을 조절하면서 안정도를 유지하기 위한 방법 등을 제시하였으며 보행로봇을 움직이는 경우에 이에 포함된 관련 변수들을 조절하여 최적의 값을 제시하였다. 이를 적용하여 동역학적 보행을 위한 방법 등이 제시될 수 있으며 마찬가지로 그 응용성이 광범위하다.

Fig 1.4.1 (c)의 경우는 wind tunnel 내에서 풍동시험을 위한 나비 등의 날개를 나타낸다. 날개를 모방하여 모델을 제작하는 경우가 여러 번 있었다. Fig 1.4.1 (d)의 경우는 바퀴벌레를 모방한 6-족 보행로봇을 나타낸다. 각각의 모델들은 소형이며 turning 등 보행로봇이 보행을 위해서 해결해야 할 내용들을 다루었다.

PAS

Poland의 Warszawa에 위치한 Polish Academy of Science에서 Nalecz Inst. of Biocybernetics and Biomedical Engineering 학과를 운영하고 있으며 그 연구의 내용들은 다음과 같다.[8]

Current Research Activities
(1) Dept. of Hybrid Mircobiosystem Engineering
　　Laboratory of Tissue Engineering
　　Laboratory of Hybrid Regulation Systems of Biological Pro-cesses
　　Laboratory of Processing Systems of Microscopic Image Information
　　Laboratory of Biosensors and Microanalysis Systems
(2) Dept. of Biomedical Systems and Technologies
　　Laboratory of Semipermeable Membranes and Bioreactors
　　Laboratory of Microencapsulations
　　Laboratory of Biomedical Engineering Methods for Support of Intensive

Therapies

Laboratory of Hybrid Modelling of Cardiovascular and Pulmonary Systems Support

(3) Dept. of Biophysical Measurements and Imaging

Laboratory of Biomedical Optics

Laboratory of Bioelectromagnetical Measurements and Imaging

Laboratory of Molecular Imaging

Laboratory of Oculomotor Research

(4) Dept. of Mathematical Modelling of Physiological Processes

Laboratory of Mathematical Modeling of Biomedical Systems

Laboratory of Biostatics

Laboratory of Biosignal Analysis Fundamentals

Laboratory of Cardiopulmonary Systems Modelling

(5) Dept. of Engineering of Nervous and Muscular System

Laboratory of Adaptive Neural Networks

Laboratory of Muscle Control

Laboratory of EEG Analysis

Laboratory of Fundamentals of Computer-Aided Image Diagnostics

§ 1.5 결론

현재 지구상에 존재하는 생명체들은 생존을 위한 수많은 시행착오를 거치면서 존재를 위한 몸체의 구조 및 삶의 방식을 변경하였다. 아무리 과학이 발달된 이 시대지만 우리는 생명체의 독특한 특성들을 재현시킬 수 없다. 다만 피상적으로 막연하게 모방시키는 수준이다.

지금까지 로봇은 고정된 생산라인에서 용접 등 주어진 역할을 반복하는 수준이었다. 하지만 향후 로봇은 생명체와 같이 움직이며 최소한의 주어진 기능을 수행하는 수준으로 발전될 것이다. 이를 위해서 지구상에서 너무나 잘 살고 있는 척추동물이나 곤충들을 모델로 선택하여 이들을 모방하면 가능할 것이다.

생물학에서 연구된 수많은 분량의 내용들에 공학적 원리들을 적용하면 새로운 로봇의 시대가 열릴 것이다. 이러한 연구는 공학과 생물학의 융합이다. 따라서 언급한 바와 같이 향후 과학은 자연과의 거리를 좁히는 과정이라고 할 수 있다.

[연습문제]

1. Disruptive Technology 관련 내용들에 관한 사항들을 조사해라.

2. Wiener가 처음으로 사용한 Cybernetics라는 용어에 관한 내용은 무엇인가 ?

3. Benyus가 1997년 처음으로 제안한 생체모방의 의미를 설명해라.

4. 최근 생체모사를 이용한 로봇의 예를 들어 설명해라.

5. Biorobot에 관한 연구를 하는 업체들을 조사하고 각 로봇의 특징을 조사해라.

[Reference]

[1] Shigley, J. E., The Mechanics of Walking Vehicle, Land Locomotion Laboratory report No. LL-71, U.S.Army Tank-Automotive Command, Warren, Michigan,1960.

[2] Patrick, Aryee, "30 Animals That Made Us Smarter", *Stories of the Nature World That Inspired Human Ingenuity*, May, 2022.

[3] Rob Dunn, "A Natural History of the Future", *What the Laws of Biology Tell Us about the Destiny of the Human Species*, November, 2021.

[4] Sukhanov, V. B., "General System of Symmetrical Locomotion of Terrestrial Vertebrates and Some Features of Movement of Lower Tertapods", *Academy of Sciences*, USSR, pp. 10-11, 1968.

[5] Newcastle, P. G., "*La methode et l'evention nouvelle de dresser les chevaux*", *Anvers.*, Cited by Muybridge, 1957.

[6] http://biomimicry.net.

[7] NSF, "New Horizons in Biosystems Analysis and Control", *Report of Workshop on Analysis, Control, and Adaptation of Dynamical Systems in Biology*, Nov.13-15, 1995.

[8] https://www.apollo.io/companies/Nalecz-Institute-of-Biocybernetics-and-Biomedical-Engineering-Polish-Academy-of-Sciences/ 5c1f156080f93ea902a195d9

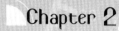

Chapter 2

개발현황

Biorobotics

우리 생활에 유용하게 사용되고 있는 자동차나 기차는 기존의 인간들이 만들어 놓은 도로나 레일 위를 효과적으로 다니고 있지만, 장애물이 존재하거나 위험물질이 존재하는 도로에서는 운행이 힘들다. 생물체들은 다리를 이용하여 움직이고 있다. 따라서 보행로봇은 바이오로봇이라고 할 수 있다.

보행로봇은 스스로 장애물을 넘거나 회피할 수 있으므로 가공되지 않은 자연환경에서도 동물들과 같이 빠른 속도로 보행이 가능하다. 사람들은 오래전부터 동물형태의 움직이는 로봇을 만들고자 하였으나 이를 구현하지 못했다. 하지만 70년대 말부터 보행로봇에 대한 연구가 시작된 이래 최근 발전된 형태의 모델들이 소개되고 있다.

최근 기계, 전자, 컴퓨터공학의 발달에 힘입어 로봇공학은 비약적으로 발전하였다. 기존의 로봇들은 고정된 위치에서 주어진 기능을 반복하여 수행하는 역할만을 한다. 로봇이 스스로 움직이며 다양한 기능을 수행하기 위해서는 바퀴나 다리가 장착되어 움직여야 하며 움직이는 동안에 넘어지지 않아야 한다. 이를 위해서는 다리가 6개, 또는 8개 달린 곤충이나 다리가 4개 달린 척추동물의 구조 및 보행특성을 로봇설계에 적용할 수 있다.

그동안 해결되지 못한 기술적 문제들이 부분적으로는 해결되었지만 아직도 연구가 필요한 사항들이 많이 남아있다. 발전된 형태의 제품이 Conference에서 소개되었으나 관련 내용에 관한 학술적 내용을 다루는 논문은 발표되지 않고 있다. 첨단 분야의 경우 연구내용의 발표 등을 기피하고 있는 현실이다.

미국과 일본 등은 70년대부터 보행로봇에 관한 연구를 진행하고 있으며 많은 연구결과들을 활발하게 발표하고 있다. 본 장에서는 보행로봇의 개발역사와 각국에서 진행되고 있는 현황을 검토하고 아울러서 우리나라에서 진행되고 있는 연구결과들을 제작된 모델을 중심으로 간단히 소개한다.

§ 2.1 개발역사

사람들은 인간의 모습을 한 로봇, 즉 Humanoid의 구현을 꿈꾸어 왔지만 과학의 느린 발달에 의해서 아직 이를 이루지 못했다. 이에 관한 내용을 살펴보면 1960년 University of Michigan에서 보행시스템에 관한 공학적 연구를 시작하였다. 4개의 다리가 장착된 모델이었지만 다리의 무게가 무겁고 다리의 움직임이 비효율적 문제점으로 발전되지 못했다.

1965년 Space General Corp.에서 6족 로봇과 달 탐험을 위한 8족 보행시스템을 개발하였다.[1][2] 다리는 캠으로 작동되고 링크에 의해 전달되었지만 효율적 작동이 보장되지 못했다. 8족 보행시스템의 경우 계단을 오르는 능력은 있었지만 지표면의 적응성은 매우 제한적이었다.

[Carnegie-Mellon University]
CMU Robotics Institute의 Field Robotics Center에서 개발된 로봇 모델들은 다양한 형태와 기능들을 가지고 있으며 로봇공학의 역사라고 해도 과언이 아닐 것이다. 그 개발된 주요 내용들을 간단히 살펴보면 다음과 같다.

Dante I, II : pantograph mechanism을 이용한 6개의 다리가 장착된 거미 형태의 로봇으로 laser scanner, video camera가 장착되고 path planning, obstacle avoidance와 90° 경사를 내려갈 수 있는 cable tether를 장착하고 있었다.

Figure 2.1.1 Dante II[3]

오존층 파괴의 주범으로 여겨지던 화산재의 샘플 채취를 목적으로 1994년 7월 Alaska에 있는 활화산 Spurr의 분화구 근처에 밧줄에 의해서 투입되었지만 계획과 달리 목적을 이루지 못하고 5일 동안의 작업이 허사로 돌아가고 결국 헬리콥터로 구조되었다. 과거 두 곳의 화산에서 이러한 샘플작업을 하던 중 화산학자 8명이 희생된 적이 있었다.

Mini Bone-Attached Robotic System : 6 자유도를 가진 로봇 구조물로 고관절 수술용으로 개발되었다. 컴퓨터와 연결되어 최소한의 영역에 침투하여 최소한의 통증으로 수술을 수행하는 목적으로 개발된 수술용 로봇 시스템이다. 미국 내에서 고관절 수술은 갈수록 증가하여 향후 2030년에는 관련 수술의 건수가 474,000건에 도달할 것이라고 예상하고 있다.

로봇을 제어하기 위한 전자장치가 **MBARS**의 무릎에 부착되어 있다. 특히 로봇의 지지기반(Base)에는 6개의 micro-controller가 부착되어 각 다리들을 계획된 경로대로 움직일 수 있도록 지정된 actuator의 운동 조절 목적으로 컴퓨터에 연결되어 있다. 고관절 이외의 관절 및 뼈의 이식 등에 관한 연구를 진행하고 있다. 이러한 장치들은 지금까지의 로봇을 응용한 기기들과는 차원이 다른 실제 로봇공학을 의학에 유익하게 적용하는 새로운 분야가 될 것이다.

Remote Reconaissance Vehicle, 1983 : 1979년 3월 미국 Three Mile Island 핵발전소에서 발생한 방사능 누출사고의 현장에 투입되어 4년간 관련 조사업무와 청소작업을 수행한 로봇으로 많은 사람들이 이와 비슷한 일을 수행할 수 있는 로봇의 연구에 박차를 가하였다.

Core Sampler, 1984 : 역시 Three Mile Island 핵발전소의 사고 현장에 투입되어 콘크리트 벽에 구멍을 뚫고 샘플을 채취하여 벽의 두께와 방사능 누출량을 측정하는 역할을 위해서 투입된 로봇이다.

Terregator, 1984 : 6개의 바퀴가 달린 로봇으로 험한 지형의 지상 또는 광산 탐사용으로 개발되었다.

REX, 1985 : 세계 최초의 굴착용 로봇으로 지하에 묻힌 배관에 아무런 해를 주지 않고 안전하게 굴착직업을 한다. Hypersonic air knife를 사용하여 배관 주위의 흙을 부식시켜서 안전한 작업을 수행하는 로봇으로 지하에 매설된 위험한 가스배관 작업에 유용하게 사용된다.

Remote Work Vehicle, 1986 : 오염된 표면정화, 퇴적물 제거, 방사능에 오염된 구조물의 해체, 물질의 표면작업, 포장, 수송작업 등 광범위한 용도로 개발된 원격조정의 대형 로봇이다.

Pipe Mapping, 1988 : 마그네틱 설비와 레이더가 장착되어 지하에 매설된 파이프의 위치와 깊이를 측정하는 기능을 갖는 로봇이다.

Locomotion Emulator, 1988 : 각각의 바퀴가 회전, 운전, 또는 운전과 회전을 동시에 수행하는 기능을 가진 로봇으로 장착된 소프트웨어는 바퀴가 달린 어떠한 기계에도 적용이 가능하다.

Ambler, 1990 : NASA의 지원 하에 제작된 6-족 보행로봇으로 화성과 같이 모래 또는 먼지와 같이 무른 또는 수직의 장애물이 존재하는 표면에서 몸체의 평형을 유지하고 보행할 수 있는 가능성과 에너지의 소비를 최소화 하는데 목적을 두고 개발된 대형의 로봇으로 이와 관련된 논문들이 발표되었다.

Neptune, 1992 : 자성체의 트랙이 장착되어 연료탱크의 내부 벽면을 돌아다니면서 음파 또는 센서를 사용하여 부식을 체크하는 용도로 개발된 로봇이다.

Houdini, 1993 : 폐기물 또는 위험물질이 들어있는 탱크 내부를 청소하는 기능을 가졌다. 탱크에 진입할 때는 로봇의 구조를 구부려서 축소시키고 내부에 완전히 들어가서는 원래의 모습으로 확장하여 작업을 수행한다.

BOA, 1994 : 오래된 파이프에 장착되어 파이프 주위의 석면 제거의 특수 목적으로 개발된 로봇이다. 제거된 석면들을 직접 통에 담는 기능이 추가되었다.

Nomad, 1997 : 사막이나 화성과 같이 지표면이 불규칙한 곳에서도 운행이 가능한 목적으로 개발된 바퀴가 4개 달린 로봇이다. 실제 Chilean Atacama 사막에서 시험운행을 하였다. 이와 비슷한 형태로 Autonomous Excavator(1999), Meteorite Search(2000) 등이 개발되었다.

실제로 척추동물이나 곤충들과 같이 다리로 안전하게 보행하며 주어진 임무를 완벽하게 수행하는 보행로봇은 아직 출현하고 있지는 않다. 지금까지 많은 연구소에서 제작된 모델들은 계속 발전된 형태로 제작되고 있다. 따라서 어느 목적을 위한 로봇을 제작하기 위해서는 CMU FRC의 연구 내용을 참고하면 도움이 될 것이다.

[Ohio State University]

McGhee, Waldron, Orin 등이 보행로봇에 관한 연구를 오랫동안 수행하였으며 많은 연구결과들을 발표하였다. 보행로봇은 **Walking Machine**으로 불리었으며 다양한 모델들이 제작되었다. 오랫동안 놀랄만한 연구업적들이 여기에서 이루어졌다. 다리가 4개 달린 보행로봇인 **Quadruped**가 만들어졌으며, 다리가 6개 달린 **ASV**(Adaptive Suspension Vehicle)도 이곳에서 만들어졌다.

특히 보행로봇의 연구에 기본적으로 필요한 용어들을 제시하였으며 보행을 해석하는데 사용되는 정의 및 이론들을 제시하였다. 물론 이러한 용어들은 과거부터 동물들의 구조 및 보행을 다루었던 생물학에서 연구된 내용들을 근거로 하였지만 공학적 지식을 첨가하여 유용하게 재해석하였다. 걸음새를 수시으로 표현하였으며 후에 다리의 제어알고리즘에 유용하게 적용하는 기틀을 만들었다.

Hexapod : Ohio Stste University에서 1977년에 제작된 6족 보행로봇은 많은 연구의 공헌을 하였다. 모델은 실험실 바닥을 저속으로 보행하였으나 후에 force sensor, proximity sensor, gyroscopes, camera system 등의 첨단 장비들이 장착되어 보행로봇 연구에 기여하였다.

1984년에는 역시 6족의 ASV(Adaptive Suspension Vehicle)을 개발하였다. 이는 wave gait를 사용하여 어느 방향으로도 이동이 가능하며 특히 uneven terrain에서의 효과적인 보행능력을 보여주었다.

Figure 2.1.2 OSU Hexapod[4]

Figure 2.1.3 OSU ASV[4]

[MIT]

초기 보행로봇 연구에 공헌을 하였다. 제작된 모델은 3개의 시스템에 의해서 균형이 유지될 수 있었으며 전방이동속도 제어시스템, 몸체높이 제어시스템, hopping 높이 제어시스템은 서로 독립적으로 작동되었다. 비록 초기의 실험모델로서 많은 문제점이 있었지만 후에 3D one-leg hopping, bipedal running, quadruped trotting, pacing, bounding 등의 재현에 큰 역할을 하였다.

Planar One-Leg Hopper(1980-1982) : 1980~1982년 MIT에서 실험실에서 처음으로 제작되었으며 다리의 끝에 발이 장착되어 있으며 보행에서 균형을 유지하고 안정도를 유지하기 위한 실험용으로 사용되었다. 명칭에 나타난 바와 같이 제한된 장애물을 hopping에 의해서 넘을 수 있었으며, 보폭의 수정이 가능하였으며 몸체를 중심으로 회전이 가능하였다. 몸체에는 센서, 전자부품, hip actuator 등이 장착되었으며 유압에 의해 작동되었다.

3-D One-Leg Hopper(1980-1982) : 보행로봇에 관한 초기의 연구단계에서 MIT의 실험실에서 처음으로 제작되었다. 하나의 다리 끝에 발이 장착되었으며 특히 동역학적 보행에서 균형을 유지하기 위한 연구가 진행되었다. 고관절(hip joint)은 유압에 의해서, 다리는 압축공기에 의해서 작동되며, 다리 전체의 길이는 1.1m, 무게는 17.3kg이 된다. 제작 당시 한 개 다리의 평형을 연구하여, 모든 2n-Leg의 보행로봇들에 적용할 수 있도록 다양한 연구가 시작되었다. Hopper에서 가장 중요한 부분을 차지하는 제어부는 전방 보행속도의 조절부, 몸체높이 조절부, 도약높이 조절부의 세 부분으로 구성되었으며 향후 발전된 연구의 기초가 되었다.

Rodney Brooks 교수 연구실 : 1989년 6족 보행로봇 Genghis의 제작을 시작하였으며 초기 모델은 반자동 다리보행이 가능하였으며 12 DOF 능력을 가지고 있었다.[5] 모델은 다양한 제어방식들을 장착하고 있었으며 제어 관련사항들을 계속 발전시켰다. Fig 2.1.4와 같이 생물체를 모방한 발전된 형태의 보행로봇 연구를 계속하고 있다. 모델은 컴퓨터가 각 다리의 동작을 일일이 지시하지 않더라도 각각의 다리가 주어진 상황에 맞게 보행을 수행하였다.

특히 이 모델은 화성탐사 로봇 소저너(Sojourner)의 모델이 되었으며

Figure 2.1.4 Genghis

NASA의 지원 하에 여러 연구를 수행하고 있다. NASA는 가까운 장래에 우주선에 로봇조종사를 탑승시킬 계획을 가지고 있었다. 조종사 양성에 들어가는 엄청난 비용에 비하여 로봇조종사의 제작과 운용에는 비용이 적게 들며 아울러서 우주의 열악하고 위험한 환경에서도 주어진 임무를 수행할 수 있다.

이러한 과정들은 매우 복잡한 단계를 포함한다. 소위 Expert System에서 말하는 프로그램의 문제해결 능력은 지식의 양으로 결정된다는 내용과 같다. 지식의 양이란 보행로봇이 보행을 하기 위하여 지켜야 하는 규칙 등 방대한 규모의 프로그램 등을 의미한다. 하지만 이러한 내용들이 생략되고 보행로봇 자체의 지각과 감각이 직접 행동으로 연결되도록 하는 혁명적 사고를 소개하였다.

즉 로봇에게 생각하는 방법과 규칙만 최소한 가르쳐주면 로봇은 스스로 행동할 수 있다고 주장하였다. 예를 들면 보행로봇이 보행 중 여러 장애물을 만나지만 만나는 장애물을 넘을 수 있는 최소한의 방법과 규칙만을 가르쳐 주고, 반복하여 장애물을 넘게 하면 보행로봇은 이러한 것들을 받아들여 숙지하게 되며, 만약 새로운 것들을 만나게 되면 여러 번의 시행착오를 거쳐서 자신의 것으로 받아들이게 된다는 것이다.

그는 두 번째 모델인 인간형 로봇 **Cog**를 개발하였다. 군집생활을 하는 개미나 벌들이 하나의 집단지식을 형성하여 사는 것처럼 Cog에 내장된 마이크로프로세서들이 네트워크를 형성하여 주변 환경을 인식하여 숙지하며 받아들인다. 다음의 모델로 사람 얼굴의 형상을 가진 **Domo**가 개발되었다. 두 팔이 장착되었으며 두 개의 큰 눈을 가진 Domo는 사람이 물건을 나르거나 선반 위의 물건을 옮기는 모습을 보고 그대로 반복하는 학습 기능의 능력을 보유하고 있다.

그는 제자들과 로봇을 만드는 iRobot사를 창업하였으며 여러 모델을 만들었다. 그 중 하나인 룸바는 오작동 또는 기능상 문제가 발생하면 "전원이 꺼져있습니다" 등의 그 원인을 음성으로 설명해주는 기능도 장착하였다. 그의 실험실 로봇 모델들은 새로운 내용을 배우고 그것을 반복하는 학습능력을 기르고 있으며 인간과 상호작용이 가능한 로봇을 만들고 있다. 일본의 경우에는 노인의 친구, 애완용 강아지 등 소위 애완로봇에 관심이 많지만 그는 "일을 하는 로봇"에 관심이 많았다.

그가 1998년에 만든 폭발물 탐사로봇은 2004년 아프가니스탄 전쟁에 투입되었다. 그의 저서 *Fresh and Machines: How Robots Will Change US* 에는 향후 로봇에 관한 그의 생각을 담고 있으며 누구나 재미있게 읽을 수 있는 내용들을 담고 있다.

최근 우크라이나 사태 등 세계 각국에서 발생되고 있는 분쟁 지역에서 무인 로봇이나 비행체들이 많이 사용되고 있다. 따라서 이들에 관한 연구가 활발하게 진행되고 있다.

[Germany]

Scorpion : 2002년 Univ. of Bremen의 **Kirchner** 교수가 관련 프로젝트를 시작하였다.[6] 모델은 8-족 로봇으로 시작되었으며 가파르고 불규칙적인 지면에서의 작업을 목적으로 하였다. 이를 위하여 레이저 스캐너 등의 센서들이 모델에 적용되었다. 바위들이 많은 딱딱한 지면 또는 모래가 있는 무른 표면에서의 작업용으로 사용되고 있다. 향후 달이나 화성에 존재하는 가파른 분화구 작업용으로 연구되고 있다.

모델은 이러한 작업환경에서 임무 수행을 위해서 생명체들의 움직임과 제어방식들을 적용하였으며 즉 hybrid bio-inspired approach 방식을 사용하였다. 효과적인 연구를 위하여 실제 8개의 다리를 가진 전갈이 사용되었으며 점차 발전되어 4개의 모델이 개발되었다. 특히 이 모델들은 아래의 3가지의 제어 방식이 적용되었다

1) model-based approach

2) bio-inspired approach

3) adaptive approach

적용방식의 경우 주위 환경조건을 이해하는 능력이 부족한 단점이 있다. 따라서 두 번째 적용방식의 경우는 이러한 단점을 커버할 수 있는 장점이 있다. 따라서 그들의 연구에 의하면 bio-inspired approach 방식을 사용하여 가장 낮은 단계의 생명체가 가진 지능을 구현할 수 있다고 하였다.

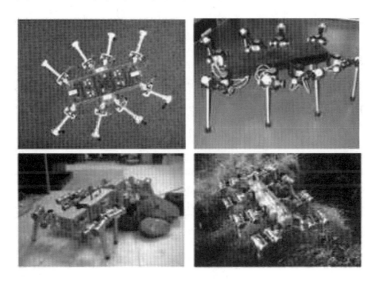

Figure 2.1.5 Scorpion[6]

[일본의 현황]

일본 국내의 자동차산업과 공작기계 산업의 호황으로 세계 1위의 자리를 지키며 최고의 기술력을 가지고 있었으나 최근 총생산량에 있어서 한계에 부딪히고 있다. 하지만 산업용 이외의 로봇분야에서 기업과 대학의 연구소를 중심으로 활발하게 연구를 진행하고 있으며 로봇의 몇 가지 분야에서 선두적 역할은 간당하고 있다.

일본 정부의 위탁기관인 NEDO는 차세대 로봇인 지능형로봇 산업을 총괄하며 기업과 대학, 그리고 공공기관의 협력체제를 구성하고 서비스 로봇의 실용화를 앞당기기 위하여 총력을 기울이고 있다. 기업과 정부 그리고 대학에서 진행 중인 여러 가지의 공동연구가 완성단계에 이르면 일본 경제를 다시 세계정상에 올려놓을 것이라는 희망을 가지고 있다.

Karakuri : 에도시대 처음으로 Karakuri로 불리는 차를 나르는 인형이 등장했다.[4] 높이는 14인치이며 나무로 제작되었으며, 특히 동력을 전달하는 톱니바퀴는 oak 나무로 만들어졌다.

Hosokawa : 저술한 목판본 *Sketches of Automata*에는 인형의 내부구조가 도면과 함께 자세히 설명되어 있다. 이 인형은 자동으로 제어가 가능하여 시작, 정지, 정해진 거리의 보행, 방향전환, 반전, 고정된 속도로 보행 등이 가능하다고 서술되어 있다. 기술의 수준이 어느 정도인지 알 수는 없지만 설명된 내용이 그대로라면 보행로봇의 시초로 말할 수 있을 것이다. 최근 일본의 로봇산업이 발달한 배경에는 Tokugawa 시대부터 시작된 이러한 역사적 배경에 기인한다고 할 수 있을 것이다.

철완(鐵腕) 아톰 : 1951년 일본에서 만화 속의 캐릭터인 아톰이 탄생하였다. 아톰은 사람의 형태를 한 기계인간으로 악당들과 싸워서 이기는 통쾌한 모습을 통해서 전쟁 패전 후 암울했던 일본의 젊은이들에게 꿈과 희망을 나누어 주는 위대한 기능을 담당하였다. 1963년 데즈카 오사무에 의해 <철완(鐵腕) 아톰>이라는 제목의 만화영화로 만들어져서 후지TV에서 1966년까지 방영되었다. 국내에서도 1970년대 <우주소년 아톰>이라는 이름으로 방영되었다.

과학적 파급효과 외에 지금까지 아톰이라는 캐릭터가 창출한 경제적 효과는 상상을 초월할 정도이다. 2003년 아톰의 생일인 4월 7일 아톰을 축하하기 위한 다양한 이벤트가 열렸으며, 특히 어린이들에게 과학을 새롭게 접근시키기 위한 차원 높은 다양한 행사가 흥미롭게 진행되었다. 이러한 유익한 프로젝트들이 1980년대부터 일본을 세계 최고의 로봇강국으로 만들었다.

Humanoid : 한계에 부딪힌 산업용 로봇 분야의 새로운 돌파구로 일본은 인간형 로봇인 Humanoid를 선택하였다. 오래전인 1960년대 초 일본의 와세다 대학은 Humanoid 연구소를 설립하여 이에 관한 연구를 꾸준히 진행하고 있다. 와세다 대학을 중심으로 관련기술을 축척하고 기업과 대학 등에 Humanoid에 관한 관심을 증가시키는 계기를 마련하였다.

ASIMO : 1986년부터 Honda는 2-족 보행로봇인 ASIMO를 개발하기 시작하여 처음으로 1986년에 E0를, 1996년에 P2라는 Humanoid를 공개하여 큰 관심을 집중시켰다. ASIMO의 각각의 팔과 다리는 6-자유도(Degree of Freedom)를 가졌으며, 느린 속도지만 안정된 보행능력을 보여주었다. ASIMO는 7월 1일 미국 플로리다 디즈니월드의 Epcot 센터에서 공식적으로 데뷔하여 로봇공학자를 포함한 많은 사람들에게 큰 관심을 유발시켰다.

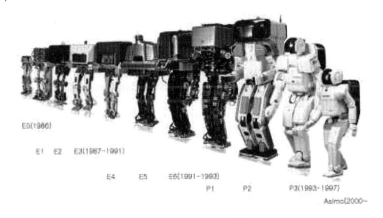

Figure 2.1.6 ASIMO[7]

1993년에서 1997년까지를 보면 지금까지의 모델들은 다리만 장착된 형태의 보행로봇 이었으나 이때에 제작된 'P1' 모델부터 비로소 다리 위에 몸체를 오려놓은 사람의 형태를 갖춘 보행로봇으로 발전하게 되었다. 다음 모델인 'P2'는 드디어 팔, 다리, 몸체, 머리를 가진 사람의 형태가 되었다. 다음 모델인 'P3'는 크기가 적당히 축소되어 높이가 5피트 2인치, 무게가 287Ibs로 변형되었다.

위와 같이 오랜 기간의 개발과정을 거쳐서 2000년 10월 31일 2-족 보행로봇 ASIMO가 탄생하게 된다. ASIMO는 사람이 책상에 앉아있을 때

대략의 높이인 120cm의 키에 몸무게는 43kg, 몸체는 강하고 가벼운 마그네슘 합금으로, 겉은 플라스틱 panel로 감싸져 있다. 그 외에 SDR-4X는 두 대의 카메라가 장착되어 카메라와 장애물이 이루는 각도에 의해서 장애물의 거리, 장애물의 형태, 주위의 환경 등을 읽고 입력하여 보행과 몸체의 운동을 계획할 수 있는 데이터들을 입력 받을 수 있었다.

동물들의 신경자극 시스템과 비슷한 Central Pattern Generator(CPG)와 Numerical Perturbation Method(NP)이라는 새로운 기술이 적용되었으며 아울러서 Humanoid Movement-Generation System으로 알려진 프로그램이 개발되어 사용되었으며 2004년에 일본로봇학회의 기술혁신상을 수상할 정도로 기술력을 인정받았다.

AIBO : Sony가 만든 소위 말하는 entertainment용 로봇 강아지다.[8] 실제로 시장에 진출하여 사람들을 감동시켜 향후 가정용 로봇의 가능성을 실현하여 보여준 독창적 제품이다. 일본에서 동호회가 결성되어 있으며 회원들끼리 모여서 AIBO 행진을 하는 등 두꺼운 매니아 층을 형성하고 있다. AIBO에 장착된 기능들은 다음과 같다. AIBO와 유사한 여러 소형 모델들이 제작되었지만 아직 AIBO와 같이 다양한 기능들을 보유한 모델들은 제작되지 않았다. 장착된 주요기능들은 다음과 같다.

Figure 2.1.7
SONY 의 AIBO

1. Stereo microphone, which allows to pick up surrounding sounds.
2. Head sensor: Senses when a person taps or pets AIBO on the head.
3. Mode indicator: Shows AIBO's operation mode.

4. Eye lights: These light up in blue-green or red to indicate AIBO's emotional state.

5. Color camera: Allows AIBO to search for objects and recognize them by color and movement.

6. Speaker: Emits various musical tones and sound effects.

7. Chin sensor: Senses when a person touches AIBO on the chin.

8. Pause button: Press to activate AIBO or to pause AIBO.

9. Chest light: Gives information about the status the robot.

10. Paw sensors: Located on the button of each pw.

11. Tail light: Lights up blue or orange to show AIBO's emotional state.

12. Back sensor: Senses when a person touches AIBO on the back.

AIBO는 2000년 6월 1일 250,000엔 가격으로 인터넷을 통해서 판매한 결과 일본 내에서 3000대, 해외에서 2000대가 20분 만에 매진되는 선풍적 인기를 끌었다. AIBO는 4-족 보행로봇으로 주인을 보고 반갑다고 꼬리를 흔들며, 군인과 같이 보행을 하며, 공놀이를 할 줄 알고, 화를 내기도 한다. 먹이는 전기충전으로 간단히 해결된다.

Mine Detecting Robot : 지구상에는 1억 개 이상의 지뢰가 매설되어 있으며 이들은 거의 대부분 사람의 손으로 제거되고 있다. 일본 **Chiba** 대학에서 지뢰제거용 6-족 보행로봇을 개발하였다. **COMET-II, III**의 경우 6개의 다리로 움직이지만 로봇의 전방에 2개의 로봇팔이 장착되어 지뢰의 탐지와 제거의 기술을 가지고 있다.

로봇은 안정적 작업을 위해서 자세 제어방식을 사용하였으며 이를 위해 지지상에 있는 다리를 통해 전달되는 피칭과 롤링 각도와 몸체의 높이를 사용하였다. 마찬가지로 자세 제어를 위하여 ESHSC[9] 방식과 최적의 서보제어 방식[10]이 적용되었다.

Comet-III의 경우는 유압 액튜에이터에 의해 작동되며 실제로 지뢰제거에 투입되어 사용되고 있다. 자세제어 방식의 경우 유압의 작동에 지연이 있으므로 이 모델의 안정적 제어방식이 어렵다. 따라서 이를 극복하기 위해서 입력을 대퇴부 링크에서 발생되는 토크가 사용되는 새로운 수학적 모델이 사용되었다.

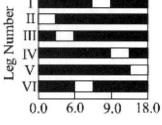

Figure 2.1.9 Gait diagram of Comet-Ⅲ

Figure 2.1.8 Comet-Ⅲ.

지뢰 발굴 및 제어 작업에 요구되는 기능상 보행 안정도 유지가 가장 중요하므로 Fig 2.1.9에 표시된 바와 같이 전체 6개의 다리 중 항상 5개의 다리가 지지상을 이루고 있다. 다리 이동상은 2→3→4→1→4→5 의 순서에 따른다.

모델은 지뢰가 묻혀있을 불규칙한 지표면에서 작업해야 하므로 작업 중 안정도 유지를 위한 안정도 제어 방식을 적용해야 한다. 따라서 경사진 표면에서 자세제어와 지지상에 위치한 발에 작용하는 수직방향의 반력을 적절히 제어해야 한다.

넓적다리를 움직이기 위해 사용되는 유압 액튜에이터에 의해 발생되는 지연효과를 최소화하기 위해 사용된 자세제어 방식은 로봇이 작업하는 불규칙한 지반에서 효과적으로 작용하였다. 이를 위하여 적절한 수학적 모델과 최적의 서보제어 시스템이 적용되었으며 제안된 내용의 효과가 실험에 의하여 입증되었다.

§ 2.2 생체모방의 적용

로봇공학의 경우 모터를 대신할 수 있는 근육을 만들고자 노력하고 있다. 근육다발들을 적절히 배치하여 곤충이나 동물들의 움직임을 재생하고자 연구하고 있다. 아직도 생체에 사용되는 근육과 같은 인공근육은 개발되지 않았지만 이러한 근육이 개발되는 경우 로봇공학은 큰 발전을 이룩할 수 있을 것이다. 이미 생물학에서는 오래 전에 작은 곤충의 관절을 움직이는 근육다발들을 찾아내고 각각의 근육들에 고유 명칭을 부여할 정도로 발전을 이룩하였다.

생체에서 발생되는 **EMG**(Electromyographic)신호를 분석하여 마비된 환자의 근육들을 움직이게 하는 연구들이 진행되었다. 근육에서 발생되는 EMG 신호와 동일한 신호를 외부에서 공급하여 동일한 움직임을 발생시키고자 하는 연구다. 아직까지 완전한 재생은 이루어지지 않고 있지만 가까운 장래에 이러한 연구가 결실을 맺을 것으로 기대하고 있다.

이러한 경우에 신체의 일부가 마비된 환자들의 근육들에 운동발생을 위한 동일한 자극을 발생시켜 움직임이 가능하도록 할 수 있을 것이다. 하지만 실제 근육의 움직임은 단순한 자극 자체에 의한 것이 아니라 여러 인자들이 관여하고 있으므로 이들에 대한 연구가 선행되어야 할 것이다. 따라서 향후 이러한 메커니즘이 규명되어 로봇에 적용되는 경우에 동물들과 같은 유연한 움직임이 보장될 것이다.

작은 곤충이나 파리 등의 근육에서 발생되는 EMG 신호의 분석에 관한 많은 연구들이 진행되었다. 하지만 이들 연구의 최종 목적은 결국 생체모방을 통한 로봇의 재현 또는 인체의 경우 마비된 부위의 재활목적이다.

컴퓨터의 발명 이후 과학은 급속도로 발전하였다. 인간의 두뇌로는 거의 계산이 불가능한 계산들이 컴퓨터의 발명으로 가능하게 되었다. 더 나아가서 컴퓨터가 처리할 수 있는 연산능력이 놀랄만한 속도로 증가되었다. 무한한 능력을 보유하고 있는 컴퓨터를 생명체에 이어 연결하여 생명체의 능력을 배가시키는 시도가 최근에 수행되고 있다. 그 중의 하나가 인공달팽이관에 대한 연구다.

귀에 이식된 인공달팽이관과 뇌의 통신을 통하여 소리를 듣게 하는 연구다. 중간에 컴퓨터를 통하여 입력된 신호를 소리로 재생하며 들을 수 있도록 하는 것이 가능할 것이다. 국내의 경우 2012년 교육과학기술부의 지원 하에 생체모사 인공청각계 융합연구단이 발족되어 나노압전소자 등을 이용하여 인공와우를 만드는 연구를 수행하고 있다.

향후 생체모방 기술의 발전은 우리의 상상을 초월하는 방향으로 발전될 것이다. 그 중에서 가장 중요한 역할은 생체와 컴퓨터의 연결이다. 아무런 어려움이 존재하지 않은 뇌와 컴퓨터의 연결은 생체의 재생도 가능할 것이며 나아가서 생체의 생리적 조절도 가능하게 될 것이다. 하지만 이러한 시대가 가능하게 될 것인가에 대한 해답은 아무도 모를 것이다.

2.2.1 Insect Leg Model

살아있는 동물과 곤충들을 모방한 보행로봇의 연구가 활발하게 진행되고 있다. 자유롭게 보행이 가능한 6-족 로봇을 만들기 위하여 곤충들이 가진 생체역학, 형태학 등을 연구하기 시작하였다. 특히 곤충들의 경우 척추동물들과 비교하여 그 크기가 상대적으로 작고 취급이 간편하므로 연구의 대상이 되었다.

4장의 Fig 4.3.3에 표시된 곤충 다리 분절의 구조 및 명칭에 나타난 바와 같이 제한된 공간에 위치한 근육들은 효과적으로 다리를 움직이며 특히 각각의 분절들은 제한된 범위를 움직인다. 따라서 actuator의 특징상 이들을 기계적으로 모방하기 위해서는 다른 형태의 구조가 요구된다. 따라서 향후 biological leg를 모사하기 위해서는 공학적 다리와 전혀 다른 새로운 구조 및 biomechanical 제어 방식을 필요로 한다.

전장에서 언급한 사항과 같이 60년대 후반에 관련 로봇 모델을 만든 이후에 많은 발전을 이룩하였다. 오랫동안 생물학에서의 연구결과들을 로봇공학에 응용되기 시작하였으며 특히 지난 20여 년긴 곤충의 형태, 구조, 걸음새 등이 6-족 로봇의 개발에 널리 응용되기 시작하였다.

특히 3-D 프린팅 기술의 발달로 Fig 2.2.1에 나타난 바와 같이 소형 6-족 로봇들이 대량 보급되어 사람들에게 큰 인기를 끌었으며 로봇에 대한 관심을 불러일으키고 있다.

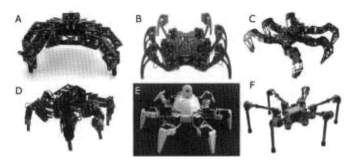

Figure 2.2.1 6-legged walking robots[11]

2.2.2 Cyborg cockroach

건물 붕괴 등 도시 내에서 사건이 발생되는 경우 인명구조 등의 목적으로 현장에 투입되는 사이보그 곤충이 Fig 2.2.2에 표시되어있다. 몸체 상부에 장착된 태양전지가 작업시간을 늘려주며 안전한 활동을 보장한다. 실제로 파워는 1mW 이하로 작업환경에서는 부족한 용량이다.

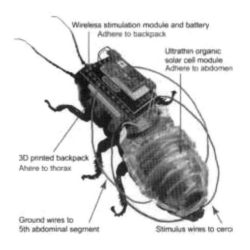

Figure 2.2.2 Rechargeable cyborg insects with
an ultrasoft organic solar cell module[12]

하지만 모델에 장착된 초음파 유기 태양전지의 경우는 사이보그 곤충이 주어진 작업을 수행하기에 충분한 파워를 공급한다. 초박막 필름과 곤충의 움직임을 가능케 하는 접착 및 비접착 구조는 17.2mW의 출력을 발생시킨다. 무선 충전이 가능하므로 충분한 보행이 가능하게 된다.

곤충의 배에 초박막 필름이 부착되어 있으며 이는 기본 보행은 방해하지 않는다. 필름은 평소에는 평행상태를 유지하지만 장애물을 넘거나 평행하지 않은 지표면을 지날 때는 비평형 상태를 유지하여 시그널을 전달한다. 필름의 접착 및 비접착 구조는 전방 이동시 구부러져서 필름 사이에 빈 공간을 형성한다.

2.2.3 Ant

각각의 개미들은 단순히 작은 생명체이지만, 개미가 모인 왕국은 복잡한 임무를 서로 협동하여 성공적으로 수행하는 단체다. 최근 **Harvard** 대학의 연구자들은 개미를 모방한 로봇을 만들어서 이들에게 개미 집단의 역할을 수행할 수 있는 임무를 부여하였다.[13] 사회적 생활을 하는 개미나 꿀벌들은 서로 연합하여 유기조직체로서의 기능을 수행한다.

아프리카나 인디아의 벌판에 지어진 1~2 meter 높이의 개미집은 뜨거운 외부환경에서도 자동적으로 공기순환이 가능하게 지어졌다. 마찬가지로 작은 크기의 벌들은 어떻게 꿀을 채취하고 외부의 침입자들을 방어할 수 있을까? 또는 어떻게 복잡하고 높은 크기의 개미집을 지을 수 있을까? 군집생활을 하는 개미나 벌들은 어떻게 연합하고 힘을 합하여 이러한 엄청난 일들을 수행할 수 있을까?

이러한 역할을 대신할 수 있는 로봇을 만들어서 사람이 주어지는 역할을 시키는 경우 건축현장에서 실종자의 수색, 지뢰 탐사, 고건축물의 내부 검사 등의 수많은 역할을 성공적으로 수행할 수 있을 것이다. 이를 위해서 개미나 벌 등 곤충들의 특성을 알기 위한 ELife 프로젝트가 Harvard 대학에서 수행되었다. 실험실에서 개미가 사는 임의 경계의 인공 환경을 만들어 놓았으며 개미가 사는 벽과 건물의 내부를 구성하는 다공성의 물질의 내부를 흐르는 공기흐름을 연구하였으며 아울러서 벌집 내부에서 열의 대류에 관한 연구를 수행하였다.

흰개미의 종류에 따른 개미집의 형태, 크기, 지역별 사항들이 알려졌으며 최근에 개미집 내부 형태를 설명하는 축소모델이 만들어졌으며 이를 이용하여 내부를 흐르는 유체의 현상을 설명할 수 있었다. 모델실험을 통해서 온도를 조절하고 환기를 하며 안정도를 유지하기 위해서 요구되는 복잡한 생리학적 내용들을 설명하였다.

개미들이 협동작업을 통해서 먹이 획득용 터널을 만드는 과정을 연구하였다. 개인과 집단 간 행동과 인식을 위한 정보전달 메커니즘은 화학성분에 의해서 이루어진다는 것을 알 수 있었다. 유기체 개인의 수준에서 물체의 인식은 형태와 크기에 의해서 결정된다.

흥미로운 사실은 과거의 연구방법과 달리 융합, 또는 통섭의 개념이 적용된 내용이다. 개미나 꿀벌의 군집생활을 연구하고 이들의 특성들을 로봇들에 적용하였다. 단순한 몇 개의 명령을 주고 개미 전체가 같이 협동하여 공통의 작업을 수행하도록 한다. 이는 자동으로 공기순환이 가능한 높이 2 meter 개미집을 만드는 작업과 같다.

2.2.4 Gecko Lizard

Berkley대학에는 로봇공학을 연구하는 사람들에게 큰 영향을 주는 생체모방 로봇연구소가 있다.[14] 연구소의 명칭은 PEDAL이며 Performance, Energetics, Dynamics of Animal Locomotion의 첫 글자를 나타낸다. 연구소는 작은 곤충에서부터 갑각류에 이르기까지 다양한 생명체들을 연구대상으로 한다. 상대적으로 크기가 큰 로봇에 관한 연구를 진행했던 OSU, MIT, CMU 등도 최근에는 크기가 작은 다양한 생명체들을 연구 대상으로 하고 있다.

PEDAL 연구책임자중의 한 사람인 Robert J. Full은 공학전공이 아닌 생물학자이다. 그는 2005년 2일에 TED에 출연하였으며 많은 사람들이 그의 강연을 흥미롭게 경청하였다. 그의 연구 테마는 곤충의 보행이다. 15cm, 몸무게는 100g 정도로 천정이나 벽에 매달릴 수 있는 탁월한 능력을 보유한 파충류이지만 한 가지 단점은 수시로 기회만 있으면 입으로 물 정도로 포악하므로 두꺼운 가죽장갑을 사용하여 다루어야만 한다.

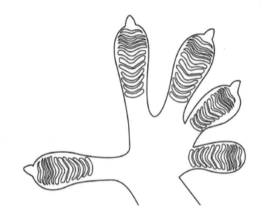

Figure 2.2.3 Hand of
Bull-Gecko Lizard

하나의 발에 여러 개의 발가락이 달린, 일명 poly pedal의 특이한 구조를 가졌으며 발바닥에는 50만 개의 아주 미세한 먼지와 같은 털이 부착되어 있다. 그리고 이 털의 끝부분은 또 다시 나뭇가지와 같은 구조로 되어 있으며 발바닥 전체적으로는 10억 개 이상의 먼지와 같은 털들로 구성되어 있다.

이렇게 엄청난 수의 먼지들과 바닥 사이에 존재하는 이러한 힘을 Van der Waals 힘이라 하며 엄청난 결합력이 존재하게 되며 이론적으로는 자동차와 같은 물체도 지지할 수 있다. 하지만 개코 도마뱀은 바닥의 조건에 따라 10% 정도만의 힘을 사용하여 어느 방향으로든지 일부의 결합력으로 몸체 전체를 자연스럽게 지탱하여 준다.

개코 도마뱀의 발바닥 원리를 이용하면 건물의 외벽을 기어 다니며 청소할 수 있는 기기도 제작할 수 있을 것이다. 이러한 기능을 가진 기기는 IRT에서 제작된 빌딩의 외벽청소기가 한 예가 될 수 있으며 미국과 캐나다 등의 국가 연구소 또는 기업에서 시제품이 제작되었다.

하지만 생각한 만큼의 완벽한 기기의 성능과는 거리가 있다. 대부분의 로봇들은 진공펌프를 사용하여 발생되는 흡착력으로 외벽에 붙어서 작업을 하지만 기기의 무게를 지탱하는데 한계가 있다.

StickyBot :
2006년 Stanford 대학에서 동일한 개코 도마뱀의 원리를 적용한 4-족 보행로봇인 "StickyBot"를 공개하였다.[15] 지름 10마이크로의 털 수백 개를 발바닥에 부착하여 수직벽을 기어 다니는 모습을 보여주었다.

특히 젊은 한국인 과학자가 "Bio-inspired robot design & Revolutionary Directional Adhesive"에 관한 연구를 활발하게 진행하고 있다. 그 외에 다른 모델인 "Spinybot"도 제작하였으며 많은 논문을 발표하였으며 그 중의 하나는 미국 최우수논문상을 수상하였다.[7]

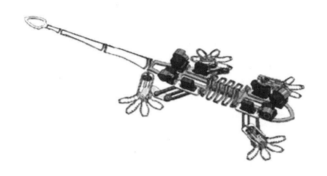

Figure 2.2.4 Stanford 대학 StickyBot의 개략도[15]

많은 사람들이 수직벽이나 천장에 매달려서 작업을 하는 보행로봇의 출현을 애타게 기다리고 있지만 아직까지는 충분한 기능을 보여주는 경우는 없었다. 가장 큰 걸림돌은 몸체를 지지하는데 필요한 충분한 결합력(Bonding Force)을 확보하지 못한 데 있다.

Clean robot :[16]

홍콩시립대학에서 곤충의 형태를 모방하여 제작하였으며 고층건물의 유리창이나 외벽을 청소하는 목적으로 개발되었다. 흡입펌프에 의해서 유리창에 고정되어 작업을 수행한다. 최고 속도는 3m/min 이며 높이가 35mm 이하인 장애물들은 쉽게 넘을 수 있다. 허리가 유연해서 로봇은 쉽게 몸체의 회전이 가능하다

로봇을 작업위치에 도달시키거나 이동시에 장애물들을 넘거나 회피하는 능력이 요구된다. 즉 이러한 로봇의 path planning에 관한 많은 연구들이 진행되었다.[17][18][19][20] 유리창을 닦는 경우 일정한 거리에 도달하여 제

한된 공간을 왕복할 수 있는 능력이 요구되는바 Clean robot의 경우 이를 극복하기 위한 trajectory method가 적절히 제시되었다.

로봇은 길이 1220mm, 폭 1340mm, 높이 370mm이며 무게는 30kg이다. 두 개의 실린더가 수직으로 겹쳐서 만들어졌으며 수평의 x 방향의 이동거리는 400mm, 수직의 y 방향 이동거리는 500mm이며 두 개의 실린더가 번갈아 기면서 작동하여 x-y 방향으로 이동한다.

실린더의 끝단에 4개의 실린더가 장착되어 이들이 움직임으로서 z 방향 이동이 가능하게 된다. 두 개의 실린더가 교차하는 지점에 로봇 손목으로 불리는 회전용 실린더가 장착되어 있다. 로봇의 움직임은 실린더의 끝단에 장착된 흡입펌프를 흡입하거나 방출함으로서 가능하게 된다.

2.2.5 StMA

최근에 발달된 형태의 로봇에는 더 복잡한 기능들이 요구되고 있으며 이를 만족시키기 위하여 actuator는 주위 조건을 만족시키기 위한 유연성 등이 요구되고 있다. 전통적인 로봇의 조인트 메커니즘은 구조가 복잡하고, 규모가 크고 무겁고 무엇보다도 제작에 비용이 많이 든다. 또 가벼운 물체를 다루기 위하여 요구되는 조인트 강성도(joint stiffness)를 제어하기가 어렵다.

물체 간 접촉 시 발생되는 반력을 이용하여 강성도를 제어하는 방법이 제안되었으며 시간 딜레이를 없앨 수 있는 기계적 강성도 제어방식이 소개되었다. 특히 이러한 방식은 척추동물의 척추들의 조인트 각도와 강성도 제어를 가능하게 하는 근육제어 actuator에 의한다. 척추동물을 모방한 4-족 보행로봇의 구현을 위해서 많은 연구자들이 기계 근육의 출현을 기대하고 있었다.

인공근육에 관한 많은 연구가 논문이 발표되었다.[21][22] McKibben의 인공근육은 공압을 적용한 actuator로서 에너지 효율이 우수하며 적용범위가 넓은 것으로 잘 알려졌다.[23] 척추동물에 적용이 가능한 로봇 조인트용 actuator는 Suzuki에 의해 개발된 Strand-Muscle Actuator, StMA[24]가 있다.

이것의 actuator는 다양한 기능과 외적 변화에 적절히 대응할 수 있다,
다자유도 조인트를 가진 경우에도 비선형 탄성 특징, 조인트의 각도와 강
성도 제어 등이 가능하다. 마찬가지로 간단한 메커니즘을 사용해서 다자
유도의 복잡하고 연성운동이 가능하다. StMA를 사용한 조인트각도 및 강
성도 제어에 관한 내용들이 연구되었으며 다자유도를 갖는 인체 어깨뼈에
관한 연구도 수행되었다.

§ 2.3 6-족 보행로봇의 최근 개발현황

60년대부터 시작된 보행로봇의 개발역사는 많은 발전을 가져왔으며 그
동안 장애물이었던 안정도 유지를 위해서 6-족 개발의 경우가 대세였다.
거의 대부분의 경우에 동물이나 곤충의 모형을 닮은 모델들이 제작되었으
며 이들의 발전을 가로막는 문제점들의 해결을 위한 연구가 활발하게 진
행되었다. 최근 주요 6-족 보행로봇의 개발사례들을 보면 다음과 같다.[25]

Table 2.1 Hexapod model overview over the last 15 years

제작연도	명칭	Speed(m/sec)	Size(m)	Mass(kg)	Ref.
2021	HAntR	0.43	0.5	2.9	[26]
2019	MORF	0.7	0.6	4.2	[27]
2019	DRrosophibot	0.05	0.8	1	[28]
2019	Corin	0.1	0.6	4.2	[29]
2018	AmphiHEX-II	0.36	0.51	14	[30]
2018	CRABOT	0.05	0.7	2.5	[31]
2017	PhantomX AX	0.29	0.5	2.6	[32]
2017	Hexabot	0.35	0.36	0.68	[33]
2016	Weaver	0.16	0.35	7	[34]
2016	MX Phoenix	0.5	0.8	4.8	[35]
2015	HexaBull-1	–	0.53	3.4	[36]
2015	BionicANT	–	0.15	0.105	[37]
2014	HECTOR	–	0.95	13	[38]
2014	CREX	0.17	1	27	[39]
2012	Octavio	–	1	10.8	[40]
2011	EduBot	2.5	0.36	3.3	[41]

2010	X-RHex	1.54	0.57	9.5	[42]
2006	AMOS—WD06	0.07	0.4	4.2	[43]

Table 2.1의 내용은 최근 20여 년간 개발된 전체 무게가 1~27kg인 Hexapod 사항들이다. 언급한 바와 같이 stability 유지의 편리성 때문에 많은 연구가 Quadruped보다 Hexapod에 집중된 경향이 있었으며 특히 많은 연구자가 곤충의 특성을 응용한 연구에 집중하였다.

하지만 위에 언급된 사항들은 개발비용이 적게 드는 소규모 모델의 경우이다. 대형의 척추동물의 경우는 대학과 기업의 연구소 중심으로 연구가 진행되었다. 따라서 이러한 연구는 대형의 모델로 발전시켜 국방, 산업 등에 광범위하게 응용할 목적으로 개발되었다.

§ 2.4 4-족 보행로봇의 최근 개발현황

CMU, UC, Berkeley :

두 기관이 최근 저비용으로 장애물을 넘을 수 있는 4-족 보행로봇을 개발하였다. 로봇의 높이와 같은 계단을 오르내릴 수 있으며 바위들이 있는 또는 미끄러운 경사면을 보행할 수 있다. 마찬가지로 주위가 어두운 경우에도 움직임이 가능하다. 계단이나 다양한 종류의 장애물이 존재하는 가정이나 건설현장 또는 구조현장 등에서 유용하게 사용이 가능할 목적으로 개발되었다.[44]

모델에 장착된 비전 시스템과 소형 컴퓨터가 순간적으로 지면조건을 읽고 두 기관이 시뮬레이터에 축척한 4,000건 이상의 케이스를 분석하여 적절한 횡단 능력을 제공한다. 시뮬레이터는 연구자들이 실제로 로봇을 운용하며 얻어신 neural network를 보터 제어에 사용한다.

고급수준 제어의 경우에는 로봇이 보행하는 주위 환경의 지도를 만드는 것이 요구되지만 제한된 지면에서 보행하는 낮은 수준의 경우에는 이러한 것이 필요하지 않다. 이 모델의 경우 지도제작 과정을 생략하고 직접 비전 시스템을 사용한다. 따라서 보이는 화면에서 직접 어떻게 보행할 것인가를 결정한다. Mapping 등이 사용되지 않으므로 기존의 제품들과 비교하여 25배 정도의 낮은 가격으로 공급이 가능하다. 모델은 로봇으로부터 오는 vision과 feedback을 직접 입력과 출력으로 사용한다. 따라서 계단에서 넘어지는 경우에도 회복이 가능하고 새로운 환경에서도 보행이 가능한 장점을 가지고 있다.

Figure 2.4.1 CMU &
UC Berkeley
Quadruped[44]

Spot Application :

Trimble and Exyn Tech.는 자사의 개발제품인 3-D mapping system과 scanning system을 Boston Dynamics에서 개발한 4-족 보행로봇 Spot에 장착하여 건설현장 작업에 적용되었다. 복잡하고 동적인 작업이 요구되는 현장에서 품질관리 등의 작업에 성공적으로 사용되었다. ExynAI에 의해 전원이 자동적으로 공급되며 스스로 장애물을 피하고 복잡한 작업환경에 적응하였다. 최대의 안전성과 효율을 보장하기 위하여 ExynPak이 장착되었으며 로봇이 미리 주위 환경을 학습하지 않고 자동적으로 탐사기능을 수행할 수 있는 레벨-4의 기능을 수행하였다.

로봇은 주위 환경 상태를 알 수 있는 고성능 3-D laser scanning 설비인 Trimble X7을 장착하고 있다. 모아진 데이터들은 내부에 저장되며 Sunnyvale에 위치한 저장센터(BIM)에 저장되어 나중에 쓰여진다. 이러한 데이터들은 나중에 고객들이 완벽한 3-D 지도를 만들 수 있도록 한다. 지도나 GPS 또는 무선설비의 도움 없이 로봇이 복잡한 내부를 찾아가서 주어진 기능을 수행하도록 한다. 따라서 로봇을 운용하는데 사람이 최소한의 개입이 필요토록 한다.

Figure 2.4.2 CMU & UC Berkeley Quadruped[45]

로봇의 자동 검사기능은 건설분야 공기 단축을 위해서 필요한 엄청난 기술이다. Trimble 측에 의하면 이러한 기술은 작업 효율과 작업의 투명도를 높이고 나아가서 작업자의 안전을 향상시키고 위험작업의 데이터를 모을 수 있다고 한다. 산업계는 위험하고 어려운 작업 활동에 도움이 되는 믿을만한 기술의 출현을 오랫동안 기다리고 있었다. Trimble의 기술은 이를 가능케 한 인간과 로봇 융합기술의 전방위 사항이다. Spot은 지금까지 개발된 4-족 로봇의 가장 첨단의 기능을 가진 선두 모델이다. 여기에 Trimble과 같은 새로운 기능들을 부여하는 것이 우리의 과제다.

Jueying X20 :
중국의 로봇제조회사인 Deep Robotics가 위험물 탐지 및 위험지역 인명구소를 목적으로 개발한 로봇이나. 시신 발생 후 선물들이 파괴되어 잉망이 된 지표면 또는 터널 내부에서의 교통사고에서 구조작업을 담당한다. 그 외에 화학물질의 오염 또는 재난 발생에 의한 유독가스, 고밀도의 공기오염의 경우에 사용이 가능하다.

회사는 중국의 항저우에 있으며 연구자들은 중국, 미국 및 유럽 등에서

4-족 로봇의 보행 및 제어 연구를 수행하였다. 보행로봇의 연구개발 및 제조를 담당하고 있으며 Jueying X20은 깊은 해저에 투입되어 조난선박의 처리작업이 가능하다. 지상에서는 20cm의 장애물을 넘을 수 있으며 계단이나 35도의 경사면에서도 보행이 가능하다. 마찬가지로 협소한 공간에서도 자유롭게 방향 전환이 가능하다. 과거 보행로봇의 방향전환을 해결하기 위한 많은 연구논문들이 발표되었다.

특히 Jueying X20은 폭우, 추위, 외부온도 등의 날씨 조건에 영향을 받지 않는다. 최대 하중은 85kg으로 재난지역에 산소통 등의 장비들을 운반할 수 있다. 원거리 통신장비, PTZ camera, 가스감지설비, 전방향 카메라 등을 갖추고 있다. 옵션으로 향후 이용을 위한 가능한 재난지역 데이터 수집용 고성능의 레이저 스캐너가 있다. 이는 재난 관련 정보의 분석을 위해 유용하게 사용될 수 있다.

Figure 2.4.3 Jueying X20 of Deep Robotics[46]

제조업체인 Deep Robotics는 관련 분야의 리더 역할을 할 것으로 기대하고 있으며 고압의 발전설비나 기타 위험지역에서의 역할을 기대하고 있다

ANYbotics :
Velodyne Puck Lidar 센서를 사용하여 산업용 설비의 검사를 자동화

하며 유지에 도움이 되는 4-족 보행로봇 ANYbotics를 Velodyne Lidar 가 출시하였다. 장착된 센서는 로봇이 복잡하고 거친 지표면 위를 안전하게 보행할 수 있도록 일정한 3차원 평면을 제공한다. 아울러 센서는 로봇이 공장의 설비들, 사람들 및 주위 환경 등을 기억하고 입력된 지도의 데이터들과 비교할 수 있다.

　제공되는 센서는 실시간 주위환경을 제공하며 관련 S/W는 유연성과 고급 성능을 제공한다. 제품의 응용범위는 자율주행차량, ADAS 시스템, 로봇공학, UAV, 스마트 시티, 보안 설비 등 매우 광범위하다. 따라서 어느 정도 이미 개발된 4-족 보행로봇에 위에서 언급한 센서, S/W 등 타 분야에서 사용되고 있는 기술들을 적용하는 경우 그 응용범위가 확장될 것이다.

Figure 2.4.4 ANYbotics of Velodyne Lidar[47]

　Velodyne Lidar의 독일 지사는 ANYmal 로봇을 광산, 오일 및 가스정, 화학설비, 건설현장에서의 지표면 검사 및 모니터링 수행에 사용하고 있다. 로봇에 장착된 4개의 다리는 계단을 오르거나 내려갈 때, 장애물을 넘을 때, 또는 도랑을 넘을 때 안정도를 보장한다. 거친 환경에서 높은 정밀도를 갖는 보행이 가능하게 한다.

　Velodyne Lidar를 사용하는 경우 로봇은 여러 층을 자유롭게 오르고 내려갈 수 있으며 Fig 2.4.4에 표시된 바와 같이 복잡한 환경에서 최단거리를 찾아서 갈 수 있다.

AMOS-WD02 :[48]

독일의 Univ. of Goettingen, Dept. of Computational Neuroscience 의 연구소 The Emmy Noether Research Group on Neural Control, Memory, and Learning for Complex Behavior in Multi-Motor Robotic Systems에서는 연구소의 명칭 그대로 바이오 시스템을 응용한 로봇을 제작하는 연구소이다. AMOS-WD02는 Advanced Mobility Sensor-driven Walking Device를 의미하며 여러 가지 관련 연구가 진행 되고 있으며 특히 양서류를 모방한 Fig 2.4.5와 Fig 2.4.6과 같은 모델을 제작하였다. 각각의 다리는 실제 양서류와 같이 2-DOF를 가지고 있다.

Figure 2.4.5 Spinal Joint in
AMOS-WD02[48]

Figure 2.4.6 Biologically Inspired
Walking Machine
AMOS-WD02[48]

다리의 위 방향에 위치한 관절(thoracic joint)은 다리를 전방 또는 후방으로 움직이며, 다리의 아래 방향에 위치한 관절(basal joint)은 다리를 아래 위로 움직이는 역할을 한다. 특히 양서류의 형태를 모방하여 척추뼈의 역할을 하도록 척추에 하나의 관절을 장착하여 수직축을 중심으로 회전이 가능하노록 하여 봄체의 좌우 회전이 가능하노록 하였다. 따라서 유연한 몸체의 운동이 보장되며 속도를 증가시킨다.

Walker :[49]

Clemson대학은 생체관련 로봇분야의 여러 연구를 수행하고 있으며 특히 코끼리의 코에 대한 연구를 수행하였다. 위에서 설명된 뱀형 로봇과 비슷하다고 할 수 있으나 Walker는 그 차이를 제시하였는데 무척추 동물을 두 가지로 분류하였다. 첫 번째 형태는 많은 작은 링크들로 구성되며 분리형 척추를 사용하는 뱀과 같은 필수 척추동물의 형태다. 이 경우는 구부림이 일정구간에서 그리고 적절한 위치에서 발생한다.

JPL에서 제작한 Serpentine Robot[49]의 경우가 이에 해당된다. 우주선에서의 검사업무와 우주정거장에서 설비의 결함 등의 검사 및 유지 보수 작업을 위해서 개발된 원격조정 로봇이다. 실제로 많은 구조물들 사이를 통과하여 작업해야 하므로 로봇의 몸체가 뱀과 같은 형태로 개발되었다. 이러한 성능을 수행하기 위해서 가장 중요한 내용은 로봇의 관절형태에 있다. JPL은 이러한 뱀형 로봇에 적용하는 관절을 universal joint와 gear를 사용하여 자세히 제시하였으며 관련 운동학의 식들을 발표하였다. 이러한 형태의 로봇의 경우에는 기존 로봇의 설계방식을 그대로 적용하는 장점이 있으나 관절과 링크의 수가 많고 링크의 길이가 작으므로 전체의 무게가 크고 작동과 해석이 어려운 단점이 있다.

Walker의 모델은 16개의 2-DOF 관절이 연속적으로 연결된 구조로서 전체적으로 32-DOF를 가지고 있으며 몸체의 움직임은 실제 코끼리의 코와 거의 비슷한 움직임을 나타난다. 모델에 기존의 모터를 사용하는 경우에는 무거운 여러 개의 모터를 움직이므로 매우 불편하다. 따라서 이에 대한 대안으로 인공근육을 사용하면 편리할 것이다. 하지만 지금까지 개발된 인공근육은 충분한 강도가 보장되지 않으므로 로봇에 적용하기가 매우 어렵다. 처음의 모델에서 인공근육 대신 8가닥의 철선 뭉치가 하나의 인공근육 다발을 대신하였으며 두 번째 모델에서 4가닥의 철선 뭉치가 2개의 인공근육 다발을 대신하였다. 이러한 형태이 여러 모델들이 개발되었다.

이러한 경우는 특별한 형태를 가지는 로봇으로서 특정한 보행 및 임무 수행에 매우 유용하다. 하지만 철선 뭉치들을 적절히 배치되어야 하며 이들이 지나는 공간이 확보되어야 한다. 마찬가지로 구조상의 강도가 부여되어야 한다. 모델들의 경우처럼 관절과 링크의 수가 많은 경우에는 기존의 정운동학을 적용한 계산이 매우 복잡해진다. 하지만 일정한 곡선을 갖는 이러한 형태의 로봇에 나타나는 일반적 형태를 관찰함으로 단단한 척추가 구조를 따라 끊어진 점에 연결된 힘줄 쌍으로 작동하는 형태로 힘줄의 끝점 사이에는 타고난 곡률을 이룬다.

정운동학에서의 관절의 각도가 local curvature로 대체되며 몸체의 32개 축 그리고 무한의 촉수를 가진 로봇의 형태를 actuator(몸체 8개, 촉수 4개) 수만큼의 차원으로 로봇형태를 단순화시켰다.

ASG :

독일 Bremen 대학의 RIC(Robot Innovation Center)에서 제작된 로봇으로 ASG(Advanced Security Guard)로 불린다. 그림에서와 같이 독특한 형태의 스포크를 가진 바퀴를 장착하고 있다. 큰 반지름을 가진 바퀴가 회전하면서 움직인다. 즉 다리의 기능을 수행하는 바퀴가 장착되어 다리만이 갖는 한계성을 극복할 수 있는 독특한 구조이다. 기존의 다리만을 갖는 로봇의 경우 보행속도가 느리며 장애물 횡단의 어려움이 존재하였다. 하지만 ASG의 경우 이러한 두 가지 어려움의 극복이 가능하다. 따라서 화재나 지진 등의 재난 현장에 처음 투입되어 인명구조 및 수색임무를 담당할 목적으로 개발되었다.[50]

Figure 2.4.7 Model of ASG[51]

일반적으로 바퀴를 이용하는 로봇의 경우에는 장애물을 넘기가 어려우며 다리를 이용하는 보행로봇의 경우에는 보행속도가 매우 느린 단점이 있다. 하지만 ASG의 경우에는 계단이나 경사 등의 장애물을 쉽게 넘을 수 있다. 이들의 움직임은 연구소의 웹사이트에 자세히 나타나 있다.[51]

ASG는 최대속도 $2m/sec$, 중량 $8kg$, 유효하중 $5kg$, $95 \times 50 \times 44(cm)$, $4 \times 24\,VDC\,Motor$, $30\,V\,Lithium\,Battery$ 를 장착하고 있으며 아울러서 video camera, infrared camera, laser scanner, chemical and biological sensors를 가지고 있다.

DFKI에서는 우주탐사를 목적으로 하는 보행로봇의 연구를 수행하고 있다. 화성과 달 탐사를 목적으로 8-족 보행로봇 Scorpion, 4-족 보행로봇 ARAMIES 그리고 6-족 보행로봇 SCARABAEUS를 개발하였다. 이러한 로봇들의 특징은 다리의 끝단에 gripper가 장착되어 원하는 샘플을 수거하여 내부에 보관하는 기능을 가지고 있다. CPG가 로봇의 보행을 제어하며 각각의 모터 속도를 제어하는 4개의 PID제어기가 작동하여 장착되어 CPG는 톱날과 같은 패턴을 발생시킨다.

RIC에서는 그 외에 다양한 아래와 같은 연구를 수행하고 있다.

1. Development of robot systems for unstructured, uneven terrain based on biologically inspired innovative locomotion concepts

2. Development of multi-functional robot teams usable for different tasks ranging from in-situ examinations to the organization and maintenance of infrastructure

3. Reconfigurable systems for planetary exploration

4. AI-based methods for autonomous navigation and mission planning in unknown terrain

5. Image evaluation, object recognition and terrain modeling

6. AI-based support systems for scientific experiments

7. Development of highly mobile platforms for indoor and outdoor applications

8. Development of autonomous systems that are able to identify potential victims (SAR) or intruders (Security)

9. Development and application of state-of-the-art sensor technology based on radar, laser scanner, and thermal vision to identify objects and

persons, resp.

10. Embedding of robot systems into existing rescue and security infrastructures

11. Autonomous navigation and mission planning

ANYmal :

스위스의 Zurich 대학 **Dalle Molle Inst. for AI**에서 개발한 4-족 보행 로봇을 나타낸다. 스위스의 NCCR(Center of Competence in Research)은 인간 생활 향상을 위한 목적으로 로봇연구소를 설립하였으며 대학의 연구를 지원하고 있다. 오랫동안 바이오로봇에 관련된 연구를 수행하고 있으며 여러 모델들을 제작하였다.

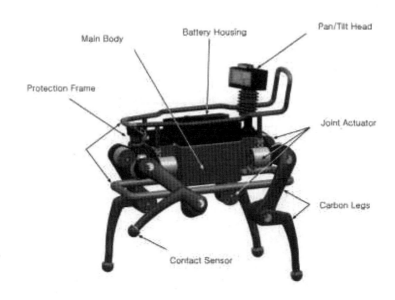

Figure 2.4.8 ANYmal by Univ. of Zurich.
(http://www.asl.ethz.ch/)

국가적 개발과제로 지정되어 오랫동안 연구된 내용이다. 보행에 요구되는 토크의 제어가 가능한 actuator가 장착되어 있으며 동적보행이 가능하다. 모델에 장착된 레이저 센서는 주위 환경을 읽을 수 있으며 보행하는 동안 계속하여 지면의 지도를 공급해준다. 따라서 가는 길을 계획하며 족

점(foot points)을 지정해준다.

상업적 목적으로 오일과 가스정에 투입되었다. 모델의 전체 하중이 30kg 이하이므로 취급에 편리하다. ANYmal 모델에는 다양한 종류의 센서들이 장착되어 있으며 이들을 이용하여 여러 종류의 기능들을 부여한 보행로봇의 제작 및 응용이 가능할 것이다.

보행로봇의 다리 끝에 바퀴를 장착한 모델을 개발하였다. 다리를 이용한 보행이 효율적이지 않은 경우를 고려하여 복합형태의 로봇을 연구하였다. 아직 척추동물과 같은 완벽한 형태의 보행로봇이 개발되지 않은 상태에서 두 경우를 보완하는 경우 그 효용성이 클 것이다.

따라서 ANYmal 모델의 다리 끝에 바퀴를 장착하여 로봇의 효용성을 더욱 증진시킬 수 있을 것이다. 마찬가지로 재난지역에서 효율적인 구조작업 또는 산업현장에서의 작업 등에 사용될 것이다. ANYmal 모델을 발전시킨 것이 StarlETH 모델이다. 향후 재난지역에서의 유용한 모델이 될 것이다.

Figure 2.4.9 ANYmal with wheels.
(http://www.asl.ethz.ch/)

ANYmal 모델을 발전시킨 또 다른 형태가 StarlETH이다. 4개의 다리가 동일하며 각각의 다리는 3 자유도를 가지며 hip joint에서 내전과 외전,

Figure 2.4.10 StarlETH by Univ. of Zurich.
(http://www.asl.ethz.ch/)

굽힘과 펼침이 가능한 포유류 동물의 형태이다. 효율적인 움직임을 보장
하기 위해서 다리의 무게를 최소화 하였으며 마찬가지로 다리를 최대한으
로 굽힘과 펼침을 보장시켰다.

몸체 길이는 0.5m, 다리 길이는 0.2m, 몸체 전체의 무게는 23kg으로
중간 사이즈의 개와 비슷하다. StarlETH 모델에 다양한 기능을 부여하는
경우 그 적용범위가 넓어질 수 있다. Fig 2.4.10에서와 같이 재난지역의
좁은 통로에서 구조 및 수색기능을 가질 수 있을 것이다.

§ 2.5 바이오로봇의 미래

Fig 2.4.2는 최근 현대자동차가 인수한 Boston Dynamics의 4-족 보행
로봇 Spot을 나타낸다. MIT에서 보행로봇을 오랫동안 연구한 연구자들이
1992년 분리되어 Boston Dynamics를 설립하였고, 여러 가지 관련 모델
들을 제작하여 웹사이트 등에 소개하였다.

단편적으로 가끔 소개된 자료들을 보면 Quadruped의 연구자들이 구현
하고자 했던 다양한 기능들을 보여주고 있다. 방향전환, 회전, 넘어짐에서
회복 등의 기능들을 만족스럽게 수행하고 있다. 사실 이러한 사항들은 그

동안 많은 관련 논문들이 발표된 사항이다.

그 외에 실제로 연구자들이 알고자 하는 핵심적 내용들은 접근이 매우 제한적이다. 첨단 분야의 연구 내용들은 논문발표가 우선시되었지만 최근의 추세는 논문발표 또는 특허신청을 하지 않고 회사 고유의 재산으로 공개를 꺼리고 있다. 향후 다음 세대를 이끌어갈 핵심 분야로 성장할 가능성이 크지만 넘어야 할 기술적 장벽이 많은 사항이다.

1990년대 자동차와 반도체 산업의 발전으로 산업용 로봇 시장은 성숙단계로 접어들어 로봇의 총 설치대수가 확장되지 않았다. 그 결과 일본의 로봇시장은 차츰 가정과 개인의 요구를 충족시키는 서비스 로봇의 개발로 서서히 방향이 전환되었다. 물론 Humanoid와 같은 분야도 있었지만 이러한 분야는 대형의 프로젝트로 많은 개발비가 소요되며 단시간 내에 시장에 진입하여 매출을 발생시키기에는 한계가 있기에 기업들이 시장을 활성화 시킬 수 있는 대안으로 서비스로봇의 개발에 관심을 기울이게 되었다.

현대사회는 가족중심의 생활에서 더 나아가 개인 중심의 핵가족화 형태로 생활의 패턴으로 바뀌고 있다. 특히 의학의 발달이 고령화사회를 앞당겨서 사람들이 가정에서 홀로 지내는 시간이 증가하게 되었다. 입력된 다양한 형태의 질문에 대답하고 재미있는 정보들을 알려주는 비서와 같은 로봇의 출현을 사람들은 오래 전부터 기대하였다. 과거에 소설이나 영화에 등장하던 로봇들이 좋은 예가 될 것이다. 오래 전에 일본을 강타한 다마고치 열풍을 생각하면 이해가 될 것이다.

바쁜 현대인들은 가사노동에서 자유로워지기를 원한다. 삶의 질 향상에 대한 사람들의 요구가 커지면서 집안의 청소, 요리, 설거지, 잔디깎기 등 잡다한 집안일들을 대신해주는 가정용 로봇의 출현을 애타게 기다리고 있다. 메커니즘 등 개발을 위한 기술은 일정한 수준에 도달하여 있으므로 상용화하기에 무리가 없다. 현재까지 상용화된 제품은 청소로봇 정도다. 첨단의 IT 기술을 가정용 로봇에 집목하여 크게 진진된 형태의 가정용 로봇이 머지않아 개발될 것으로 기대된다. 이러한 가정용 로봇은 무엇보다도 엄청난 시장 잠재력을 가지고 있으므로 많은 기업에서 활발하게 관련 연구를 진행하고 있다.

혼자 사는 사람이 외로움을 달래기 위하여 개나 고양이를 아파트 등의 집안에서 길렀지만 살아있는 짐승을 기른다는 것은 여간 힘든 일이 아니라는 것을 누구나 알 것이다. 시간을 맞추어서 먹이를 주고 배설물을 치우고 집 밖에서 적당히 운동을 시키고 아프면 병원에 데리고 가야 하고 등의 많은 일들이 바쁜 현대인의 생리에 맞지 않다.

§ 2.6   결론

현재 지구상에 존재하는 생명체들은 생존을 위한 수많은 시행착오를 거치면서 존재를 위한 몸체의 구조 및 삶의 방식을 변경하였다. 아무리 과학이 발달된 시대지만 우리는 생명체의 독특한 특성들을 재현시킬 수 없다. 다만 피상적으로 막연하게 모방시키는 수준이다.

지금까지 로봇은 고정된 생산라인에서 용접 등 주어진 역할을 반복하는 수준이었다. 하지만 향후 로봇은 생명체와 같이 움직이며 최소한의 주어진 기능을 수행하는 수준으로 발전될 것이다. 이를 위해서 지구상에서 너무나 잘 살고 있는 척추동물이나 곤충들을 모델로 선택하여 이들을 모방하면 가능할 것이다.

생물학에서 연구된 수많은 분량의 내용들에 공학적 원리들을 적용하면 새로운 로봇의 시대가 열릴 것이다. 이러한 연구는 공학과 생물학의 융합이다. 따라서 언급한 바와 같이 향후 과학은 자연과의 거리를 좁히는 과정이라고 할 수 있다.

1. 지난 20여 년간 4-족 보행로봇의 개발현황을 조사해라.

2. 바이오로봇에 관련하여 개최된 Conference 현황을 조사하고 거기에서 발표된 논문들을 주제별로 분류해라.

3. 최근 유럽의 대학 또는 연구소 등에서 연구되는 바이오로봇의 특징은 무엇인가 ?

4. 스팟의 경우 일반 타 모델과 다른 구조상 특징은 무엇인가 ?

5. 본서의 모델과 스팟의 외형상 차이점은 무엇인가 ?

6. 스팟의 외형상 구조를 개선하고자 하는 경우 어떠한 모델로 만들고 싶은가 ?

7. 최근에 개발된 보행로봇의 경우 기존의 4-족 보행로봇이 가지고 있지 않은 설비나 기능은 무엇인가 ?

[Reference]

[1] Kenney J. D. "Investigation for a Walking Device for High Efficiency Lunar Paper 2016-61", *American Rocket Society*, Space Flight to the Nation, New York, 1961.

[2] Baldwin, W. C. and Miller, "J. D., Multi-Legged Walker", Final Report, Space General Corp., El Monte, California, 1966.

[3] https://nsf.gov/news/mmg/mmg_disp.jsp?med_id=70687&from=

[4] Rosheim, M. E., *Robot Evolution*, John Wiley &Sons, Inc., 1994.

[5] https://robots.ieee.org/robots/genghis/

[6] Spenneberg Dirk and Kirchner Frank, "The Bio-inspired SCORPION Robot: Design, Control & Lessens Learned" DFKI- German Research Center for Artificial Intelligence, Robotics Lab, University of Bremen, *Climbing & Walking Robots*, *Towards New Applications*, pp.546, October 2007.

[7] https://asimo.honda.com/

[8] https://info.aibo.com/en-us/2022/02/20220201-01.html

[9] Uchida, H. and Nonami, K., "Quasi force control of mine detection six-legged robot COMET-I using attitude sensor", *Proceeding of 4th Int. Conf., on Climbing and Walking Robots*, pp. 979-088, 2001.

[10] Uchida, H. and Nonami, K., "Attitude control of six-legged robot using optimal control theory", *Proceeding of 4th Int. Conf., on Motion and Vibration Control*, pp. 391-396, 2002.

[11] Poramate M., Luca P,. Xiaofeng X., et al, "Insect-Inspired Robots: Bridging Biological and Artificial Systems", *Sensors*, 21, 7609, Nov., 2021.

[12] Yujiro Kakei, Shumpei katayama, and et al., "Integration of body-mounted ultrasonic organic solar cell on cyborg insects with intact mobility", *NPJ Flexible Electronics*, Vol. 78, 2022.

[13] http://biomimicry.net

[14] http://polypedal.berkeley.edu

[15] http://bdml.stsnford.edu/twiki/bin/view/Main/StickyBot

[16] Dong Sun, Jian Zhu and Shiu Kit Tso, "A Climbing Robot for Cleaning Glass Surface with Motion Planning and Visual Sensing", *Climbing & Walking Robots*, Toward New Applications, edited by Houxiang Zhang, pp. 221-229.

[17] Lamiraux, F. & Laumond, J. P. (2001). "Smooth motion planning for car-like vehicles", *IEEE Transactions on Robotics and Automation*, Vol. 17, No. 4, pp. 498-501.

[18] Boissonnat, J. D.; Devillers, O. & Lazard, S. (2000). "Motion planning of legged robots", *SIAM Journal on Computing*, Vol. 30, No. 1, pp. 218-246.

[19] Hasegawa, Y.; Arakawa T. & Fukuda, T., "Trajectory generation for biped locomotion robot", *Mechatronics*, Vol. 10, No. 1-2, pp. 67-89, 2000.

[20] Hert S. & Lumelsky, V., "Motion planning in R3 for multiple tethered robots", *IEEE Transactions on Robotics and Automation*, Vol. 15, No. 4, pp. 623-6, 1999.

[21] Masakazu Suzuki, "Complex and Flexible Robot Motions by Strand-Muscle Actuator", *Climbing & Walking Robots*, Towards New Applications, Book edited by Houxiang Zhang, pp.546, October 2007, Itech Education and Publishing, Vienna, Austria

[22] *Proc. 2nd Conf. on Artificial Muscles*, 2004.

[23] Linde, R. Q. van der, "Design, analysis, and control of a low power joint for walking robots, by phasic activation of McKibben muscles", *IEEE T. Robotics and Automation*, Vol. 15, No. 4, pp.599-604, 1999.

[24] Suzuki, M.; Akiba, H.; Ishizaka, A., "Strand-muscle robotic joint actuators", *Proc. 15th RSJ Annual Conf.*, pp.1057-1058, 1997.

[25] Michael, Fielding, "Omnidirectional Gait Generating Algorithm for Hexapod Robot", *Dissertation*, University of Canterbury, Christchurch, New zealand, 2002.

[26] Cížek, P.; Zoula, M.; Faigl, J., "Design, Construction, and Rough-Terrain Locomotion Control of Novel Hexapod Walking Robot with Four Degrees of Freedom Per Leg", *IEEE Access 2021*, 9, 17866–17881.

[27] Thor, M., "MORF—Modular Robot Framework", Thesis, Maersk Mc-Kinney Moller Inst., Univ. Southern Denmark, Odense, Denmark, 2019.

[28] Goldsmith, C.; Szczecinski, N.; Quinn, R., Drosophibot, "A fruit fly inspired bio-robot", *Conf. on Biomimetic and Biohybrid Systems*, Springer International Publishing: Cham, Switzerland, 2019; pp. 146–157, 2019.

[29] Cheah, W., Khalili, H. H., Arvin, F., Green, P., Watson, S., Lennox, B., "Advanced motions for hexapods", *Int. J. Adv. Robot. Syst.*, 2019.

[30] Zhong, B., Zhang, S., Xu, M., Zhou, Y., Fang, T., Li, W., "On a CPG-based hexapod robot: AmphiHex-II with variable stiffness legs", *IEEE/ASME Trans. Mechatron*, 2018, 23, pp. 542–551, 2018.

[31] Silva, O.A., Sigel, P., Eaton, W., Osorio, C., Valdivia, E., Frois, N., Vera, F., "CRABOT: A Six-Legged Platform for Environmental Exploration and Object Manipulation", *Proceedings of the CRoNe2018: 4th Congress on Robotics and Neuroscience*, Valparaíso, Chile, 8–10 November, pp. 46–51,

2018.

[32] Dupeyroux, J., Passault, G., Ruffier, F., Viollet, S., Serres, J., Hexabot, "A Small 3D-Printed Six-Legged Walking Robot Designed for Desert Ant-Like Navigation Tasks", *Proceedings of the 20th IFAC Word Congress 2017*, Toulouse, France, 9-14 July 2017; Volume 2017; pp. 1628-1631.

[33] Trossen Robotics, PhantomX AX Metal Hexapod MK-III Kit, Ref. MK3-AX12, KIT-PXC-HEX-MK3-AX12, 2020, Available online: https://www.trossenrobotics.com/phantomx-ax-hexapod.aspx (accessed on 3 June 2021).

[34] Bjelonic, M., Kottege, N., Beckerle, P., "Proprioceptive control of an over-actuated hexapod robot in unstructured terrain", *Proceedings of the 2016 IEEE/RSJ International Conference on Intelligent Robots and Systems (IROS)*, Daejeon, Korea, 9-14 October 2016, pp. 2042-2049.

[35] Halvorsen, K., MX Phoenix, Zenta Robotic Creations, 2016, Available online: http://zentasrobots.com/ (accessed on 10 June 2021).

[36] Palankar, M., Palmer, L., "A force threshold-based position controller for legged locomotion", *Auton. Robot*, 2015, 38, pp. 301-316.

[37] Festo. BionicANT, 2015. Available online: https://www.festo.com/group/en/cms/10157.htm(accessed on 11 June 2021).

[38] Schneider, A., Paskarbeit, J., Schilling, M., Schmitz, J., "HECTOR, a bio-inspired and compliant hexapod robot", *In Conference on Biomimetic and Biohybrid Systems*, Springer International Publishing, Cham, Switzerland, 2014, pp. 427-429.

[39] Roehr, T. M., Cordes, F., Kirchner, F., "Reconfigurable integrated Multi-robot exploration system(RIMRES): Heterogeneous modular reconfigurable robots for space exploration", *J. Field Robot*, 2014, 31, pp. 3-34.

[40] Galloway, K. C., Clark, J. E., Koditschek, D. E., "Variable stiffness legs for robust, efficient and stable dynamic running", *J. Mech. Robot*, 2013, 5.

[41] Galloway, K. C., Haynes, G. C., Ilhan, B. D., Johnson, A. M., Knopf, R., Lynch, G. A., Plotnick, B. N., White, M., Koditschek, D. E., "X-RHex: A Highly Mobile Hexapedal Robot for Sensorimotor Tasks", Technical Report; University of Pennsylvania, Department of Electrical & Systems Engineering: Philadelphia, PA, 2010.

[42] Gorner, M., Wimbock, T., Baumann, A., Fuchs, M., Bahls, T., Grebenstein, M., Borst, C., Butterfass, J., Hirzinger, G., "The DLR-Crawler: A testbed for actively compliant hexapod walking based on the fingers of DLR-Hand II",

In Proceedings of the 2008 IEEE/RSJ International Conference on Intelligent Robots and Systems, Nice, France, 22‒26 September 2008, pp. 1525‒1531.

[43] Manoonpong, P., Pasemann, F., Roth, H., "Modular reactive neurocontrol for biologically inspired walking machines", *Int. J. Robot.* Res., 2007, 26, pp. 301‒331.

[44] https://www.robotics247.com/article/cmu.partners_with_university_of_california_for_low_cost_research_solution.

[45] https://www.robotics247.com/article/exyn_technologies_and_trimble_outfit_boston

[46] https://www.robotics247.com/article/deep_robotics_releases_jueying_x20_quadruped

[47] https://www.robotics247.com/article/anybotics_adds_velodyne_lidar_sensors_mobile

[48] www.manoonpong.com/AMOSWD02.html.

[49] Walker, I. D., "Some Issues in Creating 'Invertebrate' Robots", *Int'l Sym. On Adaptive Motion of Animals and Motions(AMAM)*, Montreal, Canada, Aug. 8‒12, 2000.

[50] Paljug, E., Ohm, T., and Hayati, S., "The JPL Surpentine Robot: a 12 DOF System for Inspection", *Proc. IEEE Conference on Robotics and Automation*, pp. 3143‒3148, 1995.

[51] http://robotik.dfki-bremen.de/en/research/robot-systems/istruct-demonstrator-1.html.

Chapter 3

척추동물

Biorobotics

§ 3.1 개론

사람들은 오랫동안 새들과 같이 하늘을 나는 것을 꿈꾸었다. 레오나르도 다빈치는 Fig 3.1.1에 표시된 바와 같이 이러한 꿈을 구현시키기 위한 많은 업적을 남겼다. 다방면에 천재적 기질을 보여주었던 그는 수많은 귀중한 과학 스케치를 남겼다. 그가 꿈꾸었던 하늘을 나는 새는 과학의 발달로 드디어 비행기로 실현되었다.

마찬가지로 자유로이 물속을 헤엄치는 물고기는 배와 잠수함으로 구현되었다. 특징은 다양성에 있다. 지구상에 존재하다 어떠한 이유에서든 사라졌던 또는 지금도 존재하는 수많은 동물들은 다양한 구조와 움직이는 독특한 특성을 가지고 있다.

Figure 3.1.1 Anatomical Sketch by da Vinch[1]

현대과학에서 가장 발전된 분야가 생물학이라는 사실은 모두가 인정하고 있다. 역사적으로 생물학에서 살아있는 동물들에 관한 구조 및 운동에 관한 활발한 연구가 진행되었으며 특히 이러한 연구들은 촬영기술의 발달로 큰 업적을 이루게 되었다.

생물학의 결과들이 로봇공학에 이용되기 시작한 것은 1970년대 후반부터이다. 동물의 보행특성 설명을 위하여 필요한 용어들이 정의되고 관련된 이론들이 소개되기 시작하였다.

하지만 이러한 내용들은 전적으로 생물학적 관점에서 취급되었다. 1970년대 후반부터 University of Southern California, Ohio State University에서 McGhee, Waldron 등의 연구자들이 공학적 관점으로 새로운 용어들을 정의하여 사용하기 시작하였다. 이미 생물학에서 축적된 동물의 구조 및 운동특성 등이 공학적 보행로봇의 연구에 크게 기여하였다.

이러한 결과 비로소 보행로봇에 대한 연구가 공학적 관점에서 진행되기 시작하였으나, 생산라인에서 반복되는 작업을 사람 대신 수행하는 산업용 로봇의 폭발적 수요증가의 영향으로 바이오로봇의 연구는 늦어졌다 하지만 최근 로봇공학의 새로운 돌파구로 바이오로봇의 연구가 중요한 이슈가 되고 있다.

통섭(Consilience) :

1840년 윌리암 휘델은 다양한 분야의 지식들을 연결하여 하나의 결론에 이른다는 이론을 제시하였으며 통섭(Consilience)이라는 용어를 처음으로 사용하였다. 그 후 1998년 Edward Wilson은 그의 저서 *Consilience: The Unity of Knowledge*에서 인문학과 자연과학의 융합을 제시하였다.[2] University of Alabama 대학은 Wilson이 재학할 당시 생물학에 관한 많은 자료들을 소장하고 있었으며 생물학에 관한 우수한 연구환경을 지니고 있었다.

그는 유명한 저서 *On Human Nature*와 *The Ants*로 두 번이나 퓰리처상을 수상하였다. 로봇공학에서는 1980년대 초반부터 자연을 모방한 로봇에 관한 많은 연구가 진행되고 있지만 이러한 연구들은 단순히 생명체들의 외형을 모방하는 수준에 머물렀다.

1893년 Rygg가 Figure 3.1.2와 같은 말을 제작하여 특허를 신청하였다. 이 모델은 실제로 사람이 탈 수 있도록 제작되었으며 말에 탄 사람이 페달을 돌려서 가도록 하였다. 그 당시 기계를 사용하여 제작되어 사람이 타거나 마차를 끌 목적으로 제작되었지만 그 기능들은 매우 제한적이었다.

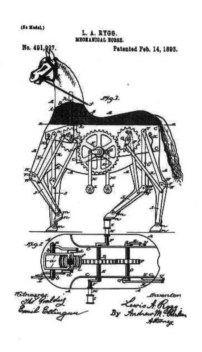

Figure 3.1.2
Mechanical Horse by
Rigg[3]

　본 장에서는 생물체들을 기계공학적 관점에서 하나의 동역학적 시스템으로 간주하여 보행 중에 발생되는 운동특성을 해석할 수 있는 모델로 표현하는데 있다. 척추동물의 몸체는 여러 개의 척추뼈가 연결되어 있으며, 즉 여러 개의 링크와 조인트로 연결되어 있지만 보행 중에는 거의 움직이지 않으므로 고정된 하나의 링크로 간주한다. 각각의 다리는 여러 개의 링크로 구성된 로봇팔로 간주된다. 정확한 운동특성 분석을 위해서는 더 많은 수의 링크와 조인트로 구성할 수 있지만 본 장에서는 한 가지 방법만을 소개한다.

　그리스나 로마의 신화나 문학작품 또는 조각품들에서 보는 바와 같이 기계적 인간이나 동물들을 만드는 것은 오랜 기간 동안 사람들의 꿈이었다. 공학은 생물체들에서 유용한 해답을 찾기를 기대하기 시작하였다. 이러한 연구의 시도가 계속되고 있지만 아직 확실한 결과로 나타나지 않고 있다.

하지만 이러한 연구방향의 전환은 매우 중요한 결과를 얻을 수 있다고 많은 사람들이 확신하고 있다. 생물체를 구성하는 수많은 동물이나 곤충 등은 오랜 진화의 과정을 거치면서 몸체가 환경에 알맞게 재구성(reconstruction)되었으며 움직이는 메커니즘과 제어방식이 변화되었다. 마찬가지로 생명체들의 이러한 변화과정을 이해하는 것은 보행로봇의 연구에 도움이 될 것이다.

생체모방(Biomimikry) :

기계적 보행로봇의 연구를 위하여 생체모방(biomimikry)이 필수적이며 단순한 외형의 모방만으로는 성공적인 연구결과가 보장되지 않을 것이다. 이를 위하여 우선 생물학에서 사용되고 있는 주요 분류방식(morphology, taxonomy)을 참고해야 한다.

두더지와 유사한 땅강아지는 땅 밑에 굴을 파서 이동하며 먹이 획득을 하는데, 이럴 때 전방에 부착된 2개의 로봇팔이 필요한 역할을 한다. 이와 같이 생명체들은 주어진 환경에 적응하며 살 수 있도록 적절하게 몸체의 구조와 보행 및 제어방식들을 최적의 조건으로 수정하며 생존을 이어왔다.

수중, 지상, 공중 또는 그들이 살아가는 환경조건에 따라서 바이오로봇에 필요한 조건들이 다를 것이다. 따라서 만들고자 하는 바이오로봇에 요구되는 조건들을 고려하여 비슷한 조건에서 사는 생명체들의 모든 조건들을 모방하여 만들면 최적의 바이오로봇이 탄생될 것이다.

Engineering System :

우리가 아는 바와 같이 분류된 각각의 개체들은 형태와, 구조, 움직임에서의 특징들을 가지고 있다. 항상 자연은 오랫동안의 진화의 결과로 나타나는 최고의 공학시스템이다. 어느 일정한 목적이 부여된 로봇을 설계하는 경우에 위에서 가장 적절한 생명체를 선택하고 그들의 구조와 움직임의 특성을 분석하고 생물학적 원리들을 이해하여 공학원리를 적용함으로써 최적의 공학시스템을 만들 수 있다. 이러한 연구의 과정에서 수학, 생물학, 기계공학, 전자공학 등의 지식이 적용되며 최근의 경향인 통섭의 관점에서 설명될 수 있다.

위에서 생물체들을 간단히 분류하였으나 자세한 생물학적 분류는 생물학의 분류체계를 참고하면 도움이 될 것이다. 향후 발전된 형태의 공학적 연구를 위해서는 생물학에서 연구된 내용들의 차용이 필요할 것이다. 지금까지 동물의 형태를 모방한 다양한 연구가 국내외 대학과 연구소를 중심으로 진행되었으며 인터넷을 통하여 그 형태를 쉽게 접할 수 있다.

척추동물은 문자 그대로 등뼈로 불리는 척추를 가지고 있는 동물을 말하며 위에서 분류한 대로 포유류, 파충류, 조류, 양서류를 말한다. 이러한 분류방식에 포함되는 척추동물들은 생김새가 다르며 여러 고유한 특징들을 가지고 있다. 곤충의 경우와 비교하여 첫째로 그 크기가 크므로 육안으로 보행특징을 구별할 수 있으며 근육이나 신경의 움직임을 곤충의 경우보다 판별이 용이하다.

따라서 연구의 편의상 biorobot은 적절한 연구의 대상이 될 수 있다. 아울러 곤충들의 경우에는 대부분 생존이 따뜻한 여름 등 일정한 기간에 한정되지만 동물들의 경우에는 이러한 제한이 없다. 따라서 일년내내 연구의 대상을 접할 수 있는 장점이 있다.

Journal of Experimental Biology :

생물학에서 척추동물에 관한 많은 연구가 진행되어왔다. 이미 1600년대에 말의 보행에 관한 연구가 시작되었으며 말의 걸음새를 표현하는 구체적 방식까지 제안되었다. 생물학자들이 동물들의 보행 연구에 필요한 용어들을 지정하여 사용하였으며 언급한 학술지 등에서 로봇공학에 응용이 가능한 중요한 내용들이 다루어지고 있다.

본 장에서는 척추동물의 경우를 중심으로 이들을 로봇공학에 모사하여 보행로봇을 만드는 경우의 특징들을 설명하고 이들의 몸체를 구성하고 있는 근육과 뼈의 특징을 검토한다. 보행로봇 연구에서 중요한 역할을 감당하는 걸음새를 표시하는 방법과 종류 등을 알아본다. 아울러서 이미 만들어진 모델들에 관한 내용들을 검토한다.

Figure 3.1.3   Front pages of Journal of Experimental Biology
https://journals.biologists.com/jeb/issue/224/3.

Figure 3.1.4   Front pages of Journal of Zoology
https://zslpublications.onlinelibrary.wiley.com/toc/14697998/current

Figure 3.1.4의 커버 페이지 그림은 동물학 논문집으로 동물의 행동, 생태학, 생리학, 해부학, 발달생물학, 진화, Systematics, 유전학, 게놈 등의 분야를 커버하는 높은 수준의 학술잡지이다. 아직 인간이 규명하지 못한 현상들을 생물학적 관점에서 다루고 있다. 향후 로봇공학에 응용이 가능한 놀라운 현상들을 제공할 것이다.

Journal of Zoology :

Figure 3.1.5는 이론생물학 논문집의 전면 페이지를 나타낸다. 생물학의 최근의 주요 주제를 다루고 있는 저널로 다음과 같은 내용을 포함하고 있다. 주제가 광범위하지만 로봇공학과 관련된 동물의 걸음새, 구조 등에 관한 내용을 계승 발전시키고 있다.

- Brain and Neuroscience
- Cancer Growth and Treatment
- Cell Biology, • Developmental Biology
- Ecology, • Evolution, • Immunology,
- Infectious and non-infectious Diseases,
- Mathematical, Computational, Biophysical and Statistical Modeling
- Microbiology, Molecular Biology, and Biochemistry
- Networks and Complex Systems
- Physiology, • Pharmacodynamics
- Animal Behavior and Game Theory

Figure 3.1.5 Front pages of Journal of Theoretical Biology

§ 3.2 특징

동물의 특징은 다양성에 있다. 지구상에 존재하다 어떠한 이유에서든 사라졌던 또는 지금 존재하는 수많은 동물들은 다양한 구조와 움직이는 독특한 특성을 가지고 있다. 동물들은 생명체로서 살아가기 위하여 몸의 온도를 조절해야 하며 이를 위하여 심장을 박동시켜야 하며, 몸을 지탱하기 위하여 뼈로 구성되어야 하며 이들 뼈들을 움직이기 위한 근육과 신경이 존재해야 한다. 그 이외에 몸체를 구성하는 각각의 기관들은 여러 가지 독특한 기능을 수행하고 있다.

과학은 이러한 동물들의 구조와 기능들의 일부만 알고 추측할 뿐 전체적으로 완전하게 알고 있지는 못한다. 하지만 생물학에서는 오래 전부터 동물들의 구조와 운동 특성들을 연구해 오고 있으며 이러한 연구결과들을 통섭의 의미에서 공학분야인 보행로봇 공학에 적용하는 경우 매우 유용한 결과를 기대할 수 있다. 이러한 시도는 80년대부터 활발하게 진행되어 왔으며 보행로봇의 발전에 크게 기여하였다.

본 장에서는 Alexander[4]의 연구내용을 중심으로 공학적인 관점에서 보행로봇의 연구에 기여가 가능한 동물의 구조 및 특성을 검토하여 보자.

(1) 적절성(Fitness)

지구의 오랜 역사 위에서 살았던 또는 살고 있는 생명체들은 계속 진화하여 왔으며 그 흔적들을 몸에 지니고 있다. 동물들의 구조와 움직임의 형태도 진화하여 왔다. 여러 세대가 흐르는 동안 동물들은 수많은 시행착오를 거쳐서 보행의 방식을 변경하여 왔다. 또는 자연적 선택방식에 의하여 좋은 방향으로 진화하여 왔다.

이러한 좋은 방향으로의 진화를 Alexander는 적절성(Fitness)으로 표현하였다. 즉 생물체는 적절성을 증가시키는 방향으로 진화하여 왔다고 주장하였다. 적절성을 가진 동물의 유전자는 다음 세내에 전달된다. 하지만 이러한 적절성을 수치로 나타내기에는 한계가 있다.

(2) 보행속도

대부분의 동물들은 움직이는 속도를 증가시킬 수 있도록 몸체의 구조와 움직이는 형태를 변화시키는 방향으로 진화를 한다. 사자는 먹이를 구하기 위하여 빠른 속도가 요구되며 이와 반대로 토끼는 약탈자들의 위험에서 벗어나기 위하여 빠른 속도가 요구된다. 이와 같이 빠른 속도는 결국 종과 자손의 번창과 직결된다.

하지만 모든 동물의 경우가 이러한 경우에 속하는 것은 아니다. 예를 들면 거북이의 경우에는 먹이를 구하기 위하여 빠른 속도의 보행이 요구되지 않는다. 거북의 딱딱한 등껍질은 딱딱하여 외부의 공격으로부터 충분히 방어가 가능하므로 토끼처럼 빠른 속도가 요구되지 않는다. 따라서 거북의 경우에는 보행의 속도를 증가시키기 위한 방향으로 진화가 진행되지 않았다.

지구상에서 가장 빠른 동물로 알려진 치타의 최대속도는 $112\,km/h$ 이지만 이러한 속도로 $500\,m$를 달릴 수 없다. 최대속도로 달리는 경우 심장박동 때문에 30초 이상을 달릴 수 없다고 한다. 심장 등 다른 신체기관이 이를 보조해야만 하는데 이러한 능력을 계속할 수가 없다.

가장 빠른 다른 경우는 송골매가 먹이를 발견하고 하강하는 속도로서 $322\,km/h$ 를 나타낸다고 한다. 동물들의 최대속도는 필요한 순간에 짧은 시간 동안 나타나는 특성이다. 하지만 이들은 거의 대부분의 시간을 초원이나 나무 위에서 한가롭게 지내고 있다.

동물들은 움직이는 속도에 따라서 다리와 몸체의 움직임이 어느 특성을 나타낸다. 마찬가지로 속도에 따라 다리 걸음새 형태가 다르며, 소모하는 에너지가 다르다. 이러한 여러 특성들을 검토하여 가장 효율적인 보행로봇의 설계에 적용이 가능할 것이다. 지금까지 만들어진 보행로봇의 경우에 아직도 해결하지 못한 여러 공학적 문제 때문에 저속으로 보행하고 있다.

(3) 가속도(Acceleration)

동물들의 빠른 속도는 먹이를 추적하는데 큰 도움이 된다. 하지만 속도보다 중요한 요소가 가속도다. 고등학교과정에서 배우는 직선운동에서 간거리 시간, 속도, 가속도의 관계식에 의해 물체에 도달되는 시간을 간단한 식에 의해 구할 수 있다. 하지만 동물들이 최대속도가 크더라도 이를 계속하는 시간이 문제가 된다.

포식자의 먹이 획득능력은 속도보다 가속도의 크기에 달려있다고 하였으며 극단적으로 포식자의 최대속도가 먹이동물의 경우보다 느린 경우도 해당된다고 하였다. Elliott[5]은 사자가 Gazelle을 추격하는 경우의 시간과 속도의 관계를 다음의 식으로 나타내고 있다.

$$v = v_{max}(1 - e^{-kt}) \tag{3.2.1}$$

여기서 v는 시간 t에서의 속도, v_{max}는 그래프에서 점근선으로 나타난 최대속도, k는 동물의 특성을 나타내는 일정한 상수를 의미한다.

사자가 가젤을 추격하는 경우에 처음 4초 이내에 잡지 못하면 가젤은 위험을 벗어나게 된다. 물론 먹이가 되는 동물들은 포식자와의 거리가 가까워진 경우에 순간적으로 방향을 바꾸어서 위험을 벗어나는 경우도 있다. 이러한 경우를 제외하고 위의 그래프는 경험식으로 표시되었다.

(4) 지속성(Endurance)

동물들은 계속하여 최고의 속도로 달릴 수는 없다. 단거리를 달리는 선수가 장거리를 달리는 경우의 속도의 변화, 송어가 헤엄쳐서 먼 거리를 가는 경우의 속도가 시간의 함수로 표현되어 그래프로 발표되었다.[6] 사람이 달리는 경우 최대속도는 $100\,m$ 구간에서는 현저히 감소하며, 그 후 몇 시간 동안 계속 속도가 감소한다.

동물들이 먼 거리를 달리는 경우에 포식자에게 잡히거나 또는 이를 피하는 경우에 대한 많은 연구가 진행되었다. 보행로봇은 조건이 주어지면 계속 보행할 수 있는 지구력이 보장되기에 동물들의 지구력과는 직접적인 관련이 적을 것이다.

(5) 에너지

많은 동물들이 보행 중에 소모하는 에너지의 양은 소모하는 산소의 양에 의해서 측정되었다. 생물학의 많은 논문들은 동물들이 소모하는 에너지를 들어 마시고 내뿜는 호흡과정에서 포함된 산소의 양을 측정하여 신진대사의 에너지를 계산하였다. 동물에 직접 측정 설비를 장착시켜 실험을 진행하므로 신뢰성 있는 데이터를 획득할 수 있는 장점이 있다.

공학에서는 보행로봇이 보행 중에 소모하는 에너지의 양은 복잡한 동역학적 원리들이 적용되어 로봇의 관절에 작용하는 토크를 구하여 계산되었다. 이러한 공학적 방식에는 로봇을 구성하는 여러 변수들이 관여되므로 소모되는 에너지를 감소시키기 위한 컴퓨터를 응용한 공학적 모사시험이 가능하다. 하지만 생물학과 공학의 측정방식들에는 각각 장점들을 가지고 있다.

Baudinette[6]의 연구에 의하면 해수 표면에서 헤엄치는 펭귄은 동일 하중과 속도의 조건에서 오리와 비교하여 0.62의 에너지만 소비한다. 즉 펭귄은 오리보다 에너지 효율이 우수하다고 말할 수 있다. 마찬가지로 Taylor의 연구 결과에 의하면 펭귄은 동일 하중과 속도의 조건에서 터키보다 60% 빨리 에너지를 소모한다.[7]

동물들의 에너지 소모는 다양한 방법으로 동물들의 삶에 영향을 끼친다. 중요한 한 가지 사실은 보행에 사용되지 않는 에너지는 동물 자신의 성장과 새끼를 기르는데 유용하게 사용된다는 것이다. 새끼를 기르는 새들은 낮 동안 거의 전부의 시간을 먹이를 찾아 날아다니며 먹이의 대부분은 이러한 비행을 위한 연료로서 사용된다.

Bryant의 실험에 의하면 둥지에 어린 새끼가 있는 경우에 새들은 하루에 14시간 동안 둥지를 떠나 거의 대부분의 시간을 비행하며, 이때 신진대사율이 둥지에 있을 때보다 3.6배 증가된다.[8] 실험에서 새끼들이 먹이를 삼킬 수 없도록 새끼에게 목줄을 장착하여 먹이를 삼키는 것을 조절하여 어미가 새끼에게 주는 먹이의 양과 체중을 측정하였다.

그 결과 새끼들은 어미의 일반 대사량의 3배에 달하는 먹이를 어미로부터 공급받았으며 어미 자신은 일반 대사량의 3.6배에 달하는 신진대사량을 필요로 하였다. 어미가 사용하는 에너지의 대부분은 비행을 위한 동력원으로 사용되었다. 만약 이들이 좀 더 경제적으로 다시 말하면 에너지를 적게 사용하는 방식으로 비행한다면 나머지 에너지원이 새끼를 양육하는데 사용될 것이며 나아가서 종의 번성을 기대할 수 있다.

위의 경우와 달리 어떤 물고기들은 새끼를 돌보지 않고 에너지를 절약하는 경우도 있다. 많은 알을 낳을수록 다음 세대는 번창한다. 하지만 전체 알의 숫자는 그 크기에 제한을 받는다. 일반적으로 물고기 암컷인 경우에 한 시즌 동안 0.1m에서 0.2m의 알을 낳는다.[9] 일생에 보행에 사용되는 에너지가 적을수록 먹이 섭취로 얻어진 에너지의 많은 양이 성장에 사용된다.

Alexander[4]의 연구에 의하면 일반적으로 어류의 경우에 물고기가 섭취한 먹이에 의해서 발생된 에너지의 20%는 배설물과 오줌으로 소비되고, 에너지의 34%는 정지한 상태에서 내부적으로 소비되는 에너지이며, 34%는 물속에서 헤엄을 칠 때 사용되는 에너지다. 나머지 12%는 성장과 다음 세대 번식을 위하여 사용된다. 그의 연구가 타당하다면 헤엄칠 때에 사용되는 에너지는 성장과 번식에 사용되는 에너지의 3배에 해당한다. 따라서 물고기의 경우에 이동에 사용되는 에너지의 1%를 절약한다면 성장과 번식의 비율이 3% 증가하는 효과를 가져 온다고 볼 수 있다.

(6) 안정도(Stability)

안정도는 동물이 보행하는 동안에 넘어지지 않고 보행을 수행하는 정도를 나타낸다. 사실 6-족 보행로봇의 경우에는 항상 3개 이상의 다리가 지지상을 이루므로 안정도가 중요한 요소가 될 수 없었다. 하지만 4-족 보행로봇의 경우에는 무게중심의 투영점이 지지다각형의 외부에 존재하는 경우가 있으므로 안정도 유지가 제어의 중요한 요소가 된다.

보행로봇의 발달과정을 보면 초기에는 거의 6-족 또는 8-족 로봇의 모델들이었다. 가장 큰 이유는 다리의 개수가 이보다 적을 경우 안정도 유지의 문제가 발생하기 때문이었다. 그 후 OSU의 Waldron과 McGhee 등이 4-족 보행로봇에서 $\beta = 0.75$ 이상의 경우에 4-족 보행로봇이 최적의 조건이라는 사실을 증명하였다.

이러한 내용은 생물학적 증명이 아니라 순수한 수학적 증명의 과정에 의해 이루어졌다. 향후 생물학적 실험에 의해서 증명이 가능할 것이다. 실험실 바닥을 저속으로 보행하는 경우가 대부분이었지만 최근 미국의 Boston Dynamics사가 제작한 4-족 보행로봇의 경우에 보행 속도가 향상되었다.

거북이는 매우 천천히 보행을 한다. 동물들은 속도가 중요하지 않을 경우에 근육을 천천히 움직이며 이 경우에 에너지의 소비가 극히 경제적이다. 거북이 천천히 근육을 움직이는 경우에 소비하는 에너지의 효율이 가장 우수하다는 사실이 Woledge[10]에 의해서 증명되었다. 하지만 동물들이 소비하는 이러한 에너지는 적절한 걸음새 선택에 의하여 감소시킬 수 있다. 자연에서 동물들은 가능한 한 가장 느리게 근육을 움직여서 에너지 소비를 최소화하는 걸음새를 선택하여 이용하는 경향이 있다.

(7) 타협(Compromises)

지금까지 동물의 특성을 나타내는 속도, 가속도, 지구력, 에너지, 안정도는 동물의 속도를 증가시키는 방향으로 진화하여 왔다. 이러한 특성들은 결국 생존과 직접적으로 연결되며 나아가서는 번식에 유리하기 때문이다. 하지만 이러한 특성들은 항상 양립하지는 않는다.

즉 동물들의 이러한 특성들은 속도 증가와 연관되지는 않는다. 예를 들면 거북이는 에너지 소비를 가장 경제적으로 할 수 있도록 태어났지만 속도는 빠르지 않다. 마찬가지로 $100\,m$를 달리는 단거리 선수는 스피드가 요구되지만 마라톤과 같이 장거리 선수에게는 오래 달릴 수 있는 지구력이 필요하다.

따라서 단거리 선수에게는 잘 발달된 근육이 필요하지만 장거리를 달리는 마라톤 선수에게는 많은 양의 피를 몸의 구석구석에 공급할 수 있는 큰 심장이 필요하다. 따라서 동물에게 어떠한 사항이 필요한가 즉, 보행속도나 지구력 또는 에너지 효율 등에 따라서 적절히 타협하여 필요한 사항들이 진화한다고 할 수 있다.

§ 3.3 구성

3.3.1 근육

인체에는 600개 이상의 근육이 존재하며 물건을 들어 올리거나 앉아있도록 하는 역할, 또는 음식을 소화시키거나 숨 쉬는 역할 또는 물체를 볼 수 있도록 하는 역할을 한다. 심장에서는 피를 몸 전체에 흘려보내는 펌프의 역할도 근육이 담당한다.

근육은 유연한 여러 개의 신축성 있는 조직으로 구성된다. 근육은 힘줄이라고도 불리며 동물들은 근육을 움직여서 보행을 하거나 몸을 움직인다. 하지만 플랑크톤과 같은 아주 작은 생명체들의 경우에는 가는 털인 섬모들을 이용하여 헤엄치며 이동을 한다. 로봇공학에서 링크를 움직이는 actuator 역할은 모터에 의해 수행되어 왔다.

하지만 모터가 갖는 한계를 극복하기 위하여 동물의 근육과 같은 actuator의 출현을 기대하였다. 즉, 순간적으로 수축과 팽창이 가능한 기계적 근육의 출현을 요구하였지만 아직 이와 같은 역할을 대신할 수 있는 근육의 출현은 이루어지지 않았다.

사람의 팔을 구성하는 뼈와 근육의 기능을 나타내며 두 개의 근육이 있는바 팔을 안으로 굽힐 때와 밖으로 이동할 때 각각의 근육 뭉치가 수축과 이완을 반복하여 로봇이 모터를 작동시키는 역할을 한다. 현재 많은 연구기관에서 형상합금 등을 사용하여 근육과 같은 actuator를 구현하고자 하는 연구가 진행되고 있다. 이를 위해서는 근육의 구조, 특성, 명령전달 메커니즘 등을 알아야 할 것이다. 본 장에서는 이러한 사항들의 기본적인 내용들을 검토한다.

인체의 경우 근육의 종류는 400여 가지에 이를 정도로 다양하다. 각각의 근육이 하는 역할은 근육이 부착된 위치에 따라서 결정된다. 근육이 발생시키는 힘의 크기는 근육의 단면적에 의해 결정된다. 근육은 에너지를 저장하는 역할을 하며 또 글리코겐 형태의 포도당을 저장한다. 근육이 이완 수축을 하는 경우 글리코겐은 포도당으로 전환된다. 근육은 수축하는 경우 70%의 근 길이가 단축된다.

(1) 구조(structure)

근육은 매우 복잡한 구조로 구성되어 있다. 근육을 구성하는 각각의 부위는 독특한 기능이 있다. 대표적인 가로무늬근(striated muscle)은 매우 가늘고 긴 근섬유(muscle fiber)로 구성되어 있다. 현미경으로 관찰하는 경우 밝은 부위와 어두운 부위가 존재하며 명암대가 배열되어 가로방향으로 줄무늬가 있는 것처럼 보이므로 가로무늬근이라고 한다.

척추동물의 뼈에 붙어서 뼈를 움직이는 역할을 하는 골격근은 가로무늬근이다. 의지대로 움직임이 가능하므로 수의근이라고도 불린다. 이와 반대의 개념으로 의지와 관계없이 움직이는 소화기 등 내장을 움직이는 근육을 내장근이라 하며 이들은 불수의근이라고 한다.

근섬유는 매우 단단한 다발(fascicle)을 구성하며 큰 포유류의 경우는 육안으로 관찰이 가능하다. 근섬유 내의 공간은 몇 μm 길이의 단백질 필라멘트로 구성된 myofibril로 채워져 있다. 대부분 단백질로 구성된 myosina과 얇은 필라멘트 층들이 일정하게 겹쳐서 두꺼운 필라멘트 층을 형성한다.

두 종류의 층들이 겹쳐서 반복되어 띠를 형성하여 한 단위를 이루며 이것을 한 근섬유마디(msarcomere)라고 한다. 근섬유마디의 끝단은 Z-disk라고 하며 이것은 얇은 필라멘트 층으로 구성되어 있다. 연속되는 Z-disk는 두꺼운 층을 형성하여 결국 강력한 수축력을 갖는 탄성단백질을 이루게 된다.[11]

근섬유마디는 각각의 두꺼운 필라멘트 층으로 구성되어 있으며 필라멘트 층은 수백 개의 myosin 분자로 구성되어 있다. 근섬유 사이에는 젤 형태의 원형질이 있으며 이는 근 수축을 위한 에너지가 생산된다. 글리세롤근에 ATP를 넣으면 근육이 움직이는바 이러한 현상에 의해서 근육 움직임의 에너지원이 ATP라고 할 수 있다.

근섬유에는 다른 기관들이 존재하며 세포의 일부를 차지하고 있는 핵이 있다. 그 외에 운동성 호흡에 관여하는 효소를 포함하고 있는 미토콘드리아가 존재한다. 이는 운동에 관여하는 근육의 섬유질에서 많은 부위를 차지한다. 근섬유는 미토콘드리아, sarcoplasmic reticulum, myofibril 등으로 구성된다. 전체의 부피에서 미토콘드리아가 차지하는 비중은, 예를 들면 벌새의 경우 비행에 관련된 근육에서 35%,[12] 딱정벌레의 경우는

37%[13]를 차지한다.

Sarcoplasmic reticulum은 myofibril 사이에 액체로 채워진 얇은 관의 네트워크이며 섬유질이 자극을 받으면 근육을 수축시킬 수 있도록 칼슘이 온을 세포 속으로 투입시키고 자극이 끝나면 근육을 이완시킨다. 이것은 고주파로 수축과 이완을 하는 근육 속 섬유질의 대부분을 차지한다. 예를 들면 방울뱀 꼬리를 $90\,Hz$ 로 진동시키는 근육에서 26%를 차지한다.[14]

(2) 응력(Stress)

공학에서 응력을 나타내며 단위면적당 작용하는 힘을 나타낸다. 근육에 작용하는 응력은 두꺼운 필라멘트의 길이와 myofibril이 차지하고 있는 세포 부피의 양에 의하여 정해진다. 근육에 작용하는 응력이 연구자들에 의해 측정되었다. Marsh[15]는 개구리의 다리 근육에서 필라멘트의 길이가 $1.6\mu m$ 인 경우 최대응력을 $0.15 \sim 0.36\,N/mm^2$ 으로 계산하였다. 마찬가지로 Wells[16]는 쥐의 다리 근육에서 필라멘트의 길이가 $1.6\mu m$인 경우 최대응력을 $0.29 \sim 0.33\,N/mm^2$ 으로 계산하였다. 근육은 전기자극에 의해서 수축될 수 있으며 작용하는 힘은 변환장치에 의해서 측정이 가능하다.

(3) 수축(Shrinkage)

근육이 수축하는 경우에 근육에 작용하는 힘은 근육의 길이에 의해 정해진다. 근섬유에 가해지는 힘 F 와 수축률 ν의 관계식이 Alexander에 의해 발표되었다. 마찬가지로 위대한 근육생리학자인 Hill[17]에 의해서 관련식과 연구성과들이 소개되었다.

근육이 수축하는 경우, 작용하는 힘과 근육이 수축하는 비율은 Huxley[18]에 의해 제안되었으며 그는 근육의 연결부위를 평형상태의 위치로 복귀하는 스프링으로 연결된 모델로 표현하였다. 그는 근육의 작용에 관한 많은 연구결과를 발표하였으며 특히 근육이 늘어나는 경우와 줄어드는 경우에 그 역할과 결과에 관한 중요한 연구결과를 남겼다.

(4) 힘(Power)

살아있는 생물체들이 다리를 이용하여 걷거나, 날개를 펄럭거리거나, 지느러미를 흔들거릴 때에는 근육이 규칙적인 주기로 계속하여 압축과 인장을 반복한다. 생물학에서 많은 연구자들이 보행에서 근육의 특성들을 실험하였다.

근섬유 다발을 일정한 설비 안에 장착시키고 수축시키거나 인장시키고 적절한 상태에서 전기적으로 자극을 가하는 실험을 수행하였다. 실험에서 시간에 따른 근육에 작용하는 힘의 변화와 근육의 길이 변화가 측정되었다. Josephson[19]은 근육이 인장하는 경우와 수축하는 경우의 출력을 힘과 길이 변화와 함께 그 관계를 그래프로 표시하였다.

사이클 당 각 주기에서 출력을 극대화하는 자극의 패턴을 찾아내기 위하여 전기자극의 수와 시간을 조절하였다. 주어진 진폭에 대해서, 한 사이클에서 얻을 수 있는 출력은 낮은 진동수에서 가장 크며 그 이유는 근육이 작용하는 힘은 낮은 수축률에서 가장 크기 때문이다. 하지만 사이클 당 일에 진동수를 곱한 출력은 중간 진동수에서 최대가 된다.

생쥐의 근육에서 가능한 최대 출력을 얻을 수 있는 조건을 구하기 위한 루프 실험이 Askew와 Marsh에 의해 수행되었다.[20] 이 실험에 의해서 근육을 인장과 압축하는 경우에 얻어지는 톱니형 그래프는 전에 수행되어 얻어진 sine curve 그래프의 경우보다 더 많은 출력을 얻을 수 있었으며 $5\,Hz$의 진동수에서 최대 출력 $94\,W/kg$ 이 얻어졌다. 이것은 $19\,J/kg$ 에 해당되는 값이다. 이것은 근육이 매우 느린 속도로 수축하는 경우에 얻을 수 있는 수치보다 매우 적은 값이다.

근육이 수축하거나 인장하는 경우에 작용하는 힘과 근육이 늘어나거나 줄어드는 비율 등에 관한 여러 연구들이 진행되었으며 이를 측정하기 위한 실험 방법이나 이들 실험에 의한 여러 경험식들이 발표되었다. 하지만 계속적으로 더 발전된 형태의 실험 방법과 식들이 발표되고 있다. 근육의 구조와 기능들에 대한 이러한 사항들은 로봇공학에서 모사를 위하여 매우 중요한 내용들이다.

가장 기본적으로 근육을 구성하는 성분과 이들을 움직이는 신경명령 등을 복사하여 재구성하는 경우에 모터를 대신 할 수 있는 actuator를 만들 수 있을 것이다. 그러므로 다양한 전공자들, 특히 생물학 또는 의학, 공학의 전공자들이 모여서 전문지식들을 공유하는 것이 로봇 발전의 새로운 장을 여는 시기를 앞당길 수 있을 것이다.

(5) 패턴(pattern)

근육의 특성이 갖는 장점을 최대한으로 최적화하기 위해서는 근육의 구조와 배열에 대한 정확한 이해가 요구된다. 근육 내부에는 여러 가닥의 근섬유들이 있으며 근육의 종류에 따라 근섬유들이 다양한 형태로 배열되어 있다. 근육의 끝에는 힘줄이 붙어 있으며 이는 뼈와 연결하는 기능을 가지고 있다. 하지만 어느 경우에는 힘줄을 거치지 않고 근육이 직접 뼈에 부착되는 경우도 있다.

3.3.2 뼈(Bones)

뼈는 동물들의 몸을 지탱하여 주고 몸체의 형태를 완성시켜 주는 매우 중요한 역할을 한다. 로봇공학에서는 동물의 뼈의 역할을 하는 부위를 링크로 간단히 정의하여 단면적이 다른 형태로 하여 사용한다. 하지만 생명체들에서 링크의 역할을 하는 뼈는 그 종류와 기능이 너무나 다양하므로 알기 쉽게 그 종류를 분류하기가 매우 힘들고 마찬가지로 그 기능들을 설명하기에 한계가 있다.

(1) 종류(Shape)

가장 많은 경우에는 튜브 형태의 긴 뼈다. 이러한 뼈의 종류는 요골(radius), 척골(ulna), 대퇴골(femur), 경골(tibia), 종아리뼈(fibula), 손바닥뼈(metacarpals), 척골(metatarsals) 등이다.

이러한 관상뼈들은 길고 단면이 원형으로 내부가 빈 형태이며 그 내부에는 해면체와 같은 물질로 채워져 있다. 환형의 내부 뼈의 두께는 일반적으로 전체 직경의 1/5을 차지한다.

뼈의 끝 부위는 둥구 위형으로 주위에는 얇은 막으로 둘러싸여 있으며 다른 뼈와 연결되어 있다. 마찬가지로 뼈의 끝 부위에는 근육 또는 인대가 연결되어 있다. 일반적으로 관상뼈에는 압축하중과 이에 따른 모멘트가 작용한다.

관상뼈가 견딜 수 있는 하중을 초과하거나 또는 견딜 수 있는 모멘트를 초과하는 경우에는 관상뼈나 이를 연결하고 있는 연결부위, 즉 관절에 이상이 발생한다. 또는 힘이 작용하는 방향이 일반적으로 뼈가 감당하는 힘의 방향이 아닌 경우에도 이러한 이상 현상이 발생할 수도 있다.

생물학에서 뼈는 크게 두 가지로 분류하는바 긴 뼈와 짧은 뼈로 분류한다. 물론 뼈의 형태와 특성, 기능에 따라서 여러 가지로 분류가 가능하나 본 장에서는 위 두 가지로 분류하여 그 특성을 간단히 검토하여 보자.

(2) 에너지(Energy)

어떤 물체가 속도를 가지고 움직이는 경우에 운동에너지를 갖는다. 이 운동에너지는 외부에너지와 내부에너지로 구성된다. 물체의 질량이 m, 속도가 v인 경우에 외부에너지는 역학에서 배운 바와 같이 다음 식으로 표시된다.

$$E = \frac{1}{2}mv^2 \tag{3.3.1}$$

이 경우에 몸체의 무게중심이 v의 속도로 이동하는 경우의 에너지를 나타낸다. 동물이 보행하는 경우에 몸을 구성하고 있는 다리들이 움직인다. 다리를 구성하고 있는 각각의 뼈들이 움직이고 있으며 이들도 몸체와 마찬가지로 질량 m_i와 속도 v_i를 가지고 움직이므로 에너지를 갖는다.

로봇공학의 운동학에 의하면 각각의 링크의 속도를 몸체좌표계에 대해서 구해야 한다. 여기서 몸체좌표계는 몸체의 무게중심을 원점으로 하는 좌표계를 의미한다. Alexander는 이 에너지를 내부에너지로 정의하였다. 따라서 다음의 식으로 표시된다.

$$F_i = \frac{1}{2}\sum m_i v_i^2 \tag{3.3.2}$$

사자가 사슴을 추격하는 경우에 외부에너지는 사자의 질량과 추격하는 속도가 필요하며 내부에너지는 사자의 다리 부위를 구성하는 뼈들의 질량과 움직이는 속도를 필요로 한다.

모든 에너지는 근육에서 나오며 외부에너지가 내부에너지보다 크다. 예를 들면 $6 m/sec$으로 달리는 사람의 경우 최대 출력의 40%는 외부에너지로, 32%는 내부에너지로 소모된다.[21]

(3) Hollow Bone

공학에서 최적설계는 주어진 조건에서 그 기능을 수행하는 최소한의 요구조건을 만족시키는 설계다. 강 위에 설치된 다리를 설계할 때 자동차와 사람이 통행하는 경우에 작용하는 하중과 진동 그리고 바람이 부는 경우 등 모든 조건을 고려하여 하중과 모멘트를 계산하여 이들을 지지할 수 있는 최소한의 철근 등 재질을 적용한다. 이 과정을 최적설계라 할 수 있다. 물론 많은 철근을 사용하는 경우에 다리는 튼튼하지만 재료의 낭비가 발생하므로 최적의 설계라고 할 수 없다.

동물뼈의 경우에도 내부가 채워진 원통형을 사용하는 경우에는 동물이 지지할 수 있는 허용압축응력 σ_a은 커진다. 하지만 무거운 뼈를 움직이기 위한 근육과 인대는 더 보강되어야 하며 동물 전체의 하중이 증가되므로 동물의 에너지 소모가 증가된다. 동물의 보행은 에너지를 최소화하는 즉, 최소에너지 소비원리(Principle of Minimum Energy Expenditure)에 위배된다. 그러므로 에너지 소비를 최소화하기 위해서 동물의 뼈는 보행에 필요한 최소한의 기계적 특성치들을 필요로 한다. 따라서 이를 위해서는 동물이 사는 환경에서 최적의 생활을 영위하기 위해서는 자신의 구조를 최적화 할 필요가 있다. 즉 동물을 구성하고 있는 뼈의 질량을 최소화해야 하며 아울러서 구조를 최적화해야 한다.

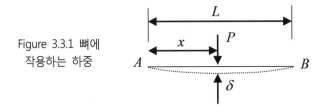

Figure 3.3.1 뼈에 작용하는 하중

Fig 3.3.1은 길이가 L인 뼈의 중간에 하중 P가 작용하는 경우를 나타낸다. 고체역학에서 보의 처짐량을 구하는 과정과 같다. 다양한 방향에서 하중이 작용할 수 있으며 하중에 의해서 보의 각 위치에서 모멘트 M_x가 작용한다. 보의 처짐량은 다음과 같다.

$$\delta = \frac{PL^3}{48EI} \tag{3.3.3}$$

여기서 E 는 Young's Modulus를 나타내며 I 는 관성모멘트를 나타낸다. 이는 면적의 2차 모멘트(Second Moment of Inertia of Area)로도 불리며 단면의 형태에 따라서 결정되며 다음 식으로 정의된다.

$$I_x = \int y^2 dA \tag{3.3.4}$$

이 식은 정역학, 동역학, 재료역학, 유체역학, 로봇공학 등에서 사용되는 사항들이며 원, 직사각형, 삼각형 등 재질의 단면 형태에 다르다. 식 (3.3.3)에서 처짐량은 E 또는 I 에 반비례하므로 처짐량 δ 를 최소화하기 위해서는 E 또는 I 는 최대로 커야 한다.

뼈의 밀도가 ρ 인 경우 전체의 무게는 $\rho LA = \rho L \int dA$ 가 된다. 질량과 관성모멘트의 비는 다음으로 나타낸다.

$$\frac{\rho LA}{I} = \frac{\rho L \int dA}{\int y^2 dA} \tag{3.3.5}$$

이 식에서 I, L, ρ 가 정해진 경우, 질량을 최소화하기 위해서는 각각의 면적들이 단면의 중심선에서 멀리 존재해야 한다. 관성모멘트가 클수록 면적이 작아진다. 따라서 질량이 작을수록 처짐량을 제한할 필요가 있다.

실제로 관성모멘트를 크게 하면 질량은 작아진다. 따라서 이상적인 단면은 두께가 얇고 중심선에서 멀리 있는 경우다. 하지만 이 경우에 buckling의 가능성이 있다. 보에 모멘트가 작용하는 경우에 buckling에 의한 파괴를 방지할 수 있는 단면적은 다음의 식으로 나타낸다.[22]

$$A \propto (R/t)^{1/2} \tag{3.3.6}$$

여기서 R은 뼈의 중간부위까지의 반지름을, t는 뼈의 두께를 나타낸다. 이 식은 반지름과 두께가 증가하는 경우에 질량은 증가한다. R/t 가 20인 경우에 필요한 질량은 4인 경우보다 70%가 더 필요하다. 하지만 R/t가 작은 경우에는 buckling이 발생할 확률이 적다.

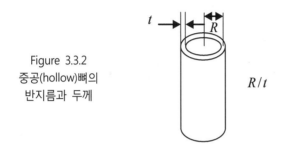

Figure 3.3.2
중공(hollow)뼈의
반지름과 두께

튜브와 같은 관상뼈에서 하중을 지지하기 위한 최적의 R/t를 구하기 위한 많은 연구가 진행되었다. 뼈가 파괴되는 두 가지 형태가 존재하는바 과도한 하중에 의한 breaking과 buckling을 의미한다. 이와 관련된 또 하나의 인자는 강성도(stiffness)이다. 마찬가지로 강성도와 R/t의 관련 사항들도 고려해야 한다.

뼈의 두께에 영향을 미치는 또 하나의 인자는 뼈 내부의 빈 공간을 채우는 물질들이다. 만약 buckling을 고려하지 않는 경우에는 내부 공간이 클수록 필요한 강성도를 갖는데 필요한 뼈의 질량은 작아진다. 하지만 새들의 뼈를 제외한 척추동물들의 긴 뼈는 내부에 골수로 채워져 있으며 이들은 강성도에 영향을 미친다.

Curry와 Alexander[23]는 많은 동물들의 뼈의 두께에 관하여 연구하였으며 뼈의 하중이 작용하는 경우의 강성, 항복강도, 피로강도, 최대강도, 충격응력 등에 대한 최소중량을 구하기 위한 설계기준을 발표하였으며 그 내용은 다음과 같다. (1) 최소중량은 solid bone 또는 중공뼈의 경우가 아닌 그 중간에 존재한다. (2) 다른 설계기준에 대한 최솟값은 서로 다르다. (3) 중공뼈의 경우 최적의 벽면 두께를 사용하는 경우 solid bone을 사용하는 경우보다 18%의 질량 차이가 존재한다. 다시 말하면 중공축을 사용하는 경우 18%의 질량을 줄일 수 있다.

이러한 실험 결과는 다음의 중요한 결과를 보여준다. 즉 내부가 골수로 채워진 긴 실린더 형태의 중공뼈에서 강성과 응력을 가진 최소의 질량은 buckling을 발생시키지 않을 두께인 경우에 가능하면 R/t 값이 적어야 한다. Curry와 Alexander는 악어, 도마뱀, 새, 박쥐 등 여러 육상 포유동물 등에 대하여 R/t 값을 측정하여 그래프 상에서 그 결과를 발표하였다.

3.3.3 관절(Articulation)

(1) 윤활관절

두 개의 뼈를 연결하는 관절로 제한된 면적만큼 서로 접촉하고 있으며 윤활작용에 의해서 잘 움직이는 발달된 형태의 관절이다. 척추동물들 사이에서 사용되고 있는 일반적인 관절의 형태이다. 뼈의 끝단은 연골층으로 구성되어 있으며 두 뼈 사이에 작용하는 마찰력을 흡수하는 역할을 한다.

그 외에 윤활관절 사이에는 membrane이라고 하는 얇은 막이 존재한다. 연골은 $60 \sim 85\%$의 수분과 콜라겐 등으로 구성되어 있으며 그 외의 여러 성분들이 존재하며 다양한 의학적 기능들을 수행한다.

윤활관절에는 두 개의 뼈가 접촉하여 상대운동을 하며 연골은 매우 중요한 윤활유의 역할을 한다. 두 물체가 접촉하여 움직이므로 마찰이 발생하며 두 물체를 끌어당기는 힘을 N, 두 물체간 마찰계수를 μ 라고 하면 마찰력 F 는

$$F = \mu N$$

(3.3.7)

윤활관절에 작용하는 마찰계수는 아직 정확하게 구해지지는 않았지만 대개 0.002~0.02 정도로 예상하고 있다. 실제로 연골은 매우 얇고 특히 오래 될수록 연골 주위에서 윤활 역할을 하는 액체 성분들이 압력을 받으면 주위의 조직들로 스며들므로 작용하는 마찰력이 증가하게 된다. 따라서 두 뼈 사이에 발생하는 마찰력을 감소시키기 위하여 공학적 접근방식

이 요구된다. 윤활관절에 대한 자세한 내용은 **Archer**의 연구내용에 포함되어 있다.[24] 윤활관절은 서로 만나는 면의 형태에 따라서 다음과 같이 여러 가지로 나누어진다.

 (a) 평면관절(Plane Joint) : 대표적 윤활관절로 두 개의 뼈가 거의 평면을 이루며 작은 면적으로 접촉하며 면 사이는 거의 미끄러질 정도의 움직임이 존재한다. 섬유조직이 두 면을 지지해주며 인체에서 척추골의 관절돌기 사이 또는 견봉과 쇄골 사이에서 볼 수 있다.

 (b) 안장관절(Saddle Joint) : 만나는 두 관절면이 말의 안장과 같이 앞뒤 좌우 두 방향으로 패여 있다. 상하 두 개의 동일한 형태의 구조로 접촉부위가 직각으로 패여 있다. 여러 개의 운동축을 가지고 있어서 비교적 자유스러운 운동이 보장된다.

 (c) 경첩관절(Hinge Joint) : 상부는 원통형 축으로 되어 있으며, 하부는 원통형 축에 걸리도록 움푹 패인 구조로 되어 있다. 상완골과 요골 사이, 손가락 마디 사이의 관절에서 볼 수 있다.

 (d) 절구관절(Ball and Socket Joint) : 기계공학에서의 **ball and socket joint**를 의미한다. 절구 안에 든 볼이 자유롭게 움직일 수 있는 구조로 어깨의 **shoulder joint**, 엉덩이의 **hip joint**가 이에 해당되며 운동의 범위가 넓고 자유스럽다.

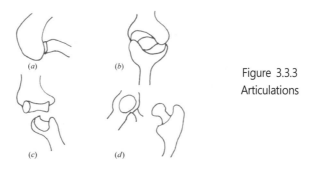

Figure 3.3.3
Articulations

 로봇공학의 경우에는 원운동을 보장하는 관절(angular joint)과 직선운동을 보장하는 관절(prismatic joint)의 두 종류가 존재한다. 하지만 Fig 3.3.3에 나타난 바와 같이 사람의 몸에 있는 관절의 종류는 다양하며 그 기능도 서로 다르다. 마찬가지로 링크의 형태도 로봇공학에서 사용되는 단순한 형태를 벗어나 목적에 따라 다양한 형태를 이룬다. 이러한 생명체들의 관절과 뼈의 특징적 형태는 향후 로봇공학에서 유용하게 이용될 수 있을 것이다.

가장 발달된 형태인 인간의 몸은 대략 365개의 뼈로 구성되어 있다. 이들은 관절(joint 또는 articulation)로 연결되어 있다. 관절은 양 뼈 사이에 위치하며 사지와 같이 자유롭게 움직일 수 있고 운동성이 보장되는 가동성 관절 또는 윤활관절(synovial joint)과 움직임이 전혀 허용되지 않거나 극히 제한적으로 운동이 허용되는 부동관절(immovable joint)의 두 가지 형태로 구성된다.

가동관절의 경우 보장되는 운동의 형태에 따라 일축성 관절(uniaxial joint), 이축성 관절(biaxial joint), 다축성 관절(multi-axial joint)의 다양한 형태가 존재한다. 부동관절의 경우 섬유성 관절(fibrous joint), 연골성 관절(cartilaginous joint), 뼈결합(osseous joint)의 종류가 있다.

Fig 3.3.4의 그림과 같이 로봇의 링크는 일반적으로 대칭 형태의 직사각형 또는 원형 즉 단면의 형태가 일정한 구조물로 이루어졌으나 생명체들은 독특한 형태를 이루고 있다. 연결되는 부위 및 허용되는 운동의 특성에 따라 최적의 특이한 형태를 이루고 있다. 따라서 보행로봇의 모델개발에서 고려해야 하는 사항이 될 것이다.

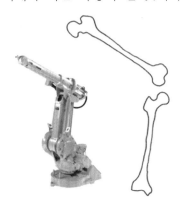

Figure 3.3.4 로봇의
링크와 인체의
대퇴부위 형태비교

로봇의 경우에 조인트는 모터나 실린덜 작동되지만 생명체의 경우에는 근육에 의해서 동작한다. 근육도 모양과 그 기능에 따라서 여러 종류로 나누어진다. 근육 섬유다발의 배열과 부착되어 당기는 방향에 따라 세 가지 종류로 나눌 수 있다.

(a) 평행형(parallel type) : 사변형(quadrilateral), 띠형(strip-like)의 형태가 있다. 근육 섬유다발(muscle fiber bundle)의 배열이 당기는 방향과 평행한 특장이 있으며, 다발을 구성하는 근육섬유는 근육 전체의 길이와 같다.

(b) 사형형(oblique type) : 섬유다발의 배열이 당기는 방향과 경사각을 이루고 있으며 삼각형(triangular)과 깃털형(pinnate)이 존재한다.

(c) 나선형(spiral type) : 섬유다발이 나선형으로 구성되어 있다.

그 외에 나타나는 운동의 결과에 따라 근육을 분류할 수 있다. 굴곡운동을 일으키는 굴근(flexor), 신전운동을 일으키는 신근(extensor), 외전운동을 일으키는 외전근(abductor), 내전 운동을 일으키는 내전근(adductor), 축 주위로 회전하게 하는 회전근(rotator), 피동체를 위로 들어 올리는 거상근(levator), 아래로 내려주는 하체근(depressor), 입구를 좁혀주는 괄약근(sphincter), 당겨서 팽팽하게 해주는 긴장근(tensor), 그 외에 회의근(supinator), 대립근(opponens) 등으로 나누어진다. 이러한 인체 근육들의 다양한 특징들을 지금은 로봇에 적용할 수 없지만 향후 언젠가는 이러한 사항들이 유익하게 적용되는 시기가 올 것이다.

§ 3.4 척추동물의 보행

인간의 생활과 밀접했던 대표적 척추동물은 말로서 말은 군사적 목적으로 주요 이동수단이었다. 자동차 개발 이전까지 사람들의 주요 이동수단은 말이었다. 고대로부터 사람들은 주요 교통수단이었던 말에 대한 관심이 많았다. 1600년대 동물들의 운동에 관한 연구가 Newcastle[25]에 의애서 처음으로 시작되었다. 그 당시에는 지금과 같은 촬영기술이 전무한 상태였지만 연구의 내용들은 우리의 상상을 넘는 수준이었다는 것이 그 당시의 발표된 자료들을 보면 쉽게 알 수 있다.

특히 그는 말의 보행을 처음으로 속도와 형태에 따라 **경보**(walk), **속보**(trot), **측보**(amble), **구보**(gallop), **달리기**(running)의 5가지 형태로 분류하였으며 각각의 경우의 특징을 자세히 설명하였다. 다리의 빠른 움직임은 전체의 몸체 움직임의 해석을 어렵게 하였으며 움직임이 상대적으로 긴 경우에만 집중되었다. 19세기 중반까지 동물들이 보행 중 다리가 지면과 마찰하여 발생되는 소리를 분석하는 방법이 주요 연구수단이었다. 마치 오케스트라의 지휘자가 수십 명이나 되는 단원들의 악기에서 각각의 나오는 소리를 정확히 끄집어내는 것처럼 놀라운 사실이었다.

당시 Hippologist라고 불리는 말에 관한 연구자들이 있었으며 이들의 연구내용을 바탕으로 말의 **걸음새**(gait) 연구가 시작되었으며 다음의 사항들이 걸음새와 관련이 있다고 생각하였다.

(1) 발을 들어 올리고 앞으로 나아가는 순서
(2) 다리의 움직임 방법
(3) 연속움직임 동작
(4) 지지상의 리듬
(5) 스텝의 구성
(6) 보폭의 길이
(7) 형태
(8) 지지상의 크기와 방향

이러한 사항들은 보행로봇을 분석하고 모델링하는 경우에 중요한 변수들이 된다. 로봇을 연구하는 공학자들은 위와 같이 생물학에서 시작된 연구내용들을 바탕으로 하여 로봇공학에 적용하기 시작하였다. 따라서 후에 시작된 로봇공학에서 많은 시행착오의 과정을 줄일 수 있었다.

이 위에서 언급된 8개의 항목들은 Chap.7에서의 modeling 그림에 표시된 parameter들로 나타난다. 이들은 보행로봇의 에너지 효율을 계산하는 데 유용하게 사용된다.

3.4.1 연구방식

(1) 기록방법(Recording)

생물학은 여러 분야로 나누어지며 각각의 연구방식이 다르다. 로봇공학에 적용하기 위한 Biomimicry의 경우는 동물 보행방식의 이해가 필요하다. 역사적으로 이를 위한 많은 연구가 수행되었지만 촬영기술 발달이 이를 가능하게 지원되지 못했다.

동물의 움직임을 기록하는 가장 좋은 방식은 영사기와 같은 촬영기기를 사용하는 방식과 비디오를 사용하여 기록하는 두 가지 방식이 있다. 하지만 촬영기기를 사용하는 경우에는 현상과 인화 등에 시간이 걸리고 비용이 많이 드는 어려움이 있다. 따라서 비디오 기기를 사용하는 방식이 비용이 적게 들며 또한 기기조작이 매우 간단하므로 널리 사용된다. 특히 최근에는 기술의 발달로 작은 사이즈의 비디오로 고속촬영이 가능하므로 속도가 빠른 동물들의 촬영에 많이 사용된다.

최근 일반적인 비디오의 경우 초당 60프레임의 촬영이 가능하며 고성능인 경우에는 초당 촬영 가능한 프레임의 수가 크게 증가된다. 따라서 작은 곤충들의 날개 움직임과 같이 빠른 경우에도 촬영이 가능하다. 1973년에 400Hz의 진동수로 날개를 움직이는 작은 장수말벌의 움직임을 초당 7150의 프레임으로 촬영하였다.[26] 실험에서 한 번의 날개 움직임에 18프레임이 필요하다는 것을 알아냈다.

일반적으로 연구에 필요한 정보를 얻기 위해서는 움직이는 사이클 당 20프레임의 그림이 요구된다. 예외적으로 고속으로 움직이는 생명체의 경우에는 초당 500 프레임을 기록하는 촬영장치가 요구된다. 유체역학 등의 분야에서 사용되는 고속의 촬영장치들은 필요하지 않다.

한 화면은 움직임에 대한 2차원 정보만을 제공한다. 움직임에 대한 3차원 정보는 두 화면이 필요하나. 어느 경우에 한 카메라도 두 화면을 기록하면 매우 편리하며 거울을 45° 각도로 설치하여 가능하다. 다른 방식은 2개의 카메라를 사용하는 경우이다. 이 경우에 만약 거울을 90° 각도로 설치하면 한 카메라는 측면 또 다른 카메라는 위 또는 아래에서 바라본

Figure 3.4.1 Recording animal locomotion[27]

모습을 기록하게 된다.

두 대의 카메라가 어떤 각도에서든지 3-D 모습을 기록하는 S/W도 개발되었다. 생명체의 움직임을 자세히 기록할 때 기록되지 않을 수 있는 반대편 부분이나 숨겨진 부분의 기록을 위해서 최소 두 대 이상의 카메라가 요구된다.

동물을 모델링하는 경우에 각 부위의 무게중심, 좌표계의 원점 등 관련된 위치를 표시해서 추적해야 한다. 각 화면에 표시된 점들이 연속되는 다음 화면에서 움직이는 궤적을 추적할 수 있다.

최근 동물이나 사람의 몸체에 센서를 부착하여 관심 부위의 이동하는 움직임이 자동적으로 기록되는 설비들이 다양하게 개발되어 사용되고 있다. 스포츠 분야에서 새로운 동작의 개발과 기록향상의 목적으로 많이 이용되고 있다.

기록된 영상으로 얻어진 데이터들에 의해서, 동물이 연속적으로 움직이는 상태에서 몸체에 작용하는 힘, 운동에너지와 중력에 의한 위치에너지 등을 구할 수 있다. 몸체는 다리 등 여러 부위로 구성되며 각 부위의 질량과 관성모멘트, 그리고 무게중심의 위치를 미리 알아야 한다.

로봇공학의 운동학에서는 계산을 위해 필요한 각 부위의 위치, 회전하는 각속도, 좌표계 등 모든 사항들을 알아야 하며 자세한 사항들은 운동학 및 동역학의 장에서 자세히 다루어진다.

생물학에서 이러한 계산을 위해 필요한 사항들과 정보들을 Winter[28]가 자세히 설명하였다. 그의 연구에서 각 부위의 측정에서 필수적으로 수반되는 에러에 관하여 언급하였으나 선택된 동물 모델에 대하여 정확한 측정과 운동학의 식들을 그대로 적용하는 경우에 이러한 에러들을 크게 줄일 수 있을 것이다.

또 다른 촬영 도구인 X-ray 장치도 사용된다. 이 장치는 위에서 설명한 비디오 장치의 경우에는 몸체의 외부만 기록하지만 X-ray 장치는 몸체 내부의 뼈의 움직임이 기록되는 장점이 있다. Witte[29]는 북반구에 사는 새앙토끼(pika)의 움직임을 X-ray 장치를 사용하여 촬영하여 몸체와 다리의 움직임을 연구하였다.

마찬가지로 Jenkins[30]는 찌르레기의 날개가 한번 펄럭일 때마다 앞가슴 뼈가 어떻게 움직이는가 그 모습을 X-ray 장치를 사용하여 기록하였다. 그는 초당 200프레임의 촬영에 의해서 날개를 한번 펄럭일 때 15프레임의 동작을 기록하였다.

이러한 촬영장치는 초당 기록할 수 있는 프레임 수에 한계가 있으며 고해상도의 사진을 얻을 수 없는 단점이 있다. 마찬가지로 설비 위에서 촬영하므로 몸체가 큰 경우에는 촬영이 불가능하며 움직이는 물체를 촬영하기 어려운 단점이 있다.

(2) 호흡량(Breath)

보행로봇공학에서는 보행로봇을 움직이는 대상으로 간주하여 몸체의 각 부위가 질량을 가지고 직선 또는 회전운동을 하는 경우에 이를 이용하여 동역학적 방식에 의하여 에너지를 측정한다. 움직이는 물체가 가지는 에너지를 계산에 의해서 구한다.

생물체가 움직이는 경우에 이러한 계산 방식을 사용하는 경우도 있지만 많은 경우에 동물이 소비하는 산소에 의해서 에너지를 측정한다. 동물의 보행에 관한 연구에서는 동물을 미리 준비된 설비에 연결하여 연구한다. 예를 들면 동물의 호흡을 가스분석 기기에 튜브로 연결하여 산소 소모율을 측정한다.

또 다른 방식은 동물의 근육에 전극을 연결하여 근육들이 움직이는 경우를 측정한다. 하지만 동물들이 움직이는 경우에는 이러한 시험방법은 비효율적일 수 있다. 이 경우에는 불편하지만 실험설비를 캐리어 등에 연결하며 움직이는 동물을 따라 다니며 실험을 할 수 있다.

동물이 움직이는 경우 이들이 소비하는 산소량을 측정하는 개략적인 설비에서 동물이 운동기구 위를 달리면 동물이 달리는 속도는 벨트가 회전하여 생기는 속도와 일치시킨다. 벨트 위를 보행하는 동물의 크기는 제한적이지만 경주마와 같이 큰 동물을 이러한 방식으로 보행시킨 예도 있다. 벨트가 장착된 작은 설비를 통해서 곤충이나 도마뱀 같은 작은 생명체의 보행을 기록하기도 한다.

실외에서 이러한 실험을 진행하는 경우에는 동물의 몸체 주위가 바람의 영향을 받지만 실내에서 실험을 진행하는 경우에는 전방에 설치된 팬을 작동시키지 않는 한 이러한 바람의 영향을 받지 않는다. 실험설비에 장착된 팬은 실험중인 동물의 열을 식혀주는 역할을 하며 이 경우에 과도한 바람을 발생시키지 않는 한 동물이 보행 중 소비하는 에너지에 영향을 주지 않는다.

유체역학에서 유체의 흐름 특성을 연구하기 위한 설비인 wind tunnel이 마찬가지로 생물학에서도 사용된다. 새가 터널 안에서 날고 있으며 전방에서는 원하는 세기의 바람을 발생시킨다. 새는 공중을 날고 있지만 터널 내에서는 정지상태를 유지한다. 실험을 위해서는 새들은 훈련을 받아야 하며 새의 전후방에는 충돌을 방지하기 위한 망을 설치해야 한다.

이 설비에서 공급되는 바람은 터널 내 모든 부분에서 동일한 속도를 가져야 하므로 터널의 설계 시 주의를 요한다. 유체와 터널이 만나는 지역에서는 유체와 터널 내부의 마찰에 의해서 바람의 속도가 느려지므로 이러한 현상을 최소화하기 위해서 바람이 들어오는 부위의 직경을 크게 설계하였다. 마찬가지로 입구에 벌집과 같은 그물망을 설치하여 바람이 정상흐름을 할 수 있도록 하였다.

터널의 단면적은 새의 날개 길이를 고려하여 충분한 공간이 확보되어야 한다. 좁은 공간에서 실험이 진행될 경우 새의 날개와 터널간의 좁은 공간에서 공기의 흐름을 방해하는 와류 등이 발생한다. 따라서 최소한 날개 길이의 2.5배 정도의 공간이 확보되어야 하며 새는 터널의 중심부위에 위치해야 한다. 큰 터널을 장착한 시험이 Pennycuick에 의해 수행되었다.[31]

작은 오리를 터널 안에서 날게 하였으며 터널의 지름과 전방의 모터는 강력하게 작동되어 실험에 충분하고 적절한 속도를 발생시켰다.

Fig 3.4.2에서 개략적 설비를 설명하였다. 마찬가지로 비슷한 설비를 사용하여 물속을 헤엄치는 어류와 갈매기와 같이 물위를 헤엄쳐 다니는 조류의 에너지 소비를 측정하기 위한 설비를 만들 수 있다.

물이 흐르는 터널 안에 펌프를 장착하여 물을 원하는 속도로 흐르게 하며 고기가 있는 챔버의 전후에 그물망을 장착한다. 물속의 산소량을 측정할 수 있는 전극을 연결하여 고기가 소비하는 산소량을 측정한다. 같은 방식으로 물위를 헤엄치는 갈매기나 오리의 경우도 비슷한 장치를 설치하여 산소의 소모량을 측정하여 에너지가 얼마나 소모되는가를 측정할 수 있다.

(3) 에너지(Energy)

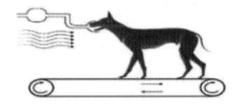

Figure 3.4.2
Experimental
Apparatus for Energy
Consumption

동물들이 겨울잠을 자는 동안에는 움직이지 않지만 생명유지에 필요한 최소한의 에너지를 소모한다. 동물이 보행 중에 얼마나 많은 에너지를 소모하는가는 오랫동안 연구자들의 연구의 대상이 되었으며 결국 동물이 소비하는 산소의 양에 비례한다는 것을 알게 되었다.

이것은 산소에 의한 신진대사에 의해서 에너지를 얻는 경우에 해당된다. 이 경우는 사람의 경우 최대까지 달리는 경우에 해당되며 이상으로 달리는 경우는 해당되지 않는다. 생리학자들에 의하면 어떤 음식이라도 1리터의 산소는 같은 양의 에너지를 생산한다. 1gram의 지방산을 산화시키는 데 필요한 산소의 양은 포도당 1gram을 산화시키는 데 필요한 산소량의 두 배를 필요로 하지만 두 배 이상의 에너지가 생산되며 산소의 단위 부피당 에너지는 거의 같다.

Griffin은 windmill과 같은 설비를 사용하여 말이 보행이나 달릴 때 속도에 따른 산소 소모량을 측정하였다.[32] 모델인 동물들은 마스크를 착용하고 있되 얼굴에 꼭 끼이지 않은 상태로 착용되어 공기가 자유롭게 드나들도록 되었다. 마스크에서 나온 공기는 튜브를 지나서 유량계를 통과하고 산소분석기를 지난다. 동물이 내쉰 공기 전체가 튜브를 통과할 수 있도록 튜브 내에서 빠른 흐름이 보장되어야 한다.

마스크 틈새로 유입된 즉 동물이 내쉬지 않은 공기들은 중요하지 않다. 유량계는 분석되는 공기의 부피를 측정하며 분석기는 공기의 농도를 측정한다. 따라서 신선한 공기의 성분을 알면 얼마나 많은 산소가 사용되었는가를 알 수 있다. 이것은 동물이 사용한 산소의 양이 된다. 마찬가지의 동일한 방식에 의해서 물고기나 물 위를 헤엄치는 오리의 산소 소모량을 측정할 수 있다. 소모된 산소량에 의해서 소모되는 에너지도 계산이 가능하다.

설명한 방식에 의해서 동물들의 산소 소모량을 측정할 수 있다. 하지만 이러한 실험은 실험실 내에서만 가능하며 야외에서 움직이는 생물들에 적용하기에는 한계가 있다. 동물의 소모 에너지를 측정하는 다른 방법도 있다. 동위원소 아이소토프(isotope)를 동물의 혈액 내에 투입하고 일정기간이 지난 후에 다시 동위원소의 농도를 측정하여 에너지를 측정하는 방식이다.

그 외에 실제로 가장 많이 사용되는 쉬운 방법으로 산소 소모량에 의한 측정방식보다 심장의 박동 진동수 측정에 의한 방식이 있다. 일반적으로 동물의 심장은 신진대사율이 높은 경우에 박동 수가 높아지며 산소 소모량은 심장 박동 진동수에 의하여 계산이 가능하다. 동물의 신진대사율을 결정하는 또 다른 방법은 분출되는 열을 이용하는 방법이다. 일정한 온도를 유지하고 있는 동물이 정상상태를 유지하고 있는 경우에 신진대사율은 열 손실률과 동물이 기계적 일을 하는 비율을 합한 것과 같다.

3.4.2 걸음새 표시방법

척추동물들의 걸음의 형태를 나타내는 걸음새의 표현방법으로 **걸음새도표**(Gait Diagram)가 사용되었다. 그리스어로 photography는 '빛을 그리는 기계'라는 의미이며 1839년 Herschel에 의해서 처음으로 사용되었다. 그 해에 프랑스에서 처음으로 카메라가 시판되었다. 카메라의 발달에 의해 그동안 동물들의 발굽에서 나는 소리에 의존하던 걸음새의 연구가 비약적으로 발전하게 되었다.

연구자마다 독특한 기록장치를 개발하여 사용하였으며 동물의 보행에 관한 책자들이 발표되었다. 특히 Marley와 Muybridge(1887)는 처음으로 사진기술을 걸음새 연구에 적용하여 선구자적 역할을 감당하였다. 그들의 연구결과는 걸음새에 관한 다양한 표현법의 기초가 되었으며 특히 요즈음 보행로봇의 연구에 널리 사용되는 걸음새 표현에 관한 기초를 이룩하였다.

Marley :

처음으로 걸음새 표현방법을 제안하였다. 각각의 다리는 RF(Right Forward), LH(Left Hind), LF(Left Forward), RH(Right Hind)으로 표현되고 지지상과 이동상이 곡선형태로 표시하며 각각의 시간이 표시되어 있다. 나중에 Marley의 연구그룹들은 처음 제시한 걸음새의 형태를 단순화시켰지만 요즈음 사용되는 걸음새도표(Gait Diagram)와는 차이가 있다.

Muybridge :

그 후 다소 특이한 형태의 걸음새도표를 발표하였다. 각각의 다리는 이동상 또는 지지상에 있으며 전체의 다리의 수는 4개이다. 따라서 전체적으로 8개의 상이 존재하므로 전체를 8개의 연속상으로 세분화하였다. 수직방향 화살표는 동물의 머리의 위치를 나타내며, 다리의 지지상이 특별한 기호로 표시되고 기호가 없는 경우는 다리의 이동상을 나타낸다.

그의 방법은 각 상에 소요되는 절대시간이 무시되고 상대적 시간만이 표현된 단점이 있었지만 그는 관련 연구를 계속하여 큰 업적을 이룩하였다.

측면에 24대, 전방에 12대, 후방에 12대의 카메라를 설치하여 움직이는 사람, 말, 가축과 야생동물의 움직임을 연속적으로 촬영하는 특별한 방법을 개발하였으며 이것은 그의 가장 큰 업적으로 기록되고 있다. 지금도 그가 사진으로 남긴 수많은 동물들의 움직임 형태들은 앞으로의 연구를 위한 귀중한 자료가 될 것이다.

지금과 같이 발달된 형태의 촬영기술이 없었던 그 당시의 상황을 보면 이러한 연구성과는 놀랄만한 업적이라고 할 수 있다. 사실 이 시대의 촬영기술을 활용한다면 보행로봇 공학의 발전을 크게 앞당길 수 있을 것이다.

특히 Muybridge는 주기 내에서의 상대적 시간을 세분화하여 다음과 같은 걸음새들을 찾아냈다. 서의 상대적 시간을 세분화하여 다음과 같은 걸음새들을

1. creeping(amble) 형태에서 변형된 walk
2. 동시 trot과 비동시 trot
3. 동시 amble과 비동시 amble
4. 느린 canter와 빠른 canter
5. transversal(diagonal) gallop(2, 3, 4 상의)
6. rotational(lateral) gallop(2, 3, 4 상의)
7. ricochet(뛰며 날음), 캉가루와 같이

Smith는 *A Manual of Veterinary Physiology* 에서 Muybridge의 방법을 수정한 경우를 제시하였다. 복잡한 걸음새도표들이 Howell에 의해서 가장 현대적 감각으로 단순화되었다. 왼쪽에서 오른쪽의 방향으로 보행하며 수평선 위아래의 점들은 해당하는 다리의 지지상을 표현한다. 마찬가지로 빈 공간은 이동상을 나타낸다. 촬영기술의 급속한 발전에 의해서 동물의 보행 특징들을 규정하는 primitive ricochet jump와 같은 새로운 용어들이 속속 등장하게 되었다.

Muybridge와 다른 연구자들에 의해 만들어진 많은 동물들의 보행에 관한 연속 그림들과 Howell의 연구 결과는 Sukhanov에 의해서 척추동물들의 대칭보행에 관한 큰 발전의 초석이 되었다. 아울러 그는 도마뱀과 개구리 등과 같은 양서류의 보행에 관한 연구를 수행하였다.

미국의 과학자 Hildebrand는 영화 촬영기술을 사용하여 포유동물의 보행을 연구하였다. 동물들의 보행에 관한 이러한 많은 연구들은 보행에 관한 단순한 분류가 아니라 보행의 형태를 결정짓는 주요한 인자들에 관한 연구의 절박한 필요성을 나타내고 있었다.

포유동물을 연구하는 동물학자들이 걸음새 분석에 필요한 요소들과 비대칭 보행에 관한 연구를 계속하였으며 발전된 촬영기기들이 이에 관한 연구에 큰 공헌을 하였다.

3.4.3 척추동물의 걸음새[25]

땅에 사는 척추동물의 보행은 일반적으로 평평한 평면에서는 좌우 대칭의 걸음새가 사용되지만 불규칙한 지반 위에서 이동할 경우에는 비대칭의 걸음새가 적용된다. 동물의 종류에 따라 또는 보행의 속도에 따라 지지상과 이동상을 이루는 각각의 시간은 서로 다르며 특이한 형태를 이루고 있다.

특히 빠른 속도로 보행하는 경우 몸체와 다리들은 일정한 형태를 반복하는 운동을 하므로 다리 움직임의 특징을 나타내는 하나의 요소로 리듬(rhythm)이 사용된다. 아래의 두 정의는 동물의 운동의 특징을 짧은 시간에 순간적으로 파악하는데 매우 유용하다.

보행주기(Locomotive Cycle) : 반복되는 보행에서 기본이 되는 부분을 나타낸다. 보행 중에 각각의 다리들도 한 주기를 완성하며 걸음새도표에 표시되며 대칭걸음새의 경우에만 존재한다. 하지만 넓은 의미에서 비대칭 걸음새의 경우에도 존재할 수 있다.

보행리듬(Rhythm of locomotion) : 보행 중 각각의 다리의 특별한 움직임의 순서를 나타낸다. 언어가 포함된 내용처럼 동물이 리드미컬하게 움직이는 과정을 나타내며 육안으로 그 특징이 쉽게 파악된다.

모든 다리가 연속적으로 움직이는 경우는 4-상(four-paced) 걸음새라고 하며, 이와 달리 대칭의 위치 또는 동일측면(ipsilateral)의 다리들이 동시에 움직이는 경우는 2-상(two-paced) 걸음새라고 말한다. 실제로 상(pace)은 두 개의 연속되는 stroke 사이의 시간 간격을 나타낸다 4-상 걸음새에서 보행주기는 8개의 연속 상태(stage)로 구성된다.

어느 쌍 다리의 운동이 일치하는 경우에는 주기에서 상의 수를 줄여준다. trot에서 대각선, amble에서 한쪽 편, 전방 또는 후방의 도약, 반쪽도약의 경우가 다리운동이 일치하는 경우에 해당된다. 모든 2-보 대칭이동의 보행주기는 4-상으로 구성되며 3-보 **gallop**의 경우에는 6-상으로 구성된다.

하지만 상의 수의 감소가 보행에서 보수를 결정하지는 않는다. 감소의 경우는 지면에 바닥내림을 하는 순간이 하나의 다리와 일치하거나 또는 들어올림이 다른 다리와 일치하는 경우에도 일어날 수 있다.

이와 같은 동물 보행에 관한 내용들이 발전된 기기들의 도움이 없이 이루어졌다는 사실은 무척 흥미로운 현상이다. 따라서 과거의 생물학자들이 이룩한 연구 결과들이 현대의 로봇공학에서 매우 유용하게 적용될 수 있을 것이다.

자연계에 존재하는 4-족 보행 척추동물의 다리의 운동은 Fig 3.4.3에 표시된 바와 같이 이론적으로 6개의 연속(sequence)이 존재한다. 각각의 그림은 다리가 움직이는 순서를 나타낸다. Fig 3.4.3.a는 대칭-대각선의 연속의 경우이며 코끼리가 이에 해당된다. Fig 3.4.3.b는 대칭-측면의 연속의 경우이며 개코 원숭이의 경우가 한 예가 된다.

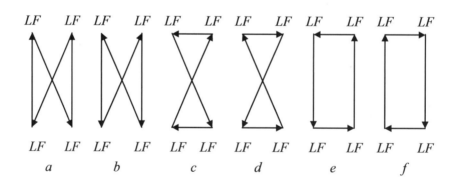

Figure 3.4.3 Locomotive sequences of 4-legged terrestrial vertebrates

Fig 3.4.3.c와 Fig 3.4.3.d는 비대칭-대각선 연속의 경우이며 말의 경우를 나타낸다. Fig 3.4.3.e는 직선비대칭-측면 연속의 경우로 고양이의 경우이다. 마지막으로 Fig 3.4.3.f의 경우는 개의 예로서 역방향 비대칭-측면 연속의 경우이다. 그 외에 걸음새에 관한 동물학자들의 연구는 큰 발전을 이룩하였다.

척추동물을 구성하고 있는 4개의 다리는 그림에 표시된 바와 같이 여러 순서로 움직인다. 설명한 바와 같이 각각의 동물들이 고유의 독특한 연속 보행을 하고 있다. 각각의 형태는 동물들이 오랜 기간 적절성을 위한 방향으로 진화했을 것이다. 각 형태의 연속 형태가 효율적인 에너지 절약의 관점에서 유용한 것인지를 공학적으로 검토가 가능할 것이다.

예를 들면 여러 개의 변수들을 포함한 모델을 설정하고 이 모델이 위에서 제시한 연속 보행의 형태를 사용하여 시간의 함수로 보행하는 동안에 소비되는 전체의 에너지를 계산하여 비교하면 입증이 가능할 것이다. Sukhanov는 Muybridge(1957)가 고속 촬영한 양서류와 파충류의 움직임을 분석하였으며 그의 분석에 의하면 대칭보행에서 각각의 걸음새는 두 개의 요소, 즉 보행의 리듬과 속도의 함수로 표현하였다. 속도는 다리가 움직이는 리듬의 형태를 결정한다.

당연히 속도의 증가는 보행에 걸리는 사이클 시간을 줄이고 마찬가지로 각 다리의 지지상과 이동상의 시간을 단축시킨다. 하지만 상대적으로 지지상은 감소하지만 이동상은 어느 한계까지만 감소하고 상대적 시간은 증가한다. 다시 말하면, 다리 움직임의 작은 증가는 지지상과 이동상의 관계의 변화를 수반하며 이것을 다리움직임의 리듬이라고 말한다.

Biomechanics 연구내용에 의하면 다리가 움직이는 동안 이동상에서 발생되는 문제는 지지상에서의 경우보다 훨씬 더 복잡하다. 이동상에서 다리는 지면에서 올라와서 전방에 디디며 다시 시작되는 새로운 지지상을 준비하는 복잡한 과정을 반복한다. 이러한 사항은 이동상의 시간을 단축시키는 최소한의 한계다. 결과적으로, 보행주기에서 어느 특정한 기간은 다리 움직임의 리듬을 나타낸다. 지지상의 시간이 상대적으로 이동상의 시간보다 긴 경우에, 동물들의 움직임은 느려진다.

이러한 내용은 Hildebrand(1962)와 Sukhanov(1963)가 발표하였다. 대칭보행 각각의 구체적 형식들이 좌표계에서 점으로 표시되었다. Fig 3.4.4에 표시된 바와 같이 수직방향은 속도를, 수평방향은 보행리듬을 나타내며, 걸음새는 선분으로 분류되며 이러한 선분으로 둘러싸인 면적으로 특징지어진다.

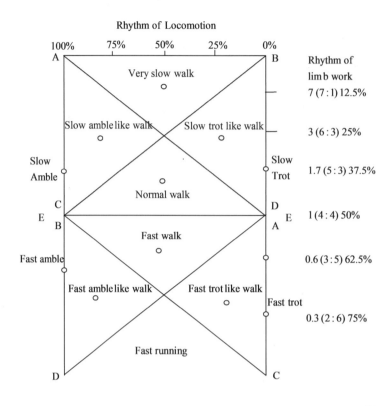

Figure 3.4.4 General systems of symmetrical forms of locomotion[25]

걸음새 간 차이는 이동상 시작과 지지상 시작의 시간의 일치, 동일 사이드 전족의 이동상 시작과 후족의 지지상 시작의 일치의 특징을 볼 수 있다.

Fig 3.4.4에서 수평축은 보행리듬(rhythm of locomotion)을 나타내며, 수직축은 다리 움직임의 리듬을 나타낸다. 작은 둥근 점으로 표시된 것은 주 대칭걸음새의 위치를 나타낸다.

　　AA : 각 후족이 동측 전족이 이동상을 시작하는 것과 동시에 지지
　　　　상을 시작한다. 하지만 CC의 경우에는 대칭위치의 전족이 이동
　　　　상을 시작하는 것과 동시에 지지상을 시작한다.
　　BB : 각 전족이 대칭 위치의 후족이 이동상을 시작하는 순간 지면

을 접촉한다. 하지만 DD의 경우에는 동측의 후족이 이동상을 시작하는 순간 지면을 접촉한다.

EE : 한 후족은 다른 후족이 지지상을 시작하는 순간 이동상을 시작한다. 하지만 한 전족은 다른 전족이 지지상을 시작하는 순간 이동상을 시작한다.

AD : 동측위치의 다리들은 동일운동을 반복하지만 BC의 경우에는 대칭위치의 다리들이 동일운동을 반복한다.

대칭보행 시스템 전체는 선분 AD를 나타내는 amble과 반대편에 위치한 BC를 나타내는 trot을 연결하는 연속 전이의 과정으로 특징지을 수 있다는 결론을 내릴 수 있다. 주요 보행리듬을 자세히 분류하면 다음과 같다.

Rhythm of amble : 100%
Rhythm of walk : 50%
Rhythm of trot : 0%
Rhythm of half-amble : 75%
Rhythm of half-trot : 25%

Half-amble과 half-trot의 리듬 걸음새는 amble, walk, trot 선에 유사한 연속 순서를 나타내지는 않지만 서로 분리해서 amble-like walk과 trot-like walk으로 불려야 한다. 수직축은 속도를 나타내며 3가지 방식으로 표시되는 걸음새 형태에서 다리 리듬의 중요성과 일치한다. 즉, 이동상에 대한 지지상의 시간비, 상(stage) 수의 비, 전체 사이클에서 지지상이 차지하는 비율에 의해 나타낸다.

Fig 3.4.4에서 설명된 내용과 **Hildebrand**에 의해 제안된 내용을 보면 거의 비슷하지만 두 방법 사이에는 큰 차이가 존재한다. 그의 방식에서 가로좌표는 전체 사이클에서 각 다리가 지지상에서의 속도를 나타낸다. 대칭보행 시스템은 대각 보행에 관련된 내용이며, **Hildebrand**의 방식은 측면 보행에 관련된 사항이다.

3.4.4 척추동물 걸음새의 예

보행로봇을 만들기 위하여 여러 기관들이 이미 생물학의 대상이 되는 동물이나 곤충의 구조와 특성들을 모방하고 있다. 기계적으로 제작된 보행로봇이 생물체처럼 다양한 조건에서 원하는 대로 움직여 준다면 완벽한 보행로봇이 될 것이다.

생물체들의 구조와 움직임은 보행로봇의 연구에 중요한 단서를 제공하여 줄 것이다. 이미 생물학의 연구자들이 발표한 척추동물의 걸음새에 관한 내용을 살펴보자. 1953년 생물학적 관점에서 Uspenski[33]는 걸음새를 다음과 같이 정의하였으며 이러한 그의 완벽한 정의는 많은 공학자들에게 큰 영향을 주었다.

Gait is a complex, strictly coordinated rhythmic movement of the entire body of the animal treated as an integral complex of reflex acts that occur in accordance with the conditions of the environment and which are capable of producing progressive movements of different type inherent in each species.

걸음새는 각 동물마다 기지고 있는 독특한 형식으로 주어진 환경조건에 맞게 적절하고 완벽한 형태로 리듬을 가지고 움직이는 보행을 말한다. 그의 걸음새에 관한 정의는 그 당시의 연구여건에서 놀랄만한 업적으로 평가된다. 동물들은 몸체의 구조, 다리의 수, 다리의 구조, 보행속도 등이 보행에 사용되는 걸음새와 밀접하게 관련되어 있으므로 보행로봇의 연구에는 우선적으로 걸음새에 관한 완벽한 이해가 선행되어야 한다.

결국 미래형 보행로봇의 완벽한 형태는 Uspenski가 정의한 걸음새를 완벽하게 재현하는 형태가 될 것이다. 최근 생물학, 특히 실험 생물학 등의 분야에서는 말과 같은 동물들이 걸음새를 변경하는 경우, 즉 보행, 속보, 측보, 구보, 달리기와 같은 경우에 다음 단계의 걸음새로 변경할 때의 특성을 연구하는 여러 논문들이 발표되고 있다.

특히 걸음새 변경의 경우 소모되는 에너지의 변화를 측정하여 그 결과들을 연구하는 형태이다. 동물들은 주어진 속도에서 에너지의 소비를 최소화하기 위하여 걸음새를 변경한다는 원리를 증명하였다. 이 경우에 동물들이 소비하는 에너지 양에 따라서 증명하였지만 공학적으로 유도되는 동역학의 운동방정식을 사용하여 이러한 사항들이 증명 가능할 것이다.

어떤 동물들은 제한적으로 한정된 걸음새들을 사용하고 있다. 모든 동물들에 적용될 수 있는 일반적인 걸음새의 종류가 존재하지 않으며 아울러서 생명체들의 보행현상을 확실하게 규명하는 것에도 한계가 있다.

척추동물의 보행에 관하여 생물학자들이 연구한 내용들을 걸음새를 중심으로 적용하여 보자. 위에서 언급한 것처럼 Muybridge가 처음으로 촬영기술을 적용하여 비로소 동물들의 보행에 관한 연구를 활성화 시켰으며 그 후 Sukhanov[25]가 많은 연구를 수행하였으며 척추동물에 관한 걸음새를 보행의 속도에 따라 크게 5종류, 작게는 9가지로 분류하였다.

1. walk   very slow walk
      normal walk
      fast walk
2. Trot-like walk   slow trot-like walk
      fast trot-like walk
3. Trot
4. Amble-like walk   very amble-like walk
      fast amble-like walk
5. Amble   slow amble
      fast amble

3.4.4.1 대칭걸음새

중요한 대칭걸음새에 관한 체계적인 검토는 다양한 동물의 걸음새들을 이해하는데 필요하다. 이를 위해서 연속 그림과 함께 각 걸음새의 특징들의 설명이 주어졌다. 대칭 걸음새의 차별성을 통하여 비대칭 걸음새의 특징이 설명될 수 있다. 다음과 같은 다양한 동물들의 보행이 연구되었다.

1. Lizard:	Snyder, 1949, 1952,1962
	Sukhanov, 1964, 1968
	Urban, 1964, 1965
2. Hedgehogs:	Gupta, 1964
3. Dipodomys:	Howell, 1932, Bartholomew and Caswell, 1951
4. Perognathus:	Bartholomew and Cary, 1954
5. Heteromyidae:	Fokin, 1963
6. Norway rats:	Gambaryan, 1955
7. Giraffes:	Bourdelle, 1934, Dagg, 1960
8. Ekapi:	Dagg, 1960
9. Tapir:	Gambaryan, 1964
10. Leopard:	Hildebrand, 1959, 1960, 1961
11. Primates:	Ashton and Oxnard, 1964

이와 같이 오래전부터 많은 동물들의 보행에 관한 연구가 진행되었다. 연구 내용들은 우리의 상상을 넘어설 만큼 다양한 내용을 담고 있으며 정확하다. 이들의 움직임의 외형은 어느 걸음새를 나타내고 있지만 이들에 관한 세부적 연구는 매우 제한적이다.

1) 경보(walk)

대칭걸음새를 알기 위해서는 대칭-대각 연속 매우 느린 걸음새(very slow gait)로 알려진 육상 척추동물의 보행형태를 잘 이해해야 한다. 여기에 근거하여 경보를 이해해야 하며 이는 4개의 다리가 일정한 간격으로 움직이는 4상의 보행형태다. 지지상과 이동상이 연속적이고 동일한 형태가 반복되는 형상이다,

1.1) 매우 느린 경보(very slow walk)

3상과 4상이 반복되는 형태로 Fig 3.4.5와 같이 지지상의 수가 4-3-4-3-4-3-4-3으로 반복된다. 각 후족은 같은 편의 전족보다 먼저 이동상을 시작하며 이러한 현상은 이러한 걸음새에서 보폭의 증가를 막아준다.

Fig 3.4.4에서 보행리듬의 평균은 50%지만 Fig 3.4.5에서는 다리 리듬이 7:1이며 이것은 각 다리의 지지상은 사이클 전체에서 7상, 이동상은 1상을 나타낸다. 이동의 증가는 4상의 상대적 감소를 나타내지만 이것은 3상의 절대적 증가를 나타내지는 않는다.

보행리듬과 다리 움직임의 리듬의 합성기간 동안, 주요 4상은 없어지고 사이클은 6개의 4-3-3-4-3-3이 된다. Fig 3.4.4에서 선분 **AA**와 **BB**가 만나는 위치에서 보행 사이클은 3-3-3-3이며 이러한 걸음새는 짐을 많이 실은 말의 보행에서 나타난다(Howell, 1944).

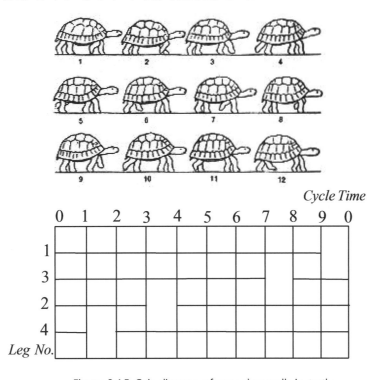

Figure 3.4.5 Gait diagram of very slow walk in turtle

보행리듬의 변화는 사이클에서 4상의 상대적 시간의 변화와 일치한다. 보행 특징상, 이 변화는 후족이 지지상을 시작한 후의 주 4상과 전족이 지지상을 시작한 이차 4상으로 나누어진다. 이러한 방식으로 주 4상은 3과 7상으로, 이차 4상은 4번과 7번상으로 표시된다. 주 사상 후의 삼각상, 4번과 8번의 경우는 2번과 6번인 이차상과 다르다. 주 4상의 감소는 이

차 상의 상대적 감소를 나타낸다.

Fig 3.4.4에서 선분 AA에서와 같이 보행 리듬과 다리 움직임의 리듬이 합성하는 동안, 주 4상은 없어지고 사이클은 4-3-3-4-3-3의 6상이 된다. 이와 유사하게 선분 BB에서 이차 4상은 없어지고 사이클은 3-4-3-3-4-3이 된다. 속도증가는 사이클에서 지지상의 수를 감소시키지만 trot 이나 amble을 향한 보행리듬의 변화를 유발시킨다는 기존의 내용들과는 차이가 있다.

Very slow-walk의 기준에서 slow amble-like walk와 slow trot-like walk으로 걸음새를 바꿀 때 4상의 기간은 3상 기간의 2배가 되어야 한다. 주 4상의 다리 움직임을 보면 일정한 규칙적 움직임은 오직 상대적으로 느린 상에서만 가능하다. 결과적으로, trot와 amble로 보행리듬을 바꾸는 동안 4상의 빠른 변화는 half trot와 half amble의 리듬을 위한 최소한의 속도를 유지한다.

1.2) 보통경보(normal walk)

2상 3상의 형태가 반복되는 2-3-2-3-2-3-2-3의 보행특징을 가지고 있으며 very slow walk의 2차 사상이 대칭 지지상으로 대체되며 주 사상은 측면 지지상으로 바뀐다. Fig 3.4.4에서 보행리듬은 50%, 다리운동의 리듬은 1.7(5:3), 즉 3개의 상은 다리의 이동상, 5개의 상은 지지상에서 일어난다.

Very slow walk과 다르게 동측 전족이 이동상을 시작하기 전에 후족은 지지상을 시작하지 않는다. 말 사육자들은 3종류로 나누는바, 처음의 경우 후족의 스텝은 같은 보폭으로 걷지 않으며, 두 번째의 경우는 동일 보폭으로 걸으며, 3번째의 경우는 겹치게 걸으며 이동방향의 안쪽으로 위치한다. 이러한 경우를 역시 3가지로 나타낸바 짧은, 보통 그리고 늘려진 상대로 표시되었다. 이러한 분류는 말 보행의 빠른 변화를 나타내니 마찬가지로 말의 보행의 특징을 나타내지만 실제 말의 걸음새의 한계를 나타내지는 않는다.

일반적으로 보행속도의 증가는 2상의 상대적 증가와 함께 3상 기간의 감소를 유발한다. 걸음새의 최대 증가기간에, 다리 운동의 리듬은 하나

(4:4), 즉 Fig 3.4.4에서 **EE** 선상에서 3상은 없어지고 사이클은 2-2-2-2(측면과 대각선 지지상의 반복)이 된다.

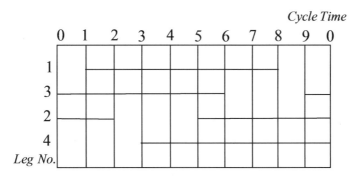

Figure 3.4.6 Gait diagram of normal walk

지체는 **AA**와 **BB** 선분이 만나는 점이 연결될 때까지 2상의 감소로 이어진다. 속도를 최대로 증가하게 되면, 다리의 상태는 한 가지가 된다. 삼각상이 없어지며 결국 직선상 2-2-2-2의 상태로 변하여 측면을 연결하는 직선과 대각선을 연결하는 직선으로 이루어지는 지지상이 번갈아 가며 존재하게 된다. Fig 3.4.4에서 선분 **AA**와 **BB**에 해당하는 보행리듬과 다리움직임 동안 측면 지지상(2-3-3-2-3-3) 또는 대각지지상(3-2-3-3-2-3)은 감소한다. 도표에 나타난 바와 같이 보통경보의 보행리듬의 변화는, 특히 속도가 증가하는 동안 크게 확장된다.

1.3) 빠른 경보(fast walk)

대각과 측면의 비대칭상이 반복되는 특징을 가지고 있으며 2-1-2-1-2-1-2-1의 비대칭 형태로 Fig 3.4.7에 해당된다. 느린 걸음의 3상은 비대칭 걸음으로 대체되었고 여기서 하나의 전방족으로 대체되었지만 2차로 하나의 후족은 지지상을 이룬다.

Fig 3.4.4의 기준에서 보행리듬은 50%이며 다리운동의 리듬은 0.6(3:5)이다. 감속은 비대칭 상의 감소로 이어지며 반대로 비대칭 상의 상대적 감소로 이어진다. 이론적으로 CC와 DD 선분의 만나는 점에서는 2상은 0이 된다. Normal walk에서 trot을 향한 보행리듬의 변화는 대칭 지지상의 상대적 증가로 이어진다. CD선분에서 측면 지지상은 없어진다(2-1-1-

2-1-1). CC선분 상에서 대칭지지상은 역시 같은 결과를 가져온다 (1-2-1-1-2-1).

이론적으로 빠른 경보의 변화의 한계는 보통 경보의 경우보다 적지 않다. 실제 자연계에서 거의 볼 수가 없을 뿐 아니라 제한된 범위 내에서만 보이는 경우이다. 빠른 경보는 말, 코끼리, 낙타, 기린 등의 여러 크고 무거운 포유류에서 볼 수 있다.

빠른 경보가 매우 드물게 보이는 경우는 동일한 속도에서 상대적으로 trot이나 amble보다 에너지를 많이 소비하기 때문이라고 Howell은 주장하였다.

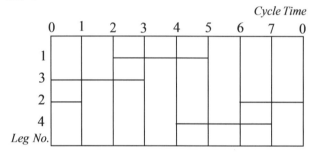

Figure 3.4.7 Gait diagram of fast walk in elephant

2) 속보유사경보(trot-like walk)

2.1) 느린 속보유사경보(slow trot-like walk)

2, 3, 4상을 반복하는(2-3-4-3-2-3-4-3) 특징이 있으며, 주 4상은 유지되지만 보조상은 대각지지상이 대체된다. 느린 속보유사경보에서 동일측면 후족이 이동상을 시작하기 전에 전족이 움직인다. Fig 3.4.4의 기준에서 느린 속보유사경보에서의 다리움직임의 리듬은 3(6:2)이다.

속도의 증가는 대칭상 동안 AA 선분까지 4상의 상대적 감소를 의미한다. 속보를 향한 보행리듬의 변화는 삼상 기간의 감소를 필요로 한다. 이 기간 동안 2, 4상이 발달된다. 보행리듬과 걸음리듬의 일치는 2, 4상을 감소에 의해서 상대적인 3상의 증가로 이어진다.

보행을 향한 리듬의 변화와 움직임 속도를 증가시키는 동안, 2상은 안정화되고 AA를 통과하는 보통경보로 변한다. 리듬의 변화가 천천히 일어나는 경우 다소 일정하고 상대적인 4상의 기간이 만들어진다. 결국 이러한 과정은 BB를 통과하는 매우 느린경보로 바뀐다.

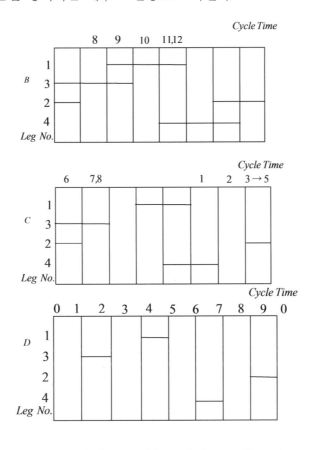

Figure 3.4.8 Gait diagram of fast walk, fast trot-like and very fast walk.

느린 속보유사경보는 꼬리가 달린 양서류의 빠른 움직임에서 주로 사용하며 Howell은 느린 걸음새를 매우 느린과 보통 보행사이의 직선에 위치시켰다. 실제로 이것은 처음 경우보다 빠른 걸음새이지만 매우 느린 걸음은 보행리듬의 순간적 변화와 속보를 위한 속도증가 사이에 있다.

Lower tetrapod의 경우에 속도증가는 보행리듬의 변화와 관련이 있다. 이러한 방식으로, 느린 속보유사경보는 느린경보다. 포유류에서 느린 속보유사경보는 덜 특징적이지만 노쇠한 동물들에서 흔히 볼 수 있다. 속도변화는 보통경보 또는 속보의 한계 내에서 주로 발생한다.

2.2) 빠른 속보유사경보(fast trot-like walk)

이 경우는 매우 느린과 느린 속보유사경보에서 주요 4상에 2개의 자유비상(free flight)이 나타나는 특징을 가지고 있으며 Fig 3.4.15의 1~8에 나타나 있다. 3상은 비대칭으로 빠른경보로 대체된다. 즉, 주기는 2-1-0-1-2-1-0-1으로 된다. 기준그래프에서 다리 움직임의 리듬은 0.3(2:6)이다. 움직임의 증가는 지지상이 없는 대각상의 감소로 이어진다.

한편으로는 감속이 자유비상의 감소로 이어지며, 기준그래프의 DD에 해당된다. 보행리듬이 속보의 리듬에 가까워지는 것은 2상과 자유비상의 상대적 기간의 증가를 의미하며 이는 보행의 리듬이 unipodal stage의 상대적 증가와 일치한다.

빠른 속보유사보행은 문자적 의미는 확실하지 않다. 이는 대칭위치 다리에서 파생된 빠른속보의 자연적 걸음새의 일종으로 알려져 있다. 말 사육자들은 이 보행을 불규칙적 보행으로 간주하였으며 이는 보행속도를 최대로 높이고 말의 피로도를 증가시키는 요소로 판단하였다.[34] 실제로 빠른 속보유사경보는 자연적 걸음새로 달리기(running)에서 빠른속보로 가는 과정이다.

3) 속보(trot)

기준그래프의 BC 선분인 속보열에서 속도를 여러 단계로 나눌 때 느린 속보를 나타내는 공식은 (2-4-2-4)이며 Fig 3.4.9에 표시되어 있다. 이론적으로 속보는 대각선 위치의 다리들이 동시에 움직이며 작은 편차가 결과적으로 대각과 측면위치에서의 속보유사보행으로 변한다.

느린속보로 보행하는 동안, 측면보행, 즉 기준그래프에서 BC 선분의 오른쪽에 있는 측면보행은 일반적으로 나타나지 않는다. 하지만 Muybridge (1887)는 말하기를 속보 동안에는 대칭상의 어느 다리가 이동상과 지지상을 시작하는지에 대한 정확한 법칙이 없다고 하였다. 하지만 말의 경우 보행과정에서 측면 또는 대각 순서로 시작, 다리가 번갈아가면서 반복되는 것을 알 수 있다.

도마뱀의 빠른 움직임을 분석하면 보행리듬과 속보는 ±10% 범위 내 한계에서 변하며 이 변화는 불규칙적으로 반 사이클은 양의 리듬으로, 반

사이클은 음의 리듬으로 움직인다. 이러한 변화는 평형조건을 바꾸지 않으며 동물들에게는 중요하지 않은 사항이다. 따라서 적어도 이 그룹의 경우 속보의 한계로 ±10% 범위를 갖는 것은 합리적이다.

Howell(1944)에 따르면 고양이나 개와 같이 발굽이 있는 거의 많은 동물들은 속보를 사용한다. 이것은 피곤한 보행방식이지만 이러한 보행은 척추의 근육조직을 거의 사용하지 않는 특징이 있다. 한쪽 다리를 사용하므로 속보는 상대적으로 짧고 폭이 넓게 위치한 긴 몸체에 사용되는 특징이 있다. 하지만 포범의 경우에는 보통 속도($20.4\,km/hr$)에서 빠른 속보 또는 빠른 속보유사경보를 사용한다.[35] 말의 보행 이외에도 사슴, 가젤, 맥(tapir) 등의 여러 동물들의 보행에서도 속보가 사용되는 경우를 볼 수 있다.

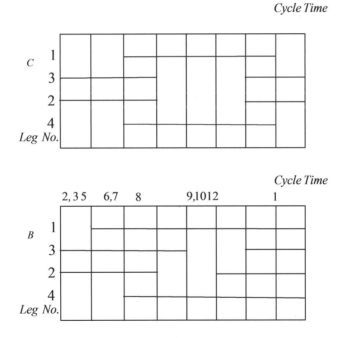

Figure 3.4.9 Gait diagram of slow trot-like walk and slow trot

느린 그리고 빠른 속보의 영식은 4상 걸음새를 근거로 한다. 매우 느린 걸음을 보면, 주요 4상이 반복된다. 이것은 느린 속도로 움직이는 경우이며 이러한 상의 길이가 긴 특징을 가진 속보이다. 하지만 잘 살펴보면, 속보에서 4상의 시간은 매우 짧다. 말의 경우의 속보는 2개의 자유비상을 가진 걸음새이다. 이와 관련하여, 느린 속보는 느린 속보유사경보와 매우 느린 걸음보다 빠른 기준을 가지고 있다.

Figure 3.4.4에서 느린 속보의 기준이 그래프 상에 표시되어 있으며 다리 움직임의 리듬은 1.7(5:3)으로 나타나 있다. 이 경우 대칭지지상은 4상의 경우보다 2배 길며 이러한 내용은 Figure 3.4.9의 두 번째 걸음새도표에 표시되어 있다.

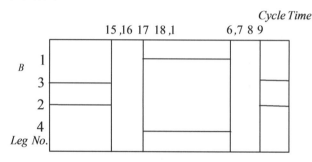

Figure 3.4.10 Gait diagram of fast trot.

보행속도의 증가는 4상이 0으로 감소되는 것을 의미하며, 이 내용은 Figure 3.4.4에서 선분 **BC**와 **EE**가 만나는 점을 나타내며 사이클은 2-2의 식으로 표시된다. 속도가 더 증가하면 자유비상이 나타나며 지지상이 없는 기간이 길어지는 빠른 속보로 변한다.

반대로 대칭지지상이 자유비상기간의 두 배가 되는 경우를 빠른 속보라 한다. 이런 이러한 변화를 볼 수 있으며 지지상 기간은 자유비상의 기간을 늘린다. 말의 경우 관찰된 최대 자유비상기간은 전체 사이클의 2/3 이었다. 관련 사항은 Figure 3.4.10에 표시되어 있다.

4) 측보 유사경보(amble-like walk)

한쪽편의 다리 쌍들이 유사한 움직임을 나타내며 따라서 다리 간 충돌의 위험을 방지하는 특징을 가진 걸음새이다. 표범, 기린, 가젤과 같이 길고 가벼운 다리를 가진 동물들이 사용한다. 이는 측보의 경우보다 안정된 걸음새이다. 무게중심의 기울기가 매우 작으며 다리움직임의 리듬이 증가하므로 느린 경우와 빠른 경우의 두 가지로 세분화된다.

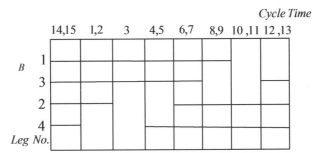

Figure 3.4.11 Gait Diagram of slow amble-like walk.

4.1) 느린 측보유사경보(slow amble-like walk)

2상과 3상과 4상이 번갈아가면서 나타나는, 즉 4-3-2-3-4-3-2-3으로 표시되는 특징을 가진다. 기준 그래프에서 보행리듬은 75%, 다리운동의 리듬은 3(6:2)으로 나타난다.

Figure 3.4.4에서 속도의 증가는 2상 기간의 증가와 BB 선분에 도달하는 4상은 감소하며 사이클은 3-2-3-3-2-3이 된다. 속도가 증가되면 이론적으로 보통보행으로 변하고, 속도감소 동안은 반대현상이 생긴다.

측면지지상은 AA 선상에 있으며, 선분 위의 경우 느린 측보유사경보는 매우 느린 보행으로 바뀐다. 측보를 향한 보행리듬의 변화는 2상과 4상의 상대적 증가와 3상의 감소를 가져온다. 코끼리, 낙타, 들소, 당나귀, 사자 등이 이러한 걸음새를 사용한다.

4.2) 빠른 측보유사경보(fast amble-like walk)

측면지지상이나 자유비상을 번갈아 가면서 사용하는 특징을 가지고 있으며 0-1-2-1-0-1-2-1으로 표시된다. 기준 그래프에서 보행리듬은 느린 측보유사경보와 같이 75%이며 다리운동의 리듬은 0.3(2:6)이다. 느린 움직임은 측면지지상의 증가와 자유비상의 감소로 이어지며 이는 기준 그래프에서 CC에 해당한다. 빠른에서 느린 측보유사경보의 직접 변화는 불가능하나. 하지만 불규칙석이라는 용어는 만 측보의 리듬을 의미하는 용어로 사용된다.

5) 측보(amble)

속보와 같이 2상의 걸음새를 가진 측보는 경보와 비교하여 여러 장점이 있는바, 다리 이동이 간단하며 동일측면의 다리가 동시에 지면을 디디고 비상을 하는 100%의 보행리듬을 갖는다. 이것은 충돌 위험을 방지하며 무게중심의 횡단 역할을 한다.

이는 어떤 걸음새보다 가장 불안정한 걸음새이지만 이러한 이유로 가장 평지에서 속보의 경우보다 빠른 보행속도를 갖는다. 하지만 측보 동안 다리들은 지면에 가까워져서 가끔 넘어지는 경우가 있다. 빠른 속도는 다리의 빠른 움직임에 의해서 얻어지지만, 보폭의 증가에 의해서 얻어지지는 않는다.

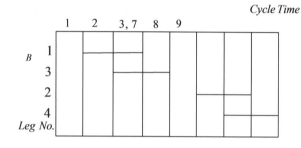

Figure 3.4.12 Gait diagram of fast amble-like walk in lateral sequence

측보를 사용하는 동물들은 어렵게 걸음새를 변경할 수 있다. 보통 낙타, 기린, 엘크, 곰 그리고 일부 말들이 사용하는 걸음새다. 예외적으로 황소나 개에서도 볼 수 있다.

속보에서와 같이, 측보에서 다리쌍에서 어느 다리가 먼저 지지상이나 이동상을 시작하는가에 대한 사항이 확실하지 않다. 일반적으로 속보의 경우는 후족이 전족보다 먼저 앞선다. 이와 같이, 이 걸음새는 측보보다 안전한 대각선 형태의 측보유사 걸음을 사용한다. 하지만 가끔 전족이 앞서는 경우도 있으며 이러한 사항 중 하나는 Muybridge가 발표하였다, 처음 반 사이클에서 오른편 후족은 시작과 동시에 지면을 내디디지만 다음 반 사이클에서는 왼편 전족이 그 역할을 대신한다. 이와 같이 속보와 측보에서 이론적으로 대각선 위치와 측면 위치가 번갈아가며 위치하는 것을 볼 수 있다.

5.1) 느린측보(slow amble)

4상과 2상이 반복되는 4-2-4-2의 특징을 가지고 있다. 기준그래프에서 다리움직임의 리듬은 3(6:2)이다. 측면 지지상의 감소 동안 4상 기간의 증가로 속도가 느려진다. 반면에 속도의 증가는 4상의 감소, 즉 기준그래프에서 AD와 EE의 교점으로 이어진다.

5.2) 빠른측보(fast amble)

자유비상과 측면지지상이 번갈아가며 나타나며 0-2-0-2의 형식으로 나타난다. 속보와 같이 다리운동의 리듬이 0.6(3:5)로 표시된다. 속도의 증가는 지지상이 없는 기간의 증가와 측면지지 감소의 증가로 이어진다. 속도가 느려지는 것은 이와 반대의 현상이다.

3.4.4.2 대칭걸음새의 외적변수들

전장에서 대칭걸음새에 관한 내용들을 검토하였으나, 확실히 알 수 있는 여러 변수들이 존재한다. 말의 속보에서 전족쌍은 지면에서 먼저 들리고 다음의 조건들에서는 늦게 지면으로 내디딘다.

Stillman(1882)은 전족쌍은 후족쌍과 달리 이동상이 동시에 존재한다는 조건을 제시하였다. 하지만 그의 주장과 달리 Howell(1944)은 보통의 속도로 보행하는 경우와 혼돈하여 실수한 것이라고 하였으며 그는 속보를 분석하였으며 말의 긴 후족은 어느 경우 전족보다 긴 전후운동을 하며 이것은 말 몸체의 전반부를 윗 방향으로 들어 올리는 추력의 역할을 한다고 하였다[36].

이동상이 추가되어 전족은 원래의 경우보다 긴 보폭을 갖는다. 대칭보행의 일반 법칙을 만족하기 위하여, 이동상에 있는 전후족 쌍들의 길이 차이를 고려하지 않는, 전족쌍과 후족쌍들의 보행스텝을 일정하게 한다.

Howell은 이러한 사항들에 의해서 발생되는 것들을 고려했어야 하는데 걸음새가 전족과 후족의 지지상 시간의 차이를 확인하지 못했다.

Fig 3.4.13은 Howell의 느린 달리기경보를 Sukhanov가 그림으로 표시하였으며 지지상 시간의 차이가 나타나 있다. 걸음새그래프를 자세히 보면 보통걸음이 두 지지상이 한 후족에 의해서 완성되는 두 번째 3상과 다른 것을 알 수 있다.

후족 움직임의 리듬은 완전히 보통걸음과 일치하지만 전족의 경우에는 의도적으로 낮아지고 외적으로는 빠른보행의 리듬과 일치한다. 그러므로 이러한 걸음새를 후족이 역할을 하는 보통걸음으로 말할 수 있다. 걸음새의 차이는 여러 변수들에 의해서 정해진다. 예를 들면 다리길이의 차이, 전후운동(swing)의 차이 등이다.

전방 또는 후방 다리쌍의 전후운동은 다른 쌍의 전후운동을 증가시킨다. 일반적으로 속도증가는 보폭증가로 이어진다. 이렇게 해서 후족들의 전후운동은 전족의 경우 전후운동보다 길고 어느 특정한 속도인 경우에 전족의 최대 전후운동을 증가시킨다.

다시 말하면, 빠르게 움직이는 동안에는 외적 변화들을 확실하게 살펴야 한다. 도마뱀의 움직임을 보면 후족들의 움직임이 보행속도를 지배하는 것을 알 수 있다. 마찬가지로 자체 전후운동의 범위 내에서 다리가 움직이지 않을 때 저속에서 외관이 잘 관찰된다.

결국, 전족과 후족의 전후운동에서 이러한 차이점을 주는 사항들을 잘 살펴야 한다. 이러한 다리들의 탁월한 능력들은 느린 실제 구보에서 나타난 바와 같이 걸음새의 실제 기준이 포함되지 않는 사이클의 추가상에서 나타난다.

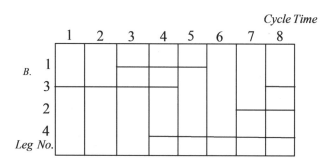

Figure 3.4.13 Gait diagram of normal walk.

전후방 다리의 지지상 기간 동안 아주 작은 차이점이 느린속보와 측보에서의 3상으로 나타나는 것처럼 느린속보와 측보에서 외적변화를 찾아내기는 쉽지 않다. 2상 걸음새의 외적 변수들은 고정되어 있으며, 전족이 보행을 지배하는 경우는 악어와 도마뱀의 느린속보에서 볼 수 있다.

Fig 3.4.14는 이에 해당되는 경우이며, 후족이 보행을 지배하는 도마뱀의 느린속보, 후족이 보행을 지배하는 도마뱀에서의 빠른속보 등의 경우다.

4상의 보행에서 외부변화를 관찰하기는 어렵다. 보통경보에서 찾을 수 있는 변화는 지지상의 변화다. Fig 3.4.14에서의 말 또는 염소의 경우와 같이 후족이 보행을 지배하는 보통보행 이외에 황소와 같이 전족이 보행을 지배하는 다른 보통보행도 있다.

모든 4상 걸음새에서 지지상은 정해져있고 어느 상에서 걸리는 상대적 시간은 변한다. 후족이 보행을 지배하는 Fig 3.4.15의 빠른속보 유사걸음새에서 어떠한 변화가 일어날 것인가를 미리 예측하기는 어렵다. 어느 경우에는 후족 또는 전족이 보행을 지배할 수도 있으며, 각각의 움직임에 걸리는 시간도 서로 다르고 증가하거나 감소할 수도 있다.

예를 들면 두꺼비의 경우 느린속보 유사걸음에서 전족은 항상 대각 위치의 후족보다 먼저 이동상을 시작한다. 하지만 지지상은 먼저 또는 동시에 시작하며 이 경우에는 2차 3상은 생략된다. 도마뱀의 경우, 가끔 두 다리가 지면과 접촉하지 않고, 지지상을 시작할 때 후족 하나가 전족 하나보다 지면을 내디딘다. 이 경우 3상은 전체 사이클에서 볼 수 없다.

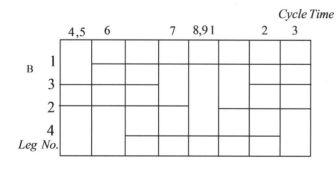

Figure 3.4.14 Gait diagram of slow trot.

대칭 걸음새에서 외적변화는 중요한 역할을 한다. 후족이 보행을 지배하는 빠른속보의 경우 지지상에서 대칭상에 있는 도마뱀의 2다리 보행을 전족이 지면을 내딛는 순간 정지하는 unipodal로 변화가 일어난다.

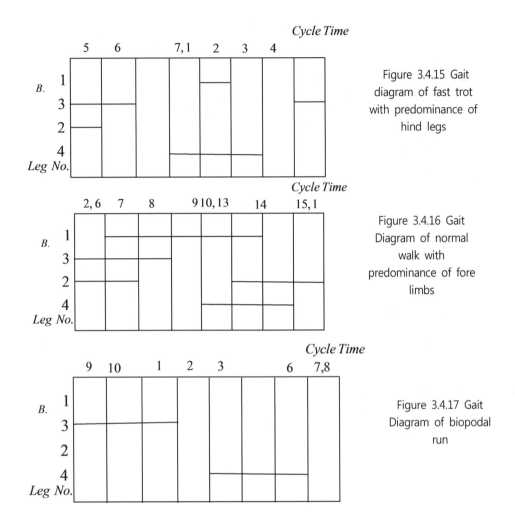

Figure 3.4.15 Gait diagram of fast trot with predominance of hind legs

Figure 3.4.16 Gait Diagram of normal walk with predominance of fore limbs

Figure 3.4.17 Gait Diagram of biopodal run

3.4.4.3 비대칭걸음새

비대칭의 경우는 우리가 상상하는 것보다 많은 다양한 변수들이 존재한다. 동시에 비대칭 걸음새이 경우는 다리이 움지임을 좌표 상에 표현할 수 있지만 도비점프 또는 구보와 같은 비대칭 걸음새의 경우는 동물보행의 특성에 의해서 결정된다.

특히 구보의 경우, 전체 사이클에서 지지상이 차지하는 시간, 근육운동이 차지하는 비율, 전족의 세기 등에 따라서 다르다. 예를 들면, 토끼의 구보는 고양이의 구보와 다른 특징이 있다. 쥐의 도비점프를 표범의 빠른 구보와 비교할 경우 그래프 하나만을 사용하여 분석하는 것으로는 충분치 않다.

따라서 다리운동 자체 리듬 특징은 만약 대칭걸음새에서 전족이 들리고 나서 이동상이 변하는 데 있으며, 마찬가지로 구보인 경우에는 정지된다. 포유류에서 가장 느린 움직임은 일반적으로 4상에서 발생된다. 그것은 흔히 관찰되는 대칭보행 또는 비대칭의 경우다. 비대칭 대각 연쇄인 매우느린보행이 Gambaryan에 의해 햄스터에서 관찰되었다.

매우 느린 대칭걸음에서와 같이, 4상걸음과 3상걸음을 번갈아가며 사용하며 연속되는 모든 발들은 전 단계의 다리들이 이동상을 시작하기 전에 지지상에 있다. 어느 설치류(rodent, dipodomys)의 경우, 전족과 후족쌍의 협동에 의해서 이루어지는 도약의 도움으로 가끔 느린 운동이 만들어진다. 후방다리 한번의 대디딤과 순간적 비행 후, 두 개의 전족이 동시에 지면에 안착한다.

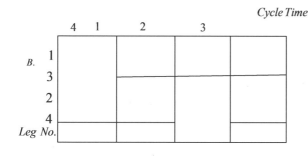

Figure 3.4.18 Gait diagram of jerboas

이러한 사항은 heteromyiade나 설치류에서 사용되는 사항이다.[37] 이러한 내용은 spring, bound, 또는 simply slow jump로 표현되었다. 다람쥐가 얼음 위에서 도약할 때 평지에서처럼 두 다리가 쌍으로 움직인다. 토끼가 고속으로 같은 걸음새로 움직이는 경우, 전족들은 동일한 특징으로 보행한다.

Hatt(1932)[38]에 의하면 Fig 3.4.19에 나타난 바와 같이 quadrupodal jump가 ricochet나 biopdal jump보다 먼저 이루어지며 Heteromyidae의 도약은 후족의 자유비행과 착륙에 이어 이어지는 후족쌍의 순간적 작용에 의해서 발생된다. 이러한 작업에 의해서 전족쌍은 보행에 참여하지 않는다. 4족도약으로부터 2족도약으로의 변화는 후족쌍의 높이의 증가에 관련이 있다.

크기가 작은 포유류의 도약은 그들이 생활하는 서식지와 깊은 관련이 있다고 Howell(1944)은 주장하였다. 낮은 장애물이 있는 평지에서 큰 동물들은 쉽게 넘을 수 있으며 다른 경우 날쥐의 비행 궤적의 특징을 보면 넓은 오픈된 평지에서 빠른 보행으로 도약을 사용하는 것은 다리 작용의 원시적 특징에 기인한다.

아직도 일부의 학자들은 도비 보행특징을 인정하지 않고 있으며 일반적으로 먹이를 찾거나 전족을 부담을 줄이기 위한 경우로 한정한다. 날쥐의 경우 더욱 발전된 형태의 도비점프는 매우 복잡해지며 이 경우 Fig 3.4.19에서와 같이 후족은 동시에 움직이지 않으며 연속적으로 움직인다. 후족 중 하나가 지지상을 시작하고 바로 그 후에 다른 하나가 지지상을 이룬다. 그 다음에 연속해서 다리가 들린다. 보행과정에서 새로 시작되는 다리는 바뀌는 경향이 있다. 많은 종류의 설치류들은 기본적인 원시적 도비점프의 형태를 가지고 있다.

동일한 순서로 이동상을 시작하지만 두 번째 전족이 이동상을 시작하기 전에 2상 도비점프와 달리, 이러한 원시적 도비점프는 비대칭 측면시퀀스를 걸음새라고 할 수 있다. 다음의 과정을 통하여 완성된다. 자유비상 후, 후족에 의한 보폭에 의해서 이어서 연속적으로 하나의 전족이 지지상을 시작한다. 그리고서 지면과 접촉하며 전방으로 나아가고 두 번째 전족은 역시 지면과 접촉한다.

동일측면의 후족은 지면과 접촉한다. 잠깐 동안 지지상은 같은 편에 위치한 두 개의 다리에 의해 이루어진다. 따라서 Fig 3.4.19에 표시된 바와 같이 원래의 도비점프를 표시하는 공식은 2-1-0-1-2-1-2-1이다. 처음 2상은 후방 보폭을 나타내며 두 번째의 2상은 전방 보폭을 나타내며 세 번째의 경우는 측면지지상을 나타낸다.

원래의 도비점프에서 전족은 중요한 역할하며 동물이 지지상 없이 공중으로 이동할 수 있는 전방 추력을 발생시키지 않는다. 따라서 이 걸음새는 전방 보폭이 자유 비행 후 연속되는 보통 구보와 달리 약한 전족을 가진 측면 걸음새로 알려져 있다(Hatt, 1932).

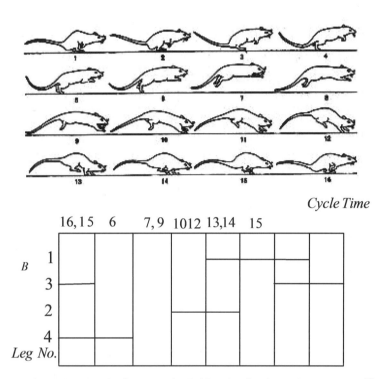

Figure 3.4.19 Gait diagram of Primitive ricochet jump in Norway rat[25]

하지만 운동의 두 가지 형태가 가진 차이점은 처음 경우, 다리 운동의 리듬 특징의 변화이다. 결과적으로 도비점프를 구보의 범주에 넣는 것은 틀린 것이다. 원래의 도비점프의 속도는 후족 보폭 후 자유 비상 시간의 증가와 관련이 있다. 두 번째 후족과 첫 번째 전족 사이의 거리가 나타나는 모습에서 관찰된다.

나타나는 특징으로는 모든 4개의 다리가 보행과정에 있는 다음 그룹으로부터 멀리 떨어진 형태로 함께 모여진다. 전족보다 먼저 지지상을 시작하는 것을 알 수 있다. 즉, 후족들은 보행과정에서 철저히 배제됨을 알 수 있다.

포유류에서 가장 빠른 걸음새는 갤럽이다. 다리와 몸체의 근육을 최대한 사용해서 최대의 추력을 발생시키는 조건에서 일어난다. 주파수는 상대적으로 크지 않다. 많은 종류의 갤럽이 존재하며 각각은 비대칭 보행을 사용하는 다리 운동의 속도, 상 수의 변화, 추진력의 크기, 전후방 다리의 보폭, 한상 다리의 지지상의 시간 등 수많은 조건변수에 의해서 차이가 존재한다.

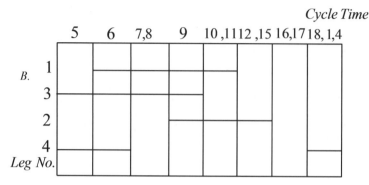

Figure 3.4.20 Gait diagram of slow gallop

4종류의 갤럽은 다음의 방식으로 보행한다. 회복기가 지난 후 후족 중 하나가 지면과 접하고 나머지 하나의 후족이 지면과 접한 후 전족이 지지상을 시작한다. 이러한 보폭조건과 두 후족의 운동의 결과 비록 움직임이 동시에 일어나지는 않지만 동물들은 완전히 지면과의 접촉이 없이 잠시 동안 후족을 뒷 방향으로 뻗으며 자유롭게 공중에 떠있으며 동시에 전족을 앞 방향으로 뻗치며 이를 확장된 비행 상태라고 한다.

다른 경우 두 번째 후족이 도약하기에 충분하지 않은 보폭인 경우이지만 두 다리가 지면과 접촉하고 있으며, 전족 중 하나가 측면으로 구보 또는 대칭위치에서 비대칭 보행을 하는 경우가 있다. 전족의 비대칭 활동으로 동물의 자유 비행조건이 주어지지만 전족이 지면을 떠나서 후족이 도약을 위한 새로운 준비를 하는 동안 도약을 위한 최적의 준비 상태에 있다.

여러 경우에, 지지상이 없는 상태에서 이동상을 위한 걸음걸이를 준비하기는 어려우며 이를 위해서 관련 후족은 전족 또는 후족 중 하나가 도약할 때까지 지지상을 유지하고 있어야 한다.

왼편 다리의 지지상 시간은 오른편 다리의 지지상 시간보다 길며 이것은 측면 지지상이 대각 위치상으로 대체된 것이다. 말이나 다른 무게가 무거운 동물들과 같이 맥은 전방 다리의 움직임 후에 자유비행상을 갖는다.

상대적으로 무게가 가벼운 영양, 사슴 등은 하나의 자유비행상을 갖지만 후방다리의 움직임과 관련이 있으며 2-1-0-1-2-1-2-3 의 공식을 갖는다.

맥 또는 말에서 관찰되는 빠른 갤럽이 치타의 보행에 표시되어 있다. 맥의 느린 갤럽과 같이 비대칭-측면 연속그림으로 완성되었으며 비교가 편리하게 표시되었으며, 이 그림과 Fig 3.4.21에 표시된 걸음새 도표를 보면 지지상과 이동상의 시간이 표시되어 있다.

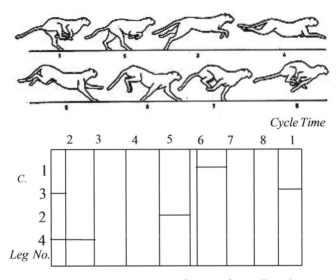

Figure 3.4.21 Gait diagram of a very fast gallop cheeta at a speed of 90km/hr[25]

치타의 빠른 갤럽(51km/hr)의 평균 사이클은 대충 0.3초이다. 후족의 지지상 시간은 전족의 지지상 시간과 같거나 약간 크다. 지지상 공식은 2-1-0-1-2-1-0-1이다. 자유 비행의 두 상의 시간은 거의 같지만, 후족 지지상은, 즉 두 후족이 지지상에 있는 시간은 전족이 지지상에 있는 시간보다 2배 만큼 길다.

시간당 90km/hr까지 속도를 올리면 다른 동물들에서 일반적인 사이클의 변화를 볼 수 있다. crossed flight와 관련하여 extended flight 기간이 갑자기 증가한다. 2개의 다리에 의한 지지상은 없어지고 그 자리에 아주 순간적인 지지상이 대체되어 지지상 공식이 2-1-0-1-0-1-0-1으로 된다. 후족의 지지상은 1/3로 감소된다. 사이클 기간은 거의 같은 수준이지만 한 사이클에서 가는 거리는 배가 된다.

포유류의 경우 빠른 canter와 느린 canter의 두 종류 보행이 있다는 것은 중요한 사항이며 이들은 전통적으로 비대칭보행이다. 흔히 canter는 느린 구보의 한 형태로 Muybridge(1887)에 의해 알려졌지만 외적으로 비대칭이며 비대칭대각연속으로 수정되어야 했다.

그전까지 구보의 경우는 대칭보행으로 간주되었지만 Howell의 제안에 의해서 두 형태의 canter는 전형적과 비전형적 구보로 세분화되었다. Canter의 두 형태를 정확히 분석하면 대칭 보행에 속한다. 하지만 비대칭과 대칭형태의 한가지로 볼 수 있다.

Fig 3.4.22에 표시된 느린 canter의 보행공식은 2-3-2-1-2-1-2-3이며 한 번에 두 개의 대칭상을 가지며 이는 삼각상이 측면과 대각지지상과 반복되는 형태지만 canter의 두 번째 반 사이클에서 1상이 2상과 반복되는 형태다. 하지만 canter의 두 번째 반 사이클에서 1상이 2상으로 변하므로 fast walk과 같다.

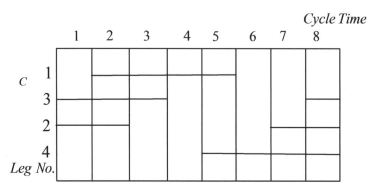

Figure 3.4.22 Gait diagram, fast canter of horses

Slow canter 보행 동안 다리운동의 간격의 상대적 증가를 기준으로 보면, 여러 그림들의 경우 Fig 3.4.22에서와 같이 우측전족과 좌측후족 다리의 움직임 사이의 간격을 한 단위로 히여 표시하면 1 2 3 2 1이 된다. 따라서 대각 방향 다리의 움직임에 걸리는 시간은 줄어들고 같은 측면의 다리 움직임의 간격은 증가하여 결국은 보통빠른걸음(normal fast walk)이 된다.

보행공식이 2-3-2-1-0-1-2-3으로 하나의 자유비행 상을 포함하고 있으므로 Fig 3.4.22에 포함된 빠른 canter는 외적으로는 구보와 동일하다. 이상에서 전족 하나를 전방으로 밀며 후족은 보조 역할을 하고 이 다리들은 서로 겹치는 위치가 된다. 다리 움직임의 간격의 상대적 크기를 나타내는 그림들에서 확인이 가능하며 보행공식은 1-1, 5-4-1, 5-1이 된다.

하나의 대칭위치(FR-HL) 다리 사이의 간격이 상대적으로 변하지 않을 때, 즉 slow canter에서는 감소하며, 두 번째 대칭(FL-HR) 위치 다리 사이의 간격과 같은 편의 다리의 움직임의 시간간격은 감소한다. 즉 모든 4개 다리에 의한 추력작용의 시간이 짧아진다. 이러한 현상은 동물이 자유비행상태를 만들기 위한 강력한 비대칭의 추진력을 제공한다.

Slow canter와 fast canter는 움직이는 비대칭의 증가가 어떻게 발생하는가를 보여준다. Fast canter와 같이 서로 다른 대칭 위치의 지지상 시간의 비대칭현상이 추가된다. 보행의 비대칭 형태의 관계는 아직 확실히 규명되지 않았다.

포유류 보행의 기본형태로 구보가 있으며 이는 원래의 도비점프와 현재의 도비점프로 발전되었다. Gambaryan(1967)는 이에 관한 상세한 연구내용을 발표하였다. 먹이를 찾는 경우 신경제어를 통하여 대칭을 비대칭으로 바꾸는 경우가 언급되었다.

비대칭 도비점프 보행의 형태는 파충류에서의 다리 리듬의 특징을 가지고 있으며 복잡한 형태의 보행인 구보로 발전된다. 점프의 정확성, 원형 도비점프의 가능 여부 등은 후족의 도약 여부가 보행속도에 따라 다르기 때문에 리듬의 특징변화가 서식지, 나무나 바위 등의 존재여부와 관련이 있다. 그 결과, 느린 속도로 짧은 거리를 도약하는 경우 동물들은 전족으로 착지하며 빠른 속도로 후족을 착지시킨다.

다리운동의 리듬 특징 변화 때문에 구보는 도약의 크기에 관계없이 전족을 내디딘다. 전족이 지지상을 시작할 때까지 후족의 전방이동을 정지하는 동물들의 장점을 상상할 수 있다. Gambaryan이 남겨놓은 연구내용들은 이들을 자세히 설명하고 있다.

§ 3.5 Animal Modeling

말은 성공적으로 길들여진 표유류 중의 하나이다. 5500만 년 전에 말은 지금의 개만한 작은 크기와 발가락이 넷 달린 동물이었으나 오랜 진화의 과정을 거치는 동안 서서히 키가 크고 발굽이 하나인 현재의 말로 진화하였다. 많은 자연사 박물관에는 이들 말의 화석들이 보존되어 있으며 발의 진화를 나타내는 계통도들을 본 적이 있을 것이다.

역사가 시작된 이래 말은 주요 교통수단의 역할을 하였다. 마찬가지로 말은 생물학에서 중요한 연구대상이었다. 말은 다른 동물들과 마찬가지로 오랫동안의 진화의 과정을 거치면서 몸체의 구조가 달리기에 적합하도록 변형되었다. 동물학에서 많은 연구의 대상이 말이었으며 연구자들이 말의 구조, 보행특성 등에 관하여 수많은 연구성과를 남겼다.

자동차가 만들어지기 이전에는 지금의 자동차의 역할을 말이 대신하였다. 역사적으로 말은 인간의 생활과 가장 밀접한 관계가 있었으며 말에 대한 많은 연구가 있었다. 1657년 Newcastle이 처음으로 말의 걸음새를 속도에 따라 walk, trot, amble, gallop, running의 5가지로 분류하였다. 촬영기계 자체가 존재하지 않았던 그 당시에 이러한 발견은 매우 놀랄만한 사건이었다.

그 당시의 연구 결과는 물론 현대적 개념의 걸음새와는 차이가 있었지만 걸음새에 관한 연구를 연결시키는 중요한 역할을 하였다. 그의 연구에 의하면 trot의 경우에 대칭 위치의 다리가 동시에 지지상을 이루며, walk의 경우에는 두 다리가 이동상, 나머지 두 다리는 지지상을 이루는 경우를 말한다. 그의 정의를 현대적으로 해석하면 walk은 속도가 빠른 경우에만 적용이 되며 그 외에 여러 모순들을 포함하고 있었다.

19세기 중반까지 말의 걸음새 연구는 말발굽에서 나는 소리가 주요 연구 방식이었으므로 지금의 촬영기술에 의한 완벽한 연구결과는 기대하기 어려웠을 것이다. 말을 연구하는 사람을 나타내는 Hippologist라는 용어가 있었다는 것은 그 당시에도 말에 대한 많은 연구가 진행되었다는 것을 말해준다.

자연을 모방하여 로봇을 만들기 위해서는 말의 생물학적 원리의 체계적인 분석과 이해, 그리고 진보된 공학적 수단에 의해 기계로 변환시키는 것에 대한 연구가 필수적이다. 마찬가지로 말의 발굽 수가 작아지는 것과 같은 생명체의 구조의 진화 과정에 대한 이해가 필요하다. 모방하고자 하는 동물의 진화과정의 이해 없는 보행로봇의 제작은 실패하게끔 되어있다고 Witte는 주장하였다.[39] 그는 말의 보행과 관련하여 고속촬영장치를 사용하여 galloping의 경우 척추(vertebral column)의 움직임의 각도를 시간의 함수로 표현하였다.

동물들은 특정한 환경에 적응하며 그들의 구조와 근육 및 신경 등을 조금씩 변화해 왔다. 동물들의 근육을 이루는 재질들은 독특한 특성을 가지며 신경계통의 명령전달에 의해 팽창과 수축을 반복하며 팔, 다리 등 부위의 운동을 발생시킨다. 발생되는 운동은 기계공학의 동역학을 적용하여 소모되는 에너지를 계산할 수 있다. 동물학에서는 동물의 몸에서 흡입과 배출되는 에너지를 설비를 장착하여 직접 측정하여 구한다.

3.5.1 Modeling

전장에서 본 바와 같이 사람들의 삶과 가장 밀접했던 말에 관한 연구는 생물학에서 이루어졌다. 고구려의 벽화나 이집트의 벽화 등에서 말의 그림이 자주 등장했지만 예술적으로 표현된 것들이었다. 로봇공학에서는 안정도 유지의 어려움 때문에 다리의 수가 많은 6-족 경우가 대부분이었다. 하지만 최근 4-족 보행로봇에 관한 연구가 활발하게 진행되고 있다. 본 장에서는 말과 같은 모델로 대표되는 최근의 연구를 소개한다.

1) Takeuchi[40]

빠른 움직임이 가능한 4-족 보행로봇의 개발을 위한 연구를 수행하였다. 4-족 보행로봇을 포유동물 형태와 파충류 형태로 분류하였다. 전자의 경우는 긴 다리에 의해서 빠른 속도가 보장되며 후자의 경우는 구조상 무거운 하중을 지탱할 수 있으며 그 결과 무거운 작업을 수행하는 건설기계 등의 경우에 적합하다.

보행로봇 모델인 MEL HORSE II가 제작되어 오랫동안 관련 연구가 진행되었다. 모델의 제원은 전방 8.4kg, 후방은 6.0kg, 몸체는 2.8kg, 크기는 800x600x250(mm)이며 OS는 Linux 기반이다. 모델은 경량화와 몸체의 지지를 위하여 구조물은 알루미늄과 두랄루민의 합금형태 파이프가 적용되었다.

가장 큰 특징은 모델의 전족이 몸체의 무게를 지지하는 기능을 담당하며 후족은 몸체를 전방으로 이동하는 기능을 담당한다. 따라서 몸체의 무게중심은 항상 몸체의 전방에 위치한다. 다리들을 움직이기 위하여 LFD(Leg Function Distribution)개념이 제안되어 이를 위한 역균형 메커니즘이 적용되었다. 마찬가지로 LFD를 구하기 위해서 기존에 사용되던 ME(Manipulability Ellipsoid) 대신 동역학 부분이 포함된 DME(Dynamic Manipulability Ellipsoid) 방식이 적용되었다.

그는 4-족 모델의 전족쌍과 후족쌍을 각각 분리하여 전족의 경우 전방 이동을 위하여 필요한 즉 전족에 작용하는 힘을 구했으며 후족의 경우 몸체를 지지하기에 필요한 힘들을 계산하였다. 아울러 자세히 유도한 운동 방정식을 통해서 보행에 관련된 수치들을 계산하였다. 특히 그의 연구방식은 각각의 다리쌍을 분리하여 고유의 기능을 부여하였다. 이러한 방식은 동물이나 곤충들의 경우 각각의 다리쌍 기능이 다른 것에 유용하게 적용될 수 있다.

그의 연구에서 LFD를 나타내는 인자로서 수직방향의 힘과 수평방향의 힘의 비를 나타내는 V/H 비율이 제안되었다. 그의 연구에 의하면 수직방향으로 작용하는 힘은 중력방향으로 지지하는 힘이 클수록 커지며, 수평방향으로 작용하는 힘은 전방으로 작용하는 힘이 클수록 커진다. V/H 비율은 그래프의 타원에서 수직방향 축의 거리와 수평방향 축의 거리의 비율과 같다. 그는 프로그래밍에 의해서 다양한 조건에서의 결과들을 제시하였다. 그의 연구 결과는 2-족 보행로봇 개발에 적용이 가능하며, 특히 Honda의 2-족 Humanoid 적용이 가능하다.

2) Ilg, Albiez and Dillmann[41]

포유류의 보행원리를 적용한 4-족 보행로봇의 적응 자세제어에 관하여 연구하였다. 불규칙한 지반 위에서의 4-족 보행로봇 다리의 제어는 쉽지 않아서 이들의 유연성과 적응성의 향상을 목적으로 한다. 연구를 위하여 제작된 모델은 포유동물의 형태를 한 4-족 보행로봇 모델로 BISAM(Biologically Inspired Walking Machine)으로 불리며 그 높이는 70cm, 무게는 23kg이며 모델의 자세한 제원[42]이 표시되어있다. 모델의 몸체는 4부분으로 구성되었으며 각각의 다리 역시 4개의 부분으로 구성되어 안정도를 유지시키며 특히 불규칙한 지반 위에서 고도의 유연한 보행을 보장한다. 모든 조인트에는 DC 모터와 ball-screw gear가 장착되어 회전한다.

다양한 환경에 대하여 보행로봇의 유연성(flexibility)과 적응성(adaptivity)을 향상시키기 위하여 온라인 학습법이 BISAM을 사용하여 시도되었다. 동물의 보행과 몸체의 움직임 등을 자세히 기록하기 위하여 영상기록계(150frame/sec), 고속비디오(1,000frame/sec), 운동분석기(1,000frame/sec) 등이 사용되었다. 아울러서 보행 중 발에 작용하는 반력을 구하기 위하여 Kistler force-plate가 사용되었다.

14종의 중소형 포유류로부터 얻은 엄청난 운동학적 데이터를 얻었다. 정역학적으로 안정된 걸음새와 동역학적으로 안정된 trot 걸음새의 경우에 무게중심과 궤적과의 관계를 연구하였다. 운동의 특별한 특징은 hip과 shoulder의 움직임이며 이는 걸음길이의 증가를 실현시킨다. 이러한 운동을 분석함으로 다음의 사항들이 확실해졌다.

▷ BISAM의 작은 발 때문에, ZMP 기준은 운동을 최적화 하는데 적절치 않다.

▷ BISAM의 운동은 기기에 장착된 하중과 무게중심의 처음 위치와 밀접한 관계가 있다.

▷ 기기형태의 한계 때문에 모든 작용점은 수동적으로 조작되어야 한다.

다리의 왕복운동과 척추의 강한 움직임을 가진 동물의 운동 중, 단순하게 하중분포와 처음 자세의 영향만을 가지고 안정도 기준을 정의할 수 없다. 실제 다리만의 모드는 해법이 아니다. 현재의 동역학적 모델은 운전과 센서의 동작을 나타내는 비선형 영향에 대한 충분한 정보를 제공하지 못하고 있다.

자세제어를 위하여 센서를 근거로 한 온라인 학습법이 적용된 경우가 있었다. 실제로 동물들의 움직임을 모방하여 보행의 원리들을 찾아내고 이들을 보행로봇에 적용하기 위한 연구로서 이를 위하여 온라인 학습법을 효과적으로 적용하는 연구이다. 그들의 연구는 포유류 무게중심의 궤적에 관한 생물학적 데이터들이 실제 4-족 보행로봇의 연구를 위한 자료로 응용이 가능한지를 조사하는 것이다. 이러한 운동들을 서로 다른 환경에 적응시키기 위하여, 자세제어 반사가 강화 학습에 근거한 온라인 학습방법에 의해서 학습되었다.

3) Witte[43]

영상기록장치를 사용하여 북반구에 사는 새앙토끼(pika)가 움직이는 경우 다리와 척추의 움직임을 자세히 기록하여 연구에 적용하였다. 그의 연구에 의하면 새앙토끼는 보행 중에 몸체의 안쪽 상단에 위치한 척추를 $40°$ 이상 구부리게 되며 몸체의 부피는 30% 이상 증가하는 것을 보여주었다.

각각의 다리는 3개의 링크로 구성하였으며 몸체에 부착된 4개의 다리들의 움직임을 시간의 함수인 연속그림으로 표현하였다. 그리고 영상기록장치에 의해서 얻어진 결과를 이용하여 다리에 부착된 근육 뭉치들의 움직임을 분석하였다. 그리고 다리들을 pantograph 형태로 표현하였다. 마찬가지로 다리의 경우에는 spring-mass system으로서 스프링의 특성처럼 보행 중 에너지를 저장하고 방출하는 역할을 감당한다.

말과 같은 동물의 경우는 크기가 큰 척추동물로 분류된다. 이와 같은 동물의 경우에 보행기록에 제약이 있다. 하지만 토끼와 같은 작은 크기의 척추동물의 경우는 보행기록과 함께 다리와 척추 등의 움직임이 상대적으로 쉽게 관찰된다. 그러므로 자세하게 영상이 기록될 수 있는 장점이 있다.

몸체(trunk) 내부의 상단에 위치한 척추는 보행 중 굴신을 반복하여 에너지를 저장하는 탄성체 역할을 담당한다. 마찬가지로 척추의 굴신은 고속으로 보행하는 경우에 다리가 부착된 몸체의 길이가 증가하며 그 결과 족보행공간이 전방으로 이동되어 결국 보행속도를 증가시키는 결과를 가져온다. Witte는 그의 연구에서 척추동물의 효과적인 모델링 방법을 위한 10개의 원리들을 제시하였다. 각각의 다리는 3개의 링크로 구성된 pantograph-type으로 제시되었으며 마찬가지로 각각의 구성에 대한 유용한 방식들이 설명되었다. 생물학자로서의 그의 연구결과는 로봇공학자들에게 매우 유용한 연구 테마를 제시한다.

4) Hackert[43]

역시 pika의 보행과 관련하여 연구를 수행하였다. 그는 pika의 몸체, 척추, 다리 및 공격각과의 상호 관계를 연구하였다. 1980년대 OSU의 Waldron과 McGhee 등이 생물학의 연구결과들을 적용하여 보행을 설명하는 공학적 용어들을 제안하였으며 그 후 많은 공학자들이 보행로봇의 걸음새에 관한 연구에 이들 용어들을 사용하였다. 그는 동시걸음새(synchronous gait), 공격각(angle of attack) 등의 용어를 처음으로 제시하였다. 몸체의 무게중심의 궤적을 분석하였으며 몸체에서 무게중심의 상대운동은 주로 척추의 굽힘과 신장에 의해서 정해진다는 것을 증명하였다.

그가 사용한 동시걸음새는 전족 또는 후족쌍이 약간의 시간차로 지면을 디디는 걸음새로서 다른 걸음새를 사용하는 경우와 비교하여 보행을 나타내는 프로그래밍이 단순한 장점이 있다. 아울러서 도약의 경우에 순수도약과 반도약으로 분류하였으며 염소가 4개의 다리를 동시에 움직이는 경우를 순수도약으로, 작은 포유류가 사용하는 동시 보행모드를 반도약으로 정의하였다. 반도약이란 전족의 경우 상의 지체시간(phase lag)이 변동하는 반면에, 후족은 동시에 움직이는 것을 말한다.

그는 모델인 pika를 트레드밀 위에 올려놓고 서로 다른 속도($1 \sim 1.3$, $1.4 \sim 1.8$, $1.8 \sim 2.2 m/sec$)와 시간 간격으로 보행시키고 장착된 고속카메라를 사용하여 해상도 256 x 64 pixel로 초당 1000장의 사진을 촬영하여 모델의 움직임을 분석하였다. 마찬가지로 모델 전체의 움직임을 관찰하기 위하여 측면에도 줌 카메라를 장착하였다. 냉동상태의 피카를 14등분하고 무게를 측정하여 몸체의 무게중심을 구했다. 속도에서 무게중심 운동의 진폭은 $6 mm$이며 이는 모델 전체높이 $60 mm$의 10%에 해당한다. 공격각(angle of contact)이란 몸체의 무게중심과 지면의 접촉점(contact point)

을 연결하는 선분과 지면과 이루는 각도를 말한다.

그의 실험에 의하면 공격각은 속도를 증가시켜도 크게 변하지 않으며 평균값 간의 차이는 그다지 크지 않지만 중요한 역할을 하며, 척골이 지면과 이루는 각도는 50°이며, 결과적으로 공격각은 45°가 된다는 것을 발표하였다. Hackert는 pika를 모델로 선택하고 트레이드밀 위에 고속영상 촬영장치 등 적절한 실험설비를 장착하여 몸체의 움직임을 영상으로 기록하여 그 특징들을 분석하였다. 그는 말과 같은 큰 포유류와 달리 피카와 같이 크기가 작은 포유류의 운동은 무게중심이 중요한 역할을 한다는 것을 보여주었다. 다리는 spring-mass system으로 분류하여 보행 중에 탄성현상이 발생한다는 생물학에서 이미 인정된 이론들을 설명하였다.[44][45]

5) Yamakita[46]

고양이가 점프하여 의자나 식탁 위를 가볍게 오르거나 내려오는 것을 흔히 보았을 것이다. 어렸을 적 이러한 고양이의 능력을 알고 고양이를 높이 던져본 경험이 있을 것이다. 그런 경우에도 고양이는 몸을 비틀어서 지면에 사뿐히 내려오는 놀라운 능력을 보여주곤 하였다. 이러한 고양이의 운동학적 특징이 생물학은 물론이고 로봇공학자들에게도 관심의 대상이 되었다.

고양이가 지붕 위로 가는 모습을 보면, 지면에서 도약하고 중간과정으로 벽을 차고 올라간다. 고양이의 이러한 과정을 분석하고 모방하여 실제 로봇에 적용할 수 있는 제어법칙을 만드는 연구를 수행하였다. 실제 고양이가 도약하는 과정에서는 척추부위를 회전하는 3차원 운동이지만 연구목적상 2차원으로 단순화하였다. 고양이의 운동은 지면, 벽, 지붕의 3단계 과정을 거치며 모델은 7개의 링크와 6개의 관절로 구성되었다.

동역학적 방식이 적용되어 모델이 지면에서 도약하는 과정의 운동방정식이 구해졌다. 원하는 도약을 구현하기 위하여 각각의 관절에서 원하는 가속도를 발생시키기 위한 토크가 stochastic dynamic manipulability measure 방식에 의해 구해졌다. 다시 말하면 고양이는 지면 또는 벽에 도달하기 위하여, 필요한 가속도와 각가속도(angular acceleration, 角加速度)를 발생시키기 위한 자세를 미리 결정한다.

고양이와 같은 동물들이 도약을 준비하기 위하여 정지상태에서 몸을 구부리며 순간적으로 관절을 팽창시키는 경우가 이에 해당된다. 그러므로 많은 경우의 연구에서 동물들의 다리가 **spring-mass system**으로 간주하는 경우도 이에 해당된다.

모델의 도약은 전후방 두 쌍의 다리를 동시에 사용하는 경우와 후족만을 사용하는 두 경우로 분류하였다. (x_F, y_F)는 전족의 좌표, (x_R, y_R)는 후족의 좌표를 나타낸다. 정지상태에서 몸체의 무게중심이 벽의 원하는 지점에 도달하기 위하여 여러 인자들이 포함되는 식들이 적용되었으며 사용된 주요인자들은 다음과 같다.

1. $\dot{\omega}_{ref}$: desired angular acceleration.
2. θ_{ref} : desired angle.
3. K : Coefficient of virtual spring.
4. l : length of virtual spring.
5. M : mass of virtual body.
6. v : normal directional vector of spring.
7. v' : modular unit vector for desired direction.
8. γ : Modifying ratio of the direction.

제안된 모델은 전후방 쌍의 다리들이 동일한 물리적 특성을 가지며, 원하는 준비자세를 구하기 위하여 SDMM 방식이 적용되어 원하는 최적의 데이터 값들이 구해졌다. 실제의 모델을 이용한 실험에서 발의 각도측정을 위하여 CCD 카메라가 사용되었으며 각 관절의 각도를 구하기 위하여 전위차계가 사용되었다.

마찬가지로 각 관절에 작용하는 토크를 구하기 위하여 strain gauge가 장착되었다. 원하는 도약을 위하여 몸체의 무게중심과 각 관절에 요구되는 가속도 및 각가속도, 그리고 속도와 가속도 등이 시뮬레이션과 학습제어 방식에 의해 구해졌다.

6) Pearson[47]

1887년에 Muybridge는 고양이, 개, 라쿤 등 많은 동물들의 보행에 관한 연속 그림들을 책자로 집대성하여 발표하였다. Pearson은 그의 책자에 포함된 내용들을 바탕으로 하여 이러한 운동을 만드는 신경에 관한 연구를 하였다. 규칙적인 다리의 보행(rhythmic walking)이 어떠한 메커니즘으로 어느 경로를 통해서 만들어지는가에 대한 연구를 수행하였다. 다리의 움직임을 자세히 묘사하고 어느 근육을 움직여서 해당되는 움직임을 만들어내는가를 연구하였다. 그리고 신경계통 내에서 어떠한 메커니즘에 의해서 규칙적 다리 보행이 일어나는가를 연구하였다.

실험설비에서 고양이를 마취시켜서 식물 상태를 유지하였다. 머리에서 척추를 통하여 연결되는 신경의 일정부위를 절단하고 그 대신 미세한 전기 충격을 가하였다. 그 결과 신경이 제거된 다리는 평상시와 같이 보행을 수행하였다.

7) Snake[48]

기존의 보행로봇들을 장착된 다리를 움직여서 이동한다. 하지만 뱀의 경우는 움직이는 메커니즘이 이들과 전혀 다르다. 몸체를 측면방향으로 반복적으로 구부리면서 전방으로 이동한다. 뱀은 전체 길이에 척추가 연속적으로 연결되어 있으며 이들 척추의 연속체는 내부의 근육에 의해서 움직인다. 따라서 몸체의 모양을 변경시키면서 지면에서 전방으로 이동하거나 또는 나뭇가지를 몸체로 감싸면서 이동하는 능력이 탁월하기 때문에 이에 대한 여러 연구가 진행되었다.

생물학에서는 이미 놀랄만한 수준의 뱀에 대한 많은 연구가 진행되었다. 동물의 구조와 그 기능과의 관계를 연구하는 것이 생물형태학(morphology)의 목적이며 관련 연구의 내용들이 *Journal of Morphology* 등에 많이 발표되었다. 다리가 상착되시 않은 뱀이 몸을 부드립게 구부러시 이동하는 현상은 많은 사람들의 관심대상이었으며 이러한 흥미로운 현상 때문에 많은 연구들이 수행되었다. Rudwick과 Wainwright은 뱀의 움직임을 공학적으로 분석하였으며 그 기능들을 추론하는데 큰 역할을 하였다. 생물학과 공학의 만남으로 해석할 수 있을 것이다. 뱀을 모델로 형태학의 주제인 생명체의 구조와 기능에 대한 많은 연구들이 진행되었다.

연결된 척추에는 5개의 관절 연결점이 있으며 그 중 3개는 관절의 중심 부위에 위치한다. 나머지 2개는 좌우에 위치하며 zygapophyses 관절과 zygosphene-zygantrum 관절로 불리며 척추에 작용하는 비틀림 응력을 제한한다.

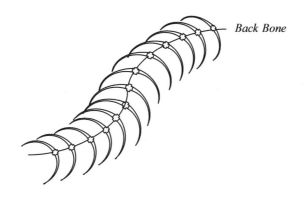

Figure 3.5.1 Back Bone Structure in Snake

8) Date[48]

모델은 수동적으로 움직이는 바퀴와 능동적으로 움직이는 관절로 구성되었다. 다른 이동로봇과 달리 모델을 이동시키는 바퀴가 없으므로 로봇의 보행능력이 모델의 자세에 의하여 결정된다. 따라서 모델의 보행능력의 측정방식이 동역학적 조종능력에 의해 결정된다. 이러한 구조를 바탕으로 모델을 이동시키는 제어방식을 제안하였다. 모델은 연속되는 링크로 구성되어 있으며 링크를 연결하는 각각의 관절에는 actuator가 부착되어 있으며, 각각의 링크 중간에 한 쌍의 바퀴가 좌우로 부착되어 있다.

바퀴는 보행 중 미끄러짐이 없으며, 바퀴에 작용하는 반력에 의해서 이동한다. 모델은 이동 중 어느 방향에서 움직일 수 없는 변곡자세(singular posture)가 존재하며 이러한 자세는 직선운동 중 또는 곡선운동 중의 경우에도 발생한다. 실제로 뱀은 직선형태에서 또는 어느 일정한 곡선 상태에서는 움직일 수 없는 상태가 되며 이러한 순간이 변곡자세에 해당한다. 따라서 이러한 모델의 보행성능은 자세에 의해 결정되며 보행을 제어하기 위한 적절한 자세가 보행성능에 결정적인 역할을 한다. Hirose는 뱀의 전형적인 꼬불꼬불한 운동은 모델의 관절에 사인 형태 입력함수에 의해서 발생 가능함을 제안하였다. 이러한 뱀의 운동 또는 보행 형태를 뱀커브 (serpenoid curve)라 명명하였다. 그는 여러 개의 링크를 장착한 모델에 대해서 뱀커브로 보행이 가능케 하는 제어방식을 제안하였다.

모델이 운동 중 변곡자세를 피하고 나아갈 수 있는 궤적을 구하는 제어 방식을 연구하였다. 로봇은 구동역할을 하는 바퀴가 없기에 보행성능은 전적으로 자세에 의존한다. 일반 로봇공학에서 로봇의 작동능력(manipulability)은 로봇 끝단의 움직임 능력에 좌우된다. 하지만 뱀 로봇의 경우에 주행능력(locomotability)은 얼마나 지그재그(zigzag winding shape)로 움직이는가에 의해서 결정된다. 아울러서 주행능력은 측 방향으로 바퀴에 작용하는 힘이 주행능력에 관여한다고 하였다.

Date는 뱀형 로봇의 보행능력을 구하기 위한 기본 방정식을 제시하였다. 뱀형 로봇의 동역학적 보행능력 타원(dynamic manipulability ellipsoid)에 근거한 여러 보행능력 측정방식이 제안되었다. 그의 연구에서 링크마다 장착된 바퀴의 측면에 작용하는 구속힘(constraining force)을 구했으며 마찬가지로 바퀴에 작은 측면 힘을 작용시켜서 머리에 큰 가속을 얻을 수 있고 그 결과 우수한 보행능력을 얻을 수 있음을 보여주었다.

그의 연구에서 다양한 조건에서의 보행능력을 그래프로 보여주었다. 바퀴에 작용하는 측면 구속힘을 감소시키는 자세는 모델을 구성하고 있는 링크의 수와 관계없이 몸체의 큰 구불구불한 형태를 만든다. 그가 제안한 보행능력에 의해서 모델이 원하는 궤적을 자동으로 제어가 가능하다.

이와 같은 로봇의 경우 일본의 Hirose 교수가 오랫동안 이에 관하여 연구하였으며 여러 모델들을 만들었다. 특히 위에서 설명한 바와 같이 링크에 바퀴가 달린 모델을 연구하였다.

9) Berkley[40]

매우 단순한 형태의 뱀 로봇이 UC Berkeley에서 만들어졌다. 실린더의 작동에 의해서 전진하며 방향을 바꿀 경우에는 중간부위에서 전방의 각도를 변경한다. 마찬가지로 그림과 같은 형태를 여러 개 연결하면 보행속도가 증가되고 뱀과 같은 완만한 보행이 보장된다.

(10) CMU

CMU의 Biorobotics Lab에서는 다양한 바이오 모델들을 만들고 있으며 이들을 계속 발전시키고 있다.[50] 모델은 frostbite type과 uncle sam type이며 모두 5종류의 모델들이 개발되었으며 각각 움직이는 메커니즘과 구조가 서로 다르다. 몸체를 구성하는 각각의 마디는 구조가 같으며 여러 개가 연속적으로 연결된 형태이다. 따라서 실제 뱀이 움직이는 운동을 재현하며 나아가서는 사막의 모래 위에서 뱀이 움직이는 형태인 side winding 운동도 가능하다.

11) Ijspeert

도마뱀은 곤충보다는 크고 일반적 척추동물보다 크기가 작으므로 보행 로봇 연구의 모델이 되어 왔다. 그 외에도 로봇공학적 관점에서 도마뱀은 보행에 관하여 몇 가지 중요한 특징을 가지고 있다. 몸체를 가로지르는 척추를 상하좌우로 움직일 수 있으므로 다리들이 움직일 수 있는 범위가 크게 향상되며, 그 결과 보행 중 몸체의 안정도가 향상되며 안정된 몸체의 운동이 보장된다.

USC의 Brain Simulation Lab에서 Salamander의 신경모사실험을 통해서 보행의 제어에 관한 연구를 수행하였다.[51] 모델은 지면과 물 위에서 움직일 수 있으며 보행 중 몸체가 축을 중심으로 회전한다. 따라서 위에서 관찰하면 몸체 전체가 이동하는 수영하는 걸음새를 나타낸다. 마치 몸체가 전방에서 꼬리 부위로 파도치며 이동하는 형태로서 척수를 따라 일정한 파장을 그리는 모양이다.

지상에서 움직이는 경우에 몸체는 S-자 형태의 파도를 만들며 trot 걸음새로 변경한 모델은 3-D 형태이며 전체적으로 3개의 주요 부위로 구성되었고, 몸체, 꼬리부위, 다리에 부착된 8개의 링크로 구성되어 있다. 전체적으로 모델은 18개의 강체 링크로 구성된다. 꼬리와 몸체 링크는 1-DOF 관절로 연결되어 있으며 다리는 몸체와 어깨 부위에 2-DOF의 관절로 연결되어 있으며, 마지막으로 다리는 무릎관절에 1-DOF로 연결되어 있다.

일반적으로 많은 모델들이 4-족의 경우에 사용하는 모델과 같은 형태를 구성한다. 위의 모델을 사용한 실험에서 각각의 관절에 작용하는 토크는 스프링과 댐퍼를 사용한 모사실험에 의해서 얻어진 데이터가 적용되는바, 스프링의 상수는 신경에서 보내진 신호에 의해서 변형된다.

위 모델에 대한 모사실험을 위해서 MathEngine[52]에서 만든 동역학적 모사시험 패키지가 사용되었으며 이를 이용하여 링크를 연결시키는데 그리고 몸체를 지면과 접촉시키는데 필요한 내력을 구한다. 지면에서 보행하는 동안에는 지면과 접촉하고 있는 모든 링크에 작용하는 마찰력이 적용된다.

마찬가지로 모델이 수중에서 움직일 때에는 각각의 링크에는 물에 의한 관성력이 작용하며 그 크기는 물에 대한 링크의 속도의 제곱에 비례한다. 자세한 관련 내용들은 Ijspeert의 연구논문에 자세히 설명되어 있다.[53]

본 연구에서는 보행 제어기는 신경망을 사용하여 모사실험 되었으며 몸체의 CPG(central pattern generator)와 다리의 CPG로 구성되었다. 몸체의 경우 신경작용에 의해서 진행파형을 만들기 위해서 40개의 분절된 회로망이 사용되었다. 몸체와 다리의 움직임을 제어하기 위하여 신경망 기법이 적용되었다. 따라서 이러한 방식들은 효과적으로 바이오로봇을 제어하기 위한 혁신적 방식이다.

Ijspeert의 연구에서 모델인 Salamander가 수영할 때 몸체의 전방과 후방 끝이 파형을 그리며 전진할 수 있도록 완전한 몸체의 CPG를 개발하는 것이다. 몸체의 CPG는 실제 Salamander 몸에서와 같이 40개의 분절로 이루어지며 모사실험장치에 연결된 경우에 도롱뇽이나 장어에서 나타나는 바와 같은 정형적인 뱀과 같이 구불구불한 운동을 보여준다. 수영을 하는 동안에는 다리를 몸체에서 밀어내기 위하여 강한 신호가 다리의 수평 굴근(flexor)에 전달된다. 수영 속도는 몸체의 CPG에 전달되는 진동주파수의 크기에 비례하며 방향전환의 경우에는 척추의 좌우 비대칭 입력에 의해 구현된다.

12) 기타

코끼리의 코는 뼈가 없는 구조로 내부는 150,000개의 근육들이 근육다발(muscle facicle)을 이루고 있다. 근육다발의 외측은 등쪽, 내부와 측면부로 구성되며 근육다발의 내측은 횡근과 방사상근으로 구성되어 있다.

따라서 애벌레의 경우와 마찬가지로 로봇공학의 관점에서 바라보면 매우 적은 길이의 링크와 조인트로 구성되었다고 할 수 있으며 그 결과 매우 정교한 운동이 가능하다. 근육다발들의 움직임에 의해서 팽창, 수축, 비틀림(twisting), 꼬임(coiling) 등의 다양한 운동이 보장되므로 구동, 트랙, 보행 시스템들이 접근할 수 없는 지역도 쉽게 접근이 가능하다.

§ 3.6 결론

본 장에서는 과거 생물학에서 연구된 척추동물의 보행연구에 관한 내용들과 이들을 근거로 개발된 보행로봇의 예를 소개하였다. 근육과 뼈대로 구성된 생명체들은 주어진 환경을 극복하여 지금까지 생존한 놀라운 능력을 가지고 있다.

따라서 이들의 구조 및 보행특성들을 보행로봇 설계에 적용하는 경우 생명체와 같이 움직일 수 있는 로봇의 모델제작이 가능할 것이다. 수많은 동물들은 우리가 모사하고자 하는 mechanical model이 될 수 있다.

어느 특수한 환경조건에서 주어진 조건을 충실히 수행할 수 있는 로봇의 제작이 가능할 것이다. 지금까지 제작된 척추동물 모델에서 가장 최근의 발전된 형태 보행로봇은 **Boston Dynamics** 사에서 개발된 **Spot** 모델이다.

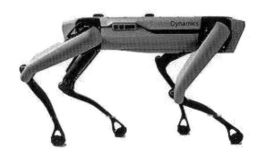

Figure 3.6.1 Four legged walking machine by GD

[Reference]

[1] Johannes Nathan and Frank Zőllner, Leonardo da Vinci, TASCHEN, 2014.

[2] Wilson, E. O., *Consilience: The Unity of Knowledge*, Alfred A. Knopf, Inc., New York, 1998.

[3] Song, S. M., Kinematic Optical Design of a Six-Legged Walking Machine, The Ohio State University, Ph.D Dissertation, Columbus, Ohio, 1984.

[4] Alexander, R. M., *Principles of Animal Locomotion*, Princeton University Press, Princeton, New Jersey, pp. 1-12, 2003.

[5] Elliott, J. P., Cowan, I. M. and Holling, C. S., "Prey capture by thr African lion", *Canadian Journal of Zoology*, 55, pp. 1811-1828, 1977.

[6] Baudinette, R. V. and Gill, P., "The Energetics of "padding" and "flying" in water: Locomotion in penguins and ducks", *Journal of Comparative Physiology B* 155, pp. 373-380, 1985.

[7] Taylor, C. R., Heglund, N. C. and Maloiy, G. M. O., "Energetics and mechanics of terrestrial locomotion, I: Metabolic energy consumtion as a function of speed and body size in birds and mammals", *Journal of Experimental Biology*, 97, pp. 1-21, 1982.

[8] Bryant, D. M. and Westerterp, K. R., "The energy budget of the house martin(Delicbon urbica)", *Ardea 68*, pp. 91-102, 1980.

[9] Le Cren, E. D. and Holdgate, M. W., *The Exploitation of Natural Animal Populations*, Oxford University Press, Oxford, UK, 1962.

[10] Woledge, R. C., Cutin, N. A. and Homsher, E., *Energetic Aspects of Muscle Contraction*, Academic Press, London, 1985.

[11] Kellermayer, M. S.Z., Smith, S. B., Granzier, H. L. and Bustamante, C., "Folding-unfolding transitions in single titin molecules characterized with laser tweezers", *Science* 276, pp. 1112-1116, 1997.

[12] Suarez, R. K., "Upper limits to metabolic rates", *Annual Reviews of Pysiology* 58, pp. 583-605, 1996.

[13] Josephson, R. K., Malamud, J. G. and Stokes, D. R., "Asynchronous muscle: a primer", *Journal of Experimental Biology* 203, pp. 2713-2722, 2000.

[14] Schaeffer, P. J., Conley, K. E. and Linstedt, S. L., "Structural correlates of speed and endurance in skeletal muscle: the rattlesnake tail shaker muscle", *Journal of Experimental Biology* 199, pp. 351-358, 1996.

[15] Marsh, R. L., "Jumping ability of anuran amphibians, Advances in Veterinary Science and Comparative Medicine", *Comparative Vertebrate*

Exercise Physiology 38B, pp. 51-111, 1994.

[16] Wells, J. B., "Comparison of mechanical properties between slow and fast mammalian muscles", *Journal of Physiology* 178, pp. 252-269, 1965.

[17] Hill, A. V., "The dimensions of animals and their muscular dynamics", *Science Progress* 38, pp. 209-230, 1950.

[18] Huxley, A. F., "Muscle structure and theories of contraction", *Progress in Biophysics and Biophysical Chemistry* 7, pp. 255-318, 1957.

[19] Josephson, R. K., "Mechanical power output from striated muscle during cyclic contraction", *Journal of Experimental Biology* 114, pp. 493-512, 1985.

[20] Askew, G. N., and Marsh, R. L., "Optimal shortening velocity(V/Vmax) of skeletal muscle during cyclical contractions: Length and force effects and velocity-dependant activation and deactivation", *Journal of Experimental Biology* 201, pp. 1527-1540, 1998.

[21] Cavagna, G. A., Saibene, F. P., and Margaria, R., "Mechanical work in running", *Journal of Applied Physiology* 19, pp. 249-56, 1964.

[22] Alexander, R. M., "Optimum strengths for bones liable to fatigue and accidental damage", *Journal of Theoretical Bbiology* 109, pp. 621-626, 1984.

[23] Currey, J. D. and Alexander, R. M., "The thickness of the walls of tubular bones", *Journal of Zoology*, London 206A, pp. 453-468, 1985.

[24] Archer, C. W., Caterson, B., Benjamin, M. and Ralphs, J. R., *Biology of Synovial Joint*, Amsterdam, Harwood, 1999.

[25] Sukhanov, V. B., "General System of Symmetrical Locomotion of Terrestrial tebrates and some Features of Movement of Lower Tetrapods", *Academy of Sciences*, USSR, 1968.

[26] Weis-Fogh, T., "Quick estimates of flight fitness in hovering animals, including novel mechanisms for lift production", *Journal of Experimental Biology* 59, pp. 169-230, 1973.

[27] https://en.wikipedia.org/wiki/Horse_gait#Gallop Sequences by Edward Muybridge of a horse in motion.

[28] Winter, D. A., *Biomechanics and Motor Control of Human Movement*, ed.2,Wiley, New York, 1990.

[29] Witte, H., Hackert, R., "Quadrupedal Mammals as Paragons for Walking Machines", *Int'l Sym. On Adaptive Motion of Animals and Motions(AMAM)*, Montreal, Canada, Aug. 8-12, 2000.(저자가 많음 Ref.1 (2))

[30] Jenkins, F. A., Dial, K. P. and Goslow, G. E., "A cinematographic analysis of bird flight: The washbone in starlings is a spring", *Science* 241, pp.

1495-1498, 1988.

[31] Pennycuick, C. J., "Actual and "optimal" flight speeds: Field data reassessed", *Journal of Experimental Biology* 200, pp. 2355-2361, 1997.

[32] T. M. Giffin, R. Kram, S. J. Wickler, and D. F. Hoyt, "Biomechanical and energetic determinants, of the walk-trot transition in horses", *Journal of Exp. Biology*, Vol. 207(2004), pp. 4215-4223.

[33] Uspenskii, V. D., "Anatomical Physiological Analysis of Limbs in Allure and Its Practical Significance", Tr. *Saratovsk Zoovet. Inst.*, Vol. 4, pp. 109-115, 1953.

[34] A. Goubaux and G. Barrier, De l'exterieur du cheval, Paris, 1884.

[35] M. Hildebrand, "Further Studies on the Locomotion of the Cheetah", J. *of Mammal.*, 42, 1:84-91, 1961.

[36] A. B. Howell, *Speed in Animals*, Chicago, 1944.

[37] G. A. Bartholomew and G. R. Gary, "Locomotion in Pocket Mice", J. *of Mammal.*, 35, 3:386-392, 1954.

[38] R. G. Hatt, "The Vertebral Columns of Ricochetal Rodents Bull", *Amer. Museum Natur.* History, 63, 6:599-738, 1932.

[39] Witte, H. and Hackert, R., "Quadrupedal Mammals as Paragons for Walking Machines", *Int'l Sym. On Adaptive Motion of Animals and Motions(AMAM)*, Montreal, Canada, Aug. 8-12, 2000.

[40] Takeuchi, H., "Development of MEL Horse", *Int'l Sym. On Adaptive Motion of Animals and Motions(AMAM)*, Montreal, Canada, Aug. 8-12, 2000.

[41] Ilg, W., Albiez, J., Witte, H. and Dillmann, R., "Adaptive posture control of a four-legged walking machine using some principles of mammalian locomotion", *Int'l Sym. On Adaptive Motion of Animals and Motions(AMAM)*, Montreal, Canada, Aug. 8-12, 2000.

[42] Berns, K., Ilg, W., Deck, M., Albiez, J. and Dillmann, R., "Mechanical construction and computer architecture of the four-legged walking machine BISAM", *IEEE Transactions on Mechatronix*, Vol. 4(1):1-7, Mar., 1999.

[43] Hackert, R., Witte, H. and Fisher, M. S., "Interaction between motions of the trunk and the limbs and the angle of motion attack during synchoronous gaits of the pika", *Int'l Sym. On Adaptive Motion of Animals and Motions(AMAM)*, Montreal, Canada, Aug. 8-12, 2000.

[44] Gavagna, G. A., Saibene, F. P. and Margaria, R., "Mechanical work in running", *J. of Physiology*, Vol. 19(2), pp. 249-256, 1964.

[45] McMahon, T. A., "The role of compliance in mammalian running gaits", *J.*

of Exp. Biology Vol. 115, pp. 263-282, 1985.

[46] Yamakita, M., Omagari, Y., and Taniguchi, Y., "Jumping Cat Robot with Kicking a Wall", *Int'l Sym. on Adaptive Motion of Animals and Motions(AMAM)*, Montreal, Canada, Aug. 8-12, 2000.

[47] Pearson, K., The Control of Walking, *Scientific America*, Dec., 1976.

[48] Date, H., Hoshi, Y. and Sampei, M., "Dynamic Manipulability of a Snake-Like Robot with Consideration of Side Force and its Application to Locomotion Control", *Int'l Sym. On Adaptive Motion of Animals and Motions(AMAM)*, Montreal, Canada, Aug. 8-12, 2000.

[49]

http://bleex.me.berkeley.edu/research/biomimetic-robotics/electromechanical-snake

[50] http://biorobotics.ri.cmu.edu/projects/modsnake/robots.html

[51] Ijspeert, A. J., "A neuromechanical investigation of salamander locomotion", *Int'l Sym. On Adaptive Motion of Animals and Motions (AMAM)*, Cleveland, Montreal, Canada, Aug. 8-12, 2000.

[52] *MathEngine PLC*, Oxford, UK, www.mathengine.com.

[53] Ijspeert, A. J., "A 3-D biomechanical model of the salamander", *Proceedings of the Second Int'l Conf. on Virtual Worlds*, Paris, France, 5~7 July, Springer Verlag, 2000.

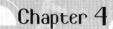

Chapter 4

Insects Modeling

Biorobotics

§ 4.1 개론

현대과학에서 가장 발전된 분야가 생물학이라는 사실은 모두가 인정하고 있다. 역사적으로 생물학에서 살아있는 동물들에 관한 구조 및 운동에 관한 활발한 연구가 진행되었으며 특히 이러한 연구들은 촬영기술의 발달에 의해서 큰 업적을 이루게 되었다. 이러한 내용들은 이미 Chap. 3에서 다루었다. 생물학 연구의 결과들이 로봇공학에 이용되기 시작한 것은 1970년대 후반부터이다. 동물의 보행특성을 설명하기 위하여 용어들이 정의되어 사용되기 시작하였으며 관련된 이론들이 소개되기 시작하였다.

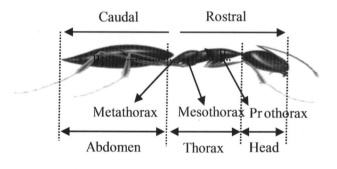

Figure 4.1.1 개미의 모형

본 장에서는 생물체들을 기계공학적 관점에서 하나의 동역학적 시스템으로 간주하여 보행 중에 발생되는 운동특성을 해석할 수 있는 모델로 표현하는 데 있다. 척추동물의 몸체는 여러 개의 척추뼈가 연결되어 있으며, 즉 여러 개의 링크와 조인트로 연결되어 있지만 보행 중에는 거의 움직이지 않으므로 고정된 하나의 링크로 간주한다. 각각의 다리는 여러 개의 링크로 구성된 로봇팔로 간주된다. 정확한 운동특성 분석을 위해서는 더 많은 수의 링크와 조인트로 구성할 수 있지만 본 장에서는 한 가지 방법만을 소개한다.

1991년 프랑스의 작가 베르베르의 소설 개미가 출판되자 국내에서도 개미에 대한 관심이 커졌다. 개미는 Fig 4.1.1에 그려진 바와 같이 머리,

가슴, 배의 3 부분이 확실히 구분되어 있으며 3쌍의 다리가 가슴 부위에 부착되어 있다.[1]

보행 중 각 쌍의 다리는 서로 다른 기능을 수행한다. 특히 개미는 자기 몸무게의 50배나 되는 무게를 들어 올릴 수 있다. 개미는 여왕개미, 일개미, 수개미, 병정개미로 구성되어 있으며 서로 집단 내에서 하는 역할이 다르다. 개미의 집단생활을 모방하여 여러 대의 로봇들이 서로 협업하여 주어진 기능을 수행하는 연구가 필요하다.

지금까지 로봇공학은 로봇 하나가 고정된 생산라인에서 반복하는 작업을 수행하였으나 향후 여러 대의 로봇이 개미와 같이 협업하여 집단적 작업이 가능할 것이다. 이러한 협업 작업을 하는 로봇들을 군집로봇이라고 한다.

생물학에서는 개미의 생활에 대한 많은 연구가 진행되었지만 아직 공학적으로 개미를 모델로 한 로봇의 연구는 거의 없는 실정이다.

Fig 4.1.2에 나타난 바와 같이 사마귀는 완벽한 Biorobot 모델이 될 수 있다. 사마귀는 지표면이나 나뭇가지 위에서 자유로운 이동이 가능하며 또 비행능력도 가진다. 물속에 사는 장구벌레도 마찬가지로 물속에서는 수영이 가능하며 물 밖에서는 보행과 비행의 능력을 가진다. 따라서 만약 이러한 다중의 능력을 보유한 Biorobot이 만들어지는 경우에 그 적용 범위는 다양해질 것이다.

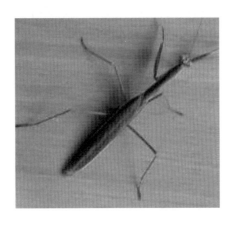

Figure 4.1.2
사마귀의 모형

사마귀는 3쌍의 다리를 가지고 있다. 특히 앞의 두 다리는 보행에도 사용되지만 주요기능은 먹이를 포획하는 경우에 사용되는 손과 같은 역할을 감당한다. 다리 부위에는 날카로운 톱니와 같은 갈고리가 한쪽 방향으로 연속적으로 부착되어 마치 상어의 이와 같이 먹이포획이 용이하도록 구성되어 있다. 아울러서 날개가 부착되어 비행도 가능하다. 사마귀는 보행을 위한 다리와 비행을 위한 날개, 그리고 작업을 위한 손을 가지고 있다.

현재 작업현장에서 사용되고 있는 로봇이나 또는 실험실에서 개발된 로봇들은 독립적인 한 가지 기능만을 가지고 있다. 하지만 위에서 본 바와 같이 사마귀나 장구벌레와 같은 바이오 시스템은 여러 기능을 동시에 보유하고 있으므로 이들을 모방하여 로봇을 개발하는 경우 보행로봇 공학의 큰 발전이 예상된다.

곤충은 분류학적으로 절지동물문 곤충강(insect)에 속한다. 곤충은 머리, 가슴, 배의 세 부분으로 구성되며, 세 쌍의 다리, 한 쌍의 더듬이와 겹눈, 두 쌍의 날개를 가지고 있다. 다리의 수가 이보다 많은 거미류도 곤충의 범위에 넣고 있다. 곤충의 종류는 지금까지 알려진 바에 의하면 80만 종 이상이 되며 지구상에 존재하는 동물의 70% 이상을 차지하며 전체 곤충의 수는 우리의 상상을 초월할 정도로 많다.

곤충의 종류가 많은 만큼 그 분류방식도 무척 다양하다. 날개의 유무에 따라 무시아강과 유시아강, 날개가 접히는 정도에 따라 고시류와 신시류, 신시류의 경우에 알유충성충의 단계를 거치는 불완전변태류와 알유충번데기성충의 단계를 거치는 완전변태류로 나누어진다.

공학적으로 로봇연구의 대상이 되는 곤충들은 제한적이다. Chap. 3의 동물분류에서 언급된 절지동물들이 지금까지 곤충로봇의 연구대상이 되었으며 관련 모델들이 제작되었다. 가장 많은 절지동물들의 대상들은 아래와 같다.

1) 곤충류: 딱정벌레
2) 거미류: 거미, 전갈
3) 다지류: 지네
4) 갑각류: 새우, 게

척추동물들은 그 크기가 크고 이들을 다루는데 추가 설비들이 요구되는 단점이 있다. 하지만 위에서 언급한 곤충들의 경우에는 그 크기가 작고 다루기 쉽다. 마찬가지로 곤충들의 경우에는 그 종류가 너무나 다양하여 그들이 사는 특별한 환경에서 적절히 적응하며 개체를 보존하고 삶을 이어가고 있다. 각각의 곤충들은 동물들과 달리 형태와, 구조, 움직임 등에서 많은 특징들을 가지고 있다. 신체적 특징 이외에 내부적으로 유용한 장점들을 가지고 있다.

곤충은 3억 5천만 년에서 4억 만 년 전 지구상에 출현하였으며 지구상에 존재하는 동물의 75%를 차지하고 있으며 약 130만 종으로 추정하고 있다. 인간과 직간접으로 관련을 맺고 있는 곤충은 15,000여 종으로 알려져 있다. 곤충은 농작물을 갉아먹고 해충을 옮기는 등 사람에게 해로운 존재로만 여겨왔으나 최근 그 중요성이 새롭게 인식되고 있으며 나아가서 향후 고부가가치를 창출할 수 있는 자원으로 평가받고 있다. 곤충은 먹이사슬의 하부에서 상위 동물들의 먹이 공급원의 역할을 하며 자연계를 안정시키는 역할을 하고 있다.

곤충자원의 산업화와 관련한 특허건수는 2010년을 기준으로 일본 379건, 미국 359건, 한국 314건, 유럽 85건으로 발표되었으며 곤충산업의 기술수준은 일본을 100으로 한 경우에 미국 87, 한국 80, 중국 68로 발표되었다. 하지만 우리나라의 경우. 허준의 『동의보감』에는 95종의 약용곤충이 소개되고 있으며 이는 곤충이 우리생활과 밀접한 관련이 있었음을 보여주는 결과라고 할 수 있다. FOA는 세계 각국에서 1,400여 종의 곤충들이 식용으로 사용하고 있다고 발표하였다.[2] 이러한 중요성을 인식하고 각 나라들은 곤충을 전략산업으로 지정하여 육성하고 있다. 일본은 애완곤충 산업보호를 위한 동물애호관리법과 식용곤충의 지원을 위한 식품위생법을 제정하였다.

§ 4.2 특징

거미는 8개의 다리를 가지고 있지만 바퀴벌레의 경우에는 6개의 다리를 가지고 있다. 마찬가지로 지네나 노래기의 경우에는 많은 다리들을 가지고 있다. 따라서 이들이 보행하는 경우에는 다리들을 움직여야 하므로 보행속도가 매우 느리게 된다. 따라서 곤충들은 약탈자들의 위험에서 벗어나기 위해, 즉 생존을 위해서 빠른 보행속도가 필요하게 되었으며 6개의 다리로 진화되었다고 생각할 수 있을 것이다. 6개의 다리는 보행 중 항상 양의 안정도(positive stability margin)를 유지할 수 있는 최소의 수이다.

곤충의 경우에 다양한 기능을 가지고 있다. 1쌍 또는 2쌍의 날개가 등에 부착되어 새와 같이 나는 기능이 있는 곤충이 있는가 하면 지면을 기어 다니는 기능이 있는 곤충도 있다. 시골의 냇물에 사는 물방개의 경우에는 물속을 헤엄쳐 다니거나 물밖에 나와서 날아가는 기능도 있다. 이와 같이 많은 기능을 가진 곤충로봇의 개발도 향후에 가까운 미래에 가능할 것이다.

1) 보행속도

생명체들은 주어진 환경에 적응하며 천적으로부터의 위험에서 생명을 보존하며 지금까지 살아남았다. 곤충들이 지구상의 생명체들 중에서 가장 많이 살아남은 이유는 작은 크기 등 여러 가지가 있지만 그 중의 하나는 곤충들의 빠른 보행과 비행 능력이 차지한다.

바퀴벌레의 경우 보행속도는 150km로 알려져 있다. 바퀴벌레는 어둠침침한 구석에서 발견과 동시에 순간적으로 사라져 버리는 것을 경험한 적이 있을 것이다. 참고로 척추동물 중에서 가장 빠른 속도를 가지는 치타의 경우는 이보다 적은 120km의 보행속도를 갖는다. 하지만 치타는 심장박동의 증가 때문에 30초 이상은 계속하여 달리지 못하는 한계가 있다.

Figure 4.2.1
바퀴벌레의 모형

자동차나 기차가 달리는 속도를 생각하는 경우에 많은 사람들은 이러한 사실에 동의하기가 어려울 것이다. 하지만 비교의 대상이 자동차나 기차

라면 한 가지 사실을 기억해야 한다. 자동차나 기차는 이미 사람들이 만들어 놓은 잘 포장된 도로나 구조물이 설치된 철로 위를 다니므로 이러한 속도로 달릴 수 있다. 사람들이 아무런 가공을 하지 않은 자연 상태의 조건에서는 생명체들이 이들과 비교할 수 없을 정도로 빠르다는 사실을 인정하게 될 것이다. 지금까지 만들어진 가장 빠른 보행로봇은 미국방성 (DARPA)이 Boston Dynamic사와 공동 개발한 시속 29km의 치타로봇이었으나 최근 다양한 형태의 모델들이 새로 개발되고 있다.

2) 민첩성(Mobility)

민첩성을 나타낸다. 자신이 살고 있는 환경에서 곤충들은 천적의 위험에서 벗어나기 위해 또는 먹이 획득을 위해 본능에 의해 순간적으로 빠르게 움직인다. 사마귀는 나뭇가지 위에서 이동하는 곤충을 쏜살같이 움직여서 두 앞다리로 먹이를 낚아챈다. 곤충을 포함한 모든 생명체들에게 이러한 민첩성은 생존에 우선적으로 꼭 필요한 요소이다.

Figure 4.2.2 메뚜기를
잡은 소금쟁이

물가에 살고 있는 소금쟁이는 물 위를 자유자재로 방향을 바꿔가면서 이동한다. 순간적인 방향전환 능력이 민첩성에 포함된다. Fig 4.2.2는 물 위를 움직이는 소금쟁이가 물 위에 떨어진 메뚜기를 발견하고 순간적으로 접근하여 포획하는 것을 나타낸 그림이다. 마찬가지로 거미줄에 부딪힌 잠자리를 가까운 거리에 숨어 있다가 순간적으로 나타나 낚아채 움직이지 못하도록 거미줄로 칭칭 감는다.

곤충들은 땅 위에서, 공중에서 또는 물속에서의 환경에서 생존을 위해 요구되는 최소한의 조건이 있다. 이러한 조건들을 만족시키는 biorobot을 만들기 위해서 모델이 되는 곤충을 적절히 선택하여 필요한 조건들을 모델에 적용하는 것이 필요하다.

3) 접근성(Accessibility)

땅 위를 기어 다니는 개미나 지네, 나뭇가지를 오르내리는 애벌레나 장수하늘소, 하늘을 나는 장수풍뎅이나 잠자리, 물속에서 사는 장구벌레나 물방개 등 자연계에는 하늘과 땅, 그리고 물속에서 사는 곤충들이 셀 수 없을 정도로 많이 존재한다. 이들의 가장 큰 특징은 어떤 환경도 쉽게 접근이 가능하다는 것이다.

설악산, 오대산 등에 서식하는 산양의 경우에 다른 동물들이 접근이 어려운 가파른 바위산 위에서 쉽게 이동하며 삶을 영위한다. 이미 사람에 의해서 준비된 제한된 공간에서만 주어진 역할을 수행하는 로봇과 비교하는 경우 생명체들의 접근성은 무한하다고 말할 수 있다.

4) 강건성(Robustness)

나비의 경우 한쪽 날개의 일부가 잘려나가면 비행 중 나비는 일정한 비행을 위하여 내부적으로 잘려나간 쪽의 근육운동 등을 강화하여 혼란을 최소화하여 비행한다. 마찬가지로 곤충의 경우 다리가 잘리거나 부상을 입은 경우에 남은 다리로 가장 효율적인 보행을 유지하기 위하여 보폭을 변경하거나 또는 걸음새의 형태를 변경한다.

자연에서는 곤충들의 이러한 현상을 본 적이 있으며 이것을 당연한 것으로 생각할 수 있다. 하지만 4개의 바퀴를 사용하는 자동차의 경우에는 바퀴 중 하나가 부서지면 자동차는 움직이지 않는다. 마찬가지로 중장비와 같은 궤도차들도 궤도 하나가 고장이 나면 전체가 움직이지 않는다.

마찬가지로 로봇의 경우에도 일부분이 손상되거나 고장이 발생하는 경우에 이 부분이 완전하게 수리되지 않는 경우에는 로봇의 기능을 발휘할 수 없으며 정지된다. 보행로봇이 임무를 수행하다가 다리가 손상되는 경우에 손상을 만회할 수 있도록 보폭을 수정하거나 걸음새의 형태를 변경하여 보행을 계속할 수 있는 기능을 보행로봇에 장착하기 위해서는 다양한 방식들이 존재할 수 있지만 곤충들에 나타나는 현상을 적용하는 방법이 가장 효율적일 것이다.

5) 군집성(Swarming)

아프리카 초원에 우뚝 솟아있는 흙으로 만든 탑 속에는 개미들이 큰 집단을 이루며 살고 있다. 마찬가지로 꿀벌은 큰 벌집 안에서 많은 벌들이 모여서 살고 있다. 이와 같이 일정한 서식지에서 많은 개체들이 유기적 집단을 이루며 사는 삶을 생물학에서는 군집생태학(community ecology)이라고 한다.

반대의 개념으로 개체생태학(autecology)이 있으며 장수하늘소, 딱정벌레, 지네, 잠자리 등이 있다. 이러한 개체들은 독립적으로 생존을 유지해야 하므로 유기적 생활을 하는 집단에 비해서 두뇌가 발달하였다. 이에 비해서 군집을 이루며 사는 곤충들의 활동은 제한적으로 정해진 활동만 하므로 다양성이 떨어진다.

여왕벌이 산란하면 주위에 대기하고 있는 일벌들이 알을 벌집으로 이동시키고 양육을 담당한다. 이와 같은 경우에 개체들은 각각 주어진 임무만을 담당한다. 생물학에서는 과연 개체들이 자기에게 주어진 임무를 충실히 수행하는가에 대한 내용도 연구의 대상이 되고 있다.

개미와 같은 군집생활의 경우에는 개체보다 전체의 이익을 우선으로 생활한다. 만약 딱정벌레와 같이 모든 개체가 번식을 위하여 알을 낳는다면 집단의 효율을 감소시킨다. 따라서 여왕개미 하나만이 집단을 위하여 출산을 대신한다. 이 방법이 집단의 노동효율을 높이는 최선의 방법이다.

개미집단에서 여왕개미를 제외한 모든 개미들은 먹이 획득 등 각각에게 주어진 노동을 담당한다. 따라서 이러한 군집곤충의 경우는 모든 것을 혼자서 담당해야 하는 개체곤충에 비하여 그 다양성이 훨씬 제한적이다. 이러한 특성은 군집로봇의 연구에 기여할 것이다.

6) 응용성(Application)

위에서 제시한 5가지 장점은 바이오로봇에 관련된 사항들이다. 그 외에 분야에서 곤충들은 인류에게 유익한 수많은 이로운 역할들을 하고 있다.

꽃가루의 수정을 돕는 나비나 벌, 해충을 방제하는 천적곤충, 사료용으로 사용되는 귀뚜라미와 같은 곤충들, 음식물 쓰레기를 친환경적으로 처리하는 지렁이 또는 의학용 신 물질 개발에 사용되는 수많은 곤충들이 있다.

각국은 이러한 대체물질의 개발을 위한 연구들을 배타적으로 수행하고 있다. 그리고 우리나라에서도 이들 산업을 육성하기 위한 다양한 지원책을 내놓고 있다. 따라서 이러한 곤충산업은 장래가 보장되는 유망한 분야가 될 것이다.

    1) 꽃가루 수정 : 벌
    2) 천적 퇴치 : 무당벌레
    3) 의학용 : 거머리, 거미
    4) 애완용 : 장수하늘소
    5) 사료용 : 파리애벌레

척추동물에 비해 크기가 매우 작은 곤충들이 오랜 기간 동안 로봇 공학 연구의 관심 대상이 된 몇 가지 이유가 있다. 첫째로 곤충의 신경계통은 다른 동물들에 비해서 비교적 간단하므로 어떠한 동작을 발생시키는 메커니즘의 규명이 상대적으로 간단하다.

따라서 로봇에서 이들의 동작을 비교적 간단히 재현할 수 있는 장점이 있다. 둘째로 입력된 신호와 신호에 의해 발생된 동작과 같은 출력간의 거리가 짧아서 동작의 해석과 모방에 유익하다. 마지막으로 곤충 모델은 쉽게 주위에서 구할 수 있는 장점이 있다.

§ 4.3 구성

수많은 곤충들은 각각 서로 다른 환경에서 살고 있다. 마찬가지로 곤충들은 형태도 너무나 다양하다. 곤충을 분류하는 방식들을 보면 그 다양함을 알 수 있다. 개미나 지네와 같이 땅 위를 기어 다니는 곤충들, 장수하늘소와 같이 걷거나 또는 공중을 나는 두 가지 기능을 갖는 곤충들, 물방개와 같이 물속에서 헤엄치고, 공중을 나르고 걷는 기능을 가진 곤충들이 있다. 척추동물에 비해 크기가 작은 곤충들은 다양한 기능들을 동시에 가지고 있으며 이러한 기능들을 수행하기에 적절한 몸체의 구조를 가지고 있다.

로봇 연구자들이 많은 연구를 하는 대상인 대벌레나 바퀴벌레의 경우에도 분포지역, 즉 사는 외부 환경에 따라 각자 고유한 형태와 독특한 구조를 가지고 있다. 곤충을 이용한 로봇 연구를 위하여 기본적으로 필요한 개략적인 내용들을 공학적 관점에서 검토할 필요가 있다. 깊은 사항들은 생물학에서 이루어 놓은 연구결과들을 참고하면 유용한 결과를 얻을 수 있다. 본 장에서는 곤충을 구성하고 있는 각 부위에 대하여 간단히 검토하고자 한다.

4.3.1 Body Structure

곤충들의 수가 많은 것처럼 곤충을 이루고 있는 각각의 부위도 그 부위의 삶을 영위하기 위한 독특한 특성들이 존재한다. 예를 들면 도마뱀의 경우 머리 중앙의 피부 밑에 제3의 눈을 가지고 있으며, 혀로 냄새를 맡으며, 꼬리뼈 사이에 균열면이 있으며 원하는 경우에 꼬리를 끊어 낼 수 있다.

꼬리가 끊어진 후에 균열면 위쪽의 근육이 조여져서 꼬리동맥을 막는다. 꼬리가 자라는 동안은 도마뱀은 생식과 성장을 멈춘다. 잘라진 꼬리는 움직여서 포식자들의 주위를 분산시켜서 몸체가 도망하는 것을 도와준다. 이와 마찬가지로 곤충들은 자체적으로 독특한 구조와 기능을 갖는다. 이러한 내용들은 향후 로봇공학과 나아가서 여러 영역에서 큰 역할을 할 것이다. 본 장에서는 곤충을 구성하는 주요 부위에 대해서 개략적으로 알아보자.

곤충들은 분류하는 방식에 따라서 여러 방식으로 분류된다. 가장 쉬운 분류방식은 날개를 가지고 나르는 곤충과 날지 못하는 곤충, 다리의 개수가 6개 또는 8개 등 다리 개수에 의한 분류, 몸체의 형태에 따른 분류, 또는 애벌레 단계를 거치는 종 등 여러 분류형태가 존재한다.

일반적으로 곤충들은 Fig. 4.1.1에 표시된 바와 같이 머리(head), 가슴 (thorax), 배(abdomen)의 3부위로 나누어진다. 곤충을 구성하는 부위에 관해서도 많은 용어들이 존재하며 이들 용어들은 거의 대부분 그 어원이 Greek인 경우가 많다. 자세한 분류방식은 생물학의 전문지식이 요구되므로 생물분류학을 참조하기 바라며 본 장에서는 생략하기로 한다.

Chapman[3]은 곤충의 몸체를 중심으로 자세한 분류방식을 발표하였다. 곤충을 응용한 바이오로봇의 연구를 위하여 곤충에 관한 기본지식이 요구되는바 이를 위한 생물학의 용어들을 소개하면 다음과 같다. 향후 이러한 목적을 위하여 용어들의 적절한 번역이 요구된다.

abdomen : 곤충의 몸체를 세 부분으로 나누는 경우에 가장 뒷부분으로 소화와 알을 낳는 역할을 한다.

antenna : 머리의 양편에 달렸으며 여러 분절로 구성되며 그 기능은 접촉, 맛, 냄새를 감지하는 기능을 갖는다. 촉각 또는 더듬이로 불린다.

arthropod : 절지동물을 말한다. 단단한 외피를 가지며 다리는 여러 개의 관절로 연결되어 있으며 게, 새우, 전갈, 지네, 곤충 등을 포함한다.

complete metamorphosis : 고등 곤충에서 보이는 성장과정에서의 변화를 나타내며 4 단계 즉 egg, lava, pupa, adult의 단계를 거친다. 변태로 불린다.

cuticle : 곤충의 단단한 외피를 나타내며 허물을 벗는 과정에서 몸체에서 분리된다.

endoskeleton : 외골격을 의미한다. 몸체의 내부에서 구조를 지지하는 역할을 한다. 양서류, 물고기, 새, 포유류 등이 외골격을 가지고 있다.

exoskeleton : 외골격이며 몸체 외부에서 몸체를 지지하는 역할을 한다.

head : 머리부위를 나타내며 곤충을 구성하는 세 주요 부위에서 가장 전방에 위치한다.

host plant : 곤충이 거주하며 먹이로 사용하는 다양한 식물.

insect : 분류상 절지동물 문에 해당하며 6개의 다리와 몸체가 3부분으로 구성된다.

instar : 애벌레 변태 사이의 기간을 영이라 한다. 처음 영은 알에서 애벌레로 변하는 사이를 나타낸다. 두 번째 영은 처음 애벌레에서 두 번째 애벌레로 변하는 기간을 나타낸다.

larva : 애벌레를 나타내며 아직 성충으로 변화되기 전의 상태를 가지고 있다.

mandible : 곤충이 가진 첫 번째 턱의 쌍.

maxilla: 곤충이 가진 두 번째 턱의 쌍을 나타내며 감각기능을 가지고 있다.

mimicry : 의태라고 한다. 곤충이 천적으로부터 보호하기 위하여 자신을 주위환경에 비슷하게 바꾸거나 천적이 싫어하는 모습으로 바꾸는 것을 말한다.

siphon : 꽃에서 액체를 흡입하는데 사용되는 코일 형태의 말린 가는 관으로 곤충의 입 주위에 위치함.

spiracle : 곤충의 호흡을 위한 숨구멍을 나타낸다. 곤충의 흉부와 복부 부위에 있으며 외부로 열려있다.

thorax : 곤충의 전체 부위를 세 부분으로 나눌 때 중간부위를 나타낸다. 여기에 날개나 다리가 부착되어 있으며 보행의 중심부위를 차지한다. 곤충의 형태를 모방한 보행로봇을 제작하는 경우에 가장 중요한 부위를 차지한다.

ventral : 곤충의 복부 부위를 나타내며 dorsal의 반대개념을 나타낸다.

위에서 언급된 용어들 이외에 곤충의 주요 부위와 기능을 나타내는 많은 용어들이 존재한다. 용어들은 생물학에서 곤충연구에 사용되고 있으며 향후 바이오로봇의 연구에도 사용될 수 있는 유용한 내용들이다. prothorax, mesothorax, metathorax, holometabolous(변태), intersegment(분절), sclerite, tergum(절지동물의 배판), notum, sulcus, acrotergite 등의 용어들이 있으며 각각의 용어들은 해당 부위의 역할을 이해하는데 도움이 되며 바이오로봇의 응용에 유용하게 사용될 것이다.

1) Exoskeleton

Figure 4.3.1
하늘소의 외피

많은 곤충의 외부는 단단한 껍질로 구성되어있다. 예를 들면 장수하늘소의 외부는 매우 단단한 갑옷과 같은 형태로 몸체의 밑바닥을 보호하고 있으며 날개를 감싸고 있는 커버 역시 단단한 구조로 구성되어 몸체를 보호한다. 이러한 외피는 키틴질로 구성되어 있으며 여러 개의 단단한 껍질로 구성되어있다.

따라서 단단한 외피조직은 곤충의 내부기관을 보호하는 역할을 담당한다. Fig 4.3.1의 곤충의 경우 두껍고 단단한 갑옷 형태의 커버가 내부의 날개를 보호하고 있다. 이러한 커버를 외피라고 부르며 날 수 있는 장수하늘소, 풍뎅이 등의 곤충들이 이러한 외피를 가지고 있다.

2) Membrane

몸체의 외피를 구성하는 단단한 각 부위는 유연한 막들로 연결되어 있다. 연결된 각 부위들은 제한된 범위에서의 움직임이 보장된다. 단단한 부위 사이를 연결하는 가느다란 막들을 membrane이라고 부른다.

3) Thorax

곤충들의 외관의 형태는 다양하며 특히 뒤집어서 보면 그 구조적 특징들이 나타난다. Thorax는 곤충의 가슴부위를 나타낸다. 생물학에서는 곤충을 Fig 4.1.1에 표시된 바와 같이, 전방부위의 prothorax, 중간부위의

mesothorax, 후방부위의 metathorax와 같이 3부분으로 나눈다. 모든 부위는 한 쌍의 다리를 가지고 있지만 그렇지 않은 곤충들도 있다. Larval Diptera, larval Hymenoptera Apocrita, larval Coleoptera 등이 예가 된다.

날개를 가진 곤충들의 경우에는 날개는 mesothorax와 metathorax 부위에 위치한다. 이 두 부위는 pterothorax이라고 부른다. 이미 생물학에서는 곤충의 특성에 따라 thorax의 구조적 특성을 분류하여 설명하였으며 이러한 사항들은 향후 곤충을 모방하여 바이오로봇을 만드는데 큰 역할을 할 것으로 기대된다.

Chapman[3]은 곤충의 배 부위의 형태에 따라서 unsclerotised larva, hypothetical, apterygote, pterygote으로 분류하여 도식적 그림으로 나타냈다.

4) Tergum

곤충을 뒤집었을 때 배 부위판의 背板을 나타내며 pronotum이라고 알려져 있다. 이 부위는 다리의 근육을 지지하는 역할을 하며 작은 부위를 차지하고 있다. 하지만 coleoptera의 경우에는 tergum은 날개가 연결된 부위로서 날개를 움직이는 근육을 지지하기 위하여 큰 판으로 구성되어 있다. 비교적 작은 크기의 날개가 없는 곤충들의 경우에는 meso-, meta- 부위의 크기가 비교적 작으며 날개가 있는 곤충들의 경우에는 pro- 부위가 큰 부위를 차지한다.

배 부위판의 각 분절들은 얇은 막으로 분리되어 있으며 한 쌍 또는 두 쌍의 날개를 가진 곤충들의 경우에 각각의 부위가 날개를 지지하는 근육의 위치가 각각 다르며 독특한 특성들을 갖는다. Chapman 등의 생물학자들은 이러한 내용들을 오래 전에 자세히 연구하였으며 곤충들을 모방한 로봇연구에 크게 도움이 될 것이다.

위에서 설명한 thorax와 tergum 이외에 sternum, pleuron에 관한 사항들은 곤충의 배 부위판에 관한 내용들을 설명한다. 마찬가지로 다리와 날개의 위치와 이들을 움직이게 하는 근육들에 관한 연구가 이미 오래 전부터 생물학에서 연구되었다. 위에서 일부 설명된 사항들은 극히 일부이며 생물학에서 설명되는 자세한 사항들은 수많은 용어들이 사용되고 있으며 공학을 전공한 저자로서는 이들을 소개하기에 여러 번 한계를 절감하였다.

한 가지 예로 Snodgrass가 1935년에 연구하여 발표한 내용을 보면 날개를 가진 작은 곤충의 mesothorax 부위의 근육들을 설명하고 있다.[2] 수많은 근육들이 존재하며 각 부위는 각각의 역할을 담당하며 고유의 명칭을 가지고 있다. 이러한 연구가 거의 100여 년 전에 이루어졌다는 사실이 매우 놀랍다. 향후 거의 곤충과 같이 다리로 보행하고, 날개로 날고, 어떠한 주어진 기능을 수행할 수 있는 biorobot을 만들기 위해서는 Snodgrass가 발표한 othorax 부위의 근육을 모사해야 할 필요가 있다. 따라서 이러한 로봇의 개발을 위해서는 타 분야, 특히 생물학 전공자들과의 협업이 절실히 요구되는 이유가 여기에 있다.

5) Neuron

곤충이나 동물의 생명체에서 신경은 정보를 모으고 전달하고 처리하는 중요한 역할을 감당한다. 화학적으로 발생된 전기신호들에 의해서 생성된 기계적, 화학적 또는 전기적 자극을 다른 신경이나 근육 등에 전달한다. 주파수는 자극의 세기를 나타내며 신호는 일반적으로 연속되는 펄스를 나타낸다.

감각신경은 몸의 외부에 위치하며 감각신경이 획득한 정보는 중추신경 시스템에 전달되며 일어난 현상에 대해서는 다시 신경이 명령을 전달한다. 외부의 자극의 주파수는 자극의 세기를 나타낸다.

예를 들면 위치나 속도는 감각수용기관에 의해 부호화 된다. 이러한 반응은 작동범위 내에서 거의 비선형이며 중요한 항상성을 갖는다. 어떤 경우에는 여러 각각의 감각기관들의 중첩범위는 감각도 향상을 위하여 범위가 각각 나누어진다. 그러므로 신경들은 입력된 값이 정해진 어느 범위에서만 자동된다. 간각기관의 적절한 조합이 입력의 세기를 결정한다.

4.3.2 Leg Sensor

사람은 눈, 귀, 코 등이 외부의 자극을 수용하는 역할을 한다. 동물학에서는 이러한 기관을 수용기라고 한다. 사람은 청각 시각 미각 후각 촉각의 5개 감각기관을 기본으로 가지고 있으며 그 외의 감각에 대해서도 인간은 이들을 감지하는 특별한 감각기관들을 가지고 있다.

곤충은 내부적으로 또는 외부적으로 다양한 감각기관을 가지고 있다. 동물들은 인간과 다르게 감각을 인식한다. 예를 들면 귀뚜라미나 메뚜기는 소리를 들을 수 있는 귀가 앞다리에 달려있다. 이와 같이 곤충들의 청각기관은 신체의 다른 부위 10여 군데에 분포되어 있으며 청각기관이 분포된 위치에 따라서 독특한 역할을 수행한다.

생명을 유지하기 위해서는 외부에서 위협하는 천적들에 대한 인지가 필요하며 연어의 경우에는 성장 후 머나먼 길을 다시 태어난 하천으로 되돌아오기 위해서는 특별한 감각기관이 필요하다. 곤충은 냄새나 맛과 관련된 화학성분을 체크하는 감각기관이 있으며 기계적으로 작동되는 센서들, 즉 8개의 서로 다른 기계적 수용기관들이 있다. 5개의 수용기관은 위치와 이동에 관한 감각기관이며 상피의 내부 또는 외부에 존재하며 근육과 힘줄의 길이 또는 다리의 한 부분에서 다른 부위까지의 길이를 측정하는 역할을 한다.

1) 섬모

다리의 관절부위에 장착된 미세한 섬모는 관절의 위치를 측정하는 매우 중요한 역할을 담당한다. Dean과 Wendler는 대벌레를 대상으로 시험을 수행하였다.[3] 그들은 대벌레 다리의 기절 부위에 있는 섬모 주변에 왁스와 송진을 발라서 섬모들을 고정시키고 시험을 한 결과 섬모와 다리의 움직임은 밀접한 관계가 있다는 것을 입증하였다.

곤충의 외부에 있는 머리카락과 같은 섬모나 가시와 같은 돌기는 외부 환경과 접촉하여 접촉된 물체의 정보를 전달한다. 곤충의 다리마다 수백 개의 가시돌기와 수천 개의 감각전달용 섬모들을 가지고 있으며 이들은 아주 작은 감각에 대해서도 매우 예민하며 접촉되는 면의 방향에 대해서도 매우 민감한 특성을 가지고 있다.

어떤 곤충의 경우에 섬모가시는 어떤 지표면에서의 보행에 깊은 관련이 있다. 섬모가시는 일반적으로 분절의 끝 방향에 대해서 구부러져 있으므

로 다리의 맨 끝부분을 이루는 부절이 착지점을 찾을 수 없을 경우에도
그 역할을 대신한다.

2) Sensilla

절지동물의 표피 내부에 부착된 머리카락과 같은 감각 수용체인
sensilla는 표피에 작용하는 응력을 측정하는 기능을 가지고 있다. 어느
경우에는 일정한 한 방향으로 작용하는 응력에 대해서 예민하며 큰 응력
이 작용하는 부위에는 많은 sensilla가 존재한다.

특히 많은 곤충들의 경우에 다리의 전절 부위에 큰 힘이 작용하며 이러
한 힘들을 측정하기 위한 섬모들이 많이 존재한다. 바이오로봇의 경우에
도 이러한 섬모와 같은 감각기관을 장착하여 외부의 반응을 감지하고 이
에 대해서 적절히 대처하는 로봇을 생각할 수 있다.

3) Eye

대표적 감각기능은 눈이다. 곤충들은 10,000개 이상의 홑눈들이 모여서
겹눈을 이룬다. 각 홑눈들은 긴 원통형의 구조로 그 원통의 축과 평행으로
들어오는 빛만 받을 수 있기에 물체의 한 부위에 초점이 맞추어져 있다.

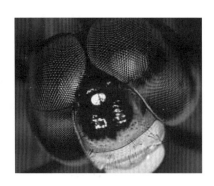

Figure 4.3.2 Eye of
Dragon Fly[4]

곤충은 가각의 홑눈들에서 얻어진 상들을 종합하여 전체의 상을 만든다.
따라서 곤충들은 홑눈의 수가 많을수록 선명한 상을 얻을 수 있다. 홑눈
들에 의해 얻어진 상들이 신경에 의해서 뇌로 전달되며 전체를 하나의 상
으로 보게 되는 곤충의 복잡한 메커니즘은 많은 광학 연구자들의 연구대
상이 되고 있다. 수많은 생명체 중에서 곤충, 갑각류, 거미 등의 절지동물

과 척추동물만이 상이 맺히는 눈을 가지고 있다.

사람과 곤충에 있어서 눈은 사물을 식별하는 매우 중요한 역할을 한다. 곤충의 경우 눈은 머리 부위의 상당 부분을 차지하며 특히 파리의 경우 90% 이상을 차지한다. 수정체를 통과한 빛이 시신경에 전달되면 이들은 전기 신호로 변하여 신경을 통하여 전달된다. 하지만 사람과 곤충의 눈은 전혀 공통점이 없으며 각각 독립적 구조로 진화하여 왔다. 이미 언급한 바와 같이 지구상에 존재하는 동물 중 곤충이 차지하는 비율이 70% 이상인 만큼 겨우 2개의 눈이 정수리에 붙어 있는 포유류에 비하여 엄청난 다양성을 포함하고 있다.

잠자리는 좌우에 각각 하나의 눈을 가지고 있다. 하지만 각각의 눈은 여러 개의 작은 눈들로 구성되어 있다. 벌집들이 공간을 최대한 활용할 목적으로 공간의 형태를 육각형으로 만든 것처럼 눈의 표면을 최대한으로 활용하기 위하여 각각의 눈은 Fig 4.3.2의 그림에 표시된 바와 같이 육각의 벌집형태를 이루고 있다. 각각의 눈은 하나의 수정체를 가지고 있으며 수정체 아래에 원추세포가 자리 잡고 있으며 시세포와 연결되어 있다. 8~9개의 시세포가 연결되어 간상세포를 이룬다.

홑눈은 하나의 픽셀을 형성하며 홑눈의 픽셀들이 합쳐져서 상을 이루게 된다. 잠자리의 겹눈은 30,000개 정도의 작은 눈들로 이루어지며 작은 눈의 수가 많을수록 해상도가 높아지며 선명한 시야가 만들어진다.

곤충의 눈은 전체적으로 움직일 수 없으며 렌즈 자체도 초점을 맞출 능력을 가지고 있지 않다. 그러므로 각각의 한 개의 눈은 제한된 넓이의 부분만의 상을 가진다. 따라서 이러한 제한된 상들이 연결된 모자이크와 같은 상을 갖는다. 곤충의 경우 이러한 낱눈의 수가 많을수록 자세한 상을 가질 수 있다.

많은 곤충들은 서로 다른 크기의 파장을 구분하는 능력을 가지고 있으며 마찬가지로 멀리 떨어져 있는 물체를 식별할 수 있는 망원경과 같은 능력을 가지고 있다. 곤충들 중에는 얇은 상피의 하부에 소리의 공명에 의해서 소리를 듣는 기관인 tympanal organ이 있다. 곤충마다 이러한 기관이 몸의 다리 또는 흉부 등의 위치에 자리잡고 있으며 소리의 크기 또는 주파수에 의해서 판단한다. 어느 곤충의 경우에는 여러 마디로 구성된

안테나에 의해서 소리를 판단하는 경우도 있다.

이와 같이 곤충들은 다양한 방법에 의해서 소리를 식별한다. 지금까지 개발된 로봇의 형태는 로봇 자체가 외부의 상황을 읽고 판단하는 능력이 없었으며 미리 주어진 임무를 수행하는 단순한 형태가 거의 대부분이었다. 하지만 차세대가 요구하는 로봇은 로봇 자체가 외부의 상황을 인지하고 스스로 어느 행동을 하기를 요구하는 경우가 되므로 이를 위해서는 곤충이 가진 이러한 감각 능력을 갖추는 능력이 요구된다. 따라서 이에 대한 해답을 생명체에서 찾아야 한다.

4.3.3 Leg Structure

일부의 경우를 제외하고 곤충들은 세 쌍의 다리를 가지고 있으며, 각 쌍의 다리는 Fig. 4.1.1에 표시된 바와 같이 흉부 부위가 prothorax, mesothorax, metathorax의 세 부위에 각각 한 쌍의 다리를 좌우측에 가지고 있다. 각각의 다리는 6개의 부위로 구성되며 그 명칭들은 Fig. 4.3.3에 표시된 바와 같이 기절(coxa), 전절(trochanter), 퇴절(femur), 경절(tibia), 부절(tarsus), 끝부절(pretarsus)로 나누어진다.

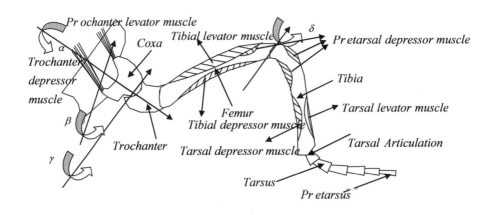

Figure 4.3.3 일반적인 곤충 다리의 분절의 구조 및 명칭[5]

마찬가지로 각각의 부위를 움직이는 근육의 종류가 표시되어 있다. 다리를 구성하는 6개의 부위는 해당 근육들이 인장 또는 압축하여 움직이며 범위가 극히 제한적이지만 다리 전체의 빠른 움직임이 보장된다.

전절과 퇴절은 하나의 분절과 같이 움직인다. 다리의 맨 마지막 부위인 부절은 여러 개의 분절로 이루어진 것 같지만 하나의 분절과 같으며 맨 마지막의 전부절에는 고리형태의 발톱이 달려있으며 접착제의 역할을 하여 보행 중 안정을 유지하는 역할을 한다.

어떤 곤충의 경우에 기절과 흉부, 경절과 부절의 연결부위는 볼과 소켓 조인트이며 나머지의 조인트들은 단순한 hinge joint 형태로 연결되어 있다. 관절 주위의 외피는 다른 부위의 외피보다 두꺼우며 외피 내부에 근육이 자리잡고 있으며 이 근육은 다음 연속되는 분절을 움직이는 기능을 한다.

다리를 구성하는 각 부위의 중요한 회전 각도가 Fig 4.3.3에 β, γ, δ 으로 표현되었다. 수많은 곤충의 종류가 있는 것처럼 그들의 구조도 다르다. 마찬가지로 그들이 사는 환경에 따라서 다리를 구성하는 각 분절의 회전 형태도 다르다. 하지만 생물학에서는 몇 가지 곤충들에 대하여 각 부위의 회전 범위에 대한 연구를 진행하였다.

다리 근육 구성의 예가 Fig 4.3.3에 표시되어 있다. 전절에는 전절을 움직이는 2종류의 근육이 있으며 전방의 leavator는 거근으로 불리며 근육을 인장시키는 역할을 하며 후방의 depressor는 근육을 압축시키는 역할을 한다. 퇴절에는 경절을 인장하는 근육이 상부에, 압축하는 근육이 하부에 존재한다. 마찬가지로 퇴절 자체를 압축시키는 근육이 존재한다.

마찬가지로 부절을 압축시키는 근육도 존재하므로 퇴절에는 전체적으로 4종류의 근육이 존재하며 다리를 움직이는데 중요한 역할을 담당한다. 마지막으로 경절에는 전부절을 인장하는 2개의 근육과, 부절을 압축하는 근육과 인장하는 근육이 각각 1개씩 존재한다. 부절에는 전부절을 움직이는 1개의 근육이 존재한다.

각각의 근육들은 그 역할이 다르며 특히 제한된 움직임의 범위를 가지고 있으며 전체적으로 움직이는 동안 소비되는 에너지를 최소화하는 방향으로 움직인다. 그림에 나타난 바와 같이 각각의 근육들은 고유의 명칭들을 가지고 있으며 Snodgrass가 1935년에 이러한 내용을 발표한 바 발전된 생물학의 단면을 볼 수 있다. 각 부위들은 1개 또는 2개의 관절로 연결되어 있다. 기절은 곤충 몸체 thorax의 벽에 부착되어 있다. 기절이 몸체에 연결된 관절의 형태에 따라서 3종류가 있다.

곤충들을 뒤집어서 흉부를 관찰하면, 특히 다리가 흉부와 연결된 형태와 그 다리들이 움직이는 형태는 매우 다양하다. 기절은 원추의 중간을 자른 경우에 나타나는 단면 형태를 가지며 흉부의 벽과 관절로 연결되어 있다. 첫 그림의 경우는 하나의 관절을 가진 경우로 이때는 기절이 자유롭게 움직인다. 하지만 두 번째의 경우는 전절과 연결된 두 번째 관절이 존재한다. 따라서 어느 정도 움직임이 제한되지만 전절 자체가 어느 정도의 유연성을 가지고 있으므로 상대적으로 기절의 적절한 움직임이 보장된다.

세 번째 경우는 pleural과 sternal 관절이 강체 형태로 기절이 이 두 관절을 중심으로 움직이는 것을 제한하는 형태다. 곤충들은 자신이 생활하는 환경에 알맞게 진화하며 살고 있으며 이를 위해서 몸을 움직이는 근육의 형태도 적절하게 변형시키며 진화될 것이다.

곤충의 흉부와 연결된 기절의 형태에서 관절을 포함하고 있는 기절은 바깥쪽으로 basicostal ridge에 의해 둘러싸여 있으며 이것에 의해서 구조의 강도가 보강된다. 흉부의 기절을 중심으로 각 부분을 구성하는 요소들이 자세히 표시되었으며 수많은 곤충들의 움직임 특성에 따라서 각 부위는 독특한 구조를 가진다. 기절과 연결되는 전절은 그 크기가 상대적으로 매우 작은 부위로 수직방향으로만 움직인다. 잠자리의 경우에는 2개의 전절이 있으나 실제로 하나의 전절은 퇴절의 일부이다.

퇴절은 곤충이 성충이 되기 전 애벌레 상태에서는 매우 작은 크기이지만 성충이 되면 가장 큰 크기가 되며 가장 단단한 부위가 된다. 때로는 퇴절은 전절에 고정되어 있으며 퇴절 내에 이를 움직이기 위한 근육이 존재하지 않는다. 또는 전절에 연결된 한 개의 근육이 퇴절을 후방으로 움직이는 역할을 한다. 경절은 퇴절과 관절로 연결된 긴 다리 부위를 나타내며 수직면을 움직인다. 모든 곤충의 경절의 상부는 퇴절에 대하여 우측 후방으로 움직이도록 구부러져있다.

날개가 없는 작은 곤충인 Protura 또는 Collembola와 같은 경우에 부절은 매우 간단한 구조를 이룬다. 하지만 거의 대부분 곤충들의 경우에는 부절은 2~5개의 분절로 이루어졌다. 이 작은 분절들은 내부에 이들을 움직이게 하는 근육이 존재하지 않는다. 부절을 이루는 분절들은 유연한 얇은 막으로 연결되어 있으며 자유로운 움직임이 가능하다. 부절을 들어 올리거나 내리는 역할은 경절에서 연결된 근육에 의해서 가능하다.

부절의 끝 부위는 pretarsus로 불리며 곤충의 경우 중요한 역할을 감당하고 있다. Protura 또는 Collembola와 같은 경우에 부절의 끝 부위는 한 개의 굽어진 발톱으로 구성되어 있다. 하지만 대부분의 곤충의 경우에는 복잡한 구조를 가지고 있다.

4.3.4 Leg Function

1) 땅파기(Digging)
곤충의 다리는 여러 다양한 기능을 가지고 있다. 그 중의 하나가 땅을 파는 기능이다. 생존을 위해서 또는 번식을 위해서 등의 어느 이유로 오랫동안 반복하여 땅을 파는 동안 이 작업에 적합하도록 몸의 구조가 변하였다.

Figure 4.3.4
땅강아지의 모습

우리 주위에서 흔히 볼 수 있는 땅강아지(mole cricket)는 몸의 길이가 $3 \sim 5cm$ 정도이며 Fig. 4.3.4에서와 같이 전족은 길이가 매우 짧고 폭이 크며 경절과 부절이 땅을 파기에 적합하도록 만들어졌다.

뒷다리의 경우는 전방을 향하고 있으며 전족이 땅을 파는 동안 지지대의 역할을 하며 아울러서 전방으로 추진력을 발생시키는 역할을 한다. 눈이 발달되지 않았지만 땅속으로 굴을 파서 이동하는 특성을 가지고 있다. 마치 전족은 삽과 같은 역할을 하며 파낸 흙을 바깥 방향을 밀쳐내며 굴착기와 같으며 이를 위해서 필요한 강력한 힘을 가지고 있다.

풍뎅이의 경우도 이러한 기능을 가지고 있다. 퇴절이 짧고 경절이 단단하며 땅을 파헤치기 적합하도록 톱날과 같은 이를 가지고 있으며 부절은 매우 약한 구조를 가지고 있다. 척추동물들의 경우에도 많은 모델들이 digging의 기능을 가지고 있다.

2) 수영(Swimming)

곤충은 사는 곳에 따라 독특한 다리 구조를 갖는다. 물속에 사는 물방개의 경우 물속에서 자유자재로 헤엄치며 살며 특히 후족의 경우 물속에서 움직이는 동안 큰 추력을 얻을 수 있도록 독특한 구조를 가지고 있다. 항상 물속에서 살지만 물 밖으로 나와서는 날개를 펴서 멀리 날아갈 수 있다. 물론 지면에서는 다리를 이용하여 걷는 것도 가능하다.

3) Grasping

곤충의 다리가 어느 물체를 붙잡는 기능을 가진 경우는 포식곤충에서 흔히 볼 수 있다. 또는 곤충이 다른 목적으로 어느 물체를 붙들고 있는 경우도 포함된다. 마치 로봇의 손과 같은 역할을 하며 대부분 전족에서 발생되며 경절과 퇴절이 사용된다.

이러한 역할이 발생되는 경우는 Phymatidae, Nepidae, Empididae, Ephydridae 등에서 볼 수 있다. 파리의 일종인 Empididae의 경우에는 중간에 위치한 다리들이 붙드는 역할을 담당한다. 물방개(Dytiscus)의 경우 물체를 붙잡기 위하여 전족에서 처음 3개의 부절이 확대되어 원형 판 형태를 이루며 그러한 역할을 한다.

마찬가지로 곤충의 다리의 부절과 연결된 선에서 분비되는 점성의 분비액이 빨판의 역할을 하여 어떤 목적으로 어느 표면에 부착되는 역할을 한다. 이것은 물체를 붙잡는 역할과 같으며 생식을 위해서 이성을 붙드는 역할 또는 먹이를 붙드는 역할이다. 머리에 서식하는 이와 같이 다른 동물의 표피에 붙어서 기생하는 곤충의 경우에 붙잡는 능력은 매우 중요하다.

이 경우의 곤충들은 대부분 잘 발달된 발톱을 가지고 있으며 다리는 짧고 튼튼하다. 어느 경우에는 부절은 1~2개의 분절로 구성되며 하나의 발톱을 가지고 있다. 일반적인 곤충들의 경우에는 발톱들은 보통 거친 지면을 붙들고 있기 위하여 사용되며 만약 지면이 매우 미끄러운 경우에는 머리카락과 같은 섬모에서 발생되는 접착력이 사용된다.

메뚜기인 Orthoptera의 경우에 부절의 아래 부위에 접착용 패드가 부착되어 있으며 물 위에 사는 Heteroptera의 경우에는 전방과 중간 다리 경절의 후방 부위에 특별한 형태의 접착성 패드가 부착되어 있다. 이러한 패드들은 수천 개의 가는 돌기들로 구성되어 평소에는 외부에 나타나지 않는 특성이 있다. 다리에서 접착기능을 수행하는 표피 세포들이 있으며 표피 내부의 세포들이 열려서 돌기들이 팽창 또는 수축의 역할을 하며 세포 속에서 기름 성분이 방출되고 유막이 형성된다.

이러한 유막이 파괴되는 경우에는 돌기들의 끝 부위가 곤충이 걷고 있는 지면에 접착하게 된다. 곤충이 매끄러운 지면을 걷기 때문에 발톱이 붙드는 역할을 하지 못하는 경우에 곤충들은 이러한 형태의 접착성 패드를 이용하게 된다. 곤충의 다리가 가지고 있는 이러한 접착성 패드의 역할은 이미 1932년 Gillett와 Wigglesworth에 의해 연구되었다.

§ 4.4. Insect Model

최근 곤충에 대한 관심이 커지고 있다. 곤충들이 가지는 특성들을 이용하여 인간에게 유용한 신(新) 물질을 개발하거나 이들의 특성들을 공학에 응용하려는 많은 시도가 이루어지고 있다. 특히 로봇공학에서는 곤충의 형태를 모방한 biorobot을 만들려는 여러 시도가 이루어지고 있다.

하지만 곤충을 움직이게 하는 다리의 크기가 작아서 그 움직임을 재현하고자 하는 경우에 기존의 로봇에 사용되는 모디 역할을 대신하는 적절한 actuator의 재현이 어려우며, 또 하나 해결해야 할 문제는 전원공급이다. 이 두 가지 문제는 어떠한 불규칙한 지면에서도 민첩하게 움직일 수 있는 곤충을 모방한 로봇을 재현하기 위해서 풀어야 할 과제이다.

곤충들의 구조와 보행특성, 제어방식 등을 응용한 보행로봇의 연구가 2000년대에 활발하게 진행되고 있다. 그 이유는 여러 가지가 있지만, 특히 전장에서 언급한 보행로봇의 장점들에 기인한다. 최근의 활발한 연구 내용들은 곤충들이 가진 장점들을 실현하는 로봇의 출현을 앞당길 수 있을 것이다. 최근 연구된 사항들을 개략적으로 살펴보자.

4.4.1 Stick Insect

대충 두 종류의 대벌레가 존재하는바 문자 그대로 나무 막대기와 같은 형태와 나뭇잎과 같은 형태가 있다. 나뭇가지로 또는 나뭇잎 형태로 위장하는 의태(擬態) 기능을 가진다. 로봇공학에서 흔히 모델링 되는 대벌레는 막대모양으로 천적이 다가오면 나뭇가지 모양으로 변형되어 정지상태를 유지하고 있으므로 발견되기가 쉽지 않다.

Figure 4.4.1 Stick Insect

그 크기가 다양하며 1/2 inch 정도로 작은 대벌레에서 북아메리카에 서식하는 32.8mm 정도로 큰 대벌레도 있다. 이 대벌레의 경우에 다리를 펼 경우 그 길이가 55cm가 된다. 대벌레는 몸통에 비하여 큰 다리를 가지고 있으므로 다리와 몸통의 움직임이 잘 관찰되고 우리 주위에서 흔히 만나는 곤충이므로 로봇연구의 대상이 되었다.

보행로봇의 연구자의 관점에서 보면, 대벌레의 몸체는 나뭇가지처럼 가늘고 몸체의 크기에 비해 가늘고 긴 다리를 가지고 있으므로, 몸체와 다리의 움직임이 쉽게 육안으로 관찰되는 유용한 장점이 있다. 마찬가지로 3쌍의 다리들은 FTL 걸음새가 아닌 각각 보행 중에 독특한 기능을 담당한다.

따라서 보행로봇 연구를 위한 모델로서의 충분한 자격을 가지고 있다.

우리 주위에서 관찰되는 곤충들은 많은 경우에 6개 또는 8개의 다리로 구성되어 있으며 최근에는 관상용으로 많은 가정에서 기르고 있다. 오랜 기간 동안 생물학에서는 이러한 곤충들에 대한 연구가 활발하게 진행되었으며 그 중에서 대벌레(Carausius morosus)는 여러 연구자들의 연구 대상이었다. 특히 1970년대부터 신경행동학(Neuroethology) 분야에서 대벌레의 다리의 움직임과 제어에 관한 여러 연구를 진행하였다.

신경행동학은 동물의 움직임과 그 움직임을 발생시키는 근육과 신경의 관계를 연구하는 분야를 말한다. 따라서 생물학자들이 대벌레를 대상으로 선택하여 신경행동학의 원리들을 적용하여 처음으로 연구한 결과들이 적절히 보행로봇에 적용되는 계기가 되었다.

따라서 대벌레가 보행로봇 연구를 위한 모델로 선택된 것은 전적으로 생물학의 발달에서 유래된다. 향후 보행로봇의 대벌레 모방은 거의 비슷한 기능을 할 것으로 기대된다. 과거의 보행로봇들은 공학적 관점에서 설계가 되었지만 최근 생물체의 모방에 의한 방향으로 연구가 진행되고 있다.

정적 안정의 경우는 지지다각형 내에 무게중심의 투영점이 존재하는 경우이며 동적 안정의 경우는 이러한 내용과 무관한 경우이다. 즉 무게중심의 투영점의 위치가 지지다각형과 무관하다. 예를 들면 말이 빠른 속도로 달리는 경우 어느 한 다리도 지지상에 존재하지 않는 경우도 말은 안정도를 유지하면서 잘 달린다. 이 경우를 말이 동적 안정도를 유지한다고 한다.

다리의 개수가 6개이므로 보행 중 어떠한 걸음새를 사용해도 정적 안정이 보장되었지만 각각의 다리들을 적절히 제어하는 방식의 효율성을 해결해야 했으며 특히 장애물의 횡단 능력 등이 과제로 남았었다.

TUM Hexapod

대벌레, Carausius Morosus를 모델로 하는 6-족 보행로봇이 Technische-Universitat-Munchen에서 개발되었다.[6] 다른 모델들과 마찬가지로 대벌레를 대상으로 하여 제작되었다. 다리들을 제어하는 새로운 방식을 사용하였으며 곤충과 같이 평평하지 않은 지면 위에서 몸체의 움직임이 완만한 보행과 가야 할 안정적인 보행경로를 미리 결정하는 것을 연구의 목적으로 하였다.

TMU의 모델은 다양한 속도에서 직선 보행을 하는 경우와 곡선보행을 하는 경우, 또 방향 전환을 하는 경우의 보행에 대해서 대벌레의 움직임을 모방하여 모사시험이 수행되었다. 로봇의 이론들이 그대로 적용되어 정운동학과 역운동학의 모든 식들이 모두 유도되어 적용되었다. 관련 내용들은 참고자료[6]에 자세히 포함되어 있다.

보행 모사실험을 하기 위한 모델의 경우 본서 Chap. 7에서 제시된 모델링방식과 유사하다. 대벌레의 몸체는 직사각형으로 표시되었으며, 2개의 다리가 추가되었다. 좌측과 우측 각각 3개의 삼각형 형태는 각각 다리의 위치를 나타낸다. 몸체 중간의 G'는 대벌레의 무게중심의 지면에 대한 투영점을 나타내며 아울러서 전체의 중심좌표계의 원점을 나타낸다.

좌측의 다리들은 전방에서 후방방향으로 연속적으로 1, 2, 3으로 지정되었으며 우측의 다리들은 역시 4, 5, 6으로 지정되었다. 이와 달리 OSU Hexapod 등의 경우에는 좌측의 경우 1, 3, 5, 우측의 경우 2, 4, 6으로 지정되었다. 각각의 다리는 고유의 좌표계를 갖는다. 좌표계의 중심은 O_{si}로 표시되며 여기서 i는 각 다리의 고유 숫자가 된다. 따라서 시간의 함수로 움직이는 foot point의 위치를 i-좌표계에 대해서 나타낼 수 있다.

나아가서 좌표계의 변환에 의해서 전체의 기준이 되는 좌표계에 대해서 나타낼 수 있다. 따라서 기준 좌표계에 대해서 각 다리의 위치를 읽을 수 있다. 그리고 각 다리의 위치는 지지상과 이동상을 반복하므로 지지상인 경우와 이동상인 경우에 적절한 조건들에 의해서 그 위치가 읽혀진다. 하지만 주기걸음새가 아닌 비주기 걸음새인 경우에는 다른 방법에 의해서 다리의 위치가 정해진다.

모델이 가진 고유의 치수와 보행 중 사용하는 걸음새의 형태, 의무인자 β, 속도 등 주어진 조건들에 의해서 모델의 보행 특성을 계산할 수 있다. 보행을 하는 경우에 깅깅의 관질이 회진하는 깅속도, 깅 가속도 및 깅 관절에 작용하는 토크, 보행효율, 운동에너지 식, 다리에 작용하는 반력 등 모든 요소들이 시간의 함수로 구해진다.

특히 대벌레의 운동 또는 보행특성을 고려하여 각각의 데이터들을 조절하면서 최적의 데이터들을 구하여 이들을 모델의 설계에 적용하여 실제 생물학적 대벌레를 비슷하게 모방하는 최적의 보행로봇을 만들 수 있다.

각각의 다리들은 모델의 보행 방향과 일치하지만, 실제 모델들의 경우에는 운동방향과 일정한 각도를 이루고 있으며, 특히 모델이 저속으로 보행하는 경우에는 각도가 일정하지만, 보행속도가 증가하는 경우에는 이 각도도 증가한다. 다른 장에서 저자가 제시한 4-족 모델의 경우에는 전방 다리들의 경우에는 θ_f, 후방 다리의 경우에는 θ_r로 표시되어 방향각(direction of angle)이라고 한다.

대벌레와 같은 6-족의 경우에 전방, 중간, 후방 다리 쌍들은 보행 중 각각 다른 방향각을 가지며 특히 비주기 걸음새의 경우에도 독특한 변수를 갖는다. 하지만 이러한 방향각은 일정한 범위 내에서 고정된 값을 갖는 특성이 있다. 그러므로 실제로 움직이는 대벌레의 보행을 연속그림으로 촬영하여 그 보행 특성을 모델에 적용하고 있다.

CWRU Kenneth

생물학에서 신경행동학자들이 대벌레의 다리 메커니즘을 처음으로 연구한 이래 1990년 Cruse는 대벌레와 같은 곤충의 다리의 움직임과 제어에 관한 연구를 수행하였다.[7] 1991년 Dean 역시 대벌레를 대상으로 보행에 관한 연구를 수행하였다. 보행로봇에 관한 연구의 초창기에 이러한 대벌레와 같은 6-족 보행로봇에 관한 연구에 집중된 이유는 4-족의 경우에 비해서 6-족의 경우는 보행 중 정역학적 안정도를 유지하는데 최적이라고 생각하였기 때문이다. 즉 보행 중 6개의 다리는 거의 대부분의 경우에 무게중심의 투영점이 지지다각형 내에 존재하게 되므로 항상 양의 안정도를 유지하게 되는데 그 이유가 있었다. 따라서 다리의 제어가 4-족의 경우에 비해서 매우 간단한 장점이 있기 때문이다.

Kenneth는 CWRU에서 대벌레 형태의 6-족 보행로봇의 다리 메커니즘에 관한 연구를 진행하였다.[8] 과거의 연구들이 운동학적인 내용에 충실한 반면에 Kenneth의 연구는 관성과 마찰에 의한 내용이 추가되었다. 모델은 전체 길이가 50cm, 폭이 30cm, 전체의 무게가 1kg, 12개의 DC 모터가 사용되었다.

각각의 다리는 2 DOF를 가지며 모델을 전방으로 직선보행을 하며 장애물 횡단능력이나 방향전환의 능력을 가지지 않는다. 각 다리의 끝에는 압력측정 장치가 장착되어 있다. 그림에 표시된 바와 같이 각 다리는 단순한 swing 운동을 한다. 최근의 기술과 거리가 있지만 6-족 보행로봇의 발달과정에서 큰 역할을 한 모델로 볼 수 있다.

모델의 다리 끝에 장착된 설비에 의해서 각각의 다리의 위치가 읽혀지고 PC에 연결된 제어프로그램에서 새로운 다리들의 위치가 결정되며 이러한 내용들이 모터를 작동하기 위한 위치제어 회로에 전달된다. 위치제어 회로는 바이오 시스템의 근육과 같은 자극을 주기 위해 고안되었다.

Figure 4.4.2
Schematic Model of
TARRY[9]

이러한 바이오 시스템의 근육제어 모델에 관한 연구에 의해서 다리의 위치, 즉 다음에 위치해야 할 foot point를 위한 관절의 움직임을 구현하게 되었다.

그의 모델은 다리가 어느 위치에서든지 보행을 시작할 수 있으며, 모델은 3m/sec.의 속도로 wave gait, 최대 14m/sec.의 속도로 tripod gait가 사용되어 보행하였다. 보행은 정역학적 안정도를 유지하는 형태로 걸음새가 적용되었다. 그의 연구에서 새로운 걸음새 형태인 metachronal gait라는 용어가 처음으로 사용되었다.

대벌레와 같은 곤충들의 움직임을 고속촬영장치를 이용하여 기록하고 다리들의 움직임을 관찰하여 그들의 움직임의 여러 특성들을 찾아내고 그들을 6-족 보행로봇들의 연구에 응용하고자 하는 활발한 시도들이 있었으며 주목할 만한 발전을 이룩하였다.

그동안 많은 모델들이 만들어졌지만 다만 기계적으로는 성공하였지만 그들 대부분의 성능은 매우 제한적이었다. 가장 큰 이유는 다리의 제어방식의 비효율성에 기인한다. 하지만 이러한 곤충과 같은 바이오 시스템의 자세한 모방에 의해서 이러한 문제들이 해결될 것으로 확신한다.

DGF TARRY

독일에서는 German Research Council(DFG)의 지원을 받아 관련 프로젝트가 진행되었다. 대벌레 모양의 6족 보행로봇 TARRY-I이 1992년에 제작되었으며, 이어서 TARRY-1에서 한층 발전된 형태의 TARRY-II가 1999년에 제작되었다. TARRY는 불규칙한 지면을 자동으로 보행시킬 목적을 달성하기 위해 연구되었다. 6개의 다리가 장착되었으며 각각의 다리에는 3개의 관절이 부착되었으며 이 관절들은 서보모터에 의해서 구동되었다.

대벌레는 몸체에 비하여 다리는 가늘고 길다. 이와 같이 TARRY는 긴 다리를 가지고 있으므로 각각의 다리가 도달할 수 있는 족보행 공간이 크므로 장애물을 횡단할 수 있는 능력이 향상된다. 나아가서 보행로봇의 빠른 보행속도가 보장된다. 각 다리의 발에는 접촉센서가 부착되어 다리의 지지상이 체크된다.[9]

Figure 4.4.3
Schematic Model of
TARRY[9]

모델의 보행을 분석하기 위해서는, 보행의 특징을 자세히 나타낼 수 있는 인자들이 필요하다. 이런 주요인자들을 Fuddat와 Frik이 제시하였으며 이 인자들은 Table-1에 포함되어 있다. 여기에 포함된 인자들과 모델자체의 수치들, 그리고 운동학의 원리들이 적용되어 TARRY 모델이 경사면과 같은 어느 특정한 지면을 어떠한 조건으로 보행하는 경우에 이동상에서 다리의 궤적과 최적의 보행패턴이 제시되었다.

이를 위해서 모델의 보행특징을 나타내는 소프트웨어 WALKINGLIB이 개발되어 사용되었다. 마찬가지로 보행의 패턴을 결정하기 위하여 6개의 인자들에 대한 neural networks 방식이 적용되었다. 특히 TARRY 모델에 장착된 센서를 통해서 입력되는 신호들은 여러 종류의 반사작용에 의해서 보행을 위한 적절한 다리운동으로 재현된다. 따라서 이러한 과정들을 통해서 불규칙한 지면을 자동으로 보행하는 보행로봇을 가능하게 하였다.

1. X, Y 방향의 속도
2. z축을 중심으로 한 각속도
3. 보폭, 보폭높이
4. step duration
5. y축을 중심으로 한 회전각
6. x축을 중심으로 한 회전각
7. duty factor
8. 몸체높이
9. 보폭중심
10. phase
11. amplitude X
12. phase X
13. amplitude Y
14. phase Y

CITEC HECTOR

대벌레의 형태를 닮은 6-족 보행로봇 HECTOR(Hexapod Cognitive Autonomously Operating Robot)가 Univ. of Bielefeld의 CITEC 연구소에서 2011년에 개발되었다. 실제 대벌레를 일정비율로 확대하여 제작된 모델은 6개의 다리와 18개의 관절로 구성되었다. 특히 몸체는 3부분으로 구성되어 2개의 관절로 연결되었다. 실제로 곤충의 경우 몸체가 2~3개의 분절로 연결된 경우를 볼 수 있을 것이다. 따라서 이러한 몸체의 구조는 대벌레와 같은 곤충들이 보행하는 경우에 완만한 이동이 보장된다.

각각의 Actuator에는 센서와 생물학적 방식에 의한 제어 알고리즘이 장착된 제어기를 가지고 있다. 원형의 청소기가 청소 중 장애물을 만나면 방향을 전환하는 기능이 있는 것처럼 모델은 장애물에 부딪힌 경우에 반응하는 설비가 장착되어 있다. HECTOR의 외골격은 탄소섬유인 CFRP로 만들어져서 매우 가벼우며 로봇 몸체 전체의 무게 중 13%만을 차지한다.

그리고 CFRP의 또 다른 특성인 매우 튼튼한 구조를 갖는다.

Figure 4.4.4 Schematic Model of HECTOR[10]

자체의 전체 길이는 1m, 무게는 12kg이며 30kg의 하중을 들어 올릴 수 있으며 이 경우에 몸체는 무시할 정도인 1mm의 변형이 발생한다. 따라서 모델은 자체 무게의 3배를 들어 올릴 수 있을 정도로 튼튼한 구조를 갖는다.

이 모델은 Univ. of Bielefeld의 CITEC 연구소에서 서로 다른 전공분야의 다양한 연구자들이 그들의 관점에서 연구목적으로 즉 보행로봇의 test bed 형태로 연구과제를 시작하였다. 예를 들면 센서, 양방향 카메라, 센서 장치, 촉각안테나 등을 연구 목적에 따라 적절히 장착하여 사용하였다. 항상 모든 경우에 생물학적 원리에 충실하였으며 특히 몸체나 다리를 움직이게 하는 제어 프로그램을 만드는 경우에 생물학적 원리들이 적용되었다.

특히 HECTOR의 개발자들이 관심을 두고 연구한 사항들은 모델이 낯선 환경 즉, 불규칙하거나 장애물이 존재하는 지면 위에서 보행하는 경우에 미리 지면의 상태를 읽고 장애물에 도달하기 전에 미리 보행과정을 결정하는 것이다. 또는 보행로봇에 주어진 역할을 미리 계획하는 능력이다. 이 모델의 연구결과들이 다른 생명체의 연구에 다양하게 적용되었다. SRI의 벽을 기어 올라가는 로봇, EPFL의 도약이 가능한 메뚜기 로봇 등이 그 예가 된다.

기타

여러 대학과 기업, 연구기관 등에서 6-족 보행로봇에 관한 연구를 진행하였다. Hexapod와 ASV를 만든 OSU의 McGhee(1985)와 Waldron, Byrd와 DeVries(1990), Song과 Waldron(1989), Brooks(1989), Quinn과 Espenshied(1992) 등이 6-족 보행로봇에 관한 논문들을 발표하였다. 그 외에 MIT, Stanford, USC 등에서 활발한 연구들을 진행하고 있다. 6개의 다리가 장착된 보행로봇은 주위에서 흔히 볼 수 있는 대벌레와 같은 생명체들의 구조와 보행 특성을 모방하는 경우에 새로운 개념의 첨단기능을 수행하는 보행로봇을 제작할 수 있다.

4.4.2 Cockroach

바퀴벌레는 인간에게 혐오곤충으로 자리잡고 있다. 눈이 퇴화되어 빛을 싫어하고 화장실 주변의 어둡고 습기가 많은 축축한 곳에 살고 있으며 대체로 야행성이다. 전 세계에 4,000여 종이 있으며 우리나라에도 7종이 살고 있다.

몸체는 편평하고 가늘며 몸의 길이가 1cm 이상이며 다갈색 또는 흑갈색을 띠우며 수명은 1~3년이다. 한번의 교미로 평생 동안 번식을 한다. 이러한 신체적 특성이 바퀴벌레가 멸종되지 않고 인류의 역사와 함께한 이유들이다.

가장 큰 특징으로 몸체의 크기에 비해서 가장 빠른 곤충으로 시속 150km로 보행하며 발견 3초 후 사라진다. 초당 25회의 방향전환 능력과 인간보다 125배의 발달된 후각 능력을 보유하고 있다. 특히 전방 160도, 거리 3.25m의 물체 탐지능력을 가지고 있다. 덮집힌 몸을 다리를 순간적으로 튕겨서 원위치 하는 우수한 능력을 보유하고 있다. 그 외에도 독극물에 대한 강한 내성 등 여러 가지 응용이 가능한 생물학적 특징들을 가지고 있으므로 향후 연구의 필요성이 강조되고 있다.

보행로봇이 보행 중 장애물을 만나서 장애물을 횡단하는 경우에 흔히 발생되는 상황으로 이러한 flip up 능력은 보행로봇 모델이 가져야 할 중요한 능력이다. 바퀴벌레의 flip up은 순간적으로 발생하지만 이러한 과정을 고속으로 촬영하여 각 순간에 각각의 다리와 몸체의 움직임을 분석하여 보행로봇에 적용하면 안정된 원래의 위치 확보에 큰 도움이 된다. 특히 4-족 보행로봇에서 넘어지는 경우가 자주 발생하므로 비슷한 동물의 과정을 분석하여 안정된 보행을 보장 받을 수 있다.

CWRU

20년 넘게 바이오로봇에 관한 연구를 계속하고 있는 CWRU는 특히 바퀴벌레의 구조와 보행 및 제어특성들을 적용한, 즉 신경과 근육의 작용 원리들을 로봇의 설계에 적용시켰으며 점차 개량된 형태의 바이오로봇을 시리즈로 개발하여 발전시켰다. 과제의 최종 목표는 Blaberus discoidalis 로 불리는 바퀴벌레를 모사한 빠르게 움직이는 보행로봇을 만드는 것이었다. 지금까지 5차 모델까지 제작되었으며 한 단계마다 혁신적인 기술의 개발이 이루어졌다. 특히 이 경우에는 최대한 바퀴벌레의 특성들을 모델에 반영하려고 노력하였다.

기존의 로봇들은 기계적인 원리들이 적용된 모터를 사용하였지만 CWRU의 로봇은 생물체의 근육과 비슷한 시스템을 장착하였다. 이것이 가장 큰 차이점이다. 보행을 제어하는 경우에 기존의 로봇들에 사용되던 기계적 방식보다 생물학적 신경제어 방식을 적용하는 경우가 쉽다. 충돌과 같은 간단한 동요가 생물체에 일어난 경우에 가장 간단한 방식의 제어에 의해서 자세가 회복되며 이러한 것이 생물체의 특성이다.

하지만 지금까지 만들어진 보행로봇 모델들의 경우에는 발생된 동요에서 안정된 자세로 돌아오기에 어려움이 있으며 제어가 불규칙해진다. 이러한 문제의 해결을 위한 공기압을 이용한 끈 형태의 actuator가 개발되어 로봇모델에 적용되었다.

많은 연구자들이 기존 로봇에 사용되고 있는 actuator인 모터 대신 그 역할을 대신할 수 있는 대체품의 필요성을 절실하게 기다리고 있었다. 기존의 모터는 로봇에 사용하기에는 무게가 무겁고 동작을 제어하는데 시간이 많이 걸리는 단점이 있다. 따라서 바이오 시스템의 근육과 같이 무게가 무시할 정도로 가볍고 순간적으로 원하는 동작을 신경전달에 의해서 만들 수 있는 바이오 actuator의 출현을 원했다. 이러한 기대를 만족시키기 위한 처음 시도가 1950년대 시작되었으며 이 바이오 actuator는 로봇공학용이 아닌 정형외과용으로 개발이 시작되었다. 이 모델은 완벽한 근육의 재생은 아니었지만 근육만이 가지는 여러 특성들을 보유하고 있었다. 그렇지만 결정적으로 피로수명이 짧다는 단점을 가지고 있었으며 향후 로봇공학에 사용되기 위해서 해결되어야 할 과제이다.

바이오 actuator에서 튜브는 내부와 외부로 구성되며 내부는 팽창 또는 늘어남이 가능한 물체가 차지하고 있으며 외부는 역시 팽창이 가능한 섬유질로 쌓여져 있다. 끝단은 클램프로 고정되었다. 이 구조의 actuator 모델을 BPA(Braided Pneumatic Actuator)라고 하며 무게대비 큰 힘을 발휘하는 장점이 있다. BPA는 McKibben 인공근육이라고 불린다. 내부에 압축공기가 공급되면 부피가 팽창되고 actuator 길이는 짧아지고 부피는 팽창되며 마치 근육다발이 수축되는 것과 같다.

내부의 Bladder는 근육과 같이 늘어나거나 줄어드는 특성을 가지고 있으며 양단은 클램프로 고정되어 있다. Actuator의 내부는 튜브를 통해서 압축공기가 공급되며 공급된 공기는 제한된 공간을 팽창시키거나 압축시킨다. 따라서 과거 OSU에서 제작된 ASV의 경우에 사용되었던 유압실린더와 같은 역할을 한다. 유압실린더를 사용하는 경우에 강력한 힘을 낼 수 있지만 결정적으로 속도가 느린 단점이 있다.

그러나 CWRU의 BPA의 경우에는 이러한 단점들을 극복할 수 있는 장점이 있다. 내부의 Bladder의 역할에 따라 근육이 가지는 특성들이 나타난다. 즉 Bladder의 기계적 특성은 그 성능을 결정한다. 가장 중요한 특성은 재질의 팽창과 수축 특성이다. Actuator의 외부는 수축이 가능한 철망구조로 되어 있으며 내부재질의 팽창과 수축에 따라 철망구조가 늘어나거나 줄어든다.

실제 근육과 BPA 인공근육의 힘과 길이의 관계가 Flute[11]에 의해 1999년에 발표되었으며 그 결과가 그의 논문에 나타나 있다. 힘과 길이 비율이 1보다 큰 경우에는 힘과 길이 관계가 actuator의 재질 특성에 따라 변하며 파괴 시까지 계속 증가한다. McKibben actuator의 가장 중요한 특성은 최대수축 즉 $L/L_o \approx 0.69$ 에서 힘을 발생시킬 수 없다. 다시 말하면 actuator가 최대로 늘어난 경우에 최대 힘이 발생된다.

따라서 근육과 같이 actuator는 스스로 제어 능력을 갖는다. 고양이, 쥐, 개구리, 사람과 같은 바이오 시스템의 경우가 그의 논문에 표시되었다. 그래프의 가로축에 표시된 비율이 1 이전의 경우에는 거의 비슷한 형태의 기울기를 나타내며 마찬가지로 McKibben의 경우도 동일한 형태를 나타낸다. 따라서 CWRU에서 바퀴벌레 로봇에 적용하여 사용한 BPA는 바이오 시스템의 특성을 거의 비슷하게 나타내는 actuator라고 할 수 있다.[12]

일반적으로 사용되는 모터 제어기의 경우는 불안정한 상태로 운전되어 시스템이나 모터 자체가 멈출 때까지 운전이 계속되지만, 이 actuator는 불안정한 제어가 발생되는 경우에 모터 자체나 주위의 시스템이 계속 운전되지 않는다. 이러한 특성 때문에 공압 actuator가 하중의 피드백 시스템에 적용되며 바퀴벌레, 고양이, 사람의 모델에 사용된다.

공압 actuator가 개발된 이래 지금까지 비슷한 여러 종류의 모델들이 만들어졌지만 CWRU에서 개발하여 사용한 BPA가 생명체의 실제 근육과 가장 유사한 성능을 나타낸다. 그 외에 이들은 위에서 설명한 내용 이외의 여러 유용한 장점들을 가지고 있다. 이 actuator는 전체 길이의 반을 왕복하며 즉 반 행정을 이루며 실제로 필요한 행정은 전체의 25% 정도가 된다. 공압 실린더의 경우에 밀거나 잡아당기는 두 가지 기능을 가지고 있다.

Robot II

많은 연구기관에서 바퀴벌레를 닮은 보행로봇을 제작하였으며 CWRU에서는 연속적으로 곤충을 닮은 로봇을 연구하여 발전시켰다. 첫 모델이며 각각의 다리는 1 자유도를 갖는다. 다양한 불규칙한 표면 위를 보행하는 능력을 가지며 생물학적 내용을 적용한 제어시스템을 가지고 있었으며 제어의 강인성과 적응성을 보여주었다. 초기모델이었으며 전원공급의 어려움의 단점이 있었다. 그리고 자신의 무게만큼도 짊어질 수 없을 정도의 능력밖에 없었다. 제어용 보드나 전원공급장치조차도 올릴 수 없었다.

Robot III

적절하게 바퀴벌레의 다리 운동을 재현할 수 있는데 요구되는 관절의 개수를 최소로 하는 연구가 진행되었다. 바퀴벌레의 실제 구조와 보행특성을 연구하기 위하여 고속비디오 장치와 EMG 기록장치가 사용되었으며 한 개의 다리 당 7개의 관절이 장착되었다. 전방 측 다리는 5 DOF를 가지고 있으며 민첩한 움직임이 보장되지만 약한 단점이 있다. 중간 측 다리는 4 DOF를 가지고 있으며 전방 측 다리보다 움직임이 느리지만 무거운 하중을 지탱할 수 있다. 후방 보행이나 방향전환 시 그 역할을 감당한다. 마지막으로 후방 측 다리는 3 DOF를 가지고 있다.

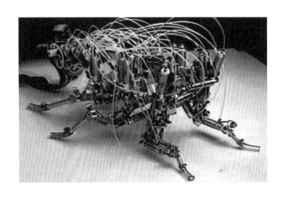

Figure 4.4.5 Robot by CWRU, Robot III, Cockroach Robot[12]

이전의 모델 Robot II에서 많은 기술적 발달이 이룩되었다. 특히 본체가 알루미늄 구조로 변경되어 가벼워졌지만 강도가 보강되었다. 혁신적인 발전사항은 actuator가 전기로 작동되는 모터 대신 공압 실린더로 바뀐 점이다. 실린더를 사용하여 모델의 유효하중은 증가하였으며 다리의 안정적 움직임이 보장되었다. 하지만 공압 실린더의 낮은 광역대역에 의해서 입력에 의한 반응속도가 느리고 actuator 제어상 어려움이 발생되었다. 따라서 동요 발생 후 안정적 보행을 회복하는데 오랜 시간이 소요되는 문제점이 발생하였다.

Robot IV

전 모델 Robot III에서 사용된 공압 실린더들이 BPA로 교체되었으며 actuator에 부착된 밸브의 수가 두 배로 보강되었다. 따라서 모델의 하중이 증가되어 작동에 소요되는 에너지가 증가하는 문제가 발생하였다. 아울러서 모델에 사용된 BPA는 피로수명이 짧으므로 교체주기가 짧고 모두 수작업으로 제작되므로 제작기간이 길어지고 비용이 증가되는 어려움이 있다. 하지만 단계적으로 보행로봇에 적용되는 다양한 기술들이 적용되어 점차적으로 보행로봇의 발전이 기대되고 있다.

모델에는 두 종류의 actuator가 사용되는바 이동상에서 다리를 움직이는 actuator와 지지상에서 다리를 움직이는 actuator가 있다. 따라서 차이점은 하중의 지지여부다. 이동상에서 작동하는 actuator는 다리의 무게와 관성을 부담하는데 필요한 힘을 공급하며 지지상에서 작동하는 actuator는 보행로봇 전체의 무게를 담당하며 보행에 필요한 모든 힘을 감당한다. 따라서 모델이 보행하는데 필요한 가장 중요한 역할을 한다.

다른 모델들과 달리 곤충의 모습을 가졌으며 그림에 나타난 바와 같이 모델은 몸체가 최소한의 링크와 실린더로 연결된 바퀴벌레나 개구리의 형태로서 약한 구조를 가지고 있다. 따라서 주어진 임무를 수행하기 위해서는 몸체의 강도를 보강하여 유효하중을 늘려야 할 것이다. Robot IV에 장착된 모든 실린더들은 직경과 발생하는 힘이 동일하다. 관절을 굽히거나 펼 경우 사용되는 actuator의 개수는 동일하며 여기에 작용하는 힘은 길이와 무관하다. 하지만 actuator의 길이가 길면 stroke가 커지고 작용하는 관성모멘트가 커진다.

Robot V

전 모델에서 언급된 많은 단점들이 보완되어 한층 발전된 모습을 보였다. 특히 actuator의 설계보완이 이루어졌으며 관절부위에 torsion spring이 장착되었다. 지지상에서 actuator에 필요한 힘을 획기적으로 감소시켰으며 마찬가지로 이동상에서 actuator 작동에 필요한 힘을 증가시켰다.

모델에 적용된 전방 측 다리의 개략적 구조 및 주요 기능이 자세히 표시되어 있다. 실제 바퀴벌레나 비슷한 곤충의 움직임을 관찰하면 다리의 각 분절과 관절의 회전 방향을 알 수 있다. 몸에서 가장 가까운 부위의 다리 분절은 기절(coxa)이라고 한다. 아래 방향으로 기절에 연결된 부위는 퇴절(femur)이라고 하며 계속해서 퇴절에 연결된 부위는 경절(tibia)이라고 한다. 그리고 다리의 가장 끝단에 위치한 부위는 부절(tarsus)이라고 한다. 이러한 명칭들은 크기가 작은 곤충학에서 사용되는 명칭이다. 하지만 의학에서 사용되는 명칭들은 차이가 있다. 의학이나 척추동물의 경우에, 기절(coxa)은 고관절, 퇴절(femur)은 대퇴골, 경절(tibia)은 경골 또는 정강이뼈, 부절(tarsus)은 발목뼈로 불린다.

몸체와 기절의 연결부위는 그림에 표시된 바와 같이 α, β, γ 의 3 방향으로 회전이 가능하다. 원래 바퀴벌레의 특징 중의 하나가 순간적 방향전환 능력이며 이러한 특성을 구현하기 위해서는 몸체와 연결된 관절의 3방향 회전 능력이 요구된다. 대부분 곤충의 경우는 빠른 보행속도보다 제한된 영역 안에서 민첩한 동작이 요구되며 이러한 요건을 충족시키기 위하여 이러한 3-DOF가 요구된다.

기절과 퇴절은 하나의 관절로 연결되었으며 하나의 축을 중심으로 한 방향으로만 회전하며 1-DOF를 갖는다. 사람의 정강이뼈와 같이 움직이는 구조이다. 마찬가지로 퇴절과 경절의 경우도 위의 경우와 마찬가지로 그림에 나타난 바와 같이 1-DOF를 갖는다.

위의 다리는 보행에서 가장 중요한 역할을 담당하는 전방 측 다리의 구조를 나타낸다. 중간 측 다리와 후방 측 다리는 전방 측 다리의 경우보다 간단한 구조를 가진다. 즉 전방 측 다리보다 더 작은 DOF를 갖는다. 따라서 필요한 실린더의 수가 적고 이들 다리들은 보행 중 움직이는 관절의 각도가 극히 제한적이다. 따라서 이들 관절의 제어가 매우 단순해지는 장점이 있다.

CWRU는 바퀴벌레를 모방한 바이오로봇을 연구하는 과정에서 BPA 등 많은 기여를 하였다. 마찬가지로 관련 연구들을 계속 수행하고 있다. 가까운 미래에 곤충과 거의 비슷하게 움직이는 Bio-cockroach가 출현할 수 있을 것이다.

Whegs
위에서 자세히 설명한 보행로봇과 같이 CWRU는 다리와 바퀴가 갖는 장점들을 응용한 로봇 **Whegs**가 시리즈로 개발되었다. 마찬가지로 바퀴벌레의 보행원리들을 적용되었다. 이 로봇은 자체의 다리 길이보다 긴 장애물을 넘을 수 있는 특수한 기능을 가지고 있다. 몸체의 중간 부위에 척추와 같은 역할을 하는 관절이 부착되어 몸체의 전반부와 후반부가 구부러지는 기능이 추가되었다.

따라서 몸체의 높이보다 높은 장애물을 횡단하는 경우에 몸체의 전반부를 구부려서 목적면에 옮겨놓고 쉽게 장애물을 횡단한다. 수직벽을 올라가는 경우 혹은 내려가는 경우 모두 가능하며 불연속적인 지면이 존재하는 경우에도 쉽게 횡단이 가능한 장점이 있다.

Mini-Whegs

처음 개발된 모델보다 작은 크기의 **Mini-Whegs**가 개발되었으며 몸체에 비하여 상대적으로 큰 장애물들을 쉽게 넘을 수 있는 기능이 있다. 전체 길이는 8~9cm이며 초당 몸체 길이의 10배의 거리 이동능력을 보유하고 있다. 따라서 바퀴벌레의 경우처럼 일반적으로 발견하고 3초 이내로 사라진다는 사실을 보여주는 듯 빠르다. 두 Whegs 모델은 속도가 빠르며 그 구조가 간단한 특징을 가지고 있다. 이 보행로봇의 장애물 횡단 능력이 보행로봇 발전의 큰 제약 사항인바 Whegs가 사용하는 특수 형태의 다리 구조는 보행로봇의 장애물 횡단 능력을 크게 향상시켰다.

이 모델에서 개량된 또 다른 형태의 로봇 모델이 만들어졌다. Whegs와 거의 비슷한 구조를 가지고 있으나 발이 특수 형태의 접착능력을 가지고 있다. 마치 개코 도마뱀이 떨어지지 않고 천장을 기어 다니는 것처럼 이 모델도 벽면을 자유롭게 걸어 다닌다. CWRU는 다양한 생물체들의 구조와 보행특성을 적용한 로봇모델의 제작을 위한 연구를 계속하고 있다. 촉수 안테나를 사용하여 장애물을 기어오르는 기능, 박쥐가 사용하는 초음파를 이용한 장애물 회피 기능, 나방의 연구에 의한 냄새 추적 기능, 달팽이, 지렁이, 거머리 등에 관한 연구를 계속하고 있다.

4.4.3 Caterpillar

대부분의 경우 척추동물(vertebrates)은 몸체에 장착된 다리를 이용하여 보행을 하며 마찬가지로 길게 연결된 척추가 굴신운동을 하며 추가로 보행에 관여한다. 하지만 호랑나비의 애벌레나 송충이 등과 같이 척추가 없는 무척추(invertebrates)동물의 경우에는 길게 연결된 몸체의 굴신운동과 반복되는 다리운동으로 보행을 수행한다. 이러한 애벌레의 특징은 몸체에 비하여 부착된 다리의 크기가 매우 작으며 또 동일한 운동을 반복하는 특징을 가지고 있다.

지금까지 그 필요성에 의해서 수직벽을 올라가는 로봇에 관한 여러 연구들이 진행되었다. 사람의 접근이 어려운 지역에서의 작업용,[13] 산업현장에서 적용을 위한 비파괴 측정용과 핵발전소 작업용,[14] 건설현장에서의 용접작업용,[15] 그 외의 위험지역 작업용으로 wall-climbing 로봇에 관한 여러 연구가 진행되었다. 하지만 지금까지 적절한 크기를 가지고 효율적으로 벽을 올라가는 모델이 만들어지지 못하였다.

가장 큰 어려움은 모델들의 크기에 있다. 벽을 타고 올라가서 주어진 작업을 수행하기에 작업의 효율이 매우 낮았다. 마찬가지로 모델들은 벽을 타고 올라가서 작업하기 위한 유연성이 부족하였다. 그 외에 기술적으로 해결해야 하는 여러 문제가 존재한다. 따라서 크기가 작고 작업을 위한 유연성이 보장되는 wall-climbing 로봇으로 애벌레로봇이 제안되었다.

Grasping

애벌레는 거의 대부분의 시간을 나뭇가지에 매달려 있다. 다리들은 보행과 동시에 줄기를 붙잡는 집게와 같은 역할을 한다. Mezoff[16]는 애벌레가 3차원 공간에서 가장 효율적인 passive grasping system을 사용하는 가장 성공적인 climber로 표현하였다. 애벌레는 내부의 근육을 반복적으로 팽창하고 수축하면서 이동한다. 따라서 보행은 몸체의 팽창과 수축 그리고 다리의 운동에 의해서 동시에 수행된다. 마찬가지로 몸체는 구부릴 수 있고, 비틀림이 가능하며, 쭈굴쭈굴하게도 할 수 있다. 이러한 기능은 척추동물에서는 거의 구현하기 어려운 운동에 속한다.

따라서 한 쌍의 다리가 줄기를 붙들고 지지상에 있는 경우에도 몸체를 지탱할 수 있는 독특한 특성을 나타낸다. 거의 대부분 보행로봇의 다리들이 지면과 점접촉(point contact)을 이루고 있으며 이러한 점접촉은 로봇이 장애물을 횡단하는 경우에 여러 한계성을 유발한다.

예를 들면 장애물을 횡단하기 위하여 보행공간이 현재면과 목적면을 연결하는 경우에만 다리를 이동시킬 수 있으나 애벌레의 경우에는 두 면이 몸체에 의해서 연결되는 경우에 장애물의 횡단이 가능하다. 이러한 애벌레의 특징들을 공학적 관점에서 보면 확실하게 큰 차이가 존재함을 알 수 있다. 즉 자연계에 존재하는 수많은 생명체들의 다양성을 알 수 있다.

Flexibility

로봇들은 일정한 길이를 갖는 여러 개의 링크로 구성된다. 따라서 고정된 링크들이 관절을 중심으로 움직인다. 따라서 움직이는 범위가 제한적일 수밖에 없다. 하지만 두 번째 그림으로 표시된 애벌레의 경우를 보자. 이 경우에 몸체는 아주 작은 여러 개의 링크들이 연속적으로 연결된 형태로 구성되어 있다.

따라서 작은 링크들에 의해서 움직일 수 있는 범위가 매우 넓고 완만한 이동이 보장된다. 예를 들면 Fig 4.4.6의 경우와 같이 작은 나뭇가지 위에서의 안정된 보행이 가능하다.

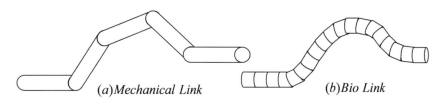

Figure 4.4.6 Mechanical Link and Bio Link

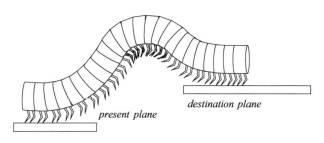

Figure 4.4.7 도랑을 넘는 애벌레

일반적으로 지금까지 제작된 보행로봇의 경우에는 거의 대부분 보행 중 방향을 전환할 경우에 최소한의 곡률반경이 요구되며 그 결과 로봇의 회전이 가능하도록 최소공간의 확보가 요구된다. 마찬가지로 이에 따른 제어계획이 추가적으로 요구된다.

4-족 또는 6-족 보행로봇의 경우에는 방향전환을 위해서는 전체의 다리들이 일정한 곡률반경을 중심으로 일정한 각도로 회전해야 하며 전체 회전을 위하여 복잡한 과정을 거쳐야 한다.

방향전환에 관한 사항은 보행로봇 연구의 한 분야인 turning gait를 참조하기 바란다. 애벌레의 경우는 몸체의 유연성(flexibility)이 우수하므로 이러한 과정이 단순화되는 장점이 있다. 애벌레는 몸체 자체에서 구부러짐이 가능하므로 방향 전환을 간단히 해결할 수 있다.

Connection

애벌레 형태의 곤충들은 지면이 분리된 경우에도 이동이 가능하다. Fig 4.4.7에 나타난 바와 같이 몸체의 일부분이 목적면(destination plane)에 도달하는 경우에 몸체를 구부려서 전체를 이동시킬 수 있다. 나뭇가지 사이를 자유롭게 이동하는 경우가 이러한 예가 된다. 이러한 기능은 위에서 언급한 바와 같이 매우 작은 크기의 링크와 몸체 하단에 부착된 다리의 역할에 의해서 가능하다. 따라서 애벌레와 같은 구조의 로봇 모델의 경우에 어떠한 지면 위에서도 우수한 주행능력(locomotability)이 보장된다.

애벌레의 몸체는 여러 개의 분절로 구성되어 있으며 각각의 분절은 동일한 모듈로 구성되어 있다. 따라서 전체의 몸체에서 하중이 균일하게 분포되어 있다. 벽을 오르는 경우에 대부분의 분절들이 벽에 부착되어 있고 일부의 분절만이 움직이므로 다른 경우의 모델들보다 효율적이다. 자벌레의 메커니즘에서 삼각형으로 표시된 것은 지면에 부착된 경우를 나타내며 원으로 표시된 것은 회전운동이 허용된 부위를 나타낸다. 자벌레의 보행은 보통의 애벌레의 보행과 전혀 다른 형태를 가진다. 자벌레는 3쌍의 다리와 머리 및 꼬리와 몸체의 세 부위로 구성된다. 몸의 구성이 이와 같이 단순하므로 걸음새 역시 단순한 형태를 갖는다.

꾸물거리며 보행(crawling)하는 동안, 맨 처음에는 꼬리 부위를 들어 올리고 나서, 몸통을 수축하며, 맨 나중에 다시 전방으로 이동된 꼬리 부위를 내린다. 이러한 과정에서 몸통은 활처럼 굽혀진다. 연속하여 머리부위가 들려지고 몸통을 펴지면서 머리부위를 내린다. 여기까지가 한 걸음새가 완성되며 몸체는 전방으로 이동하게 된다.

애벌레가 가진 여러 장점들을 적용한 로봇 모델을 만들기 위하여 Zhang[17]은 벽을 기어오르는 애벌레 로봇 platform을 제작하여 실험하였다. 모델은 장애물이 존재하는 여러 종류의 지면에서도 보행이 가능하며 아울러서 수직벽도 오를 수 있는 능력을 가진다. 마찬가지로 모델은 pitching, yawing 및 측면변환 및 회전의 능력을 보유한다. 모델은 주위 환경을 인지하는 센서를 가지고 있다.

4.4.4 Centipede

대부분의 경우 척추동물은 몸체에 장착된 다리를 이용하여 보행을 수행한다. 가장 많은 다리를 가지고 있는 경우는 일반적으로 지네이며 지네는 20~300개의 다리를 가지고 있으며 보통 15, 17 등의 홀수숫자 쌍의 다리로 구성되어 있다. 지구상에는 8,000종류의 지네가 널리 분포되어 있다. 머리 후반부에서부터 몸체가 15개 이상의 분절로 구성되어 있으며 각 분절은 한 쌍의 다리를 좌우에 지니고 있다.

보행이라기보다 작은 다리들을 이용하여 미끄러운 갯벌 위를 미끄러지듯 이동한다. 그 이동속도가 빠르므로 사람이 접근하면 순간적으로 구멍 속으로 사라져버리므로 삽으로 파서 채집해야 한다.

애벌레는 거의 대부분 나무 위에서 살지만 지네의 경우에는 거의 대부분 장애물이 존재하는 평지에서 산다. 로봇공학의 관점에서 지네의 몸체는 전장에서 살펴본 애벌레와 비슷한 여러 특징들을 가지고 있다. 그 특징들을 보면 다음과 같다.

(1) 몸체가 여러 개의 링크로 구성되어 있다.
(2) 각각의 링크는 한 쌍의 다리를 가지고 있다.
(3) 각각의 링크를 연결하는 Y-축의 각도를 변경시켜 방향변환을 한다.
(4) 각의 링크를 연결하는 Z-축의 각도를 변경시켜 장애물을 횡단한다.

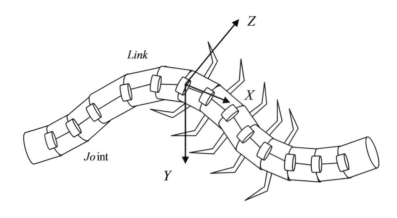

Figure 4.4.8 Modeling of Caterpillar Structure

MCR

University of Maryland에서 개발된 모델[18]로 **Modular Centipede Robot**으로 불린다. 장애물이 존재하는 표면에서 보행이 가능할 목적으로 개발되었으며 특히 수직벽 등의 장애물을 횡단하거나 모델들을 이용하여 군집기능을 담당하도록 만들어졌다. Fig 4.4.9에 표시된 바와 같이 **MCR model**은 각각의 모듈들이 연결되어 전체의 몸체를 구성한다. 따라서 각 모듈에 연결된 수에 따라서 다양한 기능을 수행하는 지네로봇이 만들어 진다.

지금까지 만들어진 지네로봇 모델의 거의 대부분 평평한 실험실 바닥에 서 움직이는 경우가 대부분이었다. 하지만 MCR model은 장애물 횡단 기능의 연구에 중점을 두었다. 하나의 몸통에 하나의 모듈이 장착되었으며 각 다리는 2 DOF를 갖는다. 몸통과 몸통을 연결하는 부위에는 2개의 관절이 존재하는바 1개의 관절은 좌우로 방향을 전환하는 경우에 사용된다. 나머지 1개는 장애물을 횡단하는 경우에 몸통을 들어 올리는 역할을 한다.

MCR model은 조건에 따라 여러 개의 몸통을 연결하여 고정된 형태로 사용이 가능하다. 각 몸통은 동일한 구조의 모듈로 구성되어 있으며 worm gear에 의해 연결되며 Fig 4.4.9의 오른편 끝단에 표시되었다.

여러 개의 모듈이 연결되어 체인 형태의 로봇이 구성되며 이러한 형태의 로봇은 지면에 존재하는 여러 형태의 장애물들을 횡단할 수 있으며 장애물을 횡단하는 경우 각 다리는 지면과 점 접촉을 이루므로 몸통에 전달되는 반력을 최소화 할 수 있다. 따라서 몸체에 작용되는 힘이 분산되고 여러 개의 다리가 이러한 힘을 감당하므로 몸체에 작용하는 힘은 무시할 정도로 작아진다.

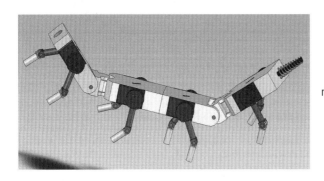

Figure 4.4.9 MCR model by University of Maryland[18]

모든 보행로봇의 설계에서 가장 중요한 사항은 보행 중 안정도의 유지이다. 즉 정적 보행의 경우 항상 무게중심의 수직 투영점이 지지다각형의 내부에 존재해야 한다. 하지만 지네로봇의 경우 많은 다리들이 짧은 보폭으로 보행을 계속하므로 항상 안정도가 유지되며 지네로봇의 경우에 안정도는 고려 대상이 될 수 없다.

따라서 지네로봇에서는 몸체의 가장 전방에 위치한 모듈을 제어하는 방식에 대한 집중연구가 요구된다. 전방 모듈은 전체적인 보행경로를 결정하는 중요한 역할을 감당해야 한다. MCR model을 구성하는 각각의 모듈은 다른 모듈들과 전력손실이 가장 적은 bluetooth를 이용한 통신방식을 사용한다.

모델은 적은 수의 모듈로 구성되어 독립적 행동을 하지만 갑자기 새로운 환경에 직면하여 많은 수의 개체가 연결될 필요가 있을 경우 독립된 여러 개의 개체들이 연결되어 요구되는 작업을 수행하게 할 수 있다. 이 경우 각각의 모듈이 서로 통신하여 자동적으로 긴 체인 형태를 구성한다.

예를 들면 건물이 붕괴된 현장 또는 재난지역의 경우 많은 장애물이 존재하는바 이러한 장애물들을 횡단하기 위해서는 많은 몸통들이 연결되어야 할 필요가 있다. 이런 경우에 Figure 4.4.10에 표시된 각각의 개체는 서로 통신하여 긴 체인의 지네로봇으로 구성된다. 여러 개의 구성원들이 서로 협업하는 군집로봇과 같은 방식이다.

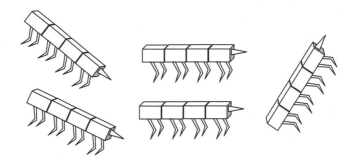

Figure 4.4.10 Swarming Centipedes

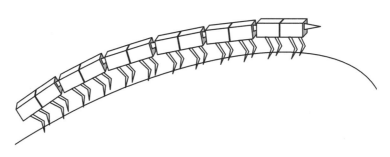

Figure 4.4.11 연결되어 경사면을 보행하는 지네로봇

Fig 4.4.11에서 각각의 모듈이 연결되어 긴 체인형식으로 언덕을 통과하고 있는 지네로봇을 나타낸다. 곤충의 머리에 해당하는 최전방의 모듈이 보행전방에 위치하는 장애물의 존재여부를 확인하며 보행경로를 정한다.

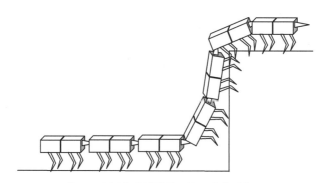

Figure 4.4.12 수직벽을 넘는 지네로봇

따라서 최전방의 모듈은 여러 센서가 장착되며 경로를 계획하고 Fig 4.4.12에서와 같이 수직벽을 횡단하는 경우에도 선도역할을 한다. 따라서 이어지는 모듈들은 Follow The Leader Gait와 같이 전방 다리의 foot point를 따르는 걸음새를 이용한다. 마찬가지로 다른 형태의 장애물, vertical step, isolated wall, ditch 등에서도 FLG 걸음새를 사용한다.

지네로봇의 전체의 몸통을 구성하는 각각의 모듈은 동일한 구조와 보행 방식을 따르므로 전체의 설계와 보행제어 방식이 간단한 장점이 있다. 특히 많은 다리 수는 항상 어느 경우에도 보행의 안정도를 유지시켜주므로 간단한 보행제어를 가능케 한다.

하지만 이에 반해서 지네로봇에서 가장 중점을 두고 해결해야 할 사항은 각 모듈의 연결방식과 통신에 의한 명령전달의 방식이다. 지금까지 거의 모든 연구는 이러한 문제점을 해결하지 못했으므로 이들을 피해서 모듈의 전체가 연속적으로 연결된 상태에서 동력이 전달되어 전체의 다리들이 움직이는 경우였다.

하지만 MCR model에 의해서 제시된 각각의 모듈을 연결하는 방식은 위에서 언급한 문제점들을 적당히 해결하는 경우에는 지네로봇의 큰 발전이 기대된다.

위에서 제시된 방식 이외에 한 개의 몸통으로 구성된 지네로봇을 생각할 수 있다. 이 경우에 몸통 전체가 연결된 상태로서 각각의 몸통이 가진 4개의 다리가 한 세트를 이루며 보행하는 방식과 몸통전체의 다리들이 종속적으로 보행하는 방식이 있다.

이 경우에는 적절한 메커니즘에 의해서 전체의 다리들이 일정한 형태로 움직이므로 동력전달 방식의 제약에 의해서 전체 몸체의 길이에 제한이 있으므로 길이가 짧아진다.

보행특징

지상에서 사는 일반적인 척추동물들은 다리를 이용하여 보행하는 경우가 대부분이다. 그리고 척추를 몸체의 안쪽으로 굽히거나 바깥쪽으로 늘려서 보행거리(leg stride)를 늘리고 보행속도를 증가시킨다. 이러한 두 가지 방법은 육상에 사는 척추동물들이 보행에 사용하는 방식이다.

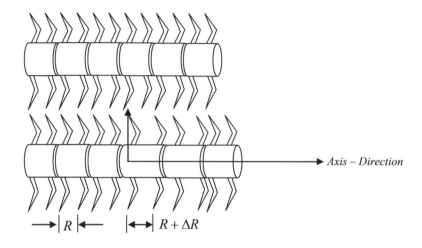

Figure 4.4.13 Axial Movement of Body

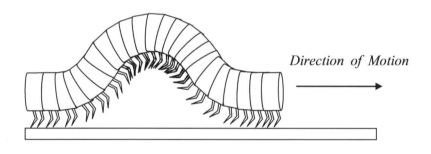

Figure 4.4.14 Lateral Bending and Wave Gait Movement of Body

다족류의 절지동물인 지네, 노래기, 애벌레 들은 다리들의 보행과 척추
동물들의 척추를 구부리는 대신 축 방향으로 몸체를 늘려서 보행속도를
증가시킨다. Fig 4.4.13에서와 같이 보통의 보행의 경우에는 몸의 각각의
마디는 일정한 길이를 유지하고 있지만 불규칙적인 지반 위에서는 각각의
마디의 길이가 늘어나며 그 결과 보행거리가 증가된다.

느린 속도에서는 다리의 보행으로 움직이며 마찬가지로 Fig 4.4.13에서와 같이 몸체의 길이를 늘려서 보폭을 증가시킨다. 속도가 더 증가하는 경우에는 Fig 4.4.14에 표시된 바와 같이 몸체를 구부려서 보행속도를 증가시킨다. 몸체는 후방에서 전방으로 파도와 같이 굴신운동을 한다. 척추동물의 보행에서 파도걸음새(wave gait)와 같이 움직인다. 생물학자인 Manton[19]은 지네의 축 방향 운동과 다리의 보행에 관하여 많은 연구결과를 남겼다.

지네의 해부와 보행운동학 연구에 의해서 한 몸체에서 좌우의 다리 쌍들은 동일한 패턴을 반복하는 것을 알아냈으며 몸체이동을 위한 추진력을 발생시키는 지지상의 시간을 감소시켜서 속도를 증가시킨다는 것을 발표하였다. 지네의 경우 저속에서는 많은 다리들이 지지상에 있지만 속도가 증가할수록 지지상 다리의 수는 감소한다. 마찬가지로 지지상 다리간의 거리가 속도 증가와 함께 증가한다.

왼쪽의 그림에서와 같이 후방에서 전달된 측면 구부림 파도형태의 파장과 진폭은 속도가 증가함에 따라 역시 증가한다. Manton은 한쪽의 지지상에 있는 다리를 중심축으로 하여 추진력을 발생시켜 몸을 전방으로 나아가게 한다고 가정하였다. 지네가 가장 효과적으로 고속 보행하는데 결정적 요소는 몸체의 측면 구부림이라고 주장했고 그의 여러 제안들은 오랫동안 생물학의 교재들에 소개되기도 했으며 많은 연구자들이 그의 연구결과들을 입증하기 위하여 노력하였다.

Anderson

생물학자인 Anderson 등이 지네의 일종인 Scolopendra Heros를 대상으로 보행 중 근육의 움직임과 운동학에 관한 연구를 수행하였다. 트레이드 밀 위에서 0.5, 1.0, 1.5 m/sec의 속도로 보행시키면서 움직임을 촬영하였다. 몸체의 6개 부위를 지정하여 굴근(flexor muscle)에 근전도계를 연결하여 근육의 움직임과 특성을 기록하였다. 지네를 단면으로 자른 경우의 근육의 종류와 위치는 그의 논문에 표시되었다.

그의 실험에서 지네는 $5°C$ 의 냉장고에서 10분 정도 가두어 놓으면 움직이지 않는 상태가 된다. 이것을 얼음 위에 있는 얇은 철판 위에 놓고 마취하여 전극을 삽입한다. 30분 정도 지나면 전극을 삽입한 상태로 평상

시처럼 지네는 움직이며 마취상태는 4시간 정도 지속된다.

지네 몸의 9개 부위에 전극이 삽입되었으며 움직임의 특성을 나타내는 각각의 근육들은 DDOM(deep dorsal oblique muscle), SDOM(superficial dorsal oblique muscle), DDLM(deep dorsal longitudinal muscle), SDLM(superficial dorsal longitudinal muscle) 등으로 표시되었다.

각각의 근육들이 움직이는 거리와 각도를 포함한 지네의 움직임을 특징 짓는 많은 인자들의 데이터들이 자세히 기록되었다. 이러한 결과들이 운동학과 연관하여 자세히 설명되었으며 Manton[19] 연구결과와 연관하여 설명되었다.

로봇공학적 관점에서 Anderson의 연구내용은 놀랄만한 내용들로 가득 차 있다. 눈으로도 보기 어려운 작은 지네의 근육의 종류를 분류하여 각각의 서로 다른 기능을 파악하였다. 작은 곤충을 움직이게 하는 다양한 근육의 명칭들이 존재한다는 자체가 이미 생물학에서는 근육들의 다양한 기능을 이미 알고 있다는 것을 의미한다.

로봇공학에서는 단순히 모터를 이용하여 링크를 움직이게 하지만 생물체들은 여러 근육들이 매우 효율적으로 제한된 범위 내에서 움직인다. 향후 이러한 생명체들을 모방한 로봇들이 언젠가는 출현할 것이라고 기대해 본다.

§ 4.5 Jumping

지표면에 많은 장애물들이 널려있는 재난 현장 등에서 인명 구조 등의 작업을 수행하기 위한 로봇을 만드는 경우에는 로봇이 이러한 장애물들을 쉽게 넘어갈 수 있는 능력이 요구되었다. 하지만 아직도 충분한 장애물 횡난능력을 보여주는 로봇은 만들어시시 못했다.

메뚜기나 귀뚜라미 또는 개구리, 도마뱀의 경우에는 점프 전에 도약을 위한 준비단계로 몸을 구부리거나 뒷다리를 모아서 점프를 위한 에너지를 저장하고 순간적으로 팽창시켜서 공중으로 도약을 하게 된다. 따라서 이러한 형태의 로봇을 제작하는 경우 장애물의 횡단 능력을 극대화할 수 있다. 마찬가지로 이러한 점프단계는 비행을 위한 준비단계가 될 수 있으므로 비행로봇에 필요한 기능이다.

Figure 4.5.1 Jumping Mechanism of a flea

Fig 4.5.1은 지구상에 존재하는 생물체 중에서 몸체의 크기에 비해서 가장 높이 뛸 수 있는 벼룩이다. 벼룩의 도약 메커니즘은 다음의 3단계로 나눌 수 있다.

(1) 벼룩은 퇴절(femur)이 거의 수직이 될 때까지 후족쌍을 모은다. 이 과정은 점프 전 상태로 0.1초 안에 완결된다.
(2) 처음 상태 후 벼룩은 0.01초 동안 정지한다. 점프 바로 전에, L-1/2 와 L-3/4를 접고 몸체의 상단 끝부분을 상단으로 민다.
(3) 점프 순간에 후방 퇴절(femur)이 90^o에서 120^o까지 아래 방향으로 회전하며 동시에 후방경절(tibia)은 퇴절로부터 45^o에서 130° 증가한다.

이와 같은 순간적 메커니즘에 의해서 퇴절(femur)과 경절(tibia) 사이에 상대운동이 발생하며 벼룩을 전면 상단의 방향으로 움직이게 한다. 비슷한 메커니즘을 개구리의 점프에서도 볼 수 있다. 개구리는 점프 전에 몸체를 낮추고 L-3/4를 모은다. 그 후에 L-1/2를 올리고 운동에 필요한 추진력을 얻기 위하여 L-3/4를 순간적으로 늘린다. 이와 같이 개구리의 경우와 벼룩의 경우는 비슷한 점프 메커니즘을 사용하고 있다.

4.5.1 SDM of LIS

전 장의 벼룩에서처럼 곤충이나 작은 동물들이 비행을 위해서는 전 단계의 준비과정이 필요하다. 이러한 준비과정에 필요한 도약에 관하여

Kovac[20]이 SDM(Self Deploying Microglider) 모델을 제작하여 연구하였다. 로봇모델의 높이는 5cm, 무게가 7g이며 연구 결과 SDM은 로봇 자체 높이의 27배나 되는 1.4m 높이의 장애물을 횡단할 수 있었다.

SDM의 도약을 위해서 메뚜기의 도약과정을 고속카메라로 촬영하여 그 동작을 분석하여 재현하였다. 일반적인 보행로봇이나 또는 비행로봇에 도약 메커니즘을 뒷다리에 장착하여 원하는 biorobot을 만들 수 있다.

LIS는 SDM에서 발전된 형태의 1.5g, 22cm의 소형 글라이더 모델을 제작하였으며 이 모델은 형상합금으로 작동되며 도약 메커니즘이 장착되었다. 도약 메커니즘은 도약을 위한 에너지를 저장했다가 순간적으로 방출하는 소형 모터가 사용되었다. 도약의 성능을 최적화하기 위하여 4-bar 링크 메커니즘이 적용되었으며 도약에 필요한 추진력(jumping force), 도약각(take off angle), 궤적의 조절이 가능하다.

§ 4.6 Flying

가장 완벽한 biorobot의 형태는 보행과 비행을 동시에 수행하는 로봇이다. 예를 들면 메뚜기나 파리와 같은 형태의 로봇을 말한다. 생물학에서는 곤충에 관한 많은 연구들을 수행하였으며 특히 최근 이들의 비행을 공학적으로 접근하여 그들의 비행을 분석하고 있다. 이렇게 생물학에서의 연구결과들을 공학적으로 연구하여 로봇공학에 적용하려는 연구가 최근 활발하게 진행되고 있다. 특히 자연계에는 로봇공학의 모델이 될 수 있는 다양한 모델들이 존재한다.

비행기와 같이 하늘을 날아다니는 소형의 비행체들이 만들어졌다. 하지만 초기 연구의 단계에서는 글라이더와 같이 날개가 몸체에 고정된 경우가 대부분이었다. 하지만 최근에는 새와 같이 날개를 이용하여 비행하는 연구가 활발하게 진행되고 있다.

날 수 있는 생물체들은 작은 크기의 파리(fly)에서 큰 나방(moth), 작은 크기의 새에서 독수리나 갈매기와 같은 큰 새들, 하루살이와 같은 작은 곤충에서부터 메뚜기까지 셀 수 없을 정도로 다양한 종류들이 존재한다.

새들의 날개 움직임은 두 가지로 분류된다.

   1) Flying
   2) Flapping

Flying의 경우는 전방이동 과정에서 날개가 움직이는 형태를 나타낸다. Flapping의 경우는 정지상태를 유지하기 위하여 날개를 움직이는 형태를 나타내며 일반적으로 날개를 상하로 움직이는 형태를 나타낸다. 생물체들의 비행의 가장 큰 특징은 방향조종능력(maneuvering)에 있다. 비행 중에 쉽게 방향 전환이 가능하며 불규칙한 비행(perturbation) 상황에서도 회복(recovery)이 쉽게 이루어진다. 사람들이 만든 비행기에서는 기대하기 어려운 현상이라고 할 수 있다.

기계공학의 유체역학 분야에서 **wind tunnel**을 사용하여 비행기나 배의 움직임을 연구하였다. 비행기의 축소모델을 터널 안에 넣은 후 바람을 일으켜서 모델에 발생하는 항력 등을 측정하였으며 이러한 방식은 많은 연구결과들을 가져다주었다. 하지만 생물체들은 말 그대로 살아있는 생물이므로 wind tunnel을 사용하여 실험하기가 매우 어렵다.

그 대신 발전된 형태의 영상기록장치가 사용되어 날개의 움직임이 자세히 기록되기 시작하였으며 그 결과 비행하는 생명체들에 관한 다양한 연구가 이루어지고 있다. 연구 결과 생물들이 가지고 있는 독특한 비행특성들을 비행로봇에 응용하려는 시도가 최근 이루어지고 있다. 본 장에서 이러한 몇 가지 시도를 살펴보자.

4.6.1 Insect

지구상에는 대략 150만여 종의 동물들이 살고 있으며 그 중 75% 이상은 곤충류가 차지한다. 따라서 이들 곤충들이 지구의 생대계에 미치는 영향은 우리의 상상을 초월한다. 곤충들은 먹이를 찾기 위해 또는 종족의 번식을 위해 또는 천적으로부터 생존을 위해 멀리 날아간다. 과학자들은 작은 곤충들이 어떻게 비행에 필요한 양력을 얻는지가 관심거리였다.

1934년 곤충학자 Antoine Magnan이 bumblebee의 양력에 관한 연구를 발표하였다.[21] 동일 조건에서 비행기 날개에 의해서 발생되는 양력의 크기는 비율로 환산한 경우 bumblebee의 날개에 의해서 발생되는 양력보다 훨씬 작으며 마찬가지로 비행속도도 훨씬 작다는 사실을 발표하였다. 곤충들은 날개는 대략 초당 20~600번 상하와 회전운동을 한다. 2000년대 초반부터 파리와 같이 작은 곤충을 모방한 비행로봇에 관한 연구를 진행하였다. 실제로 새와 같은 크기의 비행로봇 모델들은 만들었지만 파리와 같은 작은 비행로봇은 만들지 못했다.

파리가 비행하는 경우는 순수한 양력에 의한다. 양력은 단순히 날개를 상하로 움직임으로 발생된다고 생각하기 쉬우나 단순한 현상이 아니다. 날개는 상하로 움직임과 동시에 일정한 각도를 이루면서 회전운동을 병행한다. 초기에 곤충의 비행을 분석하기 위해서 기존의 정상상태의 공기역학 이론을 적용하였으나 곤충이 공기 중에서 비행하는 날개의 속도변화가 고려되지 않았다.

그 대신 움직이는 날개를 stroke cycle의 어느 한 순간을 고정시킨 상태에서 window tunnel 내에서 동일한 조건을 만들어서 날개가 움직이는 각각의 순간의 양력이 측정되었다. 하지만 이러한 방법에 의해서 구한 양력이 파리와 같은 곤충들이 공중에 떠서 비행하기에 충분한 양력이라는 것을 설명하지 못했다. 결국 1980년대 초반 University of Cambridge의 Ellington이 그동안 모든 연구내용을 검토하여 정상상태의 접근방식으로는 비행에 필요한 양력이 될 수 없으며 비정상 유동(unsteady flow)의 경우만이 비행에 필요한 양력을 발생시킨다고 주장하였다. 하지만 곤충 비행의 양력을 완전히 설명할 수는 없었다. 그 외의 여러 연구 그룹들이 새로운 방법들을 제시하였지만 그들 역시 여러 제약을 가지고 있었다.

그 후에 제시된 새로운 방식은 유체역학에서 흔히 사용되는 Dimensionless Number 개념과 비슷한 방식이다. 유체역학에서 배나 비행기를 설계하기 전에 실제의 크기를 축소하고 수조나 터널 안에 동일한 조건을 만들어 놓고 실험하는 것과 반대로 동일 크기의 곤충을 일정비율로 확대하여 동일 조건을 부여하여 원하는 실험결과를 얻는 것이다. 이러한 방법을 scale model 방법이라 한다. 이 경우에 실제로 비행하는 날개의 속도는 매우 빠르므로 터널 속에서 모델의 속도는 크게 줄여서 시험한다.

　이 실험은 유체 속에서 날개에 발생하는 두 개의 힘, 즉 유체의 관성에 의해 발생되는 압력힘과 유체의 점성에 의해 발생되는 전단력에 관련된 주요 조건들이 양력을 결정한다. 작은 크기의 곤충일수록 곤충을 감싸고 있는 공기, 즉 유체의 영향에 민감하다. 따라서 유체역학에서 다루는 사항들이 적용된다. 즉 관성력과 점성력의 비로 표현되는 **Reynolds Number** 다.

$$Reynold\ Number = \frac{\rho V L}{\mu} = \frac{V L}{\nu}$$

　유체역학에서 다루었던 비행기의 경우는 큰 수치로 나타나지만 곤충과 같이 크기가 작고 느린 경우는 대략 100~1,000 사이가 된다. 1992년에 독일 튀빙겐에 있는 Max Plank Institute for Biological Cybernetics 연구소에서 **Gotz**와 **Dickinson**이 수조 안에 설탕시럽의 유체를 넣고 모형 날개를 그 안에 넣고 동일한 Reynolds Number 조건하에 양력, 항력 및 날개의 움직임을 규명하기 위한 모델실험을 실시하였다.

　우리가 공학에서 다루던 유체역학의 경우에는 유체와 그 속에서 움직이는 물체에 대하여 조건이 정해진 결과를 해석하지만 유체 속에서 움직이는 곤충 날개의 경우에는 움직이는 조건을 정확히 알 수가 없으므로 날개의 flapping에 의한 양력과 항력 등을 정확하게 구할 수가 없었다. Dickinson이 곤충 날개의 움직임에 관하여 다음의 사항들을 발표하였다.

1) 처음으로 비행을 진화시킨 동물은 곤충이다.
2) 대부분의 곤충은 2쌍의 날개를 가졌으며 파리의 후방 날개쌍은 몸체의 회전을 조절하는 Gyroscope의 역할을 하는 작은 감각기관으로 진화하였다.
3) 파리는 초당 지표면에서 걷는 것보다 비행 시 10배의 에너지를 소모한다. 마찬가지로 킬로미터 당 걷는 것보다 비행 시 4배의 에너지 효율을 갖는다. 비행은 구현하기가 어렵지만 비행을 구현하는 기관들은 매우 독특하다.
4) 곤충들은 모든 나는 동물들 중에서 가장 다양한 날개구조와 운동학적 특징을 가지고 있다.
5) 곤충들의 비행에 관련된 근육은 어느 조직보다 가장 우수한 신진대사

율(metabolic rate)을 가지고 있다.

6) 운동학적으로 공기는 물보다 점성의 특성이 있으며 점도의 밀도비가 매우 높다. 그 비율이 유체의 동역학과 매우 관련이 있다.

곤충 날개 주위의 현상에 관한 많은 공학적으로 해석들이 있었지만 아직 바이오로봇의 적용에 충분한 수준으로 이루어지지 않았다. 분류학상의 명칭인 파리목의 경우에 85,000여 종이 있으며 우리나라에서 발견되는 것도 1,099종에 이른다고 한다. Biorobot 또는 biofly, bioinsect를 만들기에는 해결해야 할 과제들이 많다.

4.6.2 Moth

Hedrick

Univ. of North Carolina의 **Hedrick**은 hawkmoth를 모델로 날개가 비대칭적인 경우의 비행에 관하여 연구를 수행하였다.[22] 나방은 날개의 15~18%가 잘려나간 상태이며 이 경우에 양력이 정상 상태보다 40% 감소되며 날개에 의해서 발생되는 토크의 50%가 감소된다. 마찬가지로 날개가 잘려진 상태는 안정적인 비행 상태에서 순간적인 고장상태(failure)를 가져온다.

하지만 중요한 특징은 날개가 잘려진 상태에서 아주 순간적으로 원래의 비행 상태를 회복하며 비행하게 된다. 안정적 비행에서 날개의 잘려나감, 순간적인 불안정의 상태에서 다시 안정적 비행의 생태로 복귀하게 된다. 날개의 비대칭 상황에서 발생되는 상태의 변화는 고속의 영상장치로 기록되었으며 관련 인자들이 수치화되어 기록되었다.

나방의 좌우날개는 크기가 서로 다른 비대칭이지만 외부에 보이는 나방의 운동은 대칭 경우와 같다. 하지만 동일한 운동을 발생시키기 위한 날개의 조건은 매우 다르며 **Hedrick**의 실험에 의하면 그 결과는 다음과 같다.

손상된 날개와 원형 날개의 경우 두 가지 독특한 현상이 관찰되었다. 손상된 날개에서 날개 움직임의 주파수(frequency)가 10% 정도 증가되었으며 마찬가지로 진폭도 증가됨을 보여주었다. 원형 날개의 경우에는 날개의 진폭이 감소되었다. 이러한 결과는 나방의 비행을 안정화하였다.

이러한 비대칭에 대한 보상의 신경근육 시스템의 필요조건은 날개를 상하로 움직임으로 발생되는 토크가 실제 나방의 비행에 필요한 근육에 의해서 발생된 힘과 같으며 나방의 날개를 지지하는 축에 대한 각속도가 실제 비행을 발생시키는 근육을 수축시키는 속도에 해당한다는 가정하에 시험되었다.

이러한 가정하에 날개 비대칭에 대한 생물학적 반응을 모사한 나방의 모델시험은 다음의 결과를 보여주었다. 실제 나방에서 원래의 날개에서는 근육에서 발생되는 힘이 감소하고, 속도가 감소하고 아울러 발생되는 동력이 감소한다. 이에 반해서 손상된 날개를 움직이는 근육은 속도를 감소시키기 위하여 증가하며, 발생되는 힘은 감소하고 출력은 증가한다. 결국 힘과 속도, 역학적으로 속도가 커지면 양력과 항력이 커지는 것 같이 속도를 줄이기 위해 근육의 양이 증가하는 것은 힘을 감소시키는 것과 같다.

이와 같이 Hedrick의 연구결과는 곤충에서 근육의 역할과 유체역학의 환경에서 비행하는 곤충의 안정적 비행에 영향을 미치는 사항들을 연구하였으며 이러한 창의적인 실험동물학의 내용들은 비행로봇의 연구에 큰 기여를 할 것이다.

4.6.3 Butterfly

Senda
일본 Kanazawa Univ.에서 나비의 비행에 관한 연구를 수행하였다.[23] 연구의 목적은 나비 날개의 안정된 flapping의 원리를 해석하는 것이다. 이를 위해서 wind tunnel을 이용하였다. 터널 내부에 나비의 모형을 설치하고 전방에서 저속으로 공기바람을 불어 넣는다. 이러한 설비를 통해서 나비 주위에 발생되는 힘들을 연결된 PC에 기록하며 마찬가지로 나비 주위에 발생되는 공기의 흐름을 형상화하기 위하여 연기선(smoke wire)을 발생시킨다.

이 실험에서 터널 속에 있는 나비는 강체로 가정되어 동역학적 모델링 방법이 적용되었으며 강체에 대한 Lagrange의 운동방식이 사용되었다. 나비의 주위에 발생되는 힘들을 측정하기 위하여 panel method가 적용되었다. 이 방식에 의하여 바람속도에 대한 나비의 순간속도 장(field), 발생되는 와류에 의한 흐름장(flow field), 나비에 필요한 항력을 얻을 수 있었다.

나비의 flapping에 의해 발생되는 현상을 연구했으며 flapping 이후 다시 안정된 비행으로 회복되는 과정을 실험을 통해 해석하였으며 나아가서 모델 실험을 통해서 안정된 제어를 할 수 있는 방법을 제시하였다. 이와 같이 자연에 존재하는 생명체들의 현상을 이해하고 실제 로봇에 적용하여 더 나은 시스템을 만들 수 있을 것이다.

Arabagi and Sitti

CMU의 NanoRobotics Lab.은 곤충의 비행에 관한 여러 연구를 활발하게 수행하고 있다. 곤충날개의 움직임을 해석하는 연구로서 MAV(micro air vehicle)에 관한 다양한 연구가 발표되었다.[24] 비행하는 곤충들의 자세는 날개의 다양한 움직임과 관련이 있다. 두 가지 연구 방법이 지금까지 사용된바 전방과 후방의 날개를 동시에 제어하는 방식과 오직 전방의 날개만을 제어하는 방식이었다. Arabagi는 날개의 움직임에 대하여 새로운 연구방식인 수동날개 pitch reversal 방식을 제안하였다. 이 방식에서 시스템의 운동은 오직 날개의 동역학, 공기역학적 힘, 비틀림 스프링과 댐퍼에 작용하는 토크와 관련이 있다.

그림에서와 같이 회전각도를 제한하는 스프링과 댐퍼 메커니즘이 장착된 회전축과 무관하게 날개가 달려있다. 날개를 축에 부착하는데 흔히 사용되는 폴리머 관절의 탄성적 그리고 충격완화 특성 때문에 모델에 스프링과 댐퍼를 장착시켰다. 날개가 적절한 궤적을 그리며 움직이게 하는데 필요한 공기역학적 힘들은 이러한 스프링에 의한 탄성과 댐핑 토크와 날개의 관성력의 상호작용에 의해서 얻어진다.

일정한 궤적을 그리며 움직이는 날개를 모형실험에 적용하기 위해서 Lagrange 운동방정식이 사용되었다. 날개의 전방 끝은 flapping 하는 동안 완전한 사인 커브를 그리며 움직인다. 비행 중 날개의 rotation angle 은 flapping angle은 일정한 상 차이로 동일한 각도를 반복하며 비행한다.

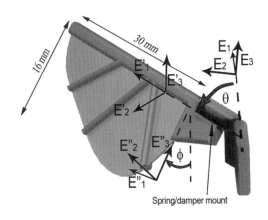

Figure 4.6.1 Passive Flapping Wing Model[24]

　모델시험에서 직선방향으로 들어 올리는 힘, 회전력, 추가된 공기를 들 어 올리는 각각의 힘을 합하여 전체를 들어 올리는 힘으로 표시하였으며 이러한 모든 힘들은 비행하는 날개의 사이클에 따라 일정하게 각각의 힘 들이 반복된다. 이러한 힘들의 합은 날개 성능을 표시한다.

　마찬가지로 모델에 표시된 스프링의 강도(stiffness), damping constant, flapping frequency를 수정하여 비행에 필요한 lifting force를 감소시킬 수 있다. **Arabagi**의 모사시험에 의하면 모델의 스프링 강도를 증가시키면 몸 체 전체의 lifting force는 급격히 증가하다가 일정한 한계를 지나면 완만하 게 천천히 감소된다. Damping constant가 증가하는 경우에는 전체의 lifting force는 역시 완만하게 천천히 감소된다. 날개의 driving frequency 가 증가하는 경우에 lifting force는 이에 비례하여 증가한다.

　CMU의 NanoRobotics Lab.은 이와 같은 예에서 볼 수 있는 것처럼 곤 충과 같은 작은 생명체들을 모방하는 보행 또는 비행 로봇을 구현하고자 하는 연구소이다. 이러한 연구는 생물학과 공학의 협업에 의해서 그 구현 을 앞당길 수 있다. 그들의 연구에서 나비의 날개의 flapping 운동에 의해 서 발생되는 힘들을 세 가지의 힘들로 분류하여 자세히 수치로 측정하였 으며, spring과 damper가 장착된 모델, 그리고 모델의 움직임에 대하여 Lagrange 방식에 의한 운동방적식이 사용된 내용들은 기계공학에서 다루는 사항이다.

4.6.4 Avian Bipedal Locomotion

두 다리로 보행하는 대표적 생명체는 사람이다. 사람의 보행에 관한 연구는 정형외과 또는 생물학 등에서 많은 연구가 수행되었다. 많은 종류의 새들이 보행을 하지만 이 경우의 보행은 비행을 위한 전 단계의 준비과정일 수 있다. 물론 비행기관이 퇴화되어 지면에서 보행만을 하는 타조와 같은 새들도 있다. 마찬가지로 새들은 대부분 수영이 가능하며, 어느 경우에는 잠수도 가능하다. 이러한 새들의 다양한 기능은 그들이 사는 서식환경에 의해 결정되며 특히 가장 중요한 역할을 하는 것은 다리다.

Nyakatura

독일의 학자로서 비행하는 새들의 두 다리 보행에 관한 연구를 수행하였다.[25] 과거 로봇공학은 기계공학적인 로봇을 만들고자 하였으나, 최근의 경향은 biorobot이라는 문자 그대로 생명체의 움직임을 모방하고자 하며 특히 생명체를 움직이는 근육 등의 운동을 모방하고자 한다. 사람의 경우는 보행이 연속되며 다만 보행속도의 차이에 따라 다리의 움직임이 다르다. 하지만 조류의 경우 보행은 일시적이며 활발한 비행을 위한 준비단계이며 이러한 특성들은 다리의 형태에서 확실히 나타난다. 10g~150,000g의 크기를 가진 조류들은 기능에 따라 형태학적인 특성을 갖는다.

조류의 다리는 크게 4부분, thigh, tibiotarsus(TT), tarsometatarsus(TMT), 그리고 phalanges으로 나누어진다. 각각의 부분이 담당하는 역할이 있으며 특히 무릎은 다리에 작용하는 거의 대부분의 반력을 감당하며 고관절보다 중요 역할을 한다. 발목관절은 조류가 높은 속도로 이동하는 경우에만 여할을 담당한다. 사람이 경우에 보행에서 속보로 바뀌는 경우에 무게중심의 운동학과 지지상 형태가 바뀌지만 조류의 경우에는 지지상의 형태가 거의 변하지 않는다. 따라서 Nyakatura는 조류의 아래의 3가지 비행 걸음새를 제시하였다.

1) walking.

2) grounded running with a double support phase.

3) running without a double support phase.

과거 Hildebrand 등의 연구가 육상에 사는 척추동물들의 보행에 관하여 매우 자세하고 세밀한 연구를 수행하였지만 이와 같이 조류의 보행에 관한 사항들은 포함되지 않았다. 조류들도 형태학적으로 다양하게 분류되지만 본 연구는 육상에 근거지를 둔 메추라기와 같은 작은 새들을 모델로 하였다.

X-Ray를 사용한 3차원 운동분석기가 사용되었으며 메추라기 생체 내 다리의 뼈와 근육의 움직임이 기록되었다. 마찬가지로 기기 위에서 보행속도와 다리에 작용하는 반력이 측정되었으며 몸체의 각 부위에 표시된 지점의 움직임이 관찰되었다.

§ 4.7 결론

본 장에서는 보행로봇의 연구에 적용하기 위한 곤충들의 구조와 보행특성에 대한 내용을 검토하였다. 로봇은 지금까지 거의 대부분 생산현장에서 고정된 위치에서 사람을 대신하여 반복 작업을 수행하였다. 하지만 다음세대의 로봇은 움직이는 로봇의 시대가 열릴 것이다.

움직이는 로봇의 대상은 이미 만들어져 오랜 역사 속에서 지금까지 생존하는 생명체들이다. 생명체들은 척박한 환경과 치열한 생존경쟁에서 살아남았다. 즉 환경에 적응하여 자신의 몸체를 변형시켜왔다. 따라서 이들의 몸체구조와 보행특성을 적용하여 로봇을 만드는 것이 로봇제작에서의 시행착오를 줄일 수 있는 가장 확실한 방법이다.

오랫동안 생물학은 눈부신 발전을 이루하였으며 특히 동물과 곤충 등에 관한 연구성과를 축척하였다. 하지만 공학에서는 이들을 복제하여 로봇에 적용하기에는 넘어야 할 산들이 너무 많다. 그 중 하나가 근육의 복제다. 모터의 회전에 의해 움직이는 로봇의 경우는 다양한 근육에 의해서 움직이는 생명체들의 움직임을 따라갈 수가 없다. 생명체들을 모방한 로봇을 만들기 위해서 다양한 분야에서 공학적 연구가 필요하다. 하지만 최근 많은 연구자들이 이에 관한 많은 연구를 진행하고 있으므로 점차 접근한 모델들이 만들어질 것으로 기대된다.

[연습문제]

1. 땅속을 이동하는 곤충으로는 무엇이 있는가?

2. "1"의 경우 어떠한 기능을 감당할 수 있는가?

3. 도마뱀과 같이 잘라진 몸체를 다시 재생할 수 있는 곤충은 무엇인가?

4. Mole Cricket의 앞발을 모사하는 경우 특징은?

5. 사마귀 앞다리의 기능상 특징은 무엇인가?

[Reference]

[1] Dean, J. and Wendler, G., "Stick Insect Locomotionon a Walking Wheel: Interleg Coordination of a Leg Position", *Journal of Experimental Biology*, Vol. 103, p.75-94, 1983.

[2] 최영철 외 4인, 「곤충의 새로운 가치」, RDA Interrobang, 4호, Feb., 9, Vol.4, 2011.

[3] Chapman, R. F., *The Insects Structure and Function*, The English Universities Press LTD, 1971.

[4] http://biologicalsystemscourse.blogspot.com/2016/10/ability-all-seeing-eyes -species.html

[5] Fielding, M., Omnidirectional Gait Gnenerating Algorithm for Hexapod Robot, Ph.D Dissertation, University of Canterbury, Christchurch, New Zealand, 2002.

[6] Giorgio, F. and Pierluigi, R., "Simulation of Six-Legged Walking Robots", Univ. of Cassino, Cassino, Italy, Source: *Climbing & Walking Robot, Toward New Application,* Book edited by Houxiang Zhang, ISBN 978-3-902673-16-5, pp.546, Itech Education and Publishing, Vienna, Austria, Oct. 2007.

[7] Cruse, H., "What mechanisms coordinate leg movement in walking arthropods?", *Trends in Neural Science*, Vol. 13, pp. 15-21, 1990.

[8] Espenschied, K. S., Quinn, R. D., Chiel, H. J., Beer, R. D., "Leg Coordination Mechanisms in the Stick Insect Applied to Hexapod Robot Locomotion", *Adaptive Behavior*, Vol. 1, No. 4, MIT Press, pp. 455-468, 1993.

[9] Lewinger W. A., Insect-Inspire, Actively Compliant Robotic Hexapod, Thesis, Case Western Reserve University, 2005.

[10] http://www.gizmag.com/insect-inspired-hector-walking-robot/18421/

[11] Klute, G. K. and Hannaford, B., "Modeling Pneumatic McKibben Artificial Muscle Actuators: Approaches and Experimental Results", Submitted to the *ASME Journal of Dynamic Systems, Measurements, and Control*, Nov. 1998, revised Mar. 1999.

[12] Kingsley D. A., A Cockroach Inspired Robot with Artificial Muscles, Ph.D Dissertation, Case Western Reserve University, 2005.

[13] Virk, G., "The CLAWAR Project-Developments in the Oldest Robotic Thematic Network", *IEEE Robotics & Automation Magazine*, June, pp. 14-20, 2005.

[14] Longo, D. and Mustato, G., "A Modular Approach for the Design of the Alicia3 Climbing Robot for Industrial Inspection, Industrial Robot", *An International Journal*, Vol. 31, No. 2., pp. 148-158, 2004.

[15] Armada, M, Gonzalez, S. P., Prieto, P. and Grieco, J., "REST: A Sixlegged Climbing Robot, European Mechanics Colloquium, Euromech", 375, *Biology and Technology of Walking*, pp. 159-164, 1998.

[16] Mezoff, S., Papastathis, N., Takesianm, A. and Trimmer, B. A., "The Biomechanical and Neural Control of Hydrstatic Limb Movements in Manduca Sexta", *Journal of Exp. Biology*, Vol.207, pp. 3043-3054, 2004.

[17] Zhang, H., Wang, W., Juan, G. G. and Zhang, J., "A Bio-Inspired Small-Sized Wall-Climbing Caterpillar Robot", *Mechatronic Systems, Applications*, 2007.

[18] Miner, D., Glaros, J., and Oates, T, "Self-Configuring Modular Centipede Robot", University of Maryland, *Proceedings of the 2007 IEEE/RSJ*, 2007.

[19] Manton, S. M., *The Arthropoa: Habits, Functional Morphology and Evolution*, Oxford: Clarendon Press, 1977.

[20] Kovac, M., Guignard, A., Zufferey, J. C. and Floreano, D., "A miniature 7g jumping robot", *Proceedings of the 2008 IEEE International. Conf. on Robots and Systems*, Pasadena, USA, 2008.

[21] Dickinson, M., "Solving the Mystery of Insect Flight", *Scientific American*, Jun. 1-6, pp.35-41, 2001.

[22] Hedrick, T. L., "Perturbation compensation in insect flight", *Int'l Sym. O3 Adaptive Motion of Animals and Motions(AMAM)*, Cleveland, Ohio, USA, Jun. 1-6, pp.52-53, 2008.

[23] Senda, K., Sawamoto, M., Kitamura, M and Oraba, T., "Towards Realization of Stable Flapping-of-Wings Flight of Butterfly", *Int'l Sym. On Adaptive Motion of Animals and Motions(AMAM)*, Cleveland, Ohio, USA, Jun. 1-6, pp.62-63, 2008.

[24] Arabagi, V. and Sitti, M., "Simulation and analysis of a passive pitch reversalflapping wing mechanism", *Int'l Sym. On Adaptive Motion of Animals and Motions(AMAM)*, Cleveland, Ohio, USA, Jun. 1-6, pp.66-67, 2008.

[25] Nyakatura, J. A., Andrada, E., Blickhan, R. and Fisher, M. S., "Avian bipedal locomotion", *Int'l Sym. On Adaptive Motion of Animals and Motions(AMAM)*, Hyogo, Japan, Oct. 11-14, pp.17-18, 2011.

Chapter 5

보행로봇의
운동학

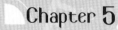

§ 5.1 운동학(Kinematics)

운동학(Kinematics)

운동을 일으키는 원인이 되는 힘은 제외하고 운동 그 자체만을 대상으로 한다. 운동을 일으키는 요인이 되는 힘, 모멘트, 토크 등의 사항들은 동역학(Dynamics)에서 다루는 사항들이며 운동학에서는 다루지 않는다. 따라서 위치, 속도, 가속도, 좌표, 좌표의 변환 등의 내용들이 여기에 포함된다.

고정된 생산라인에 설치되어 주어진 작업을 반복하는 기존의 로봇과 달리 보행로봇은 살아있는 동물들과 같이 끊임없이 다리와 몸을 움직이므로 그 물체의 운동을 다루기 위해서는 운동학의 모든 내용들이 적용된다. 따라서 위치, 변위, 속도, 가속도, 시간, 좌표계가 기본이 되며 이들에 관한 사항들을 확실하게 알아야 한다.

운동방정식(Equation of Motion)

운동학의 마지막 목적인 물체의 운동을 특징짓는 방정식을 나타낸다. 가장 기본적인 시작점은 시스템의 좌표계가 적절히 선택되어야 한다.[1] 운동방정식은 움직이는 물체의 특징을 나타내는 많은 변수들을 포함한다.

5.1.1 관성좌표계(Inertia Cartesian Coordinate System)

좌표계가 회전하지 않으며 그 원점이 공간상에 고정된, 또는 좌표계가 움직이는 경우에는 직선으로 일정한 속도로 이동하는 경우를 관성좌표계라고 한다. 일반적으로 동역학에서는 여러 개의 좌표계가 있는 경우에 기준이 되는 움직이지 않는 좌표계를 관성좌표계 또는 **고정좌표계**(Fixed Coordinate System) 또는 지구좌표계라고 한다.

Fig 5.1.1의 좌표계에서 원점 O는 고정되어 있으며 좌표축들은 회전하지 않는 관성좌표계를 나타낸다. 시간 t에서 물체의 위치 P는 원점 O와 P를 연결하며 벡터 $\vec{r}$로 표시된다. 따라서 다음의 식으로 표현된다.

$$\vec{r}(t) = x(t)\vec{i} + y(t)\vec{j} + z(t)\vec{k} \tag{5.1.1}$$

여기서 $\vec{i}, \vec{j}, \vec{k}$ 는 좌표축 x, y, z 의 단위 벡터를 나타내며 마찬가지로 각각의 축의 양의 방향을 나타낸다. 이러한 단위벡터들은 좌표의 변환에서 매우 중요한 역할을 담당하므로 그 특성들을 잘 기억해야 한다.

특히 많은 링크들이 연결된 로봇의 운동학에서 각각의 관절에 좌표계가 부여되며, 운동방정식을 구하는 과정에서 링크의 속도와 가속도 등이 필요한바, 이러한 계산의 중간과정에서 단위벡터의 특성들이 적용된다. 다음의 과정들에서 단위벡터의 특성들이 적용된다.

위치 P는 각 방향으로 그 크기가 x, y, z 이며, 각 성분은 식 (5.1.1)에 표시된 바와 같이 시간 t의 함수다. 위치벡터 $\vec{r}$을 시간에 대해서 미분하면 속도 벡터를 얻을 수 있다.

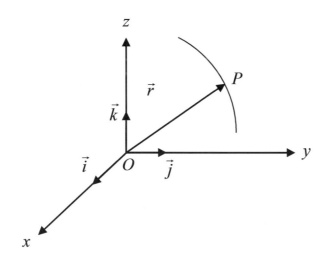

Figure 5.1.1 관성좌표계(Inertia Coordinate System)

$$\vec{v}(t) = \frac{d\vec{r}}{dt} = \frac{d}{dt}\{x(t)\vec{i} + y(t)\vec{j} + z(t)\vec{k}\} \tag{5.1.2}$$

$$= \frac{dx}{dt}\vec{i} + x\frac{d\vec{i}}{dt} + \frac{dy}{dt}\vec{j} + y\frac{d\vec{j}}{dt} + \frac{dz}{dt}\vec{k} + z\frac{d\vec{k}}{dt}$$

식 (5.1.2)에서 $\vec{i}, \vec{j}, \vec{k}$ 는 좌표축 x, y, z 의 단위 벡터를 나타내며 그 크기가 일정하므로 시간에 대해서 미분하면 다음과 같다.

$$\frac{d\vec{i}}{dt} = \frac{d\vec{j}}{dt} = \frac{d\vec{k}}{dt} = 0 \qquad (5.1.3)$$

따라서 식 (5.1.3) 을 식 (5.1.2)에 대입하면

$$\vec{v}(t) = \frac{d\vec{r}}{dt} = \frac{dx}{dt}\vec{i} + \frac{dy}{dt}\vec{j} + \frac{dz}{dt}\vec{k} = \dot{x}\,\vec{i} + \dot{y}\,\vec{j} + \dot{z}\,\vec{k} \qquad (5.1.4)$$

같은 방법으로 식 (5.1.4)를 다시 시간에 대해서 미분하면 가속도를 구할 수 있으며 결국 다음과 같은 식이 된다.

$$\vec{a}(t) = \frac{d\vec{v}}{dt} = \frac{d\dot{x}}{dt}\vec{i} + \frac{d\dot{y}}{dt}\vec{j} + \frac{d\dot{z}}{dt}\vec{k} = \ddot{x}\,\vec{i} + \ddot{y}\,\vec{j} + \ddot{z}\,\vec{k} \qquad (5.1.5)$$

동역학에서 다루는 직선운동과 회전운동을 하는 경우에는 복잡한 여러 개의 항들을 갖는다.

5.1.2 직선운동을 하는 좌표계

공간에서 고정된 관성좌표계에 대하여 회전운동을 하지 않고 직선운동만을 하는 Oxyz 좌표계가 있다. Fig 5.1.2에서 Oxyz 좌표계는 원점 O가 고정된 관성좌표계다. 좌표계는 {xyz} 또는 {0}, 직선운동을 하는 $O_1x_1y_1z_1$ 좌표계는 $\{x_1y_1z_1\}$ 또는 {1}으로 표시된다.

$O_1x_1y_1z_1$좌표계는 원점이 O_1이며 v_1과 a_1의 속도와 가속도를 가지고 직선운동을 한다. 즉 O_1x_1 , O_1y_1 , O_1z_1 축은 항상 Ox , Oy , Oz 축과 각각 평행을 이룬다. Fig 5.1.2에서 고정된 관성좌표계에서 물체의 위치 P 의 벡터 $\overrightarrow{r_p}$는 움직이는 좌표계 $x_1y_1z_1$ 상에서의 P점의 위치 $\overrightarrow{r_{p/1}}$ 와 고정

된 관성좌표계에서 $x_1 y_1 z_1$ 좌표계의 원점의 O_1의 위치 벡터 $\vec{r_1}$ 을 합한 것 같으며 다음의 식으로 표현된다.

$$\vec{r_p} = \vec{r_{p/1}} + \vec{r_1} \tag{5.1.6}$$

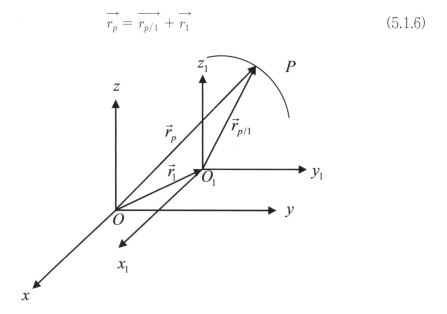

Figure 5.1.2 직선운동하는 좌표계

식(5.1.6)을 시간에 대해서 미분하면 속도 $\vec{v_p}$, 속도를 다시 시간에 대해서 미분하면 가속도 $\vec{a_p}$를 다음의 식으로 표현할 수 있다.

$$\vec{v_p} = \dot{\vec{r_p}} = \dot{\vec{r_{p/1}}} + \dot{\vec{r_1}} = \vec{v_{p/1}} + \vec{v_1} \tag{5.1.7}$$

$$\vec{a_p} = \dot{\vec{v_p}} = \dot{\vec{v_{p/1}}} + \dot{\vec{v_1}} = \vec{a_{p/1}} + \vec{a_1} \tag{5.1.8}$$

5.1.3 접선과 법선좌표계

곡선운동을 하는 물체의 속도는 그 점에서의 접선 벡터로 나타낸다. 어떤 경우에는 가속도를 궤적의 한 점에서의 접선(tangential)방향과 법선(normal)방향의 성분으로 나타내는 경우가 편리한 경우가 있다. 아래 Fig

5.1.3은 물체가 곡선운동을 하는 경우의 궤적을 나타낸다.[1]

임의의 시간 t에서 물체는 A의 위치에 있으며, 그 점에서의 접선방향의 단위벡터는 물체의 운동방향과 일치하며 $\vec{i_t}$ 로 표현된다. 따라서 시간 t에서 물체의 속도는 다음과 같다.

$$\vec{v} = v\,\vec{i_t} \tag{5.1.9}$$

식(5.1.9)를 시간에 대하여 미분하면 가속도를 얻을 수 있다. 따라서

$$\vec{a} = \frac{d\vec{v}}{dt} = \frac{dv}{dt}\,\vec{i_t} + v\frac{d\vec{i_t}}{dt} \tag{5.1.10}$$

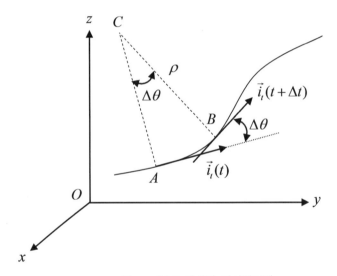

Figure 5.1.3 접선과 법선좌표계

여기서 $\vec{i_t}$는 단위벡터로 그 크기는 일정하지만 방향은 시간에 따라 변한다. 따라서 식(5.1.10)의 두 번째 항은 Fig 5.1.3에서 다음의 과정을 거쳐 구한다.

$$\vec{i_t}(t + \Delta t) = \vec{i_t}(t) + \Delta\theta(1)\vec{i_n}(t) \tag{5.1.11}$$

여기서 $\triangle \theta$는 두 접선벡터가 이루는 각도이며 $\vec{i_n}$은 법선 방향의 단위 벡터를 나타낸다. 따라서

$$\frac{d\vec{i_t}}{dt} = \lim_{\triangle t \to 0} \frac{\vec{i_t}(t + \triangle t) - \vec{i_t}(t)}{\triangle t} = \lim_{\triangle t \to 0} \frac{\triangle \theta}{\triangle t} \vec{i_n} \qquad (5.1.12)$$

곡선궤적의 변화량을 $\triangle s$ 라고 하면

$$\frac{d\vec{i_t}}{dt} = \frac{d\theta}{ds} \frac{ds}{dt} \vec{i_n} \qquad (5.1.13)$$

여기서

$$\frac{ds}{dt} = v \,, \qquad \frac{d\theta}{ds} = \frac{1}{\rho} \qquad (5.1.14)$$

ρ는 Fig 5.1.3에 나타난 바와 같이 순간중심에서의 곡률반경을 나타낸다. 따라서 (5.1.14)의 관계를 (5.1.13)에 넣으면

$$\frac{d\vec{i_t}}{dt} = \frac{v}{\rho} \vec{i_n} \qquad (5.1.15)$$

마지막으로 식(5.1.15)를 식(5.1.10)에 넣으면 가속도는 다음과 같다.

$$\vec{a} = \frac{dv}{dt} \vec{i_t} + \frac{v^2}{\rho} \vec{i_n} \qquad (5.1.16)$$

5.1.4 극좌표계(Polar Coordinate System)

움직이는 물체의 운동을 극좌표 r과 θ로 표현할 때 편리한 경우가 있다. Fig 5.1.4에서와 같이 A점에서 반지름 방향과 횡단방향의 단위벡터를

각각 $\vec{i_r}$ 과 $\vec{i_\theta}$ 라고 하자. 물체가 A에서 B점으로 움직이는 경우 시간은 $\triangle t$ 만큼 변하며 단위벡터 $\vec{i_r}$ 과 $\vec{i_\theta}$ 의 크기는 일정하고 변함이 없지만 방향은 $\vec{i_r}(t+\triangle t)$ 과 $\vec{i_\theta}(t+\triangle t)$ 으로 변한다.

로봇공학에서 접선이나 법선좌표계 또는 극좌표계가 사용되는 경우는 거의 없으며 실제로 운동방정식 유도에 필요한 좌표계는 5.1.5에서 설명 되는 좌표계가 가장 많이 쓰인다.

Fig 5.1.4에서 단위벡터의 시간 변화율을 구해보자. 시간 $t+\triangle t$ 에서 단위벡터는 다음의 관계를 가진다.

$$\vec{i_r}(t+\triangle t) = \vec{i_r}(t) + \triangle\theta(1)\vec{i_\theta}(t) \tag{5.1.17}$$
$$\vec{i_\theta}(t+\triangle t) = \vec{i_\theta}(t) - \triangle\theta(1)\vec{i_r}(t)$$

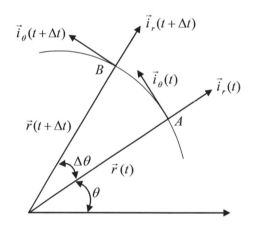

Figure 5.1.4 극좌표계(Polar Coordinate System)

$$\frac{d\vec{i_r}}{dt} = \lim_{\triangle t \to 0} \frac{\vec{i_r}(t+\triangle t) - \vec{i_r}(t)}{\triangle t} = \lim_{\triangle t \to 0} \frac{\triangle\theta}{\triangle t} \vec{i_\theta} = \dot{\theta}\ \vec{i_\theta} \tag{5.1.18}$$

$$\frac{d\vec{i_\theta}}{dt} = \lim_{\triangle t \to 0} \frac{\vec{i_\theta}(t+\triangle t) - \vec{i_\theta}(t)}{\triangle t} = \lim_{\triangle t \to 0} \frac{\triangle\theta}{\triangle t} \vec{i_r} = \dot{\theta}\ \vec{i_r} \tag{5.1.19}$$

시간 t 에서 물체의 위치 A를 벡터로 표현하면

$$\vec{i} = r\,\vec{i_r} \tag{5.1.20}$$

식(5.1.20)을 시간에 대하여 미분하면 속도를 얻을 수 있다.

$$\vec{v} = \dot{r}\,\vec{i_r} + r\frac{\vec{di_r}}{dt} = \dot{r}\,\vec{i_r} + r\dot{\theta}\,\vec{i_\theta} \tag{5.1.21}$$

마찬가지로 식 (5.1.21)을 시간에 대하여 미분하고 위에서 구한 관계식 (5.18)과 (5.1.19)을 적용하면 다음과 같은 극좌표계에서의 가속도를 구할 수 있다.

$$\vec{a} = \ddot{r}\,\vec{i_r} + \dot{r}\frac{\vec{di_r}}{dt} + \dot{r}\dot{\theta}\,\vec{i_\theta} + r\ddot{\theta}\,\vec{i_\theta} + r\dot{\theta}\frac{\vec{di_\theta}}{dt} \tag{5.1.22}$$

$$= (\ddot{r} - r\dot{\theta}^2)\vec{i_r} + (r\ddot{\theta} + 2\dot{r}\dot{\theta})\,\vec{i_\theta}$$

5.1.5 직선과 회전운동을 하는 좌표계

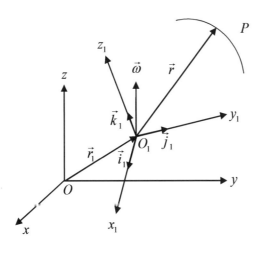

Figure 5.1.5
직선운동과 회전운동을
하는 좌표계

직선운동과 회전운동을 동시에 하는 움직이는 좌표상에서 위치한 물체의 위치와 속도, 가속도를 고정된 좌표계 상에서 구해보자. Fig 5.1.5에서 xyz좌표계의 원점 O는 고정되어 있다. $x_1 y_1 z_1$ 좌표계는 $\vec{\omega}$ 의 속도로 회전하며 $x_1 y_1 z_1$ 좌표계의 원점 O_1 는 관성좌표계에 대해서 v_1 의 속도와 a_1 의 가속도를 가지고 움직이고 있다.

$x_1 y_1 z_1$ 좌표계 상에서 P점의 위치를 $\vec{r}$ 이라고 하면 $\vec{r}$ 은 다음 식으로 표시된다.

$$\vec{r} = x_1 \vec{i_1} + y_1 \vec{j_1} + z_1 \vec{k_1} \tag{5.1.23}$$

하지만 고정좌표계 xyz상에서 P점은 다음으로 표시된다.

$$(\vec{r})_{xyz} = \vec{r_1} + \vec{r} \tag{5.1.24}$$

여기서 $\vec{r_1}$ 은 xyz 좌표계 상에서 $x_1 y_1 z_1$ 좌표계의 원점 O_1 의 위치를 나타낸다. Fig 5.1.5 에서 고정된 관성좌표계에 대해서 P 점의 속도는 식 (5.1.24)를 시간에 대해서 미분하여 얻어진다. 그러므로

$$\vec{v} = \vec{v_1} + \dot{\vec{r}} + \vec{\omega} \times \vec{r} \tag{5.1.25}$$

이 식에서 첫 항 $\vec{v_1}$ 은 $x_1 y_1 z_1$ 좌표계의 원점 O_1 의 속도를 나타내며, 둘째 항 $\dot{\vec{r}}$ 은 $x_1 y_1 z_1$ 좌표계에서 P점의 속도를 나타낸다. 마지막 항은 $x_1 y_1 z_1$ 좌표계의 회전운동에 의해서 발생되는 속도를 나타낸다. 같은 방법으로 식(5.1.25)를 시간에 대해서 다시 미분하면 고정된 관성좌표계에 대한 P 점의 가속도는 다음 식으로 표시된다.

$$\vec{a} = \vec{a_1} + \ddot{\vec{r}} + 2\vec{\omega} \times \dot{\vec{r}} + \dot{\vec{\omega}} \times \vec{r} + \vec{\omega} \times (\vec{\omega} \times \vec{r}) \tag{5.1.26}$$

이 식에서 $\vec{a_1}$ 은 $x_1 y_1 z_1$ 좌표계의 원점 O_1 의 가속도를 나타내며, $\ddot{\vec{r}}$

는 $x_1 y_1 z_1$ 좌표계에서 P 점의 가속도를 나타낸다. $2\vec{\omega} \times \vec{r}$ 은 Coriolis 가속도라 하며, 마지막 항 $\vec{\omega} \times (\vec{\omega} \times \vec{r})$ 는 순간회전축을 향하고 있으며 중심(Centripetal) 가속도라고 한다. 위치, 속도, 가속도는 동역학에서 다루는 사항들로 동역학의 내용들을 참고로 해야 한다.

보행로봇은 몸체와 다리들, 즉 여러 개의 링크들로 구성된 로봇으로 볼 수 있다. 로봇은 계속 움직이므로 동역학의 대상이 되며 보행로봇의 움직임 특성을 나타내는 운동방정식을 구해야 한다. 이를 위해서는 고정된 관성좌표계에 대한 링크 무게중심의 속도와 가속도가 필요하다. 이들은 다음에 다루는 **Lagrange** 운동방정식에 적용되며 이를 사용하여 보행특성 및 제어 관련 적용되는 식을 구할 수 있다.

보행로봇은 움직이는 대상이지만 편의상 몸체의 무게중심이 위치하는 점을 관성좌표계의 원점으로 지정한다. 따라서 각각의 다리 끝점의 위치는 이 고정좌표계에 대하여 표시된다. 4-족 보행로봇의 경우에는 4개의 족점(foot point)이 존재하며, 6-족 보행로봇의 경우에는 6개의 족점이 고정좌표계, 즉 몸체좌표계에 대하여 표시된다.

§ 5.2 좌표의 변환

보행로봇 연구에서 사용되는 가장 기본적인 사항들은 역시 로봇공학에서 사용되는 기본적인 사항들과 동일하다. 따라서 로봇공학에서 기본적으로 사용되는 가장 중요한 정운동학과 역운동학의 내용들이 그대로 적용된다. 다만 아래의 Fig 5.2.1과 같이 보행로봇에는 각각의 로봇팔이 다리의 수만큼 몸체에 달려있는 형태가 된다.

따라서 보행로봇이 주기걸음새(periodic gait)로 보행 시에는 각각의 다리는 일정한 시간 간격으로 동일한 운동을 반복하지만 비주기 걸음새(non-periodic gait)로 보행 시 가가의 다리는 독립적인 운동을 수행한다.

본 장에서는 여러 개의 링크와 조인트로 구성되는 로봇팔에 적용하여 사용하는 일반적인 정운동학에 관하여 알아보자. 주어진 작업을 수행하는 로봇팔의 끝점(end effector)의 위치를 각각의 링크와 조인트의 함수로 표현하며 특히 기준이 되는 좌표계에 대하여 표현해야 한다. 이러한 과정을 위하여 기본적으로 일정한 점의 위치를 좌표계에 표현해야 하며 또는 좌표계를 회전할 경우에 원하는 좌표계로 일정점을 표현하는 방법을 숙달해야 한다. 이러한 과정을 설명하면 아래와 같다.

Figure 5.2.1
로봇팔의 끝점과
보행로봇의 발

5.2.1 원점이 같은 두 좌표계의 관계

보행로봇 다리의 끝을 족점(foot point)이라고 하며 이 족점은 로봇의 경우에 로봇팔의 끝점, 즉 end effector와 같다. 척추동물의 경우와 같이 다리는 여러 개의 뼈로 구성되어 있으며 링크의 역할을 하는 각각의 뼈에는 일정한 좌표계 xyz가 주어진다. 따라서 기준이 되는 좌표계에 대하여 족점의 위치를 결정하기 위해서는 어느 한 좌표계에 주어진 위치를 다른 좌표계 상에서 나타내는 방법이 필요하다. 이러한 방법은 동역학에서 많이 다루어지는 내용으로 가장 간단한 경우인 Fig 5.2.2와 같이 두 좌표의 원점이 일치하는 경우를 보자.

좌표계{0}는 $x_o y_o z_o$ 으로 구성되며 좌표계{1}은 $x_1 y_1 z_1$ 으로 구성된다. 따라서 P점은 $x_o y_o z_o$ 좌표계 또는 $x_1 y_1 z_1$ 좌표계 상에서의 단위벡터로 표현이 가능하다. 따라서 좌표계{0}의 단위벡터 x_0, y_0, z_0 으로 또는 좌표계 {1}의 단위벡터 i_1, j_1, k_1 을 사용하여 나타낸다. 그러므로

$$P = P_{x0} i_0 + P_{y0} j_0 + P_{z0} k_0 \tag{5.2.1}$$

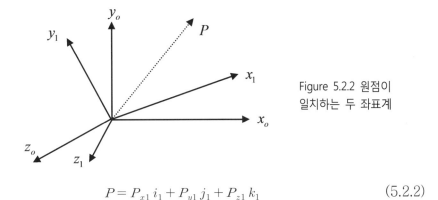

Figure 5.2.2 원점이 일치하는 두 좌표계

$$P = P_{x1}\, i_1 + P_{y1}\, j_1 + P_{z1}\, k_1 \tag{5.2.2}$$

좌표계{1}의 요소들이 주어진 경우에 좌표계{0}에 대한 요소들을 다음의 관계에서 구할 수 있다.

$$P_{x0} = P_{x1}\, i_1 \cdot i_0 + P_{y1}\, j_1 \cdot i_0 + P_{z1}\, k_1 \cdot i_0 \tag{5.2.3}$$

$$P_{y0} = P_{x1}\, i_1 \cdot j_0 + P_{y1}\, j_1 \cdot j_0 + P_{z1}\, k_1 \cdot j_0 \tag{5.2.4}$$

$$P_{z0} = P_{x1}\, i_1 \cdot k_0 + P_{y1}\, j_1 \cdot k_0 + P_{z1}\, k_1 \cdot k_0 \tag{5.2.5}$$

위의 관계를 다음과 같이 간단한 행렬식의 형식으로 나타낼 수 있다.

$$\begin{bmatrix} P_{x0} \\ P_{y0} \\ P_{z0} \end{bmatrix} = \begin{bmatrix} i_1 \cdot i_0 \, , & j_1 \cdot i_0 \, , & k_1 \cdot i_0 \\ i_1 \cdot j_0 \, , & j_1 \cdot j_0 \, , & k_1 \cdot j_0 \\ i_1 \cdot k_0 \, , & j_1 \cdot k_0 \, , & k_1 \cdot k_0 \end{bmatrix} \begin{bmatrix} P_{x1} \\ P_{y1} \\ P_{z1} \end{bmatrix} \tag{5.2.6}$$

식(5.2.6)을 간단히 변환식으로 표현하면 다음과 같다.

$$P_0 = R_0^1 \cdot P_1 \tag{5.2.7}$$

여기서 P_0 또는 P_1 의 하단에 사용되는 숫자는 관련된 해당 좌표계를 나타낸다. R_0^1 은 식(5.2.6)에 표현된 3x3 행렬식으로 **변환행렬**(transformation matrix)이라고 한다. 이 경우에는 두 좌표계의 원점이 일치하는 경우의

좌표계의 변환이므로 정확히 정의를 내리면 **회전좌표계 변환행렬**이라고
한다.

식(5.2.7)의 의미는, 좌표계{1}상에 표시된 점 $P(P_{x0}, P_{y0}, P_{z0})$ 를 R_0^1
을 사용하여 좌표계{0} 상에 표현한다는 의미이다. 마찬가지로 좌표계{0}
상에 표현된 점을 좌표계{1} 상에 표시하기를 원하는 경우에는 다음의 관
계식이 사용된다.

$$P_1 = R_1^0 \, P_0 \tag{5.2.8}$$

식(5.2.7)을 식(5.2.8)에 대입하면

$$P_1 = R_1^0 \, R_0^1 \, P_1 \tag{5.2.9}$$

식에서 사용한 변환행렬은 로봇에서 연속되는 링크들의 관계를 구하는
데 사용되는 중요한 식이다. R_0^1 을 구성하는 행렬의 특성을 살펴보자.

R_0^1 을 구성하고 있는 행렬식의 각각의 열은 좌표계{1}을 구성하고 있는
각각의 축의 단위벡터를 좌표계{0} 상의 각각의 축에 수직으로 투영시킨
결과식이다. 즉 R_0^1 의 처음 column은 단위벡터 i_1 을 x_0, y_0, z_0 축에 투
영한 결과를 나타낸다.

행렬식의 특성에서 어느 행렬식에 단위 행렬 I를 곱하면 행렬식 자체가
된다. 즉 다음의 관계가 성립된다.

$$AI = A \tag{5.2.10}$$

여기서 사용된 단위행렬 I 는 모든 대각선에 위치한 요소들이 1이며 그
외의 요소들은 모두 0 인 행렬식을 의미한다. 즉,

$$I = \begin{bmatrix} 1 & 0 & 0 & 0 \\ 0 & 1 & 0 & 0 \\ 0 & 0 & 1 & 0 \\ 0 & 0 & 0 & 1 \end{bmatrix}$$

그러므로 식 (5.2.9)에서 P_1에 두 개의 변환행렬을 곱한 결과가 다시 P_1이 되므로 다음의 관계가 성립된다.

$$R_1^0 \cdot R_0^1 = I \qquad (5.2.11)$$

또 행렬식의 특성상 두 개의 행렬식 A, B를 곱한 결과가 단위행렬 I가 되는 경우, 즉 $AB = I$인 경우에 행렬식 A, B 간에는 다음의 관계가 성립된다.

$$A^{-1} = B \qquad (5.2.12)$$

그러므로 식 (5.2.11)에서 두 변환행렬 간에는 다음의 관계가 성립된다.

$$(R_1^0)^{-1} = R_0^1 \qquad (5.2.13)$$

식 (5.2.13)의 관계는 어느 두 좌표계에서도 성립이 되며 동일한 원점을 가지는 좌표계-{m}과 좌표계{n}에 대해서 다음의 관계가 성립된다.

$$(R_n^m)^{-1} = R_m^n \qquad (5.2.14)$$

회전좌표변환행렬 R에서 많이 사용되는 중요한 관계식을 찾아보자. 식 (5.2.6)의 행렬에서 실제로 두 좌표계 간에 적용해 R_0^1 행렬은 R_0^1 행렬의 전치행렬(transpose matrix)임을 알 수 있다. 따라서

$$R_0^1 = (R_1^0)^T \qquad (5.2.15)$$

(5.1.13)과 (5.2.15)에 의해서 변환행렬의 경우 역행렬은 전치행렬과 같다. 어느 행렬식의 **역행렬**(inverse matrix)이 **전치행렬**(transpose matrix)과 같은 경우에 두 행렬식은 **직교**(orthogonal)한다고 말한다. 이러한 관계는 로봇

공학의 운동학의 계산에서 매우 유용하게 사용된다.

5.2.2 원점이 같은 세 좌표계의 관계

Fig 5.2.3의 경우는 Fig 5.2.2의 좌표계{0}, {1}와 동일한 원점을 가지는 좌표계{2}가 추가된 경우이다. 통일된 기호표시법에 의해서 좌표계{2} 상에 표현된 일정한 점을 P_2 라 하면 P_2 는 적당한 변환행렬식을 사용하여 좌표계{0} 또는 좌표계{1} 상에서 원하는 대로 표현할 수 있다.

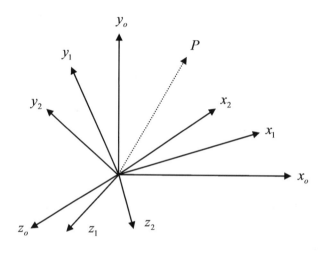

Figure 5.2.3 원점이 일치하는 세 좌표계

P점을 5.2.1 장에서 얻은 두 좌표계의 경우 얻은 결과를 그대로 적용하여 좌표계{1} 상에서 표시하면

$$P_1 = R_1^2 P_2 \tag{5.2.16}$$

마찬가지로 P_2를 변환행렬식을 사용하여 좌표계{0} 상에서 표현하면

$$P_0 = R_0^2 P_2 \tag{5.2.17}$$

식(5.2.16)의 P_1를 식(5.2.7)에 대입하면 다음의 관계식을 얻는다.

$$P_0 = R_0^1 R_1^2 P_2 \qquad (5.2.18)$$

식 (5.2.18)과 (5.2.17)을 비교하면 다음의 결과가 얻어진다.

$$R_0^2 = R_0^1 R_1^2 \qquad (5.2.19)$$

Fig 5.2.3에 주어진 3개의 좌표계에서 회전좌표 변환행렬간의 관계식을 구했다. 로봇의 다리처럼 여러 개의 링크로 구성된 경우에도 식(5.2.19)의 관계를 그대로 적용할 수 있다. 만약 Fig 5.2.3에 또 하나의 좌표계{3}가 주어진 경우에도 P_3를 좌표계{0} 상에 다음과 같이 나타낼 수 있다.

$$P_0 = R_0^1 R_1^2 R_2^3 P_3 \qquad (5.2.20)$$

아무리 링크의 수가 많은 경우에도 연속되는 좌표계에 위와 동일한 방법이 적용되어 쉽게 원하는 좌표계 상에서의 위치를 구할 수 있다. 원하는 좌표계 상에서의 위치를 구하는 경우에 일반 행렬식에 적용되는 특성들과 위에서 유도한 역행렬이 전치행렬이 같다는 좌표변환행렬의 특성을 이용하여 구할 수 있다. 예를 들어보자. 식 (5.2.7)에서 식의 양변에 R_1^0을 곱하면

$$R_1^0 P_0 = R_1^0 R_0^1 P_1 \qquad (5.2.21)$$

그런데

$$R_1^0 R_0^1 = I \qquad (5.2.22)$$

이므로

$$P_1 = R_1^0 P_0 \tag{5.2.23}$$

이다. 따라서 이 경우에는 좌표계{0} 상에 표현된 점 P_0 를 좌표계{1} 상에 표현한 경우가 된다. 마찬가지로

$$P_1 = R_1^2 P_2 = R_1^0 P_0 \tag{5.2.24}$$

식의 양변 전방에 $(R_1^0)^{-1}$ 를 곱하면

$$(R_1^0)^{-1} R_1^2 P_2 = (R_1^0)^{-1} R_1^0 P_0$$
$$(R_1^0)^{-1} R_1^2 P_2 = (R_1^0)^{-1} R_1^0 P_0 = I P_0$$

따라서

$$P_0 = R_0^1 R_1^2 P_2 \tag{5.2.25}$$

의 관계가 성립된다. 즉, 좌표계{2}에 표시된 P_2 에 좌표계{2}와 좌표계{1}을 관련짓는 변환행렬 R_1^2 와 좌표계{1}와 좌표계{0}을 관련짓는 변환행렬 R_0^1 를 곱하여 좌표계{0}에 대해서 표시할 수 있다. 마찬가지로 좌표계{3}에 표시된 P_3 도 좌표계{0}에 대하여 다음의 식으로 표시가 가능하다.

$$P_0 = R_0^1 R_1^2 R_2^3 P_3 \tag{5.2.26}$$

위의 좌표변환의 관계는 연속되는 좌표계에 동일하게 적용된다. 연속되는 두 좌표계의 관계가 주어지면 변환행렬을 구할 수 있다. 좌표변환에서 $q < k$ 인 경우 다음의 식이 성립된다.

$$R_q^{\,k} = \begin{bmatrix} i_k \cdot i_q & , & j_k \cdot i_q & , & k_k \cdot i_q \\ i_k \cdot j_q & , & j_k \cdot j_q & , & k_k \cdot j_q \\ i_k \cdot k_q & , & j_k \cdot k_q & , & k_k \cdot k_q \end{bmatrix} = R_q^{\,q+1}\, R_{q+1}^{\,q+2} \cdots R_{k-1}^{\,k} \qquad (5.2.27)$$

위 식의 역행렬을 취하는 경우에

$$(R_q^{\,k})^{-1} = (R_q^{\,k})^T = R_k^{\,k-1}\, R_{k-1}^{\,k-2} \cdots R_{q+1}^{\,q} = R_k^{\,q} \qquad (5.2.28)$$

위의 과정들은 로봇팔의 정운동학, 역운동학의 계산에 적용되는 중요한 내용이다. 이를 효과적으로 사용하기 위해서는 선형대수학의 행렬식 특성들을 잘 이해해야 한다.

5.2.3 좌표변환의 예

위에서 설명한 내용들을 확실히 이해하기 위하여 좌표변환 행렬식을 구해보자. Fig 5.2.4에 표시된 바와 같이 좌표계{0}에서 z_0 축을 중심으로 양의 방향으로 θ_0 각도만큼 회전하여 좌표계{1}을 구할 수 있다. 좌표계 {0} 상의 P 점을 좌표계{1} 상의 P 점으로 표현하기 위하여 먼저 R_0^1 을 구해야 한다.

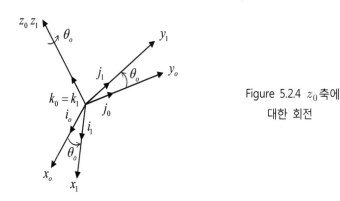

Figure 5.2.4 z_0 축에
대한 회전

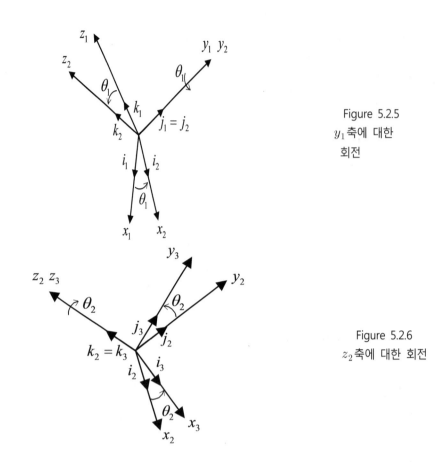

Figure 5.2.5
y_1축에 대한
회전

Figure 5.2.6
z_2축에 대한 회전

따라서 변환행렬 R_0^1을 구성하는 각각의 요소들을 다음과 같이 구할 수 있다.

$$R_0^1 = \begin{bmatrix} \cos\theta_0 & -\sin\theta_0 & 0 \\ \sin\theta_0 & \cos\theta_0 & 0 \\ 0 & 0 & 1 \end{bmatrix} \qquad (5.2.29)$$

Fig 5.2.5에 표시된 바와 같이 좌표계{2}는 좌표계{1}의 y_1 축을 중심으로 반시계 방향, 즉 양의 방향으로 θ_1각도만큼 회전하여 얻어진다. 따라서 이와 관련된 변환행렬 R_1^2 는 아래의 식으로 표현된다.

$$R_1^2 = \begin{bmatrix} i_2 \cdot i_1 & , & j_2 \cdot i_1 & , & k_2 \cdot i_1 \\ i_2 \cdot j_1 & , & j_2 \cdot j_1 & , & k_2 \cdot j_1 \\ i_2 \cdot k_1 & , & j_2 \cdot k_1 & , & k_2 \cdot k_1 \end{bmatrix}$$

R_0^1 계산에서 적용된 같은 방법을 써서 식을 정리하면 다음과 같다.

$$R_1^2 = \begin{bmatrix} \cos\theta_1 & 0 & \sin\theta_1 \\ 0 & 1 & 0 \\ -\sin\theta_1 & 0 & \cos\theta_1 \end{bmatrix} \qquad (5.2.30)$$

마지막으로 Fig 5.2.6에 표시된 바와 같이 좌표계{3}는 좌표계{2}의 z_2 축을 중심으로 반시계 방향, 즉 양의 방향으로 θ_2 각도만큼 회전하여 얻어진다. 따라서 이와 관련된 좌표변환 행렬식 R_2^3는 아래의 식으로 표현된다.

$$R_2^3 = \begin{bmatrix} i_3 \cdot i_2 & , & j_3 \cdot i_2 & , & k_3 \cdot i_2 \\ i_3 \cdot j_2 & , & j_3 \cdot j_2 & , & k_3 \cdot j_2 \\ i_3 \cdot k_2 & , & j_3 \cdot k_2 & , & k_3 \cdot k_2 \end{bmatrix}$$

따라서 이와 관련된 좌표변환 행렬식 R_2^3는 아래의 식으로 표현된다.

$$R_2^3 = \begin{bmatrix} \cos\theta_2 & \sin\theta_2 & 0 \\ \sin\theta_2 & \cos\theta_2 & 0 \\ 0 & 0 & 1 \end{bmatrix} \qquad (5.2.31)$$

좌표계{3} 상에서 표현된 어느 일정한 점 $P(p_{x3}, p_{y3}, p_{z3})$ 가 있다고 할 때 P 점을 위에서 토의한 내용을 적용하여 다른 좌표계{0}, {2} 또는 {3} 상에서 쉽게 표현할 수가 있다.

$$P_0 = R_0^1 \, R_1^2 \, R_2^3 \, P_3 = R_0^3 \, P_3 \qquad\qquad (5.2.32)$$

위에서 구한 각각의 변환행렬 R_0^1, R_1^2, R_2^3 을 대입하여 R_0^3 을 구하면 다음의 결과를 얻는다.

$$R_0^3 = R_0^1 R_1^2 R_2^3 = \begin{bmatrix} c_0c_1c_2 - s_0s_2 \;,\; -c_0c_1s_2 - s_0s_2 \;,\; c_0s_1 \\ s_0c_1c_2 + c_0s_2 \;,\; -s_0c_1s_2 + c_0c_2 \;,\; s_0s_1 \\ s_1c_2 \;,\; s_1s_2 \;,\; c_1 \end{bmatrix} \quad (5.2.33)$$

위의 식에서 $c_0 = \cos\theta_0$, $s_0 = \sin\theta_0$ 을 나타내며 나머지 기호표시방법도 동일하다.

지금까지의 세 개의 좌표계 {0}, {1}, {2}는 동일한 원점을 가지며 θ_0, θ_1, θ_2의 순서대로 회전하였다. 이와 같이 새로 회전한 축을 중심으로 다시 회전하는 각을 오일러 각(Euler Angle)이라 한다. 로봇팔의 끝단(End Effector)에 달려있는 손목(Wrist)운동에 오일러 각이 유용하게 사용될 수 있다. 손목의 운동 yaw, roll, pitch 로 구별하여 Fig 5.2.7 에 표시된 바와 같이 연속적으로 좌표계를 회전하자.

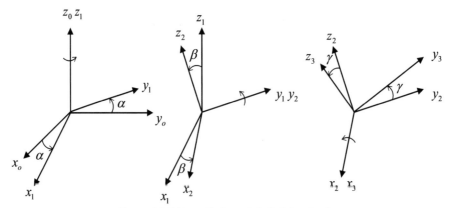

Figure 5.2.7 Yaw, Pitch and Roll Euler Angle

기본좌표계{0}(Base Coordinate)을 구성하는 기본축을 $(x_0, \ y_0, \ z_0)$ 라고 하고 연속적으로 회전하여 생기는 좌표계를 $(x_1, \ y_1, \ z_1)$, $(x_2, \ y_2, \ z_2)$ 라

고 하자.

(1) Yaw : α

Fig 5.2.7 (a)는 좌표계-{0}에서 z_0 축을 중심으로 α각 만큼 회전하여 좌표계-{1}을 만드는 경우를 나타내며 이때에 사용되는 변환행렬은 다음으로 표현된다.

$$R_0^1 = \begin{bmatrix} c\alpha & -s\alpha & 0 \\ s\alpha & c\alpha & 0 \\ 0 & 0 & 1 \end{bmatrix} \tag{5.2.34}$$

(2) Pitch : β

Fig 5.2.7 (b)는 좌표계-{1}에서 y_1 축을 중심으로 β 만큼 회전하여 좌표계-{2}을 만드는 경우를 나타내며 이때에 사용되는 좌표변환 행렬식을 다음과 같이 표현된다.

$$R_1^2 = \begin{bmatrix} c\beta & 0 & s\beta \\ 0 & 1 & 0 \\ -s\beta & 0 & c\beta \end{bmatrix} \tag{5.2.35}$$

(3) Roll : γ

Fig 5.2.7 (c)는 좌표계-{2}에서 x_2 축을 중심으로 γ 만큼 회전하여 좌표계-{3}을 만드는 경우를 나타내며 이때에 사용되는 좌표변환 행렬식은 다음으로 표현된다.

$$R_2^3 = \begin{bmatrix} 1 & 0 & 0 \\ 0 & c\gamma & -s\gamma \\ 0 & s\gamma & c\gamma \end{bmatrix} \tag{5.2.36}$$

위에서 계산한 각각의 R을 연속적으로 곱하여 R_0^3을 구할 수 있다. 복잡한 계산을 수행하면 아래의 결과식이 얻어진다.

$$R_0^3 = R_0^1 R_1^2 R_2^3 = \begin{bmatrix} c\alpha c\beta \ , \ c\alpha s\beta s\gamma - s\alpha c\gamma, \ c\alpha s\beta c\gamma + s\alpha s\gamma \\ s\alpha c\beta \ , \ s\alpha s\beta s\gamma + c\alpha c\gamma, \ s\alpha s\beta c\gamma - c\alpha s\gamma \\ -s\beta \ , \qquad c\beta s\gamma \qquad , \qquad c\beta c\gamma \end{bmatrix} \qquad (5.2.37)$$

위의 식을 구성하는 각각의 열(column)은 좌표계 {3}을 구성하는 좌표축 x_3, y_3, z_3 의 단위벡터 $\vec{i_3}$, $\vec{j_3}$, $\vec{k_3}$을 좌표계{0}을 구성하는 좌표축 x_0, y_0, z_0 에 수직으로 투영한 것을 나타낸다.

좌표계가 여러 개인 경우에 변환행렬식 R을 계속해서 곱하게 된다. 하지만 일정한 순서대로 계산을 수행해야 한다. 즉 전체를 나타내는 R 계산에서 R 간에 이동법칙(commutative principle)이 성립하지 않으므로 행렬식 계산 시 주의해야 한다.

$$R_0^2 = R_0^1 \ R_1^2 \neq R_1^2 \ R_0^1 \ P_3 \neq R_0^2 \qquad (5.2.38)$$

따라서 원점이 일치하는 여러 개의 좌표계 상에서 여러 번의 회전을 할 경우에 순서대로 변환행렬식을 적용해야 한다.

§ 5.3 정운동학(Forward Kinematics)

로봇팔의 끝점(End Effector)은 지정된 궤적을 통하여 용접, 페인트 등 주어진 작업을 수행한다. 따라서 작업을 시작하는 지점과 마치는 지점을 정해진 기준좌표계에 대해서 지정해주어야 한다. 마찬가지로 보행로봇의 경우에도 기준이 되는 몸체좌표계에 대해서 족점(foot point)들이 변하는 위치를 결정해 주어야 한다.

이 경우에 족점들의 위치는 보행 중에는 시간의 함수로 주어지며 계속 변한다. 끝점 또는 족점의 위치를 기준좌표계에 대해서 표시하는 것을 로봇공학에서 정운동학이라고 하며 이것은 역운동학의 기준이 되는 중요한 과정이다. 정운동학의 경우 **Denavit-Hartenber**[2]가 제안한 방식을 적용

하였으며 본 장에서 설명하는 방법은 Wolovich의 방법에 따랐다.[3]

5.3.1 일반적 좌표의 변환

지금까지 5.2장에서는 Fig 5.2.2와 Fig 5.2.3에 표시된 바와 같이 좌표계들의 원점이 일치하는 경우를 다루었다. 하지만 보행로봇의 다리처럼 링크들이 연속되어 연결된 경우에는 각각의 좌표계는 Fig 5.3.1에서와 같이 서로 다른 원점을 갖는다.

이번 장에서는 두 좌표계의 원점이 일치하지 않는 경우를 보자. Fig 5.3.2에는 두 개의 좌표계{0}와 {1}을 포함하고 있다. 좌표계{1}에서 P점의 위치가 주어졌으며, 좌표계{0}에 대하여 좌표계{1}의 회전이 주어지고, 마지막으로 좌표계{0}에서 O_1 위치가 D^1 으로 주어진 경우를 보자.

좌표계{1}의 원점 O_1 과 P점을 연결하는 벡터를 평행 이동하여 좌표계{0}의 원점 O_0 와 일치시키고 이 벡터를 $\overline{P}$ 라고 하자. 좌표계{0} 상에서 $\overline{P}$의 요소들은

$$\overline{P_o} = \left[\frac{\overline{P_{xo}}}{\frac{\overline{P_{yo}}}{\overline{P_{zo}}}}\right] = R_0^1 P_1 = R_0^1 \begin{bmatrix} P_{x1} \\ P_{y1} \\ P_{z1} \end{bmatrix} \tag{5.3.1}$$

그림에서와 같이 좌표계{0} 상에서 P점의 위치는 두 벡터의 합으로 나타낸다.

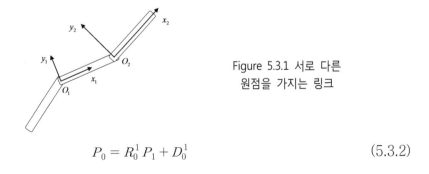

Figure 5.3.1 서로 다른
원점을 가지는 링크

$$P_0 = R_0^1 P_1 + D_0^1 \tag{5.3.2}$$

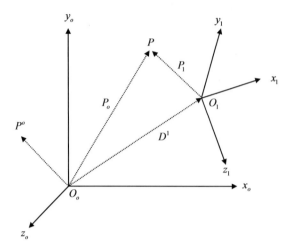

Figure 5.3.2
서로 다른 원점을
가지는 두 좌표계

여기서 D_0^1 은 D^1 을 좌표계{0} 상에서 표현한 벡터를 나타낸다. 따라서 식(5.3.2)를 구성하는 성분으로 표시하면 다음과 같다.

$$P_0 = \begin{bmatrix} P_{x0} \\ P_{y0} \\ P_{z0} \end{bmatrix} = R_0^1 \begin{bmatrix} P_{x1} \\ P_{y1} \\ P_{z1} \end{bmatrix} + \begin{bmatrix} D_{x0}^1 \\ D_{y0}^1 \\ D_{z0}^1 \end{bmatrix} \qquad (5.3.3)$$

오른쪽의 처음 항은 § 5.2.1에서 검토한 사항인 원점이 같은 두 좌표계의 변환에 관한 사항이며 둘째 항은 원점의 직선이동에 관한 사항이다. 따라서 이 식의 관계를 적용하면 좌표간의 회전과 직선이동에 관한 사항들에 완벽하게 적용할 수 있다. 동일한 방법에 의해서 여러 개의 좌표들이 연속하여 존재할 경우에도 식(5.3.3)의 원리들이 그대로 적용된다.

여기까지의 사항들은 정운동학(Forward kinematics)을 완성하기에 충분하다. 하지만 한걸음 더 나아가서 회전과 직선이동이 동시에 이루어진 좌표계에 표현된 일정한 점에 대하여 하나의 변환행렬을 곱해서 원하는 기준좌표에 대한 결과를 얻을 수 있으면 더 편리할 것이다. 이러한 목적을 위하여 식(5.3.3)을 벡터/행렬식의 합성형태, 즉 A=TB 의 형태로 식을 변형하면

$$P_0 = R_0^1 P_1 + D_0^1 = \begin{bmatrix} R_0^1 & D_0^1 \end{bmatrix} \begin{bmatrix} P_1 \\ 1 \end{bmatrix} \tag{5.3.4}$$

의 형태가 되며 각각의 항들은 다음과 같다.

$$\begin{bmatrix} p_0 \\ 1 \end{bmatrix} = \begin{bmatrix} R_0^1 & D_0^1 \\ 0 \ 0 \ 0 & 1 \end{bmatrix} \begin{bmatrix} p_0 \\ 1 \end{bmatrix} \equiv T_0^1 \begin{bmatrix} p_0 \\ 1 \end{bmatrix} \tag{5.3.5}$$

$$T_0^1 = \begin{bmatrix} R_0^1 & D_0^1 \\ 0 \ 0 \ 0 & 1 \end{bmatrix} = \begin{bmatrix} i_1 \cdot i_0 \ , & j_1 \cdot i_0 \ , & k_1 \cdot i_0 \ , & D_{x0}^1 \\ i_1 \cdot j_0 \ , & j_1 \cdot j_0 \ , & k_1 \cdot j_0 \ , & D_{y0}^1 \\ i_1 \cdot k_0 \ , & j_1 \cdot k_0 \ , & k_1 \cdot k_0 \ , & D_{z0}^1 \\ 0 \ , & 0 \ , & 0 \ , & 1 \end{bmatrix} \tag{5.3.6}$$

$$T_q^k = T_q^{q+1} \, T_{q+1}^{q+2} \, T_{q+2}^{q+3} \, \cdots \, T_{k-1}^k = \begin{bmatrix} R_q^k & D_q^k \\ 0 \ 0 \ 0 & 1 \end{bmatrix}$$

$$= \begin{bmatrix} i_k \cdot i_q \ , & j_k \cdot i_q \ , & k_k \cdot i_q \ , & D_{xq}^k \\ i_k \cdot j_q \ , & j_k \cdot j_q \ , & k_k \cdot j_q \ , & D_{yq}^k \\ i_k \cdot k_q \ , & j_k \cdot k_q \ , & k_k \cdot k_q \ , & D_{zq}^k \\ 0 \ , & 0 \ , & 0 \ , & 1 \end{bmatrix} \tag{5.3.7}$$

따라서 $(T_0^1)^{-1} = T_1^0$ 이 성립됨을 적용한다.

$$(T_q^k)^{-1} = T_k^{k-1} \, T_{k-1}^{k-2} \, T_{k-2}^{k-3} \, \cdots \, T_{q+1}^q = T_k^q \tag{5.3.8}$$

그러므로 다음 관계가 성립된다.

$$(T_q^k)^{-1} = \begin{bmatrix} R_q^k & D_q^k \\ 0 \ 0 \ 0 & 1 \end{bmatrix}^{-1} = \begin{bmatrix} (R_q^k)^T & -(R_q^k)^T D_q^k \\ 0 \quad 0 & 1 \end{bmatrix}$$

$$= \begin{bmatrix} R_k^q & -R_k^q D_q^k \\ 0 \ 0 \quad 0 & 1 \end{bmatrix} = \begin{bmatrix} R_k^q & D_k^q \\ 0 \ 0 \ 0 & 1 \end{bmatrix}$$

$$= T_k^q \tag{5.3.9}$$

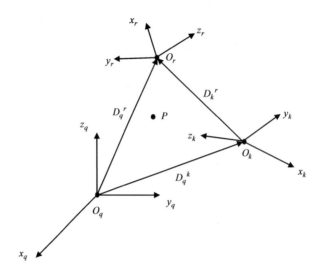

Figure 5.3.3 General vector frame representations

지금까지 유도한 벡터식들을 위 Fig 5.3.3에 표시된 대로 임의의 점 P
를 좌표계 q, k, r의 한 좌표계에 대해서 표시할 수 있다. 즉 어느 좌표계
를 기준으로 표시가 가능하다. 즉 좌표계 {q} 에 대해서, 또는 {k}에 대해
서, 또는 {r}에 대해서,

$$p_q = \begin{bmatrix} P_{xq} \\ P_{yq} \\ P_{zq} \end{bmatrix}, \quad p_k = \begin{bmatrix} P_{xk} \\ P_{yk} \\ P_{zk} \end{bmatrix}, \quad p_r = \begin{bmatrix} P_{xr} \\ P_{yr} \\ P_{zr} \end{bmatrix} \tag{5.3.10}$$

P점의 3개 요소 p_q, p_k, p_r의 관계를 나타내는 식이 필요하다. 적절한
식들이 좌표계의 관계를 나타내는 좌표변환행렬식에 의해서 표시된다. 식
(5.3.8)에서 $0 = q$라고 하면

$$\begin{bmatrix} P_q \\ 1 \end{bmatrix} = \begin{bmatrix} R_q^k & D_q^k \\ 0\ 0\ 0 & 1 \end{bmatrix} \begin{bmatrix} P_k \\ 1 \end{bmatrix} = T_q^k \begin{bmatrix} P_k \\ 1 \end{bmatrix} \tag{5.3.11}$$

또는 $0 = k$, $1 = r$ 인 경우에는

$$\begin{bmatrix} P_k \\ 1 \end{bmatrix} = \begin{bmatrix} R_k^r & D_k^r \\ 0\ 0\ 0 & 1 \end{bmatrix} \begin{bmatrix} P_r \\ 1 \end{bmatrix} = T_k^r \begin{bmatrix} P_r \\ 1 \end{bmatrix} \tag{5.3.12}$$

식(5.3.12)를 (5.3.11)에 넣으면 다음 관계식을 얻을 수 있다.

$$
\begin{bmatrix} P_q \\ 1 \end{bmatrix} = \begin{bmatrix} R_q^k & D_q^k \\ 0 \ \ 0 \ \ 0 & 1 \end{bmatrix} \begin{bmatrix} R_k^r & D_k^r \\ 0 \ \ 0 \ \ 0 & 1 \end{bmatrix} \begin{bmatrix} P_r \\ 1 \end{bmatrix} = T_q^k \, T_k^r \begin{bmatrix} P_r \\ 1 \end{bmatrix}
$$

$$
= \begin{bmatrix} R_q^k R_k^r & R_q^k D_k^r + D_q^k \\ 0 \quad 0 \quad 0 & 1 \end{bmatrix} \begin{bmatrix} P_r \\ 1 \end{bmatrix}
$$

$$
= \begin{bmatrix} R_q^r & D_q^r \\ 0 \ \ 0 \ \ 0 & 1 \end{bmatrix} \begin{bmatrix} P_r \\ 1 \end{bmatrix} = T_q^r \begin{bmatrix} P_r \\ 1 \end{bmatrix} \tag{5.3.13}
$$

식(5.3.13)에서 다음의 관계식을 얻을 수 있다.

$$
D_q^r = D_q^k + R_q^k D_k^r \tag{5.3.14}
$$

[Example 5.3.1]

$q < k$ 의 경우 O_q 부터 O_k 까지의 벡터, 즉 D_q^k 는 다음 식의 관계로 주어짐을 증명해라.

$$D_q^k = \sum_{i=q}^{k-1} R_q^i D_i^{i+1} = D_q^{q+1} + R_q^{q+1} D_{q+1}^{q+2} + \cdots + R_q^{k-1} D_{k-1}^k$$

단 (5.3.14)의 관계식을 이용해라.

[Solution]

식 (5.3.14)에서

$$D_q^{q+2} = D_q^{q+1} + R_q^{q+1} D_{q+1}^{q+2} \tag{a}$$

$$D_q^{q+3} = D_q^{q+2} + R_q^{q+2} D_{q+2}^{q+3} \tag{b}$$

$$D_q^{q+4} = D_q^{q+3} + R_q^{q+3} D_{q+3}^{q+4} \tag{c}$$

식(a)를 (b)에 대입하고 그 결과를 (c)에 넣으면 다음 관계식을 얻는다.

$$D_q^{q+4} = D_q^{q+1} + R_q^{q+1} D_{q+1}^{q+2} + R_q^{q+2} D_{q+2}^{q+3} + R_q^{q+3} D_{q+3}^{q+4} \tag{d}$$

따라서 다음 관계식을 얻을 수 있다.

$$D_q^k = D_q^{q+1} + R_q^{q+1} D_{q+1}^{q+2} + R_q^{q+2} D_{q+2}^{q+3} + \cdots + R_q^{k-1} D_{k-1}^k \tag{e}$$

그러므로 위 식을 정리하면 다음과 같다.

$$D_q^k = \sum_{i=q}^{k-1} R_q^i D_i^{i+1}{}_{k-1}^k \tag{f}$$

5.3.2 Denavit-Hartenberg(D-H) 좌표의 변환

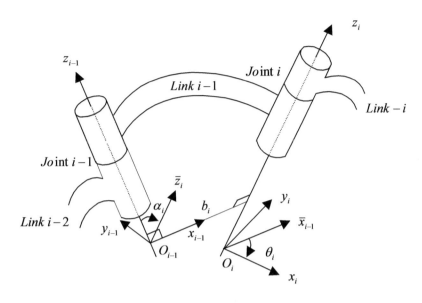

Figure 5.3.4 Three Connected Links

Denavit-Hartenberg에 의해 제안된 방법이 로봇공학에서 가장 널리 사용되고 있다. 로봇공학에서 각각의 링크에 부여된 좌표의 회전과 직선운동을 표시하는데 일반적으로 6개의 인자들이 필요하다.

하지만 D-H 모델의 경우에는 2개 인자들이 제거된 총 4개 인자들이 필요하다. 지금까지 좌표변환에 관한 여러 가지 방식들이 제안되었으나 D-H 방식이 다른 방식들에 비하여 간단하므로 가장 널리 사용되고 있다. 그들은 메커니즘의 운동학적 해석을 위하여 1955년에 처음으로 행렬식을 적용하였다.

D-H 방식을 실제의 로봇들에 적용하여 좌표를 구하기 위해서는 지금까지 배운 일반적인 좌표변환에 대한 사항들에 대한 완전한 이해가 필수적이다. 마찬가지로 행렬의 일반적 계산방법을 알아야 하며, 특히 행렬의 특성들을 실제 계산에 석용하여 복잡한 계산늘을 쉽게 할 수 있다. 지금까지 제안된 여러 방법 중에 가장 효율적인 D-H 좌표변환의 방법을 자세히 알아보고 다음 장에서 이를 실제의 로봇 시스템에 적용하는 예를 들어보자.

산업체 등에서 사용되고 있는 기존의 로봇의 경우에, 로봇의 링크들은 직선의 형태를 가지고 있다. 다시 말하면 로봇의 링크들이 2차원 평면상에서 표현이 가능한 경우가 대부분이다. 하지만 Fig 5.3.4의 경우는 z_{i-1} 축과 z_i이 2차원 평면으로 표현되지 않는 3차원을 구성하고 있다. 엇갈려서 존재하는 링크들에도 적용이 가능한 방법이다. 따라서 D-H 방식의 표현방법은 불규칙하게 구성되어 있는 동물과 같은 바이오 시스템의 다리에도 적용이 가능한 가장 일반적인 좌표변환의 방식이다.

Fig 5.3.4는 링크 {i-1}에 연결된 좌표계{i-1}와 링크{i}에 연결된 좌표계{i}를 포함하고 있다. 로봇의 경우에 지면에 고정된 중심점을 {0}좌표계로 표시하며 이를 시작으로 연속되는 좌표계로 표시된다. 그림에서 $\bar{z}_i$ 벡터는 O_{i-1}을 시작점으로 하며 z_i 축에 평행하며 $\bar{x}_{i-1}$ 벡터는 O_i을 시작점으로 하며 x_{i-1} 축에 평행한다.

그림에는 **Denavit-Hartenberg**, 즉 D-H 요소들이 나타나 있으며 이들에 의해서 기준 좌표계 {i-1}에 대해서 좌표계 {i}의 변경된 상태, 즉 회전과 원점의 이동을 완벽하게 나타낼 수 있다. 이러한 회전과 원점의 이동에 관한 내용은 이미 전장에서 설명된 T_{i-1}^i와 같다. 4개 요소들은 다음 과정의 순서를 통해서 구해진다.

1) α_i : x_{i-1}축을 중심으로 z_{i-1}축을 $\bar{z}_i$ 방향으로 회전한 각도.

$$T_{\alpha i} = \begin{bmatrix} 1 & 0 & 0 & 0 \\ 0 & \cos\alpha_{i_1} & -\sin\alpha_{i_1} & 0 \\ 0 & \sin\alpha_{i_1} & \cos\alpha_{i_1} & 0 \\ 0 & 0 & 0 & 1 \end{bmatrix} \qquad (5.3.15a)$$

2) b_i: x_{i-1} 축에서, z_{i-1} 축에서 z_i축까지의 거리.

$$T_{bi} = \begin{bmatrix} 1 & 0 & 0 & b_i \\ 0 & 1 & 0 & 0 \\ 0 & 0 & 1 & 0 \\ 0 & 0 & 0 & 1 \end{bmatrix} \qquad (5.3.15b)$$

3) θ_i : z_i축을 중심으로 $\bar{x}_{i-1}$ 축을 x_i 방향으로 회전한 각도.

$$T_{\theta i} = \begin{bmatrix} \cos\theta_{i_1} & -\sin\theta_{i_1} & 0 & 0 \\ \sin\theta_{i_1} & \cos\theta_{i_1} & 0 & 0 \\ 0 & 0 & 1 & 0 \\ 0 & 0 & 0 & 1 \end{bmatrix} \tag{5.3.15c}$$

4) d_i : z_i 축 상에서 x_{i-1} 와 z_i 축의 만나는 점과 O_i 점과의 거리 또는 떨어진 거리.

$$T_{di} = \begin{bmatrix} 1 & 0 & 0 & 0_i \\ 0 & 1 & 0 & 0 \\ 0 & 0 & 1 & d_i \\ 0 & 0 & 0 & 1 \end{bmatrix} \tag{5.3.15d}$$

따라서 위에서 구한 4개의 행렬식을 순서대로 곱해준 결과식이 좌표계 {i}와 좌표계 {i-1} 간의 완전한 좌표변환행렬(Coordinate Transformation Matrix)을 구성하게 된다. 위에서 구한 각각의 행렬식 4개를 곱하면, 즉 $T_{\alpha i}\, T_{bi}\, T_{\theta i}\, T_{di}$ 를 순서대로 계산하면 다음의 행렬식이 구해진다.

$$T_{i-1}^{i} = T_{\alpha i} T_{bi} T_{\theta i} T_{di} = \begin{bmatrix} \cos\theta_{i_1} & -\sin\theta_{i_1} & 0 & b_i \\ \cos\alpha_i \sin\theta_i & \cos\alpha_i \cos\theta_i & -\sin\alpha_i & -d_i\sin\alpha_i \\ \sin\alpha_i \sin\theta_i & \sin\alpha_i \cos\theta_i & \cos\alpha_i & d_i\cos\alpha_i \\ 0 & 0 & 0 & 1 \end{bmatrix}$$

$$\tag{5.3.16}$$

위의 식(5.3.16)은 로봇공학에서 가장 많이 쓰이는 **"D-H 좌표변환 행렬식"**으로 로봇의 팔을 구성하는 연속되는 링크의 Forward Kinematic Equation을 구하는 가장 효과적인 방법으로 널리 사용되고 있다. 어느 로봇의 연속되는 링크에서 D-H 좌표변환 행렬식을 구하기 전에 Fig 5.3.4에 표시된 좌표계를 정확하게 지정해야 한다. 따라서 나음에 정리한 원리를 순서대로 정확하게 적용하여 해당 링크와 조인트에 알맞은 좌표계를 설정해야 한다.

(1) 로봇이 움직이지 않도록 고정한 바닥의 중심을 지구좌표계 또는 고정 좌표계(Base Coordinate System), 즉 좌표계 {0}로 정의한다.

(2) 링크의 길이 방향을 중심으로 회전하거나 길이 방향을 따라 움직이는 축을 z_i축으로 선택한다. 직선 방향으로 움직이는 링크(prismatic link)에서 z_i축은 조인트부터 링크의 길이가 증가하는 방향을 양의 방향으로 정의한다.

(3) 로봇의 전체 z_i 축 선택이 완료된 후에 x_i축을 결정한다. z_i 축에서 z_{i+1} 축으로 가는 방향으로 또는 z_i축과 z_{i+1}축에 동시에 수직한 방향으로 x_i축을 선택한다. 만약 z_i축과 z_{i+1}축이 교차하거나 서로 평행인 경우에는 x_i축은 임의로 결정이 가능하다.

(4) 위의 과정들에서 x_i축과 z_i축이 결정되었으며 나머지 하나인 y_i축만 결정하면 된다. 공학에서 좌표계를 결정할 때 일반적으로 쓰이는 오른손 법칙에 의해서 y_i축을 결정한다.

	link-1	link-2	link-3	link-4
α_i				
b_i				
θ_i				
d_i				

Table 5.1 D-H Parameter Table

위에서 설명한 (1)~(4)의 과정을 통해서 로봇을 구성하는 좌표계가 완성된다. 따라서 D-H 테이블을 구성하는 인자들을 정확히 구하기 위해서는 선결조건으로 제시된 방법에 의해서 좌표계를 구성해야 한다. 구성된 좌표계를 기준으로 하여 위에서 정의한 방식대로 4개의 D-H 인자 α_i, b_i, θ_i, d_i를 구하여 D-H 테이블을 완성한다.

다음 단계는 D-H 테이블의 각 열을 식(5.3.8)에 넣어서 좌표변환 행렬식을 완성한다. 이 식은 로봇의 고정된 좌표계를 기준으로 공구의 작업점(tool position) 또는 로봇팔(End Effector)의 위치를 지정하는데 중요한 역할을 한다.

5.3.3 기타 좌표의 변환

Judi and Knasinski Model :

위의 D-H 모델의 경우 연속되는 조인트의 축들이 거의평행인 경우 좌표를 설정하는데 어려움이 있다. 이러한 경우에 로봇 모델의 인자들이 조인트 축과 비례하여 변하지 않는다. 연속되는 조인트들이 평행한 경우에, 공통의 수직축은 무한한 수의 위치를 가지게 된다.

이러한 문제를 해결하기 위해서 많은 연구자들이 비례의 문제를 해결하고 로봇을 좀 더 정확하게 변환하기 위하여 D-H 모델을 수정하게 되었다. Judi와 Knasinski가 로봇에 적용되는 D-H 모델의 기하학적 에러를 해결하기 위한 대체 방식을 제안하였다. 연속되는 조인트의 축들이 평행하거나 거의 평행에 근접한 경우에 비례의 문제를 해결하기 위하여 y 축을 기준으로 회전시키는 방식이다.

Sheth and Uicker Model :

D-H 방식이 1955년에 ASME 저널에 발표된 이후, Sheth와 Uicker는 형태와 무관하게 독립적으로 여러 개의 연속되는 메커니즘을 해석하기 위하여 마찬가지로 행렬식을 사용한 방식을 적용하였다. 1971년에 발표된 내용으로 D-H 방식에서 발전한 개선된 방식이다. D-H 방식의 경우에는 연속되는 링크에서 전 단계의 링크의 형태에 따라서 연속되는 다음 링크의 좌표가 결정되는 제한성을 가지고 있다는 사실을 Sheth와 Uicker는 관찰하였다.

이 문제를 해결하기 위하여 두 가지 방법을 제안하였다. 강체인 링크의 기하학적 묘사 또는 형태가 전에 연결된 링크와 독립적으로, 즉 연결된 링크와 아무런 관계가 없도록 3개의 요소들이 4개의 요소들로 구성된 D-H 인자들에 추가되었다.

공통의 수직 축은 그대로 사용되지만 좌표축의 원점과 축의 회전은 임의로 지정된다. 다음으로 다른 내용은 인자들이 두 가지 형태로 즉, 하나는 일정한 인자들과 다른 하나는 관절 또는 쌍의 변수들로 구성된다. 즉 인자들이 상수군과 변수군으로 나누어진다는 것이다.

Shape Matrix Model :

동물의 다리 모델을 위해 적용된 내용이다. 행렬식 S_i 는 좌표계 xyz_i 에서 좌표계 xyz_{i+1} 으로 변환하는 좌표변환 행렬식을 나타낸다. 마찬가지로 그림에 표시된 좌표계에서 4 개의 인자들을 사용하여 좌표변환 행렬식들이 구해진다. xyz_i 좌표계에 표시된 내용들을 xyz_{i+1} 좌표계에 나타내기 위하여 다음의 과정들을 거친다.

(1) x축이 uvw_{i+1} 의 원점을 포함하도록 y 축을 기준으로 τ_i 각도만큼 회전한다.

(2) x축을 따라 좌표계 uvw_{i+1} 의 원점까지의 거리를 S_i 로 한다.

(3) x축을 μ_i 각도만큼 회전시켜서 z축이 x축과 w_{i+1} 을 포함한 평면에 존재하도록 한다.

(4) z축이 w_{i+1} 와 일치하거나 평행하도록 y 축을 중심으로 w_{i+1} 각도만큼 회전한다.

위에서 제시된 각각의 좌표변환 행렬식을 구하고, 순서에 따라 4단계의 행렬식을 곱하면 다음과 같은 결과를 얻을 수 있다. 긴 행렬의 계산과정을 거치면 다음과 같은 결과가 얻어진다.

$$S_i = R(y, \tau_i)\, T(S_i, 0)\, R(x, \mu_i) R(y, \Omega_i)$$

$$= \begin{bmatrix} c\tau_i c\Omega_i - s\tau_i c\mu_i s\Omega_i & s\tau_i s\mu_i & c\tau_i s\Omega_i + s\tau_i c\mu_i c\Omega_i & s_i c\tau_i \\ s\mu_i s\Omega_i & c\mu_i & -s\mu_i c\Omega_i & 0 \\ s\tau_i c\Omega_i - c\tau_i c\mu_i s\Omega_i & c\tau_i s\mu_i & -s\tau_i s\Omega_i + c\tau_i c\mu_i c\Omega_i & -s_i s\tau_i \\ 0 & 0 & 0 & 1 \end{bmatrix}$$

(5.3.17)

위 식의 좌표변환 행렬식은 일반 로봇들과 달리 링크간 복잡한 구조를 가지고 있는 바이오 시스템의 경우에 적용된다. 하지만 이 경우에 한 링크와 연속되는 다른 링크간의 좌표변환을 완성시키기 위하여 필요한 3개의 회전과 1개의 직선운동을 포함하고 있는 변환 행렬식을 전개하는데 수학적 한계가 존재한다. 이러한 한계는 역운동학을 이용하여 액튜에이터들의 원하는 근을 구하는 경우에 발생한다.

대부분 공학에서 사용되는 로봇팔의 관절축은 서로 평행하거나 수직으로 만나는 경우가 대부분이다. 그러므로 외관상 구조가 거의 비슷하므로 보행로봇의 경우에 지금까지 거의 대부분 D-H 방식이 적용되었다. 하지만 향후 복잡한 바이오 시스템의 구조를 더욱 세밀히 모방한 바이오로봇의 출현을 기대한다면 더 자세한 위와 같은 모델링 방식의 적용이 필요하다.

5.3.4 D-H 방식의 적용 예(1)

전장에서 설명한 실제 로봇의 경우에 좌표계를 결정하고 구성된 좌표계에서 D-H Table을 구성하는 4개의 인자 즉 $\alpha_i, b_i, \theta_i, d_i$ 를 구하여 보자. 특히 처음 시작하는 좌표계들을 제시된 정의에 의하여 정확히 구성해야 한다.

적절하지 못한 좌표계의 구성은 중간단계에서 그 에러를 확인할 수 없으며 마지막 단계인 컴퓨터 프로그래밍에 의한 결과에 의해서만 그 에러가 확인되므로 에러가 확인된 후에는 모든 계산과정을 다시 반복해야 하는 어려움이 있다.

따라서 이러한 불편을 없애기 위해서는 철저하게 D-H 방식에서 제시하는 방법을 잘 숙지하여 좌표계를 설정해야 한다. 이 D-H 방식은 로봇공학에서 가장 광범위하게 사용되는 방식으로 필수적 사항들이다.

Fig 5.3.5는 많은 모델들이 출시되어 각 학교에서 교육용으로 보급된 Microbot Robot 을 나타낸다. 지금까지 배운 내용들을 Wolovich가 제시한 실제 로봇 시스템 "Microbot Robot"에 적용하여 보자.[2] 즉, 좌표계들을 설정하고 D-H 좌표변환 행렬식을 만들고 실제로 적용해보자.

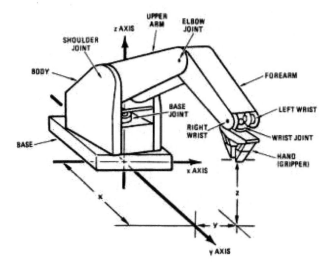

Fig. 5.3.5 Simplified Figure of Microbot

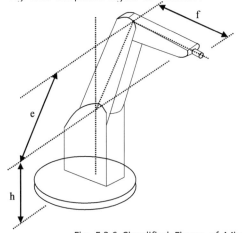

Fig. 5.3.6 Simplified Figure of Microbot

1. 좌표계의 결정 :

a) O_i : 각각의 좌표계의 원점을 결정한다. Fig 5.3.7에 표시되어 있다.

b) z_i : Fig 5.3.7에서 정해진 좌표계의 원점을 기준으로 z_i 축을 정하며 Fig 5.3.8에 표시되어 있다. z_i 축의 지정은 조인트의 형태에 따라서 다르게 지정된다.

   i) 회전운동(revolute joint)의 경우: 회전의 중심축

ii) 직선운동(linear motion)의 경우: 원점에서 멀어지는 방향

c) x_i : Fig 5.3.8에서 정해진 좌표계를 기준으로 다음의 방법으로 x_i 축을 지정한다. 이 내용은 Fig 5.3.9에 표시되어 있다.

x_1: z_1 z_2 축에 수직한 평면에 선택

x_2: z_2 z_3 축에 수직한 평면에 선택

x_3: z_3 z_4 축에 수직한 평면에 선택

x_4: Tool Frame Coordinate에 의해서 결정된다.

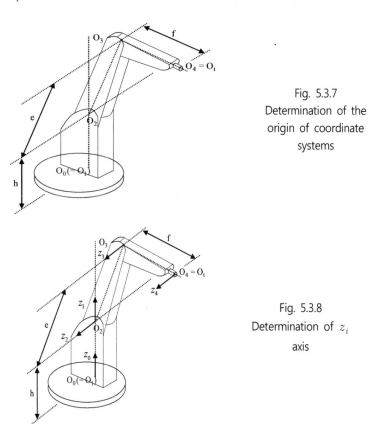

Fig. 5.3.7
Determination of the origin of coordinate systems

Fig. 5.3.8
Determination of z_i axis

d) y_i : 위에서 언급한 a), b), c) 과정에서 z_i와 x_i 축이 결정된바 공학에서 널리 사용되는 오른나사의 법칙(오른손 법칙)에 의해서 나머지 하나의 축 y_i가 결정된다. 이러한 내용은 Fig 5.3.10에 나타나 있다.

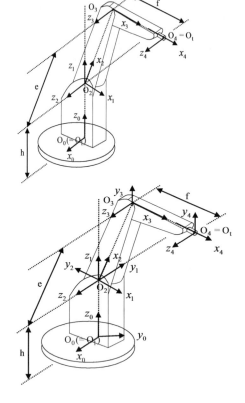

Fig 5.3.9
Determination of
x_i axis

Fig. 5.3.10
Determination of
y_i axis

2. D-H Table을 구성하는 인자들을 결정한다.

a) α_1 : x_0 중심축으로 z_0 를 z_1 으로 회전한 각도, 0

   α_2 : x_1 중심축으로 z_1 를 z_2 으로 회전한 각도, 90°

   α_3 : x_2 중심축으로 z_2 를 z_3 으로 회전한 각도, 0

   α_4 : x_3 중심축으로 z_3 를 z_4 으로 회전한 각도, 0

b) b_1 : x_0 축에서 z_0 축에서 z_1 축까지의 거리, 0

   b_2 : x_1 축에서 z_1 축에서 z_2 축까지의 거리, 0

   b_3 : x_2 축에서 z_2 축에서 z_3 축까지의 거리, e

   b_4 : x_3 축에서 z_3 축에서 z_4 축까지의 거리, f

c) θ_1 : z_1 축 중심으로 x_0 축을 x_1 방향으로 회전한 각도, θ_1

   θ_2 : z_2 축 중심으로 x_1 축을 x_2 방향으로 회전한 각도, θ_2

   θ_3 : z_3 축 중심으로 x_2 축을 x_3 방향으로 회전한 각도, θ_3

θ_4 : z_4 축 중심으로 x_3 축을 x_4 방향으로 회전한 각도, 0

d) d_1 : z_1 축에서 x_0 와 z_1 교점과 O_1까지 거리, h

d_2 : z_2 축에서 x_1 와 z_2 교점과 O_2까지 거리, 0

d_3 : z_3 축에서 x_2 와 z_3 교점과 O_3까지 거리, 0

d_4 : z_4 축에서 x_3 와 z_4 교점과 O_4까지 거리, 0

e) D-H Table의 작성

	link-1	link-2	link-3	link-4
α_i	0	90°	0	0
b_i	0	0	f	e
θ_i	θ_1	θ_2	θ_3	0
d_i	h	0	0	0

Table 5.2 D-H Parameter for Microbot

3. 변환 행렬식의 결정

Table 5.2에서 각각의 링크에 해당하는 α_i, b_i, θ_i, d_i 값을 식(5.3.16)에 대입하면 각각의 변환행렬을 구할 수 있다. 각각의 변환행렬 T_i^{i+1} 는 다음과 같이 계산된다.

a) T_0^1

$$T_0^1 = \begin{bmatrix} \cos\theta_1 & -\sin\theta_1 & 0 & 0 \\ \sin\theta_1 & \cos\theta_1 & 0 & 0 \\ 0 & 0 & 1 & h \\ 0 & 0 & 0 & 1 \end{bmatrix} \qquad (5.3.18)$$

b) T_1^2

$$T_1^2 = \begin{bmatrix} \cos\theta_2 & -\sin\theta_2 & 0 & 0 \\ 0 & 0 & -1 & 0 \\ \sin\theta_2 & \cos\theta_2 & 0 & 0 \\ 0 & 0 & 0 & 1 \end{bmatrix} \qquad (5.3.19)$$

c) T_2^3

$$T_2^3 = \begin{bmatrix} \cos\theta_3 & -\sin\theta_3 & 0 & e \\ \sin\theta_3 & \cos\theta_3 & 0 & 0 \\ 0 & 0 & 1 & 0 \\ 0 & 0 & 0 & 1 \end{bmatrix} \tag{5.3.20}$$

d) T_3^4

$$T_3^4 = \begin{bmatrix} 1 & 0 & 0 & f \\ 0 & 1 & 0 & 0 \\ 0 & 0 & 1 & 0 \\ 0 & 0 & 0 & 1 \end{bmatrix} \tag{5.3.21}$$

위의 계산 결과들을 사용하여 전체의 변환 행렬식을 계산하면 아래와 같은 결과를 얻을 수 있다.

$$T_0^4 = T_0^1\,T_1^2\,T_2^3\,T_3^4 = \begin{bmatrix} c_1c_{23} & -c_1s_{23} & s_1 & ec_1c_2 + fc_1c_{23} \\ s_1c_{23} & -s_1s_{23} & c_1 & es_1c_2 + fs_1c_{23} \\ s_{23} & c_{23} & 0 & h + es_2 + fs_{23} \\ 0 & 0 & 0 & 1 \end{bmatrix} \tag{5.3.22}$$

여기서 $s_1 = \sin\theta_1$, $c_1 = \cos\theta_1$, $s_{12} = \sin(\theta_1 + \theta_2)$, $c_{12} = \cos(\theta_1 + \theta_2)$이며 다른 함수 표현도 같은 원리가 적용된다. 정운동학의 마지막 결과로 변환 행렬식 T_0^4 을 구했다. 이 변환 행렬식은 역운동학에서 사용되는 가장 중요한 식이다.

오랜 행렬식의 계산 결과 얻어진 식(5.3.22)는 역운동학에서 직접 적용되는 유용한 식이다. 따라서 로봇공학의 기본이 되는 위의 과정들은 매우 중요하므로 꼭 기억해야 한다.

[Example 5.3.2]

Fig 5.3.5의 Microbot에 관련된 내용이다. D-H 방식에 의해서 좌표를 변환하는 행렬식 $T_1^3, T_1^2, T_2^4, T_4^3$ 를 구하고 $T_1^3 = T_1^2, T_2^4, T_4^3$을 증명해라.

[Solution]

식(5.3.18)~(5.3.21)에서 구한 변환행렬 $T_0^1, T_1^2, T_2^3, T_3^4$ 를 사용한다.

$$T_1^3 = T_1^2 T_2^3 = \begin{bmatrix} c_2 c_3 - s_2 s_3 & c_2 s_3 - s_2 c_0 & 0 & e c_2 \\ 0 & 0 & -1 & 0 \\ s_2 c_3 + c_2 s_3 & s_2 s_3 + c_2 c_3 & 0 & e s_2 \\ 0 & 0 & 0 & 1 \end{bmatrix}$$

$$= \begin{bmatrix} c_{23} & -s_{23} & 0 & e c_2 \\ 0 & 0 & -1 & 0 \\ s_{23} & c_{23} & 0 & e s_2 \\ 0 & 0 & 0 & 1 \end{bmatrix}$$

$$T_2^4 = T_2^3 T_3^4 = \begin{bmatrix} c_3 & -s_3 & 0 & e + f c_3 \\ s_3 & c_3 & 0 & f s_3 \\ 0 & 0 & 1 & 0 \\ 0 & 0 & 0 & 1 \end{bmatrix}$$

$$\begin{bmatrix} T_1^2 T_2^4 \end{bmatrix} T_4^3 = \begin{bmatrix} c_2 c_3 - s_2 s_3 & c_2 s_3 - s_2 c_3 & 0 & e c_2 + f(c_2 c_3 - s_2 s_3) \\ 0 & 0 & -1 & 0 \\ s_2 c_3 + c_2 s_3 & c_2 c_3 - s_2 s_3 & 0 & e s_2 + f(s_2 c_3 + c_2 s_3) \\ 0 & 0 & 0 & 1 \end{bmatrix} \begin{bmatrix} 1 & 0 & 0 & -f \\ 0 & 1 & 0 & 0 \\ 0 & 0 & 1 & 0 \\ 0 & 0 & 0 & 1 \end{bmatrix}$$

$$= \begin{bmatrix} c_{23} & -s_{23} & 0 & e c_2 + f c_{23} \\ 0 & 0 & -1 & 0 \\ s_{23} & c_{23} & 0 & e s_2 + f s_{23} \\ 0 & 0 & 0 & 1 \end{bmatrix} \begin{bmatrix} 1 & 0 & 0 & -f \\ 0 & 1 & 0 & 0 \\ 0 & 0 & 1 & 0 \\ 0 & 0 & 0 & 1 \end{bmatrix} = \begin{bmatrix} c_{23} & -s_{23} & 0 & e c_2 \\ 0 & 0 & -1 & 0 \\ s_{23} & c_{23} & 0 & e s_2 \\ 0 & 0 & 0 & 1 \end{bmatrix}$$

[Example 5.3.3]

Fig 5.3.5의 Microbot에 관련된 내용이다. Fig 5.3.10에서 D-H 방식에 의해서 좌표를 지정하였다. 하지만 x_1, z_2, z_3, 축이 원래의 좌표위치에서 반대방향으로 선택된 경우 전체의 좌표변환 행렬 T_0^4를 새로운 축에 대해서 구해라.

[Solution]

새로운 x_1, z_2, z_3, 축이 아래 그림에 표시되었다.

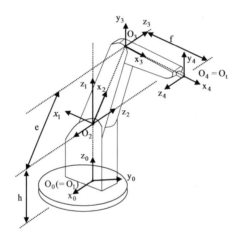

Fig. 5.3.11
Determination of
y_i axis.

1) D-H Table의 작성

	link-1	link-2	link-3	link-4
α_i	0	90°	0	180°
b_i	0	0	e	f
θ_i	θ_1	θ_2	θ_3	0
d_i	h	0	0	0

Table 5.3 D-H Parameter for Fig 5.3.11

2) 변환 행렬식의 결정

Table 5.3에서 각각의 링크에 해당하는 $\alpha_i, b_i, \theta_i, d_i$ 값을 식(5.3.16)에 대입하면

a) T_0^1

$$T_0^1 = \begin{bmatrix} \cos\theta_1 & -\sin\theta_1 & 0 & 0 \\ \sin\theta_1 & \cos\theta_1 & 0 & 0 \\ 0 & 0 & 1 & h \\ 0 & 0 & 0 & 1 \end{bmatrix} \tag{1}$$

b) T_1^2

$$T_1^2 = \begin{bmatrix} \cos\theta_2 & -\sin\theta_2 & 0 & 0 \\ 0 & 0 & -1 & 0 \\ \sin\theta_2 & \cos\theta_2 & 0 & 0 \\ 0 & 0 & 0 & 1 \end{bmatrix} \tag{2}$$

c) T_2^3

$$T_2^3 = \begin{bmatrix} \cos\theta_3 & -\sin\theta_3 & 0 & e \\ \sin\theta_3 & \cos\theta_3 & 0 & 0 \\ 0 & 0 & 1 & 0 \\ 0 & 0 & 0 & 1 \end{bmatrix} \tag{3}$$

d) T_3^4

$$T_3^4 = \begin{bmatrix} 1 & 0 & 0 & f \\ 0 & -1 & 0 & 0 \\ 0 & 0 & -1 & 0 \\ 0 & 0 & 0 & 1 \end{bmatrix} \tag{4}$$

위의 T_0^1, T_1^2, T_2^3 의 경우는 (5.3.18) (5.3.19) (5.3.20)과 동일하며 T_3^4 의 경우만 다르다. 따라서

$$T_0^t = T_0^4 = T_0^1 \, T_1^2 \, T_2^3 \, T_3^4 \tag{5}$$

위의 계산 결과들을 사용하여 전체의 변환 행렬식을 계산하면 아래와 같은 결과를 얻을 수 있다.

$$= \begin{bmatrix} c_1 c_{23} & c_1 s_{23} & -s_1 & ec_1 c_2 + f c_1 c_{23} \\ s_1 c_{23} & s_1 s_{23} & c_1 & es_1 c_2 + f s_1 c_{23} \\ s_{23} & -c_{23} & 0 & h + es_2 + f s_{23} \\ 0 & 0 & 0 & 1 \end{bmatrix} \tag{6}$$

Fig. 5.3.10과 Fig. 5.3.11의 두 경우 서로 좌표축은 다르게 선택하였지만 결국 정운동학의 결과는 서로 선택된 좌표계에 대해서 적절하다. 즉 D-H 좌표선택방식이 적절한 경우에는 그대로 역운동학에서 사용이 가능하다.

5.3.5 D-H 방식의 적용 예(2)

5.3.4에서 다룬 Microbot의 경우는 모든 조인트가 회전운동을 하는 경우에 D-H 방식을 적용하는 경우이다. 새로 다루는 Planar Robot은 직선운동을 발생시키는 선형모터를 추가한 경우이다. Fig 5.3.12에 로봇이 표시되어 있으며 마찬가지로 D-H 방식에 의거하여 좌표계를 설정하고 4개의 인자 즉 $\alpha_i, b_i, \theta_i, d_i$ 를 구해 보자.

전장과 마찬가지로 동일한 방법으로 처음 시작에서 올바른 좌표계를 설정하고 관련된 4개의 인자들을 구하고 해당되는 변환 행렬식들을 구하고 이들을 계산해야 한다. 몇 가지 방식들이 소개되었으나 D-H 방식이 로봇공학에서 가장 광범위하게 사용되는 방식이다.

지금까지 배운 내용들을 Wolovich가 제시한 실제 로봇 시스템 "Planar Robot"에 적용하여 보자.[2] 즉, 좌표계들을 설정하고 D-H 좌표변환 행렬식을 만들고 실제로 적용해보자.

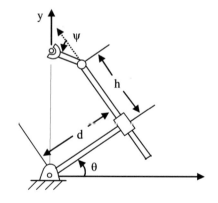

Fig. 5.3.12 Simplified fiqure of planar robot.

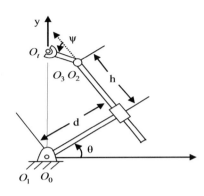

Fig. 5.3.13
Determination of the
origin of Planar Robot.

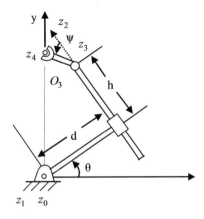

Fig. 5.3.14
Determination of
z_i axis.

1. 좌표계의 결정 :

a) O_i : 각각의 좌표계의 원점을 결정한다. Fig 5.3.13에 표시되어 있다.

b) z_i : Fig 5.3.13에서 정해진 좌표계의 원점을 기준으로 z_i 축을 정한다. z_i 축의 지정은 조인트의 형태에 따라서 다르게 지정된다. Fig 5.3.14에 나타나 있다.

   i) 회전운동(revolute joint)의 경우: 회전의 중심축

   ii) 직선운동(linear motion)의 경우: 원점에서 멀어지는 방향

z_2 축은 prismatic joint가 움직이는 방향을 따라서 가는 방향을 향하고 link-1과 link-2를 연결하는 조인트로부터 멀어지는 축으로 정한다. 결국 prismatic joint 의 경우는 link 상에 z_i 축이 존재한다.

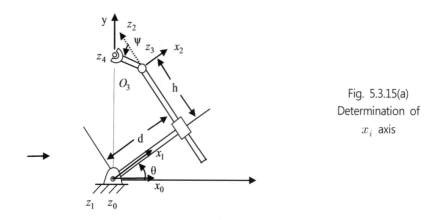

Fig. 5.3.15(a)
Determination of
x_i axis

c) x_i : x_i 축은 z_i와 z_{i+1} 에 수직으로 지정한다. Fig 5.3.15 에 표시
되어 있다.

(0) x_0: z_0와 z_1 에 수직하게 $x - y$ 평면상에 어디에나 x_0를 선택
할 수 있지만 수평방향, 즉 x 방향으로 x_0 축을 선택한다.

(1) x_1: z_1과 z_2 축에 수직하게 결정된다.

(2) x_2: z_2와 z_3 축에 수직하게 결정된다. 이 조건을 만족시키기
위해서는 x_2는 prismatic joint의 끝점에 있어야만 된다. 비로소 O_2
가 정해진다.

(3) x_3: z_3와 z_4 축에 수직하게 결정된다.

(a) 대부분 어느 경우에든 로봇의 end effector가 위치한 마지막
좌표의 원점은 O_t 로 표시되는 tool original position으로 지정
되며 이 점은 end effector로 지정되는 공구의 끝점을 나타낸
다.

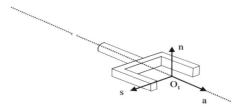

Figure 5.3.15(b) Determination of z_4 at the end effector

(b) 마지막 좌표의 원점은 O_t 가 결정되면 tool cartesian frame 또는 tool frame이 결정된다.

$\vec{a}$: 작업표면을 향하는 방향

$\vec{n}$: normal direction

$\vec{s}$: sideward

$$\vec{a} \times \vec{n} = \vec{s} \qquad (5.3.23)$$

z_4는 tool frame의 $\vec{n}$ 방향과 일치함. 따라서 x_3는 좌표의 원점 O_3에서 O_4까지로 결정된다.

(4) x_4: tool frame의 $\vec{s}$ 방향과 일치한다

(5) D-H Parameter Table을 만드는 과정은 다음과 같다.

i) For the α_1 :

i=1 $\alpha_1 = x_0$ 중심축으로 z_0를 z_1 으로 회전한 각도, 0

i=2 $\alpha_2 = x_1$ 중심축으로 z_1를 z_2 으로 회전한 각도, −90

i=3 $\alpha_3 = x_2$ 중심축으로 z_2를 z_3 으로 회전한 각도, 90

i=4 $\alpha_4 = x_3$ 중심축으로 z_3를 z_4 으로 회전한 각도, 0

ii) For the b_i :

i=1 $b_1 = x_0$ 축에서 z_0축에서 z_1 축까지의 거리, 0

i=2 $b_2 = x_1$ 축에서 z_1축에서 z_2 축까지의 거리, d

i=3 $b_3 = x_2$ 축에서 z_2축에서 z_3 축까지의 거리, 0

i=4 $b_4 = x_3$ 축에서 z_3축에서 z_4 축까지의 거리, f

iii) For the θ_i :

i=1 $\theta_1 = z_1$ 축 중심으로 x_0축을 x_1 방향으로 회전한 각도, θ

i=2 $\theta_2 = z_2$ 축 중심으로 x_1축을 x_2 방향으로 회전한 각도, 0

i=3 $\theta_3 = z_3$ 축 중심으로 x_2축을 x_3 방향으로 회전한 각도, $90 + \psi$

i=4 $\theta_4 = z_4$ 축 중심으로 x_3축을 x_4 방향으로 회전한 각도, −90

iv) For the d_i :

i=1 $d_1 = z_1$ 축에서 x_0와 z_1 교점과 O_1까지의 거리, 0

$$i=2 \quad d_2 = z_2 \text{ 축에서 } x_1 \text{와 } z_2 \text{ 교점과 } O_2 \text{까지의 거리, h}$$
$$i=3 \quad d_3 = z_3 \text{ 축에서 } x_2 \text{와 } z_3 \text{ 교점과 } O_3 \text{까지의 거리, 0}$$
$$i=4 \quad d_4 = z_4 \text{ 축에서 } x_3 \text{와 } z_4 \text{ 교점과 } O_4 \text{까지의 거리, 0}$$

e) D-H Table의 작성

	link-1	link-2	link-3	link-4
α_i	0	-90°	90°	0
b_i	0	d	0	f
θ_i	θ	0	$90^o + \psi$	-90°
d_i	0	h	0	0

Table 5.3 D-H Parameter for Planar Robot

2. 변환 행렬식의 결정

Table 5.3에서 각각의 링크에 해당하는 α_i, b_i, θ_i, d_i 값을 식(5.3.16)에 대입하면 각각의 변환행렬을 구할 수 있다. 각각의 변환행렬 T_i^{i+1} 는 다음과 같이 계산된다.

a) T_0^1, for the link-1,

$$T_0^1 = \begin{bmatrix} \cos\theta_1 & -\sin\theta_1 & 0 & b_1 \\ \cos\alpha_1\sin\theta_1 & \cos\alpha_1\cos\theta_1 & -\sin\alpha_1 & -d_1\sin\alpha_1 \\ \sin\alpha_1\sin\theta_1 & \sin\alpha_1\cos\theta_1 & \cos\alpha_1 & d_1\cos\alpha_1 \\ 0 & 0 & 0 & 1 \end{bmatrix}$$
$$= \begin{bmatrix} \cos\theta_1 & -\sin\theta_1 & 0 & 0 \\ \sin\theta_1 & \cos\theta_1 & 0 & 0 \\ 0 & 0 & 1 & 0 \\ 0 & 0 & 0 & 1 \end{bmatrix} \tag{5.3.24}$$

b) T_1^2, for the link-2,

$$T_1^2 = \begin{bmatrix} \cos\theta_2 & -\sin\theta_2 & 0 & b_2 \\ \cos\alpha_2\sin\theta_2 & \cos\alpha_2\cos\theta_2 & -\sin\alpha_2 & -d_2\sin\alpha_2 \\ \sin\alpha_2\sin\theta_2 & \sin\alpha_2\cos\theta_2 & \cos\alpha_2 & d_2\cos\alpha_2 \\ 0 & 0 & 0 & 1 \end{bmatrix}$$

$$\alpha_2 = -90^o \ , \ \theta_2 = 0, \ \cos\theta_2 = 1, \ \sin\theta_2 = 0 \ \text{이므로}$$

$$T_1^2 = \begin{bmatrix} 1 & 0 & 0 & d \\ 0 & 0 & 1 & h \\ 0 & -1 & 0 & 0 \\ 0 & 0 & 0 & 1 \end{bmatrix} \qquad (5.3.25)$$

c) T_2^3, for the link-3,

$$T_2^3 = \begin{bmatrix} \cos\theta_3 & -\sin\theta_3 & 0 & b_3 \\ \cos\alpha_3\sin\theta_3 & \cos\alpha_3\cos\theta_3 & -\sin\alpha_3 & -d_3\sin\alpha_3 \\ \sin\alpha_3\sin\theta_3 & \sin\alpha_3\cos\theta_3 & \cos\alpha_3 & d_3\cos\alpha_3 \\ 0 & 0 & 0 & 1 \end{bmatrix}$$

$$\alpha_3 = 90^o, \ \cos 90^o = 0, \ \sin 90^o = 1$$

$$\theta_3 = 90^o + \psi \quad \cos(90^o + \psi) = \cos 90^o\cos\psi - \sin 90^o\sin\psi = -\sin\psi$$

$$\sin(90^o + \psi) = \sin 90^o\cos\psi + \cos 90^o\sin\psi = \cos\psi$$

이 결과들을 위 식에 대입하면 다음 결과를 얻는다.

$$T_2^3 = \begin{bmatrix} -\sin\psi & -\cos\psi & 0 & 0 \\ 0 & 0 & 1 & h \\ \cos\psi & -\sin\psi & 0 & 0 \\ 0 & 0 & 0 & 1 \end{bmatrix} \qquad (5.3.26)$$

d) T_3^4, for the link-4,

$$T_3^4 = \begin{bmatrix} \cos\theta_4 & -\sin\theta_4 & 0 & b_4 \\ \cos\alpha_4\sin\theta_4 & \cos\alpha_4\cos\theta_4 & -\sin\alpha_4 & -d_4\sin\alpha_4 \\ \sin\alpha_4\sin\theta_4 & \sin\alpha_4\cos\theta_4 & \cos\alpha_4 & d_4\cos\alpha_4 \\ 0 & 0 & 0 & 1 \end{bmatrix}$$

$$\alpha_4 = 0^o, \cos\alpha_4 = 1, \sin\alpha_4 = 0, \ \theta_4 = -90^o$$

$$\cos\theta_4 = 0, \ \sin\theta_4 = -1$$

이 결과들을 위 식에 대입하면 다음 결과를 얻는다.

$$T_3^4 = \begin{bmatrix} 0 & 1 & 0 & f \\ -1 & 0 & 0 & 0 \\ 0 & 0 & 1 & 0 \\ 0 & 0 & 0 & 1 \end{bmatrix} \tag{5.3.27}$$

따라서 전체의 변환행렬 T_0^4을 다음의 관계식에 넣어서 정리하면 다음의 관계식을 얻을 수 있다.

$$T_0^4 = T_0^1 \, T_1^2 \, T_2^3 \, T_3^4$$

$$= \begin{bmatrix} \cos(\theta+\psi), & -\sin(\theta+\psi), & 0, & dcos\theta - hsin\theta - fsin(\theta+\psi) \\ \sin(\theta+\psi), & \cos(\theta+\psi), & 0, & dsin\theta + hcos\theta + fcos(\theta+\psi) \\ 0, & 0, & 1, & 0 \\ 0, & 0, & 0, & 1 \end{bmatrix}$$

$$\tag{5.3.28}$$

마찬가지로 식 (5.3.28)은 정운동학의 마지막 결과로 얻어진 식이다. 이 식은 유도된 그대로 역운동학에 이용되는 중요한 식으로 로봇공학의 가장 기본식이다. 그리고 여러 개의 변환행렬을 계산하는 과정에서 적용되는 행렬식의 특성들이 유용하게 적용된다. 즉, 복잡한 계산들이 단순화된다.

5.3.6 D-H 방식의 적용 예(3)

전장에서 두 가지 로봇의 정운동학을 다루었다. 모든 조인트가 회전운동을 하는 Microbot과 직선운동을 발생시키는 선형모터가 추가된 Planar Robot의 경우다. 다음에 다루는 예는 Unimation 사에서 제작하고 많은 책자에서 다루어진 Puma 560 Robot이다. 앞의 예와 같이 D-H 방식에 의거하여 좌표계를 설정하고 4개의 인자 즉 $\alpha_i, b_i, \theta_i, d_i$ 를 구해보자.

1. 좌표계의 결정 :
 a) O_i: 각각의 좌표계의 원점을 결정한다. Fig 5.3.17에 표시되어 있다.
 b) z_i: Fig 5.3.17에서 정해진 좌표계의 원점을 기준으로 z_i 축을 정하

며 Fig 5.3.18에 표시되어 있다. z_i 축의 지정은 조인트의 형태에 따라서 다르게 지정된다. 모든 조인트는 회전운동(revolute joint)의 경우이며 회전의 중심축이 z_i가 된다.

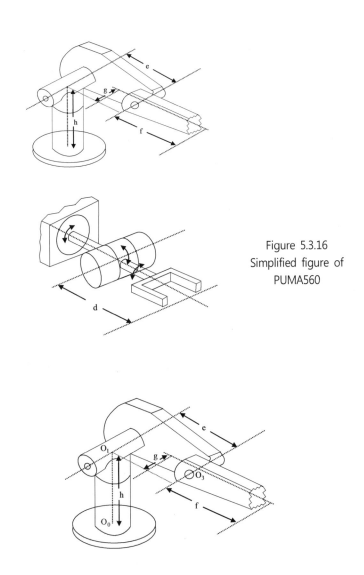

Figure 5.3.16
Simplified figure of
PUMA560

c) x_i : 앞 단계에서 정해진 좌표계를 기준으로 다음의 방법으로 x_i 축

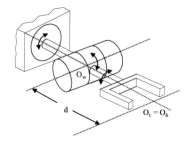

Fig. 5.3.17
Determination of the origin of coordinate system

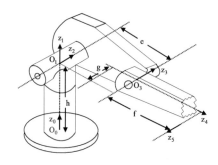

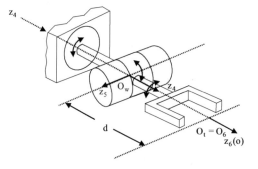

Fig. 5.3.18
Determination of z_i axis

을 지정한다. Fig 5.3.19 에 표시되어 있다.

x_1: z_1 z_2 축에 수직한 평면에 선택

x_2: z_2 z_3 축에 수직한 평면에 선택

x_3: z_3 z_4 축에 수직한 평면에 선택

x_4: z_4 z_5 축에 수직한 평면에 선택

x_5: z_5 z_6 축에 수직한 평면에 선택

x_6: Tool Frame Coordinate에 의해서 결정된다.

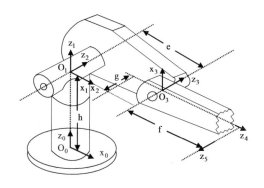

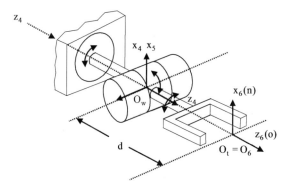

Figure 5.3.19
Determination of
x_i axis

d) y_i : 위에서 언급한 a), b), c) 과정에서 x_i와 z_i 축이 결정된바 공학에서 사용되는 오른나사의 법칙(오른손 법칙)에 의해서 나머지 하나의 축 y_i가 결정된다.

2. D-H Table을 구성하는 인자들을 결정한다.

a) α_1 : x_0 중심축으로 z_0 를 z_1 으로 회전한 각도, 0

α_2 : x_1 중심축으로 z_1 를 z_2 으로 회전한 각도, -90°

α_3 : x_2 중심축으로 z_2 를 z_3 으로 회전한 각도, 0

α_4 : x_3 중심축으로 z_3 를 z_4 으로 회진한 각도, -90°

α_5 : x_4 중심축으로 z_4 를 z_5 으로 회전한 각도, -90°

α_6 : x_5 중심축으로 z_5 를 z_6 으로 회전한 각도, 90°

b) b_1 : x_0 축에서 z_0 축에서 z_1 축까지의 거리, 0

b_2 : x_1 축에서 z_1 축에서 z_2 축까지의 거리, 0

b_3 : x_2 축에서 z_2 축에서 z_3 축까지의 거리, e

b_4 : x_3 축에서 z_3 축에서 z_4 축까지의 거리, 0

b_5 : x_4 축에서 z_4 축에서 z_5 축까지의 거리, 0

b_6 : x_5 축에서 z_5 축에서 z_6 축까지의 거리, 0

c) θ_1 : z_1 축 중심으로 x_0 축을 x_1 방향으로 회전한 각도, θ_1

θ_2 : z_2 축 중심으로 x_1 축을 x_2 방향으로 회전한 각도, θ_2

θ_3 : z_3 축 중심으로 x_2 축을 x_3 방향으로 회전한 각도, θ_3

θ_4 : z_4 축 중심으로 x_3 축을 x_4 방향으로 회전한 각도, θ_4

θ_5 : z_5 축 중심으로 x_4 축을 x_5 방향으로 회전한 각도, θ_5

θ_6 : z_6 축 중심으로 x_5 축을 x_6 방향으로 회전한 각도, θ_6

d) d_1 : z_1 축에서 x_0 와 z_1 교점과 O_1까지 거리, h

d_2 : z_2 축에서 x_1 와 z_2 교점과 O_2까지 거리, 0

d_3 : z_3 축에서 x_2 와 z_3 교점과 O_3까지 거리, g

d_4 : z_4 축에서 x_3 와 z_4 교점과 O_4까지 거리, f

d_5 : z_5 축에서 x_4 와 z_5 교점과 O_5까지 거리, 0

d_6 : z_6 축에서 x_5 와 z_6 교점과 O_6까지 거리, d

e) D-H Table의 작성

	link-1	link-2	link-3	link-4	link-5	link-6
α_i	0	-90°	0	-90°	-90°	90°
b_i	0	0	e	0	0	0
θ_i	θ_1	θ_2	θ_3	θ_4	θ_5	θ_6
d_i	h	0	g	f	0	d

Table 5.4 D-H Parameter for PUMA560.

3. 변환 행렬식의 결정

Table 5.4에서 각각의 링크에 해당하는 α_i, b_i, θ_i, d_i 값을 식(5.3.16)에 대입하면 각각의 변환행렬을 구할 수 있다. 각각의 변환행렬 T_i^{i+1} 는 다음과 같이 계산된다.

a) T_0^1

$$T_0^1 = \begin{bmatrix} \cos\theta_1 & -\sin\theta_1 & 0 & 0 \\ \sin\theta_1 & \cos\theta_1 & 0 & 0 \\ 0 & 0 & 1 & h \\ 0 & 0 & 0 & 1 \end{bmatrix} \tag{5.3.29}$$

b) T_1^2

$$T_1^2 = \begin{bmatrix} \cos\theta_2 & -\sin\theta_2 & 0 & 0 \\ 0 & 0 & 1 & 0 \\ -\sin\theta_2 & -\cos\theta_2 & 0 & 0 \\ 0 & 0 & 0 & 1 \end{bmatrix} \tag{5.3.30}$$

c) T_2^3

$$T_2^3 = \begin{bmatrix} \cos\theta_3 & -\sin\theta_3 & 0 & e \\ \sin\theta_3 & \cos\theta_3 & 0 & 0 \\ 0 & 0 & 1 & g \\ 0 & 0 & 0 & 1 \end{bmatrix} \tag{5.3.31}$$

d) T_3^4

$$T_3^4 = \begin{bmatrix} \cos\theta_4 & -\sin\theta_4 & 0 & 0 \\ 0 & 0 & 1 & f \\ -\sin\theta_4 & -\cos\theta_4 & 0 & 0 \\ 0 & 0 & 0 & 1 \end{bmatrix} \tag{5.3.32}$$

e) T_4^5

$$T_4^5 = \begin{bmatrix} \cos\theta_5 & -\sin\theta_5 & 0 & 0 \\ 0 & 0 & 1 & 0 \\ -\sin\theta_5 & -\cos\theta_5 & 0 & 0 \\ 0 & 0 & 0 & 1 \end{bmatrix} \tag{5.3.33}$$

f) T_5^6

$$T_5^6 = \begin{bmatrix} \cos\theta_6 & \sin\theta_6 & 0 & 0 \\ 0 & 0 & -1 & d \\ \sin\theta_6 & \cos\theta_6 & 0 & 0 \\ 0 & 0 & 0 & 1 \end{bmatrix} \tag{5.3.34}$$

앞에서 6개의 변환 행렬식들을 구했다. 계산의 편의상 T_0^3 와 T_3^6을 계산하고 나중에 두 계산 결과를 이용하여 T_0^6 를 구하는 것이 편리하다.

$$T_0^3 = T_0^1[T_1^2 T_2^3] = \begin{bmatrix} c_1 & -s_1 & 0 & 0 \\ s_1 & c_1 & 0 & 0 \\ 0 & 0 & 1 & h \\ 0 & 0 & 0 & 1 \end{bmatrix} \begin{bmatrix} c_{23} & -s_{23} & 0 & ec_2 \\ 0 & 0 & 1 & g \\ -s_{23} & -c_{23} & 0 & -es_2 \\ 0 & 0 & 0 & 1 \end{bmatrix} \qquad (5.3.35)$$

여기서 $s_1 = \sin\theta_1,\ c_1 = \cos\theta_1,\ s_{12} = \sin(\theta_1 + \theta_2),\ c_{12} = \cos(\theta_1 + \theta_2)$ 이 며 다른 함수 표현도 같은 원리가 적용된다. 윗식을 정리하면 다음과 같 다.

$$T_0^3 = T_0^1[T_1^2 T_2^3] = \begin{bmatrix} c_1 c_{23} & -c_1 s_{23} & -s_1 & ec_1 c_2 - g s_1 \\ s_1 c_{23} & -s_1 s_{23} & c_1 & es_1 c_2 + g c_1 \\ -s_{23} & -c_{23} & 0 & h - es_2 \\ 0 & 0 & 0 & 1 \end{bmatrix} \qquad (5.3.36)$$

같은 방법에 의해서

$$T_3^6 = \begin{bmatrix} c_4 c_5 c_6 - s_4 s_6 & -c_4 c_5 s_6 - s_4 c_6 & c_4 s_5 & dc_4 s_5 \\ -s_5 c_6 & -s_5 s_6 & c_5 & f + dc_5 \\ -s_4 c_5 c_6 - c_4 c_6 & s_4 c_5 s_6 - c_4 c_6 & s_4 s_5 & -ds_4 s_5 \\ 0 & 0 & 0 & 1 \end{bmatrix} \qquad (5.3.37)$$

따라서 tool coordinate에서 base coordinate 으로의 전체 좌표변환 행 렬식은 다음의 식으로 표시된다.

$$T_0^t = T_0^6 = \begin{bmatrix} R_0^6 & D_0^6 \\ 0\ 0\ 0 & 1 \end{bmatrix} = T_0^3 T_3^6 = \begin{bmatrix} n_x & s_x & a_x & p_x \\ n_y & s_y & a_y & p_y \\ n_z & s_z & a_z & p_z \\ 0 & 0 & 0 & 1 \end{bmatrix} \qquad (5.3.38)$$

6개의 좌표변환 행렬식을 계산하면 다음의 식들을 구할 수 있다.

$$n_x = c_1 [c_{23}(c_4 c_5 c_6 - s_4 s_6) + s_{23} s_5 c_6] + s_1 (s_4 c_5 c_6 + c_4 s_6)$$

$$n_y = s_1 [c_{23}(c_4 c_5 c_6 - s_4 s_6) + s_{23} s_5 c_6] - c_1 (s_4 c_5 c_6 + c_4 s_6)$$

$$n_z = s_{23}(s_4 s_6 - c_4 c_5 c_6) + c_{23} s_5 c_6$$

$$s_x = - c_1 [c_{23}(c_4 c_5 s_6 + s_4 c_6) + s_{23} s_5 s_6] - s_1 (s_4 c_5 s_6 - c_4 c_6)$$

$$s_x = - s_1 [c_{23}(c_4 c_5 c_6 - s_4 s_6) + s_{23} s_5 c_6] + c_1 (s_4 c_5 s_6 - c_4 c_6)$$

$$s_z = s_{23}(c_4 c_5 s_6 + s_4 c_6) - c_{23} s_5 s_6$$

$$a_x = c_1 (c_{23} c_4 s_5 - s_{23} c_5) + s_1 s_4 s_5$$

$$a_y = s_1 (c_{23} c_4 s_5 - s_{23} c_3) - c_1 s_4 s_5$$

$$a_z = - s_{23} c_4 s_5 - c_{23} c_5$$

드디어 복잡한 4x4 행렬식들을 오랫동안 계산하여 정운동학의 과정을 마무리하였다. 역운동학에 실제로 필요한 식들은 4번째 열의 p_x, p_y, p_z 이며 그 내용은 다음과 같다.

$$p_x = d(c_1 c_{23} c_4 s_5 - c_1 s_{23} c_5 + s_1 s_4 s_5) - f c_1 s_{23} + e c_1 c_2 - g s_1 \qquad (5.3.39)$$

$$p_y = d(s_1 c_{23} c_4 s_5 - s_1 s_{23} c_5 - c_1 s_4 s_5) - f s_1 s_{23} + e s_1 c_2 + g c_1 \qquad (5.3.40)$$

$$p_z = - d(s_{23} c_4 s_5 + c_{23} c_5) - f c_{23} + h - e s_2 \qquad (5.3.41)$$

End effector가 작업해야 할 위치가 link variable 의 함수로 계산되었다. 다음 단계는 위의 식 (5.3.39)~(5.3.41)이 포함하고 있는 link variable들을 구하는 것이다. 즉 p_x, p_y, p_z 를 찾아가기 위해서 모터가 몇 도를 회전해야 하는가를 정해야 하며 이 과정을 역운동학이라고 한다.

5.3.7 Schilling Method for Alpha II

전장에서 설명한 D-H 방식은 좌표를 구성하는 방식이 해석하는 연구자마다 약간의 차이가 있다. § 5.3에서 적용된 D-H방식에서 변형된 Schilling의 방법[4]을 Alpha II Robot 모델에 적용하자. 처음 좌표들을 구성하는 알고리즘을 보면 다음과 같다.

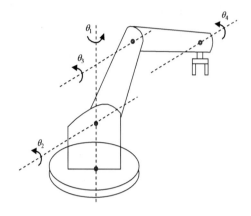

Figure 5.3.20 Alpha Ⅱ
로봇에 대한 Shilling의
D-H 방식

1. 관절에 번호부여: 고정된 베이스 1, tool point를 n으로 지정.

2. $\{C_k\}$ 좌표계 지정: 로봇이 고정된 바닥을 $\{C_0\}$좌표계로 지정. z_0 축을 Joint-1 축에 정렬시킨다. k=1 으로 지정.

3. Joint{1+1}에 z_i 축을 정렬시킨다.

4. $\{C_k\}$의 원점: z_i 와 z_{i-1} 축의 교점에 좌표계 $\{C_k\}$의 원점을 지정. 만나지 않는 경우에는, 축과 축에 공통으로 수직인 면과 z_k 가 만나는 점에 원점을 위치시킴.

5. x_k축 지정: z_k 과 z_{k-1} 축에 수직으로 결정. 만약 z_k 과 z_{k-1} 축이 평행한 경우에는 z_k 축에서 멀어지는 방향으로 결정.

6. 오른손 법칙에 의해서 y_k 축을 결정.

7. $k=2$ 지정. $k<n$ 인 경우, 위의 3부터 다시 반복하며 그 외의 경우에는 아래 단계를 계속한다.

8. tool tip에 $\{C_n\}$ 지정. z_n축을 tool의 approaching vector 방향으로, y_n을 sliding vector 방향으로, x_n을 normal vector 방향으로 지정한다. k=1 으로 지정

9. b_k : x_k 과 z_{k-1}축의 교점에 b_k를 위치시킴. x_k 과 z_{k-1}축이 만나지 않을 경우에는 x_k 과, x_k 과 x_k 과 z_{k-1}축에 공통으로 수직인 한 면과 만나는 점에 b_k를 위치시킨다.

10. θ_k : z_{k-1} 축을 기준으로 x_{k-1}을 x_k 축으로 회전한 각도.

11. d_k : z_{k-1} 축을 따라 $\{C_{k-1}\}$좌표계의 원점에서 b_k 까지 거리.

12 a_k : x_{k-1} 축을 따라 b_{k-1}부터 $\{C_k\}$ 좌표계의 원점까지의 거리

13. α_k : x_k 축을 기준으로 z_{k-1}축을 z_k 축으로 회전한 각도.

14. $k = k+1$ 지정. $k < n$ 인 경우, 위의 8부터 다시 반복. 그 외의 경우는 정지.

Shilling이 제시한 방식은 D-H가 1955년에 처음 제시한 방법과 좌표계를 구성하는 방식에서 약간의 차이가 있다. 하지만 그 결과는 모두 동일하다. Shilling 이 제시한 방법에 의한 좌표계의 구성방법이 Fig. 5.3.21에 표시되어 있다.

1. x_1과 z_0 축의 교점에 b_1 을 위치시킴. x_1과 z_0 축이 만나지 않는 경우에는 x_1과 z_0 축에 공통으로 수직인 면과 만나는 점에 b_1 을 위치시킴.

   i) x_1과 z_0 축의 교점에 b_1 을 위치시킴.

   ii) x_2과 z_1 축의 교점에 b_2 를 위치시킴.

   iii) x_3과 z_2 축의 교점에 b_3 를 위치시킴.

   iv) x_4과 z_3 축의 교점에 b_4 를 위치시킴.

   v) x_5과 z_4 축의 교점에 b_5 를 위치시킴.

2. θ_1: z_0 축을 기준으로 x_0 를 z_1 축으로 회전한 각도.

3. d_k: z_{k-1} 축에서 $\{C_{k-1}\}$의 원점에서 b_k까지 거리.

   i) d_1: z_0 축에서 $\{C_0\}$의 원점에서 b_1 까지 거리: d_1

   ii) d_2: z_1 축에서 $\{C_1\}$의 원점에서 b_2 까지 거리: 0

   iii) d_3: z_2 축에서 $\{C_2\}$의 원점에서 b_3 까지 거리: 0

   iv) d_4: z_3 축에서 $\{C_3\}$의 원점에서 b_4 까지 거리: 0

   v) d_5: z_4 축에서 $\{C_4\}$의 원점에서 b_5 까지 거리: d_5

4. : a_k: x_{k-1} 축을 따라 b_{k-1}부터 $\{C_k\}$의 원점까지의 거리.

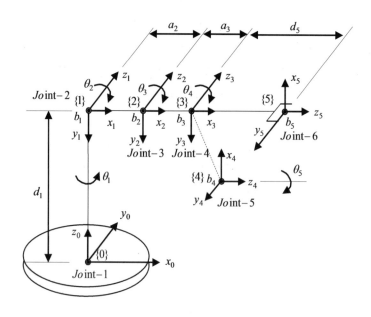

Figure 5.3.21 Alpha II 로봇의 좌표계설정

i) a_1: x_0 축을 따라 b_0부터 $\{C_1\}$의 원점까지의 거리.: 0

ii) a_2: x_1 축을 따라 b_1부터 $\{C_2\}$의 원점까지의 거리: a_2

iii) a_3: x_2 축을 따라 b_2부터 $\{C_3\}$의 원점까지의 거리: a_3

iv) a_4: x_3 축을 따라 b_3부터 $\{C_4\}$의 원점까지의 거리: 0

v) a_5: x_4 축을 따라 b_4부터 $\{C_5\}$의 원점까지의 거리: 0

5. α_1: x_1 축을 기준으로 z_0 축을 z_1 축으로 회전한 각도.

i) α_1: x_1 축을 기준으로 z_0 축을 z_1 축으로 회전한 각도.

ii) α_2: x_2 축을 기준으로 z_1 축을 z_2 축으로 회전한 각도.

iii) α_3: x_3 축을 기준으로 z_2 축을 z_3 축으로 회전한 각도.

iv) α_4: x_4 축을 기준으로 z_3 축을 z_4 축으로 회전한 각도.

v) α_5: x_5 축을 기준으로 z_4 축을 z_5 축으로 회전한 각도.

6. D-H Table 작성 :

	1	2	3	4	5
θ_i	θ_1	θ_2	θ_3	θ_4	θ_5
d_i	d_1	0	0	0	d_5
a_i	0	a_2	a_3	0	0
α_i	-90°	0	0	-90°	0

Table 5.5 D-H Parameter for Alpha II Robot

주어진 모델에 대해서 $\{C_0\}$, $\{C_1\}$, $\{C_2\}$, $\cdots$ $\{C_n\}$ 좌표계가 지정되었으며 Fig. 5.3.20 에 대해서 D-H 인자들인 θ_i, d_i, a_i, α_i가 구해졌으며 그 결과는 Table 5.5에 표시되었다. P^k와 P^{k-1}가 $\{C_k\}$와 $\{C_{k-1}\}$ 좌표 상의 점이라고 하면

$$P_k = T_{k-1}^k P^k \tag{5.3.42}$$

여기서 변환행렬은 다음과 같이 표시된다.

$$T_{k-1}^k = \begin{bmatrix} \cos\theta_k & -\cos\alpha_k\sin\theta_k & \sin\alpha_k\sin\theta_k & a_k\cos\theta_k \\ \sin\theta_k & \cos\alpha_k\cos\theta_k & -\sin\alpha_k\cos\theta_k & a_k\sin\theta_k \\ 0 & \sin\alpha_k & \cos\alpha_k & d_k \\ 0 & 0 & 0 & 1 \end{bmatrix} \tag{5.3.43}$$

마찬가지로 식(5.5.2)의 역행렬 표에서 $(T_{k-1}^k)^{-1} = T_k^{k-1}$은 다음으로 나타난다.

$$T_k^{k-1} = \begin{bmatrix} \cos\theta_k & \sin\theta_k & 0 & -a_k \\ -\cos\alpha_k\sin\theta_k & \cos\alpha_k\cos\theta_k & \sin\alpha_k & -d_k\sin\alpha_k \\ \sin\alpha_k\sin\theta_k & -\sin\alpha_k\cos\theta_k & \cos\alpha_k & -d_k\cos\alpha_k \\ 0 & 0 & 0 & 1 \end{bmatrix} \tag{5.3.44}$$

Table 5.5에서 각각의 링크에 해당하는 θ_i, d_i, a_i, α_i 를 식(5.3.43)에 대입하면 각각의 변환행렬을 구할 수 있다. 각각의 변환행렬 T 는 다음과

같이 계산된다.

a) T_0^1 :

$$T_0^1 = \begin{bmatrix} \cos\theta_1 & 0 & \sin\theta_1 & 0 \\ \sin\theta_1 & 0 & \cos\theta_1 & 0 \\ 0 & -1 & 0 & d_1 \\ 0 & 0 & 0 & 1 \end{bmatrix} \tag{5.3.45}$$

b) T_1^2 :

$$T_1^2 = \begin{bmatrix} \cos\theta_2 & -\sin\theta_2 & 0 & a_2\cos\theta_2 \\ \sin\theta_2 & \cos\theta_2 & 0 & a_2\sin\theta_2 \\ 0 & 0 & 1 & 0 \\ 0 & 0 & 0 & 1 \end{bmatrix} \tag{5.3.46}$$

c) T_2^3 :

$$T_2^3 = \begin{bmatrix} \cos\theta_3 & -\sin\theta_3 & 0 & a_3\cos\theta_3 \\ \sin\theta_3 & \cos\theta_3 & 0 & a_3\sin\theta_3 \\ 0 & 0 & 1 & 0 \\ 0 & 0 & 0 & 1 \end{bmatrix} \tag{5.3.47}$$

d) T_3^4 :

$$T_3^4 = \begin{bmatrix} \cos\theta_4 & 0 & -\sin\theta_4 & 0 \\ \sin\theta_4 & 0 & \cos\theta_4 & 0 \\ 0 & -1 & 0 & 0 \\ 0 & 0 & 0 & 1 \end{bmatrix} \tag{5.3.48}$$

e) T_4^5 :

$$T_4^5 = \begin{bmatrix} \cos\theta_5 & -\sin\theta_5 & 0 & 0 \\ \sin\theta_5 & \cos\theta_5 & 0 & 0 \\ 0 & 0 & 1 & d_5 \\ 0 & 0 & 0 & 1 \end{bmatrix} \tag{5.3.49}$$

위의 계산 결과들을 사용하여 전체의 변환 행렬식을 구할 수 있다. 식 (5.3.45)에서 식(5.3.49)까지 변환행렬들을 모두 곱한다.

$$T_0^5 = T_0^1 \ T_1^2 \ T_2^3 \ T_3^4 \ T_4^5 \tag{5.3.50}$$

5개의 행렬식을 곱하는 과정은 시간이 오래 걸리는 힘든 작업이다. 하지만 5.4장에서 사용한 방법으로 계산을 단순화시킬 수 있다.

실제로 역행렬 계산에서 마지막으로 필요한 사항은 T_0^5의 4번째 열인 T_{04}^5이다. 따라서 아래의 식으로 표현된다. 이러한 방식은 정운동학의 결과를 이용하여 역운동학의 근을 구하는데 복잡한 중간과정의 계산을 피할 수 있는 방식이며 매우 유용하게 사용된다.

$$T_0^1 \ T_1^2 \ T_2^3 \ T_3^4 \ T_{44}^5 = T_{04}^5 \tag{5.3.51}$$

따라서 그 결과는 아래와 같다.

$$T_k^{k-1} = \begin{bmatrix} c_1(a_2c_2 + a_3c_{23} - d_5s_{234}) \\ s_1(a_2c_2 + a_3c_{23} - d_5s_{234}) \\ d_1 - a_2s_2 - a_3s_{23} - d_5c_{234} \\ 1 \end{bmatrix} \tag{5.3.52}$$

여기서 $s_1 = \sin\theta_1$, $c_1 = \cos\theta_1$, $s_{12} = \sin(\theta_1 + \theta_2)$, $c_{12} = \cos(\theta_1 + \theta_2)$, $s_{234} = \sin(\theta_2 + \theta_3 + \theta_4)$, $c_{234} = \cos(\theta_2 + \theta_3 + \theta_4)$ 를 나타낸다.

다른 함수 표현의 경우에도 같은 원리들이 적용되어 표현된다. § 5.3.4에서 사용한 방법으로 식(5.3.51)과 식(5.3.52)을 사용하여, 즉 식(5.3.51)의 양변에 해당 변환행렬의 역행렬을 곱해서 관계식들을 구하고 이들의 관계에서 마지막으로 관절을 회전시켜야 할 각도 θ_i를 구한다.

5.3.8 Schilling Method of SCARA Robot(2)

SCARA 로봇의 예를 들어보자. 미국과 일본 등 여러 업체에서 상업적으로 제조된 로봇으로 IBM 7545, Rhino SCARA 등이 있다.

1. Joint-i 지정 : 관절에 번호를 부여하며 고정된 베이스에, Joint-i, 공구가 부착되는 위치(tool point)에 Joint-n 지정.

Figure 5.3.22
KUKA의
SCARA Robot

2. $\{C_k\}$ 좌표계 지정: 로봇이 고정된 바닥을 $\{C_0\}$좌표계로 지정. z_0축을 Joint-1 축에 정렬시킨다. $k = 1$으로 지정.

3. Joint-{i+1}에 z_i축을 정렬시킨다.

   i) Joint-1에 z_0 축을 정렬시킨다.

   ii) Joint-2에 z_1 축을 정렬시킨다.

   iii) Joint-3에 z_2 축을 정렬시킨다.

   iv) Joint-4에 z_3축을 정렬시킨다.

   v) Joint-5에 z_4 축을 정렬시킨다.

4. $\{C_k\}$의 원점: z_k과 z_{k-1} 축의 교점에 좌표계 $\{C_k\}$의 원점을 지정. 만나지 않는 경우에는, z_k축과 z_{k-1}축에 공통으로 수직인 면과 z_k가 만나는 점에 원점을 위치시킴. 좌표계의 원점들이 모두 지정되었다.

5. x_k 축 지정: z_k과 z_{k-1} 축에 수직으로 결정. 만약 z_k과 z_{k-1} 축이 평행한 경우에는 z_k 축에서 멀어지는 방향으로 결정.

6. 오른손 법칙에 의해서 y_k 축을 결정.

7. k=2 지정: $k < n$ 인 경우, 위의 3부터 다시 반복. 그 외의 경우는 아래 단계를 계속함.

8. Tool tip에 $\{C_k\}$ 지정. z_n 축을 tool 의 approaching vector 방향으로, y_n을 sliding vector 방향으로, x_n을 normal vector 방향으로 지정. k=1 으로 지성.

9. b_k: x_k 과 z_{k-1} 축의 교점에 b_k을 위치시킴. x_k 과 z_{k-1} 축이 만나지 않는 경우에는 x_k 과, x_k 과 z_{k-1} 축에 공통으로 수직인 면과 만나는 점에 b_k를 위치시킴.

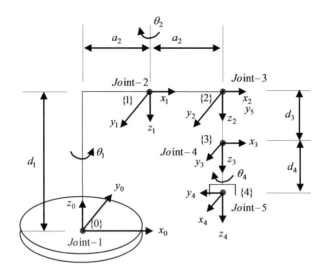

Figure 5.3.23 KUKA의 SCARA Robots의 좌표계

   i) x_1 과 z_0 축의 교점에 b_1을 위치시킴.

   ii) x_2 과 z_1 축의 교점에 b_2을 위치시킴.

   iii) x_3 과 z_2 축의 교점에 b_3을 위치시킴.

   iv) x_4 과 z_3 축의 교점에 b_4을 위치시킴.

10. θ_k: z_{k-1} 축을 기준으로 x_{k-1}을 x_k축으로 회전한 각도

   i) θ_1: z_0 축을 기준으로 x_0축을 x_1축으로 회전한 각도 : θ_1

   ii) θ_2: z_1 축을 기준으로 x_1축을 x_2축으로 회전한 각도 : θ_2

   iii) θ_3: z_2 축을 기준으로 x_2축을 x_3축으로 회전한 각도 : 0

   iv) θ_4: z_3 축을 기준으로 x_3축을 x_4축으로 회전한 각도 : θ_4

11. d_k: z_{k-1} 축에서 $\{C_{k-1}\}$의 원점에서 b_k 까지 거리.

   i) d_1: z_0 축에서 $\{C_0\}$의 원점에서 b_1 까지 거리 : d_1

   ii) d_2: z_1 축에서 $\{C_1\}$의 원점에서 b_2 까지 거리 : 0

   iii) d_3: z_2 축에서 $\{C_2\}$의 원점에서 b_3 까지 거리 : d_3(variable)

   iv) d_4: z_3 축에서 $\{C_3\}$의 원점에서 b_4 까지 거리 : d_4

12. a_k: x_{k-1} 축을 따라 b_{k-1} 부터 $\{C_k\}$의 원점까지의 거리.

   i) a_1: x_0 축을 따라 b_0 부터 $\{C_1\}$의 원점까지의 거리: a_1

   ii) a_2: x_1 축을 따라 b_1 부터 $\{C_2\}$의 원점까지의 거리: a_2

iii) a_3: x_2 축을 따라 b_2 부터 $\{C_3\}$의 원점까지의 거리: 0

iv) a_4: x_3 축을 따라 b_3 부터 $\{C_4\}$의 원점까지의 거리: 0

13. α_k: x_k 축을 기준으로 z_{k-1} 축을 z_k 축으로 회전한 각도.

   i) α_1: x_1 축을 기준으로 z_0 축을 z_1 축으로 회전한 각도: π

   ii) α_2: x_2 축을 기준으로 z_1 축을 z_2 축으로 회전한 각도: 0

   iii) α_3: x_3 축을 기준으로 z_2 축을 z_3 축으로 회전한 각도: 0

   iv) α_4: x_4 축을 기준으로 z_3 축을 z_4 축으로 회전한 각도: 0

	1	2	3	4
θ	θ_1	θ_2	0	θ_4
d	d_1	0	d_3	d_4
a	a_1	a_2	0	0
α	π	0	0	0

Table 5.6 D-H Parameter for SCARA II Robot

따라서 위에서 구한 각각의 링크에 해당하는 θ, d, a, α를 구할 수 있다. SCARA 로봇에 대한 D-H Table이 Table 5-5에 나타나 있다. 이 Table에서 각각의 링크에 해당하는 θ, d, a, α 를 식(5.3.43)에 넣으면 변환행렬 T를 구할 수 있다.

a) T_0^1 :

$$T_0^1 = \begin{bmatrix} \cos\theta_1 & \sin\theta_1 & 0 & a_1\cos\theta_1 \\ \sin\theta_1 & -\cos\theta_1 & 0 & a_1\sin\theta_1 \\ 0 & 0 & -1 & d_1 \\ 0 & 0 & 0 & 1 \end{bmatrix} \tag{5.3.53}$$

b) T_1^2 :

$$T_1^2 = \begin{bmatrix} \cos\theta_2 & -\sin\theta_2 & 0 & a_2\cos\theta_2 \\ \sin\theta_2 & \cos\theta_2 & 0 & a_2\sin\theta_2 \\ 0 & 0 & 1 & 0 \\ 0 & 0 & 0 & 1 \end{bmatrix} \tag{5.3.54}$$

c) T_2^3 :

$$T_2^3 = \begin{bmatrix} 1 & 0 & 0 & 0 \\ 0 & 1 & 0 & 0 \\ 0 & 0 & 1 & d_3 \\ 0 & 0 & 0 & 1 \end{bmatrix} \qquad (5.3.55)$$

d) T_3^4 :

$$T_3^4 = \begin{bmatrix} \cos\theta_4 & -\sin\theta_4 & 0 & 0 \\ \sin\theta_4 & \cos\theta_4 & 0 & 0 \\ 0 & 0 & 1 & d_4 \\ 0 & 0 & 0 & 1 \end{bmatrix} \qquad (5.3.56)$$

위의 계산 결과들을 사용하여 다음의 전체의 변환 행렬식을 구할 수 있다.

$$T_0^4 = T_0^1\ T_1^2\ T_2^3\ T_3^4 \qquad (5.3.57)$$

4개의 행렬식을 곱하는 과정은 시간이 오래 걸리는 힘든 작업이다. 하지만 §5.4에서 사용한 방법으로 계산을 단순화시킬 수 있다. 실제로 역행렬 계산에서 마지막으로 필요한 사항은 T_0^4의 4번째 열인 T_{04}^4이다. 따라서 아래의 식으로 표현된다. 이러한 방식은 정운동학의 결과를 이용하여 역운동학의 근을 구하는데 복잡한 중간과정의 계산을 피할 수 있는 방식이며 매우 유용하게 사용된다.

$$T_0^1\ T_1^2\ T_2^3\ T_{34}^4 = T_{04}^4 \qquad (5.3.58)$$

따라서 그 결과는 아래와 같다.

$$\begin{bmatrix} a_1 c_1 + a_2 c_{1-2} \\ a_1 s_1 + a_2 s_{1-2} \\ d_1 - d_3 - d_4 \\ 1 \end{bmatrix} = \begin{bmatrix} p_x \\ p_y \\ p_z \\ 1 \end{bmatrix} \qquad (5.3.59)$$

그러므로

$$a_1\cos\theta_1 + a_2\cos(\theta_1 - \theta_2) = p_x \tag{5.3.60}$$

$$a_1\sin\theta_1 + a_2\sin(\theta_1 - \theta_2) = p_y \tag{5.3.61}$$

$$d_1 - d_3 - d_4 = p_z \tag{5.3.62}$$

§ 5.4 역운동학(Inverse Kinematics)(1)

Planar robot의 경우 식(5.3.22)에서 유도된 행렬식의 4번째 열의 식에서 그리고 Microbot의 경우는 식(5.3.28)의 행렬식 4번째 열의 식을 이용하여 링크 변수군을 구할 수 있다. 이들 식까지가 정운동학의 완성이며 이들 식을 이용하여 역운동학이 시작된다. 이 변환 행렬식은 sine 또는 cosine 함수들을 포함하고 있다. 따라서 actuator를 움직이기 위한 각도 θ_i 를 구해야 한다. 따라서 다음의 삼각함수 공식들이 유용하게 사용된다.

1. $\cos\theta = b$ $\theta = \tan^{-1}\left(\dfrac{\pm\sqrt{1-b^2}}{b}\right)$ θ and $-\theta$

2. $\sin\theta = a$ $\theta = \tan^{-1}\left(\dfrac{a}{\pm\sqrt{1-a^2}}\right)$ θ and $180^o - \theta$

3. $\sin\theta = a$ $\theta = \tan^{-1}\left(\dfrac{a}{b}\right)$

   $\cos\theta = b$

4. $a\cos\theta - b\sin\theta = 0$ $\theta = \tan^{-1}\left(\dfrac{a}{b}\right)$ and θ and $180^o \pm \theta$

   $$\theta = \tan^{-1}\left(\dfrac{-a}{-b}\right)$$

5. $\sin\theta\sin\phi = a$ $\theta = \tan^{-1}\left(\dfrac{a}{b}\right)$ and $\theta = \tan^{-1}\left(\dfrac{-a}{-b}\right)$ or $\theta \pm 180^o$

   $\cos\theta\sin\phi = b$

   $\theta = \tan^{-1}\left(\dfrac{\sqrt{a^2+b^2}}{c}\right)$ and $\theta = \tan^{-1}\left(\dfrac{-\sqrt{a^2+b^2}}{c}\right)$

   $\cos\phi = c$

6. $a cos\theta + b sin\theta = c$ $\qquad$ $\theta = \tan^{-1}\left(\dfrac{b}{a}\right) + \tan^{-1}\left(\dfrac{\pm\sqrt{a^2+b^2-c^2}}{c}\right)$

7. $a cos\theta - b sin\theta = c$ $\qquad$ $\theta = \tan^{-1}\left(\dfrac{ad-bc}{ac-bd}\right)$

$\quad a sin\theta + b cos\theta = d$ $\qquad$ $a^2 + b^2 = c^2 + d^2$

5.4.1 Microbot

지금까지 전 장까지는 정운동학을 다루었다. 로봇의 맨 끝인 작업하는 손, 즉 마지막 점인 Tool Point 또는 End Point의 위치를 관성좌표계 즉 고정된 기준좌표계에 대해서 구하는 과정이었다.

로봇의 끝점의 위치를 연결된 링크들과 조인트들의 움직인 거리 또는 회전한 각도로 표현하였다. Microbot의 정운동학에서 구한 식은 (5.3.28)의 마지막 열(column)로 표현되었으며 이 식은 정운동학의 마지막 과정을 나타낸다.

역운동학은 정운동학에서 유도된 식들을 사용하여 식들에 포함된 변수들을 구하는 과정을 나타낸다. 즉 원하는 작업을 수행하기 위하여 로봇을 원하는 위치에 다다르기 위하여 관절을 얼마나 움직여야 하는가를 정하는 과정을 의미한다.

다시 말하면 각각의 관절에 달려있는 모터를 얼마나 회전 또는 직선운동 시켜야 하는가를 정운동학의 결과식들을 이용하여 구하는 과정이다. 즉, Actuator를 작동시키는 회전운동 또는 직선운동의 변수를 End Point의 함수로 표현하는 과정을 나타낸다.

식 (5.3.22)의 마지막 열은 로봇팔 끝점 또는 보행로봇 다리의 끝점인 족점을 기준좌표계에 대해서 나타난 점이다. 따라서

$$p_x = e\cos\theta_1\cos\theta_2 + f\cos\theta_1\cos(\theta_2+\theta_3) \qquad (5.4.1)$$

$$p_y = e\sin\theta_1\cos\theta_2 + f\sin\theta_1\cos(\theta_2+\theta_3) \qquad (5.4.2)$$

$$p_z = h + e\sin\theta_2 + f\sin(\theta_2+\theta_3) \qquad (5.4.3)$$

정운동학의 마지막 결과 식(5.3.22)에서 실제로 역운동학에서 사용되는 것은 4번째 열(column)이다. 변환행렬 T_i^{i+1} 에서 각각의 열(column)들을 j로 지정하면 T_{ij}^{i+1}는 변환행렬 T_i^{i+1}의 j번째 열을 나타낸다. 예를 들면 T_{34}^4 또는 T_{04}^4 의 경우는 T_3^4 행렬식의 4번째 열 또는 T_0^4 행렬식의 4번째 열을 나타낸다.

이러한 방식은 정운동학의 결과를 이용하여 역운동학의 근을 구하는데 복잡한 중간과정의 계산을 피할 수 있는 방식이며 매우 유용하게 사용된다.

$$T_0^1 T_1^2 T_2^3 T_{34}^4 = T_{04}^4 \tag{5.4.4}$$

위 식에서 연속되는 변환행렬에서 좌에서 우측방향의 대각선 위치의 수치를 상쇄시키면 마지막에 남는 수치가 T_{04}^4 가 된다. (5.3.22)의 변환행렬에서 4번째 열을 나타내므로 식은 다음과 같은 행렬의 관계와 같다.

$$\begin{bmatrix} e\,c_1 c_2 + f\,c_1 c_{23} \\ e\,s_1 c_2 + f\,s_1 c_{23} \\ h + e\,s_2 + f\,s_{23} \\ 1 \end{bmatrix} = \begin{bmatrix} p_x \\ p_y \\ p_z \\ 1 \end{bmatrix} \tag{5.4.5}$$

식(5.4.4)의 양변에 식(5.3.18)으로 표시된 변환행렬 T_0^1의 역행렬 $(T_0^1)^{-1}$을 곱해보자. 여기서 변환행렬의 역행렬은 전치행렬과 같으므로 T_0^1 행과 열의 위치를 서로 바꾸면 역행렬이 구해진다. 이와 같이 식(5.4.4)의 양변에 전방에 위치한 행렬의 역행렬을 곱하는 과정이 여러 번 반복된다.

이러한 과정을 반복하는 이유는 로봇의 관절이 움직여야 할 변수인 회전각도 또는 직선 이동거리를 구하기 위함이다. 반복적으로 역행렬을 곱하는 과정에서 관계식들이 구해지며, 이러한 관계식들을 이용하여 필요한 변수들을 구할 수 있다.

(1) T_0^1의 역행렬 $(T_0^1)^{-1}$은 식 (5.3.18)에서

$$(T_0^1)^{-1} = (T_0^1)^T = T_1^0 = \begin{bmatrix} \cos\theta_1 & \sin\theta_1 & 0 & 0 \\ -\sin\theta_1 & \cos\theta_1 & 0 & 0 \\ 0 & 0 & 1 & -h \\ 0 & 0 & 0 & 1 \end{bmatrix} \quad (5.4.6)$$

식(5.4.4)에서 식의 양변에 T_0^1 의 역행렬 $(T_0^1)^{-1}$ 을 곱하면

$$(T_1^0)\, T_0^1\, T_1^2\, T_2^3\, T_{34}^4 = (T_1^0)\, T_{04}^4 \quad\quad\quad\quad (5.4.7)$$

행렬식의 특성에서

$$(T_1^0)\, T_0^1 = I$$
$$I\, T_1^2 = T_1^2$$

여기서 I 는 대각선의 요소들이 모두 1 이고 그 외의 모든 요소들은 0 인 행렬 즉, 단위행렬을 의미한다. 이러한 행렬식의 특성들을 식(5.4.7)에 적용하면,

$$T_1^2\, T_2^3\, T_{34}^4 = T_{14}^4 \quad\quad\quad\quad\quad (5.4.8)$$

이 식의 계산과정을 자세히 표현하면 다음의 식으로 표현할 수 있다. 이러한 식 표현의 이유는 이미 유도된 식들을 사용하여 계산을 간편하게 하기 위함이다.

$$\underbrace{T_0^1}_{(5.4.6)}\, \underbrace{T_0^1\, T_1^2\, T_2^3\, T_{34}^4}_{(5.4.5)LT} = \underbrace{T_1^0}_{(5.4.6)}\, \underbrace{T_{14}^4}_{(5.4.5)RT} = T_{24}{}^4 \quad\quad (5.4.9)$$

식(5.4.9)의 좌측 항을 계산하면

$$\begin{bmatrix} c_1 & s_1 & 0 & 0 \\ -s_1 & c_1 & 0 & 0 \\ 0 & 0 & 1 & -h \\ 0 & 0 & 0 & 1 \end{bmatrix} \begin{bmatrix} e\,c_1 c_2 + f\,c_1 c_{23} \\ e\,s_1 c_2 + f\,s_1 c_{23} \\ h + e\,s_2 + f\,s_{23} \\ 1 \end{bmatrix} = \begin{bmatrix} e\,c_2 + f\,c_{23} \\ 0 \\ e s_2 + f s_{23} \\ 1 \end{bmatrix} = T_{14}^4 \quad (5.4.10)$$

같은 방법으로 식(5.4.9)의 우측항을 계산한다. 행렬식의 전방에 $(T_0^1)^{-1}$을 곱하면 다음의 결과를 얻는다.

$$\begin{bmatrix} c_1 & s_1 & 0 & 0 \\ -s_1 & c_1 & 0 & 0 \\ 0 & 0 & 1 & -h \\ 0 & 0 & 0 & 1 \end{bmatrix} \begin{bmatrix} p_x \\ p_y \\ p_z \\ 1 \end{bmatrix} = \begin{bmatrix} p_x c_1 + p_y s_1 \\ -p_x s_1 + p_y c_1 \\ p_z - h \\ 1 \end{bmatrix} = T_{14}^4 \qquad (5.4.11)$$

따라서 (5.4.10)과 (5.4.11)은 같은 결과이므로 다음과 같은 4개의 관계식을 얻을 수 있다.

$$\begin{bmatrix} ec_2 + fc_{23} \\ 0 \\ es_2 + fs_{23} \\ 1 \end{bmatrix} = \begin{bmatrix} p_x c_1 + p_y s_1 \\ -p_x s_1 + p_y c_1 \\ p_z - h \\ 1 \end{bmatrix} = T_{14}^4 \qquad (5.4.12)$$

(2) T_1^2의 역행렬, $(T_1^2)^{-1}$ 은 식 (5.3.19)에서

$$(T_1^2)^{-1} = (T_1^2)^T = T_2^1 = \begin{bmatrix} \cos\theta_2 & 0 & \sin\theta_2 & 0 \\ -\sin\theta_2 & 0 & \cos\theta_2 & 0 \\ 0 & -1 & 0 & 0 \\ 0 & 0 & 0 & 1 \end{bmatrix} \qquad (5.4.13)$$

식(5.4.8)에서 식의 양변에 T_1^2 의 역행렬, $(T_1^2)^{-1}$을 곱하면

$$\left(T_1^2\right) T_1^2 T_2^3 T_{34}^4 = \left(T_1^2\right) T_{14}^4 \qquad (5.4.14)$$

행렬식의 특성에서

$$\left(T_2^1\right) T_1^2 = I$$
$$I T_2^3 = T_2^3$$

그러므로 식(5.4.14)은 다음과 같이 표현된다.

$$T_2^3 T_{34}^4 = T_{24}^4 \qquad (5.4.15)$$

계산과정을 자세히 표현하면 다음과 같다.

$$\underbrace{T_2^1}_{(5.4.13)} \underbrace{T_1^2 T_2^3 T_{34}^4}_{(5.4.12)} = \underbrace{T_2^1}_{(5.4.13)} \underbrace{T_{14}^4}_{(5.4.12)} = T_{24}{}^4 \qquad (5.4.16)$$

식 (5.4.14)의 좌측항을 계산하면

$$\begin{bmatrix} c_2 & 0 & s_2 & 0 \\ -s_2 & 0 & c_2 & 0 \\ 0 & -1 & 0 & 0 \\ 0 & 0 & 0 & 1 \end{bmatrix} \begin{bmatrix} e\,c_2 + f\,c_{23} \\ 0 \\ e\,s_2 + f\,s_{23} \\ 1 \end{bmatrix} = \begin{bmatrix} e + f c_{23} \\ f s_3 \\ 0 \\ 1 \end{bmatrix} = T_{24}^4 \qquad (5.4.17)$$

같은 방법으로 식 (5.4.14)의 우측항을 계산하면

$$\begin{bmatrix} c_2 & 0 & s_2 & 0 \\ -s_2 & 0 & c_2 & 0 \\ 0 & -1 & 0 & 0 \\ 0 & 0 & 0 & 1 \end{bmatrix} \begin{bmatrix} p_x\,c_1 + p_y\,s_1 \\ -p_x\,s_1 + p_y\,c_1 \\ p_z - h \\ 1 \end{bmatrix} = \begin{bmatrix} (p_x\,c_1 + p_y\,s_1)c_2 + (p_z - h)s_2 \\ (-p_x\,c_1 - p_y\,s_1)s_2 + (p_z - h)c_2 \\ p_x\,s_1 - p_y\,c_1 \\ 1 \end{bmatrix} = T_{24}^4 \qquad (5.4.18)$$

따라서 (5.4.17)과 (5.4.18)은 같은 결과이므로 다음과 같은 4개의 관계식을 얻을 수 있다.

$$\begin{bmatrix} e + f c_3 \\ f s_3 \\ 0 \\ 1 \end{bmatrix} = \begin{bmatrix} (p_x\,c_1 + p_y\,s_1)c_2 + (p_z - h)s_2 \\ (-p_x\,c_1 - p_y\,s_1)s_2 + (p_z - h)c_2 \\ p_x\,s_1 - p_y\,c_1 \\ 1 \end{bmatrix} = T_{24}^4 \qquad (5.4.19)$$

(3) T_2^3 의 역행렬, $(T_2^3)^{-1}$ 은 식 (5.3.20)에서

$$(T_2^3)^{-1} = (T_2^3)^T = T_3^2 = \begin{bmatrix} \cos\theta_3 & \sin\theta_3 & 0 & e\cos\theta_3 \\ -\sin\theta_3 & \cos\theta_3 & 0 & e\sin\theta_3 \\ 0 & 0 & 0 & 0 \\ 0 & 0 & 0 & 1 \end{bmatrix} \qquad (5.4.20)$$

식 (5.4.15)에서 식의 양변에 T_2^3 의 역행렬 $(T_2^3)^{-1}$를 곱한다.

$$\left(T_3^2\right)T_2^3\,T_{34}^4 = \left(T_3^2\right)T_{24}^4 \tag{5.4.21}$$

마찬가지로 행렬식의 특성에서

$$\left(T_3^2\right)T_2^3 = I$$

$$I\,T_{34}^4 = T_{24}^4$$

계산과정을 자세히 포함하면 식(5.4.21)은 다음과 같이 표현된다.

$$\underbrace{T_3^2}_{(5.4.20)}\ \underbrace{T_2^3\,T_{34}^4}_{(5.4.19)} = \underbrace{T_3^2}_{(5.4.20)}\ \underbrace{T_{24}^4}_{(5.4.19)} = T_{34}^4 \tag{5.4.22}$$

식 (5.4.22)의 좌측항을 계산하면

$$\begin{bmatrix} c_3 & s_3 & 0 & e\,c_3 \\ -s_3 & c_3 & 0 & e\,s_3 \\ 0 & 0 & 1 & 0 \\ 0 & 0 & 0 & 1 \end{bmatrix}\begin{bmatrix} e+f\,c_3 \\ f\,s_3 \\ 0 \\ 1 \end{bmatrix} = \begin{bmatrix} f \\ 0 \\ 0 \\ 0 \end{bmatrix} = T_{34}^4 \tag{5.4.23}$$

같은 방법으로 식 (5.4.22)의 우측항은 아래와 같으며

$$\begin{bmatrix} c_3 & s_3 & 0 & e\,c_3 \\ -s_3 & c_3 & 0 & e\,s_3 \\ 0 & 0 & 1 & 0 \\ 0 & 0 & 0 & 1 \end{bmatrix} = \begin{bmatrix} (p_x\,c_1 + p_y\,s_1)c_2 + (p_z - h)s_2 \\ (-p_x\,c_1 - p_y\,s_1)s_2 + (p_z - h)c_2 \\ p_x\,s_1 - p_y c_1 \\ 1 \end{bmatrix}$$

계산 결과는 다음과 같다.

$$\begin{bmatrix} (p_x\,c_1 + p_y\,s_1)c_{23} + (p_z - h)s_{23} - e\,c_3 \\ (-p_x\,c_1 - p_y\,s_1)s_{23} + (p_z - h)c_{23} + e\,s_3 \\ p_x\,s_1 - p_y c_1 \\ 1 \end{bmatrix} = T_{34}^4 \tag{5.4.24}$$

따라서 (5.4.23)과 (5.4.24)는 같은 결과이므로 다음과 같은 4개의 관계 식을 얻을 수 있다.

$$\begin{bmatrix} f \\ 0 \\ 0 \\ 0 \end{bmatrix} = \begin{bmatrix} (p_x c_1 + p_y s_1)c_{23} + (p_z - h)s_{23} - ec_3 \\ (-p_x c_1 - p_y s_1)s_{23} + (p_z - h)c_{23} + es_3 \\ p_x s_1 - p_y c_1 \\ 1 \end{bmatrix} = T_{34}^4 \qquad (5.4.25)$$

위의 각각의 과정에서 계산한 결과들은 (5.4.1)~(5.4.3), (5.4.12), (5.4.19), (5.4.25)에 표시되었으며 행렬에서 계산된 결과들을 정리하면 다음과 같다.

$$p_x = e\cos\theta_1\cos\theta_2 + f\cos\theta_1\cos(\theta_2 + \theta_3) \qquad (5.4.26)$$

$$p_y = e\sin\theta_1\cos\theta_2 + f\sin\theta_1\cos(\theta_2 + \theta_3) \qquad (5.4.27)$$

$$p_z = h + e\sin\theta_2 + f\sin(\theta_2 + \theta_3) \qquad (5.4.28)$$

$$e\cos\theta_2 + f\cos(\theta_2 + \theta_3) = p_x\cos\theta_1 + p_y\sin\theta_1 \qquad (5.4.29)$$

$$0 = -p_x\sin\theta_1 + p_y\cos\theta_1 \qquad (5.4.30)$$

$$e\sin s\theta_2 + fs_{23} = p_z - h \qquad (5.4.31)$$

$$e + fc_3 = (p_xc_1 + p_ys_1)c_2 + (p_z - h)s_2 \qquad (5.4.32)$$

$$fs_3 = (-p_xc_1 - p_ys_1)s_2 + (p_z - h)c_2 \qquad (5.4.33)$$

$$0 = p_xs_1 - p_yc_1 \qquad (5.4.34)$$

$$f = (p_xc_1 + p_ys_1)c_{23} + (p_z - h)s_{23} - ec_3 \qquad (5.4.35)$$

$$0 = (-p_xc_1 - p_ys_1)s_{23} + (p_z - h)c_{23} + es_3 \qquad (5.4.36)$$

$$0 = p_xs_1 - p_yc_1 \qquad (5.4.37)$$

모델로 선택된 Microbot Robot에 대하여 D-H 방식에 의하여 좌표를 설정하고 이 좌표계에 대하여 D-H를 구성하는 4개의 인자들인 $\alpha_i\ b_i\ \theta_i\ d_i$ 구성하고 있는 링크들에 대해서 구했고, 구한 인자들을 식(5.3.8)에 주어진 좌표변환행렬식에 대입하여 각각의 변환행렬을 구했다. 마지막으로 행렬식의 특성을 이용하여 위의 식 (5.4.26)~(5.4.37)를 구할 수 있었다. 여기까지의 단계를 정운동학(Forward Kinematics)이라고 말할 수 있다.

정운동학에서는 로봇의 끝단의 위치 $(p_x,\ p_y,\ p_z)$ 를 바닥에 고정된 좌표계에 대해서 표현하였다. 로봇은 작업자가 지정하는 위치를 찾아가서 용접이나 기타 주어진 임무를 수행한다.

지정하는 위치가 바뀌는 경우에는 새로운 작업점을 찾아가야 한다. 즉 로봇의 끝단의 위치가 변하는 경우에 새로운 작업점을 찾아가기 위해서 관절에 붙어있는 모터의 각도를 적절히 조절해야 한다. 따라서 이러한 관계는 다음의 식으로 표현된다.

$$\theta_i, \; x_i = f(p_\xi, \; p_{yi}, \; p_{zi}) \tag{5.4.38}$$

여기서 θ_i 는 모터의 회전각도를 나타내며 x_i 는 직선운동의 거리를 나타낸다. 이 식에서와 같이 로봇에 장착된 모터의 회전각도 또는 직선운동의 거리는 끝점의 좌표로 표현되어야 한다. 이러한 과정들이 역운동학에 포함된다.

모델로 선택된 Microbot robot의 경우에 이미 유도된 관련식 위의 식 (5.4.26)~(5.4.37)의 9개 식들을 이용하여 원하는 θ_i 를 구할 수 있다. 여기서 θ_i 는 12개의 모든 식들을 만족시키므로 주어진 식들의 순서에 관계없이 θ_i 를 구하기 위해서 가장 쉬운 순서대로 각도를 구할 수 있다.

식 (5.4.30)에서

$$\theta_1 = \tan^{-1}\left(\frac{p_y}{p_x}\right) \text{ and } \tan^{-1}\left(\frac{-p_y}{-p_x}\right) \quad \text{or} \quad \theta_1 \pm \pi \tag{5.4.39}$$

식 (5.4.32) (5.4.33)에서

$$(p_z - h)^2 + (p_x c_1 + p_y s_1)^2 = (f s_3)^2 + (e + f c_3)^2 = f^2 + e^2 + 2efc_3 \tag{5.4.40}$$

이 식의 두 번째 항은 아래의 방법으로 변수 θ_1 이 간단히 소거 처리된다.

$$p_x c_1 + p_y s_1 = p_x \frac{p_x}{\sqrt{p_x^2 + p_y^2}} + p_y \frac{p_y}{\sqrt{p_x^2 + p_y^2}} = \sqrt{p_x^2 + p_y^2} \tag{5.4.41}$$

이 식을 (5.4.40)에 넣으면 식은 미지수 θ_3 만을 포함하는 식이 되므로 식을 적당히 정리하여 나타내면 다음과 같은 형태가 된다.

$$\cos\theta_3 = \frac{(p_z - h)^2 + p_x^2 + p_y^2 - e^2 - f^2}{2ef} \qquad (5.4.42)$$

따라서 θ_3 는 다음과 같이 식으로 표현된다.

$$\theta_3 = \tan^{-1}\frac{\pm\sqrt{4e^2f^2 - [(p_z - h)^2 + p_x^2 + p_y^2 - e^2 - f^2]^2}}{(p_z - h)^2 + p_x^2 + p_y^2 - e^2 - f^2} \qquad (5.4.43)$$

다음 단계는 마지막으로 남은 변수인 θ_2 를 구해야 한다. 만약 θ_1 이 식 (5.4.39)의 처음 식을 사용하는 경우 θ_2 는 다음과 같다.

$$\theta_2 = \tan^{-1}\frac{(p_z - h)(e + fc_3) - \sqrt{p_x^2 + p_y^2}\,fs_3}{(p_z - h)fs_3 + \sqrt{p_x^2 + p_y^2}\,(e + fc_3)} \qquad (5.4.44)$$

만약 θ_1 이 식 (5.4.39)의 두 번째 식을 사용하는 경우에는 θ_2 는 다음과 같다.

$$\theta_2 = \tan^{-1}\frac{(p_z - h)(e + fc_3) - \sqrt{p_x^2 + p_y^2}\,fs_3}{(p_z - h)fs_3 + \sqrt{p_x^2 + p_y^2}\,(e + fc_3)} \qquad (5.4.45)$$

(5.4.43)에서 다음 조건식의 경우 $\theta_3 = 0^o$ 가 된다. 따라서

$$\theta_1 = \tan^{-1}\left(\frac{p_x}{p_y}\right) \qquad (5.4.46)$$

$$\theta_2 = \tan^{-1}\left(\frac{p_z - h}{\sqrt{p_x^2 + p_y^2}}\right) \qquad (5.4.47)$$

$$\theta_3 = 0^o \qquad (5.4.48)$$

마찬가지로

$$\theta_1 = \tan^{-1}\left(\frac{-p_x}{-p_y}\right) \qquad (5.4.48)$$

$$\theta_2 = \tan^{-1}\left(\frac{p_z - h}{-\sqrt{p_x^2 + p_y^2}}\right) \qquad (5.4.48)$$

$$\theta_3 = 0^o \qquad (5.4.48)$$

구해진 값들은 주어진 조건에서 과연 가능한 값인가를 다른 조건들과 검토 되어야 한다. 로봇의 도달 가능 범위(reachable area, work space)인가를 계산 또는 그림 등과 함께 적절히 검토되어야 한다.

마찬가지로 변환행렬 T_i^{i+1}의 경우에도 행렬의 값이 존재하지 않는 경우가 있으며 이러한 경우도 고려의 대상이 된다. 여기서는 이러한 내용은 다루지 않기로 한다.

5.4.2 Planar Robot

전 장에서 Microbot의 역운동학을 다루었다. 이번 장에서는 **Planar Robot**의 경우를 보자. 아래의 좌표계에서 end effector를 나타내기 위해서 3개의 요소들이 필요하다. 즉 위치 벡터 (p_x, p_y) 와 회전각도 α 의 3개 요소다.

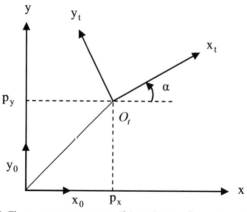

Figure 5.4.1 Three parameters specifying the configuration of end effector

따라서 다음의 관계로 표시된다.

$$T_0^4 = \begin{bmatrix} \cos\alpha & -\sin\alpha & 0 & p_x \\ \sin\alpha & \cos\alpha & 0 & p_y \\ 0 & 0 & 1 & 0 \\ 0 & 0 & 0 & 1 \end{bmatrix} \tag{5.4.49}$$

식(5.4.49)를 식(5.3.28)과 비교하면

$$T_0^4 = \begin{bmatrix} \cos(\theta+\psi), & -\sin(\theta+\psi), & 0, & d\cos\theta - h\sin\theta - f\sin(\theta+\psi) \\ \sin(\theta+\psi), & \cos(\theta+\psi), & 0, & d\sin\theta + h\cos\theta + f\cos(\theta+\psi) \\ 0, & 0, & 1, & 0 \\ 0, & 0, & 0, & 1 \end{bmatrix}$$

$$\tag{5.4.50}$$

$$= \begin{bmatrix} \cos\alpha, & -\sin\alpha, & 0, & p_x \\ \sin\alpha, & \cos\alpha, & 0, & p_y \\ 0, & 0, & 1, & 0 \\ 0, & 0, & 0, & 1 \end{bmatrix}$$

$$= T_0^t$$

역운동학에서 요구되는 사항은 식(5.4.50)에서 정해지며 θ, ψ, h 를 T_0^t 에 포함된 α, p_x, p_y 에 대한 식으로 표시하는 것이다. 이들을 구하는 과정이 역운동학이며 이 과정은 역운동학 예(1)에서 다룬 Microbot 의 경우와 동일하다.

식(5,4,50)의 좌표변환행렬에서 a_{11} 을 비교하면

$$\cos(\theta+\psi) = \cos\alpha \rightarrow \theta + \psi = \alpha \tag{5.4.51}$$

마찬가지로 좌표변환행렬의 관계식에서

$$T_0^1 \, T_1^2 \, T_2^3 \, T_3^4 = T_0^4 = T_0^t \tag{5.4.52}$$

(1) 식 (5.4.50)과 (5.4.52)의 양변을 아래의 식으로 곱하면

$$(T_0^1)^{-1} = T_1^0 = \begin{bmatrix} \cos\theta & \sin\theta & 0 & 0 \\ -\sin\theta & \cos\theta & 0 & 0 \\ 0 & 0 & 1 & 0 \\ 0 & 0 & 0 & 1 \end{bmatrix} \qquad (5.4.53)$$

식 (5.4.52)의 경우는 4×4 인 좌표변환행렬을 4번 계산해야한다. 오랜 계산결과에 의해서 16개의 요소들이 구해진다. 실제 역행렬에서 필요한 것은 3개의 요소이므로 계산을 위해서는 다음의 정의가 필요하다.

T_3^4, T_0^4, T_0^t 의 좌표변환행렬에서 마지막, 즉 4번째 열 또는 위치 열을 T_{34}^4, T_{04}^4, T_{04}^t 으로 정의하면 (5.4.52)에서

$$T_0^1 \, T_1^2 \, T_2^3 \, T_{34}^4 = T_{04}^4 = T_{04}^t \qquad (5.4.54)$$

식 (5,4,54)을 (5,4,53)으로 앞쪽에서 곱하면

$$(T_1^0)\,T_0^1\,T_1^2\,T_2^3\,T_{34}^4 = (T_1^0)\,T_{04}^4 = T_{14}^4 = (T_1^0)\,T_{04}^t = T_{14}^t \quad (5.4.55)$$

행렬식의 특성에 의해서 위 식은 다음과 같이 단순화 된다.

$$T_1^2 \, T_2^3 \, T_{34}^4 = T_{14}^4 = T_{14}^t \qquad (5.4.56)$$

계산에 의해서

$$T_0^1(T_{04}^4 = T_{04}^t) = \begin{bmatrix} \cos\theta, & \sin\theta, & 0, & 0 \\ -\sin\theta, & \cos\theta, & 0, & 0 \\ 0, & 0, & 1, & 0 \\ 0, & 0, & 0, & 1 \end{bmatrix} \begin{bmatrix} d\cos\theta - h\sin\theta - f\sin(\theta+\psi) \\ d\sin\theta + h\cos\theta + f\cos(\theta+\psi) \\ 0 \\ 1 \end{bmatrix}$$

$$= \begin{bmatrix} \cos\theta, & \sin\theta, & 0, & 0 \\ -\sin\theta, & \cos\theta, & 0, & 0 \\ 0, & 0, & 1, & 0 \\ 0, & 0, & 0, & 1 \end{bmatrix} \begin{bmatrix} p_x \\ p_y \\ 0 \\ 1 \end{bmatrix} \qquad (5.4.57)$$

또는

$$T_{14}^{\ 4} = \begin{bmatrix} \cos\theta(d\cos\theta - h\sin\theta - f\sin(\theta+\psi)) + \sin\theta(d\sin\theta + h\cos\theta + f\cos(\theta+\psi)) \\ -\sin\theta(d\cos\theta - h\sin\theta - f\sin(\theta+\psi)) + \cos\theta(d\sin\theta + h\cos\theta + f\cos(\theta+\psi)) \\ 0 \\ 1 \end{bmatrix}$$

위 식을 계산하면

$$T_{14}^{\ 4} = \begin{bmatrix} d - f\sin\psi \\ h + f\cos\psi \\ 0 \\ 1 \end{bmatrix}$$

또는

$$T_{14}^{\ 4} = \begin{bmatrix} p_x\cos\theta + p_y\sin\theta \\ -p_x\sin\theta + p_y\cos\theta \\ 0 \\ 1 \end{bmatrix} = T_{14}^{\ t} \tag{5.4.58}$$

(2) 식 (5.4.52)의 양변을 아래의 식 $T_2^{\ 1}$ 으로 곱하면

$$(T_1^{\ 2})^{-1} = T_2^{\ 1} = \begin{bmatrix} 1 & 0 & 0 & -d \\ 0 & 0 & -1 & 0 \\ 0 & 1 & 0 & -h \\ 0 & 0 & 0 & 1 \end{bmatrix} \tag{5.4.59}$$

식 (5.4.56)에서

$$(T_1^{\ 2})\, T_1^{\ 2}\, T_2^{\ 3}\, T_{34}^{\ 4} = (T_1^{\ 2})\, T_{14}^{\ 4} = (T_1^{\ 2})\, T_{14}^{\ t}$$

행렬식의 특성을 적용하면

$$T_2^{\ 3}\, T_{34}^{\ 4} = T_{24}^{\ 4} = T_{24}^{\ t} \tag{5.4.60}$$

계산에 의해서

$$T_2^{\ 1}(T_{14}^{\ 4} = T_{14}^{\ t}) = \begin{bmatrix} 1 & 0 & 0 & -d \\ 0 & 0 & -1 & 0 \\ 0 & 1 & 0 & -h \\ 0 & 0 & 0 & 1 \end{bmatrix} \left\{ \begin{bmatrix} d - f\sin\psi \\ h + f\cos\psi \\ 0 \\ 1 \end{bmatrix} = \begin{bmatrix} p_x\cos\theta + p_y\sin\theta \\ -p_x\sin\theta + p_y\cos\theta \\ 0 \\ 1 \end{bmatrix} \right\}$$

$$\tag{5.4.61}$$

따라서

$$T_{24}^{\;4} = \begin{bmatrix} -fsin\psi \\ 0 \\ -fcos\psi \\ 1 \end{bmatrix} = \begin{bmatrix} p_x\cos\theta + p_y\sin\theta - d \\ 0 \\ -p_x\sin\theta + p_y\cos\theta - h \\ 1 \end{bmatrix} = T_{24}^{\;t} \qquad (5.4.62)$$

(3) 동일한 방법에 의해서 식 (5.4.60)의 양변을 아래의 식 $T_3^{\;2}$ 으로 곱하면

$$(T_2^{\;3})^{-1} = T_3^{\;2} = \begin{bmatrix} -\sin\psi & 0 & \cos\psi & 0 \\ -\cos\psi & 0 & -\sin\psi & 0 \\ 0 & -1 & 0 & 0 \\ 0 & 0 & 0 & 1 \end{bmatrix} \qquad (5.4.63)$$

식 (5.4.60)에서

$$(T_3^{\;2})\,T_2^{\;3}\,T_{34}^{\;4} = (T_3^{\;2})\,T_{24}^{\;4} = (T_3^{\;2})\,T_{24}^{\;t}$$

행렬식의 특성을 적용하면

$$T_{34}^{\;4} = T_3^{\;2}(\,T_{24}^{\;4} = \;T_{24}^{\;t}) \qquad (5.4.64)$$

계산에 의해서

$$\begin{bmatrix} -\sin\psi & 0 & \cos\psi & 0 \\ -\cos\psi & 0 & -\sin\psi & 0 \\ 0 & -1 & 0 & 0 \\ 0 & 0 & 0 & 1 \end{bmatrix} \left\{ \begin{bmatrix} -fsin\psi \\ 0 \\ fcos\psi \\ 1 \end{bmatrix} = \begin{bmatrix} p_x\cos\theta + p_y\sin\theta - d \\ 0 \\ -p_x\sin\theta + p_y\cos\theta - h \\ 1 \end{bmatrix} \right\} \qquad (5.4.65)$$

따라서

$$T_{34}^{\;4} = T_{34}^{\;t} = \begin{bmatrix} f \\ 0 \\ 0 \\ 1 \end{bmatrix} = \begin{bmatrix} p_y\cos\psi - p_x\sin\psi + d\sin\psi - h\cos\psi \\ -p_y\sin\psi - p_x\cos\psi + d\cos\psi + h\sin\psi \\ 0 \\ 1 \end{bmatrix} \qquad (5.4.66)$$

(4) 위의 과정을 통하여 얻어진 결과식들을 정리하면 다음과 같다.

(5.4.50)에서

$$p_x = d\cos\theta - h\sin\theta - f\sin(\theta+\psi) \tag{5.4.67}$$

$$p_y = d\sin\theta + h\cos\theta + f\cos(\theta+\psi) \tag{5.4.68}$$

(5.4.58)에서

$$d - f\sin(\theta+\psi) = p_x\cos\theta + p_y\sin\theta \tag{5.4.69}$$

$$h + f\cos(\theta+\psi) = -p_x\sin\theta + p_y\cos\theta \tag{5.4.70}$$

(5,4.62)에서

$$f = p_y\cos\alpha - p_x\sin\alpha + d\sin\psi - h\cos\psi \tag{5.4.71}$$

$$0 = -p_y\sin\alpha - p_x\cos\alpha + d\cos\psi + h\sin\psi \tag{5.4.72}$$

행렬식들을 (5.4.67) 과 (5.4.68)에서

$$\underbrace{d}_{a}\cos\theta - \underbrace{h}_{b}\sin\theta = \underbrace{p_x + f\sin\alpha}_{c} \tag{5.4.73}$$

$$\underbrace{d}_{a}\sin\theta + \underbrace{h}_{b}\cos\theta = \underbrace{p_y - f\cos\alpha}_{d} \tag{5.4.74}$$

위 식에 의해서

$$d^2 + h^2 = (p_x + f\sin\alpha)^2 + (p_y - f\cos\alpha)^2 = p_x^{\,2} + p_y^{\,2} + f^2 + 2f(pxd\sin\alpha - p_y\cos\alpha) \tag{5,4,75}$$

$$h = \left\{ p_x^{\,2} + p_y^{\,2} + f^2 - d^2 + 2f(p_x\sin\alpha - p_y\cos\alpha) \right\}^{1/2} \tag{5.4.76}$$

$$\theta = \tan^{-1}\left\{ \frac{d(p_y - f\cos\alpha) - h(p_x + f\sin\alpha)}{d(p_x + f\sin\alpha) + h(p_y - f\cos\alpha)} \right\} \tag{5.4.77}$$

위의 계산 결과 (5.4.76), (5.4.77) 과 (5.4.51)에 의해서 주어진 planar robot의 analytic inverse kinematic solution을 구했다. 따라서 computer simulation을 위한 프로그래밍에서

(1) 식(5.4.76)에서 prismatic link value h

(2) 식(5.4.77)에서 revolute link angle θ

(3) 식(5.4.51)에서 revolute link angle ψ

위의 순서로 변수들을 계산하여 사용한다.

[Example 5.4.1]

Fig. 5.3.11의 Planar robot에서 정운동학과 역운동학을 통해서 식 (5.4.76)의 h 를 구했다. 이 식을 이용하여 다음식이 성립함을 증명해라.

$$p_x^{\,2} + p_y^{\,2} + f^2 - d^2 + 2f\left(p_x \sin\alpha - p_y \cos\alpha\right) \geq d^2 \qquad \text{(a)}$$

[Solution]

식(5.4.76) 에서 h 는 다음 식과 같다.

$$h = \left\{ p_x^{\,2} + p_y^{\,2} + f^2 - d^2 + 2f\left(p_x \sin\alpha - p_y \cos\alpha\right) \right\}^{1/2} \geq 0$$

이 식은 다음 관계가 성립된다.

$$p_x^{\,2} + p_y^{\,2} + f^2 - d^2 + 2f\left(p_x \sin\alpha - p_y \cos\alpha\right) \geq 0$$

따라서

$$p_x^{\,2} + p_y^{\,2} + f^2 + 2f\left(p_x \sin\alpha - p_y \cos\alpha\right) \geq d^2$$

[Example 5.4.2]

Fig 5.3.5의 Microbot에 관련된 내용이다. 식(5.4.5)으로 표시된 T_{04}^4 의 전방 앞부분에 식(5.4.6)으로 표시된 T_1^0 을 곱하는 경우 식 (5.4.11)으로 표시된 T_{14}^4 가 되는 것을 증명해라.

[Solution]

$$T_1^0\,T_{04}^4 = \begin{bmatrix} \cos\theta_1 & \sin\theta_1 & 0 & 0 \\ -\sin\theta_1 & \cos\theta_1 & 0 & 0 \\ 0 & 0 & 1 & -h \\ 0 & 0 & 0 & 1 \end{bmatrix} \left\{ \begin{bmatrix} ec_1c_2+fc_1c_{23} \\ es_1c_2+fs_1c_{23} \\ h+es_2+fs_{23} \\ 1 \end{bmatrix} = \begin{bmatrix} p_x \\ p_y \\ p_z \\ 1 \end{bmatrix} \right\}$$

$$= \begin{bmatrix} ec_2+fc_{23} \\ 0 \\ ec_2+fc_{23} \\ 1 \end{bmatrix} = \begin{bmatrix} p_xc_1+p_ys_1 \\ -p_xs_1+p_yc_1 \\ p_z-h \\ 1 \end{bmatrix} = T_{14}^4$$

따라서 $T_1^0\,T_{04}^4 = T_{14}^4$ 가 성립된다. 이러한 관계는 4×4 행렬식의 16개 요소를 모두 계산하는 번거로움을 피할 수 있는 유용한 예이다. 모두 복잡한 계산과정을 거쳐서 얻은 마지막 식에서 한 열(column)만 선택하여 inverse kinematics에 사용하므로 필요한 마지막 식을 얻는데 매우 유용한 방법이다.

[Example 5.4.3]

Fig 5.3.5의 Microbot에 관련된 내용이다. 식(5.4.18)로 표시된 T_{24}^4 의 전방 앞부분에 식(5.4.20)으로 표시된 T_3^2 을 곱하는 경우 식 (5.4.24)로 표시된 T_{34}^4 가 되는 것을 증명해라.

[Solution]

$$\begin{bmatrix} c_3 & s_3 & 0 & ec_3 \\ -s_3 & c_3 & 0 & es_3 \\ 0 & 0 & 1 & 0 \\ 0 & 0 & 0 & 1 \end{bmatrix} \left\{ \begin{bmatrix} efc_3 \\ fs_3 \\ 0 \\ 1 \end{bmatrix} = \begin{bmatrix} (p_xc_1+p_ys_1)c_2+(p_z-h)s_2 \\ (-p_xc_1-p_ys_1)s_2+(p_z-h)c_2 \\ p_xs_1-p_yc_1 \\ 1 \end{bmatrix} \right\}$$

$$\begin{bmatrix} f \\ 0 \\ 0 \\ 1 \end{bmatrix} = \begin{bmatrix} (p_xc_1+p_ys_1)(c_2c_3-s_2s_3)+(p_z-h)(s_2c_3+c_2s_3)-ec_3 \\ (p_xc_1+p_ys_1)(-c_2c_3-s_2s_3)+(p_z-h)(c_2c_3-s_2s_3)+es_3 \\ p_xs_1-p_yc_1 \\ 1 \end{bmatrix}$$

$$\begin{bmatrix} f \\ 0 \\ 0 \\ 1 \end{bmatrix} = \begin{bmatrix} (p_x c_1 + p_y s_1)c_{23} + (p_z - h)s_{23} - ec_3 \\ -(p_x c_1 + p_y s_1)s_{23} + (p_z - h)c_{23} + es_3 \\ p_x s_1 - p_y c_1 \\ 1 \end{bmatrix}$$

따라서 $T_3^2 T_{24}^4 = T_{34}^4$ 가 성립된다. 위의 example 5.3.5에서와 같이 처음 변환행렬식의 superscript 와 다음 변환행렬식의 subscript 첫 숫자가 소거되고 나머지 사항만이 남는다. 4×4 행렬식의 16개 요소를 모두 계산하는 번거로움을 피할 수 있는 유용한 방법이다.

[Example 5.4.4]

Fig 5.3.5의 Microbot에 관련된 내용이다. 식(5.4.35)과 (5.4.36)의 두 식을 이용하여 (5.4.43)과 유사한 θ_2를 구하는 식을 유도해라.

[Solution]

$$(5.4.35) \rightarrow f = (p_x c_1 + p_y s_1)c_{23} + (p_z - h)s_{23} - ec_3 \tag{1}$$

$$(5.4.36) \rightarrow 0 = (-p_x c_1 - p_y s_1)s_{23} + (p_z - h)c_{23} + es_3 \tag{2}$$

역행렬의 삼각함수를 구하는 식 (7)에서

$$a\cos\theta - b\sin\theta = c \tag{3}$$

$$a\sin\theta + b\cos\theta = d \tag{4}$$

$$\theta = \tan^{-1}\left(\frac{ad - bc}{ac - bd}\right) \tag{5}$$

따라서 (1)(2)의 식을 (3)(4)의 형식으로 고치면

$$(p_z - h)c_{23} - (p_x c_1 + p_y s_1)s_{23} = -es_3 \tag{6}$$

$$(p_z - h)s_{23} + (p_x c_1 + p_y s_1)c_{23} = f + ec_3 \tag{7}$$

식 (6)(7)을 식(5)에 넣으면 다음 결과를 얻는다.

$$\theta_2 + \theta_3 = \tan^{-1}\left(\frac{(p_z - h)(f + ec_3) + (p_x c_1 + p_y s_1)es_3}{(p_z - h)(-es_3) + (p_x c_1 + p_y s_1)(f + ec_3)}\right)$$

$$\theta_2 = \tan^{-1}\left(\frac{(p_z - h)(f + ec_3) + (p_x c_1 + p_y s_1)es_3}{(p_z - h)(-es_3) + (p_x c_1 + p_y s_1)(f + ec_3)}\right) - \theta_3$$

[Example 5.4.5]

Fig 5.3.5의 Microbot에 관련된 내용이다. 식(5.4.43)에서 다음에 주어진 식이 성립될 경우 다음 사항이 성립됨을 보여라.

$$(e + f)^2 \geq (p_z - h)^2 + p_x^2 + p_y^2$$

1) 식(5.4.43)에 주어진 θ_3 는 0° 가 된다.
2) 이 경우에 (5.4.44) (5.4.45)으로 주어지는 2개의 근이 존재함을 보여라.

[Solution]

1) 식(5.4.43)에서

$$\theta_3 = \tan^{-1}\frac{\pm\sqrt{4e^2f^2 - [(p_z - h)^2 + p_x^2 + p_y^2 - e^2 - f^2]^2}}{(p_z - h)^2 + p_x^2 + p_y^2 - e^2 - f^2}$$

이 식에서

$$e + f = \sqrt{(p_z - h)^2 + p_x^2 + p_y^2}$$
$$(e + f)^2 = e^2 + f^2 + 2ef = (p_z - h)^2 + p_x^2 + p_y^2$$

따라서 이 식을 (5.4.43)에 넣으면 θ_3의 분자가 0° 가 된다.

2) 식(5.4.39)에서 두 개의 θ_1 이 존재한다. 처음 식을 사용하는 경우 θ_2 는 다음과 같다.

$$\theta_1 = \tan^{-1}\left(\frac{p_y}{p_x}\right)$$

$$\theta_2 = \tan^{-1} \frac{(p_z - h)(e + fc_3) - fs_3 \sqrt{p_x^2 + p_y^2}}{(p_z - h)fs_3 + \sqrt{p_x^2 + p_y^2}\,(e + fc_3)}$$

θ_3가 두 개의 값을 가지므로 θ_2가 두 개의 근을 갖는다. 하지만 $\theta_3 = 0^o$ 인 경우에는 $s_3 = 0,\ c_3 = 1$ 이므로

$$\theta_2 = \tan^{-1} \frac{(p_z - h)(e + f)}{(e + f)\sqrt{p_x^2 + p_y^2}} = \tan^{-1} \frac{(p_z - h)}{\sqrt{p_x^2 + p_y^2}}$$

θ_1이 식 (5.4.39)의 두 번째 식을 사용하는 경우에는 θ_2는 다음과 같다.

$$\theta_2 = \tan^{-1} \frac{(p_z - h)(e + fc_3) - \sqrt{p_x^2 + p_y^2}\,fs_3}{(p_z - h)fs_3 + \sqrt{p_x^2 + p_y^2}\,(e + fc_3)}$$

5.4.3 PUMA560

전 장에서 Microbot과 Planar Robot의 역운동학을 다루었다. 마찬가지로 이번 장에서는 PUMA560 Robot 의 경우를 보자. 아래의 죄표계에서 end effector를 나타내기 위해서 3개의 요소들이 필요하다. 즉 위치 벡터 $(p_x,\, p_y)$ 와 회전각도 α의 3개 요소다.

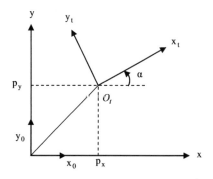

Figure 5.4.2 Three Parameters Specifying the Configuration of End Effector134

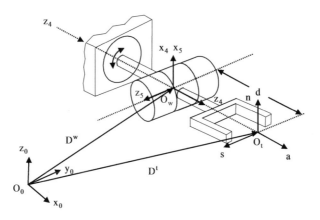

Figure 5.4.3 Spherical Wrist of PUMA560

이미 알려진 또는 원하는 $(n_x\,,\,n_y\,,\,n_z\,,\,s_x\,,\,s_y\,,\,s_z\,,\,a_x\,,\,a_y\,,\,a_z\,)$ 와

$(p_x\,,\,p_y\,,\,p_z)$ 에 대하여 정운동학에서 구한 식 (5.3.39)~(5.3.41) 을 이용

하여 이들을 만족시키는 $\theta_1,\theta_2,\theta_3,\;\theta_4,\theta_5,\theta_6$ 를 구하는 과정이다.

식(5.3.38)에서

$$R_0^6 = \begin{bmatrix} n_x & s_x & a_x \\ n_y & s_y & a_y \\ n_z & s_z & a_z \end{bmatrix} \tag{5.4.78}$$

행렬식의 특성상

$$(R_0^{\;6})^{-1} = R_6^{\;0} = (R_0^{\;6})^T \tag{5.4.79}$$

Fig 5.25에서 D^w 는 고정된 {0} 좌표계의 원점 O_0 에서 spherical
wrist의 원점 O_w 까지의 거리를 나타낸다.

$$D^t = D_0^6 = \begin{bmatrix} p_x \\ p_y \\ p_z \end{bmatrix} = D^w + da = D^w + \begin{bmatrix} da_x \\ da_y \\ da_z \end{bmatrix} \tag{5.4.80}$$

$$D^w = \begin{bmatrix} p_{xw} \\ p_{yw} \\ p_{zw} \end{bmatrix} = \begin{bmatrix} p_x - da_x \\ p_y - da_y \\ p_z - da_z \end{bmatrix} = D_0^4 = \begin{bmatrix} -fc_1s_{23} + ec_1c_2 - gs_1 \\ -fs_1s_{23} + es_1c_2 + gc_1 \\ -fc_{23} + h - es_2 \end{bmatrix} \tag{5.4.81}$$

Wrist 원점은 link-4의 원점이므로 p_{xw}, p_{yw}, p_{zw}는 위치를 표시하는 네 번째 열의 처음 3개 요소를 나타낸다. 즉,

$$T_{04}^4 = \begin{bmatrix} D_0^4 \\ 1 \end{bmatrix} \tag{5.4.82}$$

$$T_{34}^4 = \begin{bmatrix} 0 \\ f \\ 0 \\ 1 \end{bmatrix} \tag{5.4.83}$$

$$T_{04}^4 = T_0^3 T_{34}^4 = \begin{bmatrix} D_0^4 \\ 1 \end{bmatrix} = \begin{bmatrix} -fc_1 s_{23} + ec_1 c_2 - gs_1 \\ -fs_1 s_{23} + es_1 c_2 + gc_1 \\ -fc_{23} + h - es_2 \\ 1 \end{bmatrix} = \begin{bmatrix} p_{xw} \\ p_{yw} \\ p_{zw} \end{bmatrix} \tag{5.4.84}$$

식(5.4.84)의 양변에 다음의 식을 곱한다.

$$(T_0^1)^{-1} = T_1^0 = \begin{bmatrix} c_1 & s_1 & 0 & 0 \\ -s_1 & c_1 & 0 & 0 \\ 0 & 0 & 1 & -h \\ 0 & 0 & 0 & 1 \end{bmatrix} \tag{5.4.85}$$

$$T_1^2 T_2^3 T_{34}^4 = T_{14}^4 = \begin{bmatrix} ec_2 - fs_{23} \\ g \\ -es_2 - fc_{23} \\ 1 \end{bmatrix} = \begin{bmatrix} p_{xw} c_1 + p_{yw} s_1 \\ p_{yw} c_1 - p_{xw} s_1 \\ p_{zw} - h \\ 1 \end{bmatrix} \tag{5.4.86}$$

마찬가지로 식(5.4.86)의 양변에 다음의 식을 곱하고 동일한 과정을 반복한다.

$$(T_1^2)^{-1} = T_2^1 = \begin{bmatrix} c_2 & 0 & s_2 & 0 \\ -s_2 & 0 & -c_2 & 0 \\ 0 & 1 & 0 & 0 \\ 0 & 0 & 0 & 1 \end{bmatrix} \tag{5.4.87}$$

$$T_2^3 T_{34}^4 = T_{24}^4 = \begin{bmatrix} e - fs_3 \\ fc_2 \\ g \\ 1 \end{bmatrix} = \begin{bmatrix} (p_{xw}c_1 + p_{yw}s_1)c_2 - (p_{zw} - h)s_2 \\ (-p_{xw}c_1 - p_{yw}s_1)s_2 - (p_{zw} - h)c_2 \\ p_{yw}c_1 - p_{xw}s_1 \\ 1 \end{bmatrix} \quad (5.4.88)$$

마지막 과정으로 식(5.4.88)의 양변에 다음의 식을 곱하고 동일한 과정을 반복한다.

$$(T_2^3)^{-1} = T_3^2 = \begin{bmatrix} c_3 & s_3 & 0 & -ec_3 \\ -s_3 & c_3 & 0 & es_3 \\ 0 & 0 & 1 & -g \\ 0 & 0 & 0 & 1 \end{bmatrix} \quad (5.4.89)$$

$$T_{34}^4 = \begin{bmatrix} 0 \\ f \\ 0 \\ 1 \end{bmatrix} = \begin{bmatrix} (p_{xw}c_1 + p_{yw}s_1)c_{23} - (p_{zw} - h)s_{23} - ec_3 \\ (-p_{xw}c_1 + p_{yw}s_1)s_{23} - (p_{zw} - h)c_{23} + es_3 \\ p_{yw}c_1 - p_{xw}s_1 - g \\ 1 \end{bmatrix} \quad (5.4.90)$$

식 (5.4.84), (5.4.86), (5.4.88), (5.4.90) 에서

$$(e\,c_2 - fs_{23})c_1 - gs_1 = p_{xw} \quad (5.4.91)$$

$$(e\,c_2 - fs_{23})s_1 + gc_1 = p_{yw} \quad (5.4.92)$$

$$-fc_{23} + h - es_2 = p_{zw} \quad (5.4.93)$$

$$e\,c_2 - fs_{23} = p_{xw}c_1 + p_{yw}s_1 \quad (5.4.94)$$

$$g = p_{yw}c_1 - p_{xw}s_1 \quad (5.4.95)$$

$$e - fs_3 = (p_{xw}c_1 + p_{yw}s_1)c_2 - (p_{zw} - h)s_2 \quad (5.4.96)$$

$$-fc_3 = (p_{xw}c_1 + p_{yw}s_1)s_2 + (p_{zw} - h)c_2 \quad (5.4.97)$$

$$e\,c_3 = (p_{xw}c_1 + p_{yw}s_1)c_{23} - (p_{zw} - h)s_{13} \quad (5.4.98)$$

$$e\,s_3 - f = (p_{xw}c_1 + p_{yw}s_1)s_{23} + (p_{zw} - h)c_{13} \quad (5.4.99)$$

위의 식들을 이용하여 역운동학의 근을 구하는 과정이 필요하다.

(1) 삼각함수의 식이 다음의 형태를 갖는 경우

$$a\cos\theta + b\sin\theta = c \qquad (5.4.100)$$

근의 형태는

$$\theta = Atan2\left[\frac{b}{a}\right] + Atan2\left[\frac{\pm \sqrt{a^2 + b^2 - c^2}}{c}\right] \qquad (5.4.101)$$

따라서 (5.4.95)를 (5.4.100)과 비교하면 $a = p_{yw}$, $b = -p_{xw}$, $c = g$ 가 되므로 (5.4.101)에 넣으면

$$\theta_1 = Atan2\left[\frac{-p_{xw}}{p_{yw}}\right] + Atan2\left[\frac{\pm \sqrt{p_{xw}^2 + p_{yw}^2 - g^2}}{g}\right] \qquad (5.4.102)$$

이 식은 다음 형태를 갖는다.

$$\theta_1 = f(p_{xw}, p_{yw}, g) \qquad (5.4.103)$$

(2) 삼각함수의 식이 다음의 형태를 갖는 경우

$$a\cos\theta - b\sin\theta = c \qquad (5.4.104)$$
$$a\sin\theta + b\cos\theta = d \qquad (5.4.105)$$

인 경우 근의 형태는

$$\theta = Atan2\left[\frac{ad - bc}{ac + bd}\right] \qquad (5.4.106)$$

이며 다음의 관계가 성립한다.

$$a^2 + b^2 = c^2 + d^2 \qquad (5.4.107)$$

식 (5.4.96), (5.4.97), (5.4.98), (5.4.99)의 경우는 위와 동일한 형태이므로

$$\sin\theta_3 = \frac{e^2 + f^2 - (p_{xw}c_1 + p_{yw}s_1)^2 - (p_{zw} - h)^2}{2ef} \qquad (5.4.108)$$

위의 식(5.4.108)의 경우는 θ_1을 포함하고 있다. 따라서 (5.4.102)을 이용하여 구한 θ_1을 (5.4.108)에서 넣으면 θ_3 를 구할 수 있다. 하지만 이 식에서 θ_1을 제거하면 과정이 간단해진다.

(3) 따라서 위의 (1), (2) 과정에서 적용한 삼각함수 식을 이용하자. (5.4.91)과 (5.4.92)에 식(5.4.104)~(5.4.107)의 경우를 적용하면 $a = ec_2 - fs_{23}$, $b = -p_{xw}$, $c = g$, $d = p_{yw}$ 가 되므로 다음 관계가 성립한다.

$$(ec_2 - fs_{23})^2 = p_{xw}^2 + p_{yw}^2 - g^2 \qquad (5.4.109)$$

(5.4.94)의 양변을 제곱하고 정리하면

$$(ec_2 - fs_{23})^2 = (p_{xw}c_1 + p_{yw}s_1)^2 = p_{xw}^2 + p_{yw}^2 - g^2 \qquad (5.4.110)$$

(5.4.110)을 (5.4.109)에 넣고 정리하면

$$\sin\theta_3 = \frac{e^2 + f^2 + g^2 - p_{xw}^2 + p_{yw}^2 - (p_{zw} - h)^2}{2ef} \qquad (5.4.111)$$

(4) 삼각함수의 식에서 $\sin\theta = a$ 인 경우, θ 값은 다음의 관계식으로 구할 수 있다.

$$\theta = Atan2\left[\frac{a}{\pm\sqrt{1-a^2}}\right] \quad \text{and both} \quad \theta \quad \text{and} \quad 180^o - \theta \qquad (5.4.112)$$

따라서 θ_3 는 다음의 식으로 표시된다.

$$\theta_3 = Atan2\left[\frac{e^2 + f^2 + g^2 - p_{xw}^2 - p_{yw}^2 - (p_{zw} - h)^2}{\pm \sqrt{4e^2f^2 - \left[e^2 + f^2 + g^2 - p_{xw}^2 - p_{yw}^2 - (p_{zw} - h)^2\right]^2}}\right] \quad (5.4.113)$$

식(5.4.102)에서 θ_1을, 식(5.4.111) θ_3를 구할 수 있다. 하지만 두 식은 $\pm$ 의 두 경우를 포함하고 있으므로 결국 4개의 경우를 포함하고 있다.

(5) 식 (5.4.96)와 (5.4.97) 또는 (5.4.98)와 (5.4.99)에 의해서 나머지 θ_2 를 구할 수 있다. 이를 구하기 위해서 식(5.4.106)와 (5.4.107)의 관계 식을 적용한다.

$$a = (p_{xw}c_1 + p_{yw}s_1)$$
$$b = (p_{zw} - h)$$
$$c = e - fs_3$$
$$d = -fc_3$$

이므로 식에 넣으면

$$\theta_2 = Atan2\left[\frac{-(p_{xw}c_1 + p_{yw}s_1)fc_3 - (p_{zw} - h)(e - fs_3)}{(p_{xw}c_1 + p_{yw}s_1)(e - fs_3) - (p_{zw} - h)fc_3}\right] \quad (5.4.114)$$

따라서 식 (5.4.102), (5.4.111), (5.4.112)에 의해서 θ_1, θ_3, θ_2 를 구했다. 하지만 위에서 언급된 바와 같이 $\pm$ 의 두 경우를 포함하고 있다. 따라서 a set of positiona; inverse kinematic equation이 존재한다고 한다.

나머지 역운동학의 θ_4, θ_5, θ_6를 구하기 위해서 θ_1, θ_3, θ_2 를 구하는 과정에서 적용한 과정을 반복한다.

$$(T_0^3)^{-1} = T_3^0 = \begin{bmatrix} c_1c_{23} & s_1c_{23} & -s_{23} & hs_{23} - ec_3 \\ -c_1s_{23} & -s_1s_{23} & -c_{23} & hc_{23} + es_3 \\ -s_1 & c_1 & 0 & -g \\ 0 & 0 & 0 & 1 \end{bmatrix} \quad (5.4.115)$$

정운동학의 식(5.3.36), (5.3.37)에서의 방법대로

$$(T_0^3)^{-1} T_0^3 T_3^6 = T_3^0 T_0^3 T_3^6 = T_3^6 = T_3^0 T_0^6 \qquad (5.4.116)$$

따라서

$$T_3^6 = \begin{bmatrix} c_4 c_5 c_6 - s_4 s_6 & -c_4 c_5 s_6 - s_4 c_6 & c_4 s_5 & d c_4 s_5 \\ -s_5 c_6 & s_5 s_6 & c_5 & f + d c_5 \\ -s_4 c_5 c_6 - c_4 s_6 & -s_4 c_5 s_6 - c_4 c_6 & -s_4 s_5 & d s_4 s_5 \\ 0 & 0 & 0 & 1 \end{bmatrix}$$

$$= \begin{bmatrix} c_1 c_{23} & s_1 c_{23} & -s_{23} & h s_{23} - e c_3 \\ -c_1 s_{23} & -s_1 s_{23} & -c_{23} & h c_{23} + e s_3 \\ -s_1 & c_1 & 0 & -g \\ 0 & 0 & 0 & 1 \end{bmatrix} \begin{bmatrix} n_x & s_x & a_x & p_x \\ n_y & s_y & a_y & p_y \\ n_z & s_z & a_z & p_z \\ 0 & 0 & 0 & 1 \end{bmatrix}$$

$$= T_3^0 T_0^6 \qquad (5.4.117)$$

위식의 두 번째 식은 서 θ_1, θ_3, θ_2를 포함하고 있으므로 첫째 식에 포함된 변수들인 θ_4, θ_5, θ_6을 삼각함수의 관계에 의해서 구할 수 있다. 식의 관련항들을 비교하여 다음을 구한다,

$$s_4 s_5 = a_x s_1 - a_y c_1 \qquad (5.4.118)$$

$$c_4 s_5 = a_x c_1 c_{23} + a_y s_1 c_{23} - a_z s_{23} \qquad (5.4.119)$$

$$c_5 = -a_x c_1 s_{23} - a_y s_1 s_{23} - a_z c_{23} \qquad (5.4.120)$$

따라서

$$\theta_4 = Atan2 \left[\frac{a_x s_1 - a_y c_1}{a_x c_1 c_{23} + a_y s_1 c_{23} - a_z s_{23}} \right] \qquad \text{또는}$$

$$\theta_4 = Atan2 \left[\frac{a_y c_1 - a_x s_1}{a_z s_{23} - a_x c_1 c_{23} - a_y s_1 c_{23}} \right] \qquad (5.4.121)$$

식 (5.4.121)의 경우 θ_4과 $\theta_4 \pm 180^o$ 를 모두 만족시킨다. 마찬가지로 삼각함수의 관계에 의해서

$$\theta_5 = Atan2 \left[\frac{\sqrt{(a_x s_1 - a_y c_1)^2 + (a_x c_1 c_{23} + a_y s_1 c_{23} - a_z s_2)^2}}{-a_x c_1 s_{23} - a_y s_1 s_{23} - a_z c_{23}} \right]$$

또는

$$\theta_5 = Atan2\left[\frac{-\sqrt{(a_xs_1-a_yc_1)^2+(a_xc_1c_{23}+a_ys_1c_{23}-a_zs_2)^2}}{-a_xc_1s_{23}-a_ys_1s_{23}-a_zc_{23}}\right]$$

$$(5.4.122)$$

(5.4.117)의 처음 행렬식의 두 번째 행의 요소들은 다음 식으로 표시된다.

$$s_6s_5 = -s_xc_1s_{23}-s_ys_1s_{23}-s_zc_{23} \qquad (5.4.123)$$

$$c_6s_5 = n_xc_1s_{23}+n_ys_1s_{23}+n_zc_{23} \qquad (5.4.124)$$

따라서

$$\theta_6 = Atan2\left[\frac{-s_xc_1s_{23}-s_ys_1s_{23}-s_zc_{23}}{n_xc_1s_{23}+n_ys_1s_{23}+n_zc_{23}}\right]$$

또는

$$\theta_6 = Atan2\left[\frac{s_xc_1s_{23}+s_ys_1s_{23}+s_zc_{23}}{-n_xc_1s_{23}-n_ys_1s_{23}-n_zc_{23}}\right] \qquad (5.4.125)$$

식 (5.4.121)의 θ_4 경우와 마찬가지로 θ_6 와 $\theta_6 \pm 180^o$ 의 경우도 (5.4.125)의 식을 만족시킨다. 다음의 삼각함수가 주어진 경우

$$\sin\theta sin\psi = a, \ \cos\theta sin\psi = b \qquad (5.4.126)$$

θ를 구하는 식은

$$\theta = Atan2\left[\frac{a}{b}\right] \ and \ Atan2\left[\frac{-a}{-b}\right] \ or \ \theta \pm 180^o \qquad (5.4.127)$$

위 식(5.4.126)에 첨부하여 $\cos\psi = c$ 가 주어진 경우에 ψ 값은

$$\psi = Atan2\left[\frac{\sqrt{a^2+b^2}}{c}\right] \ and \ Atan2\left[\frac{-\sqrt{a^2+b^2}}{c}\right] \ or \ -\psi \qquad (5.4.128)$$

(5.4.126) (5.4.127) (5.4.128) 의 a, b, c를 (5.4.123) (5.4.124)에서 찾으면

$$a = -s_xc_1s_{23}-s_ys_1s_{23}-s_zc_{23}$$

$$b = -n_xc_1s_{23}+n_ys_1s_{23}+n_zc_{23}$$

$$c = -a_x c_1 s_{23} - a_y s_1 s_{23} - a_z c_{23}$$

으로 표시된다. 따라서 이러한 관계를 적용하면

$$\theta_6 = Atan2\left[\frac{\sqrt{(-s_x c_1 s_{23} - s_y s_1 s_{23} - s_z c_{23})^2 + (n_x c_1 s_{23} + n_y s_1 s_{23} + n_z c_{23})^2}}{-a_x c_1 s_{23} - a_y s_1 s_{23} - a_z c_{23}}\right]$$

$$(5.4.129)$$

또는

$$\theta_6 = Atan2\left[\frac{-\sqrt{(-s_x c_1 s_{23} - s_y s_1 s_{23} - s_z c_{23})^2 + (n_x c_1 s_{23} + n_y s_1 s_{23} + n_z c_{23})^2}}{-a_x c_1 s_{23} - a_y s_1 s_{23} - a_z c_{23}}\right]$$

$$(5.4.130)$$

역운동학의 모든 과정이 완료되었다. 여기서 유도된 기본식들은 동역학, 제어 등에 직접 사용되는 중요한 식들이므로 꼭 기억해야 한다.

[Example 5.4.6]

Fig 5.3.16의 Puma560에 관련된 내용이다. 식(5.3.9)와 (5.3.36)을 적용하여 (5.4.115)를 구해라.

[Solution]

식(5.3.9)에서

$$(T_q^k)^{-1} = \begin{bmatrix} R_q^k & D_q^k \\ 0\ 0\ 0 & 1 \end{bmatrix}^{-1} = \begin{bmatrix} (R_q^k)^T & -(R_q^k)^T D_q^k \\ 0\quad 0\quad 0 & 1 \end{bmatrix} = T_k^q$$

식(5.3.36)에서

$$T_q^k = T_0^3 = \begin{bmatrix} R_0^3 & D_0^3 \\ 0\ 0\ 0 & 1 \end{bmatrix} = \begin{bmatrix} c_1 c_{23} & -c_1 s_{23} & -s_1 & e c_1 c_2 - g s_1 \\ s_1 c_{23} & -s_1 s_{23} & c_1 & e s_1 c_2 + g c_1 \\ -s_{23} & -c_{23} & 0 & h - e s_2 \\ 0 & 0 & 0 & 1 \end{bmatrix}$$

$$T_3^0 = \begin{bmatrix} (R_0^3)^T & -(R_0^3)^T D_0^3 \\ 0 \quad 0 \quad 0 & 1 \end{bmatrix} = \begin{bmatrix} c_1 c_{23} & -s_1 c_{23} & -s_{23} & D_{3x}^0 \\ -c_1 s_{23} & -s_1 s_{23} & -c_{23} & D_{3y}^0 \\ -s_1 & c_1 & 0 & D_{3z}^0 \\ 0 & 0 & 0 & 1 \end{bmatrix}$$

$$\begin{bmatrix} D_{3x}^0 \\ D_{3y}^0 \\ D_{3z}^0 \end{bmatrix} = \begin{bmatrix} -c_1 c_{23} & -s_1 c_{23} & s_{23} \\ c_1 s_{23} & s_1 s_{23} & c_{23} \\ s_1 & -c_1 & 0 \end{bmatrix} = \begin{bmatrix} ec_1 c_2 - gs_1 \\ es_1 c_2 + gc_1 \\ h - es_2 \end{bmatrix}$$

$$= \begin{bmatrix} -e\left(c_1^2 c_2 c_{23} + s_1^2 c_2 c_{23}\right) + g\left(s_1 c_1 c_{23} + s_1 c_1 c_{23}\right) + (h - es_2) s_{23} \\ e\left(c_1^2 c_2 s_{23} + s_1^2 c_2 s_{23}\right) + g\left(c_1 s_1 s_{23} - c_1 s_1 s_{23}\right) + (h - es_2) c_{23} \\ e\left(c_1 s_1 c_2 - c_1 s_1 c_2\right) - g\left(s_1^2 + c_1^2\right) \end{bmatrix}$$

$$\begin{bmatrix} D_{3x}^0 \\ D_{3y}^0 \\ D_{3z}^0 \end{bmatrix} = \begin{bmatrix} -e\left(c_2 c_{23} + s_2 s_{23}\right) + h s_{23} \\ e\left(c_2 s_{23} - s_2 c_{23}\right) + h c_{23} \\ -g \end{bmatrix} = \begin{bmatrix} -ec_3 + hs_{23} \\ es_3 + hc_{23} \\ -g \end{bmatrix}$$

따라서

$$T_3^0 = \begin{bmatrix} c_1 c_{23} & -s_1 c_{23} & -s_{23} & hs_{23} - ec_3 \\ -c_1 s_{23} & -s_1 s_{23} & -c_{23} & hc_{23} + es_3 \\ -s_1 & c_1 & 0 & -g \\ 0 & 0 & 0 & 1 \end{bmatrix}$$

[Example 5.4.7]

Fig 5.3.16의 Puma560에 관련된 내용이다. 식(5.4.115), (5.4.116), (5.4.117)을 사용하여 다음에 주어진 식을 증명해라.

$$(s_4 s_5)^2 + (c_4 s_5)^2 + c_5^2 = a_x^2 + a_y^2 + a_z^2 = 1$$

[Solution]

식(5.4.115)에서

$$(s_4 s_5)^2 = (a_x s_1 - a_y c_1)^2 = a_x^2 s_1^2 + a_y^2 c_1^2 - 2a_x a_y s_1 c_1 \tag{1}$$

$$(c_4 s_5)^2 = a_x^2 c_1^2 c_{23}^2 + a_y^2 s_1^2 c_{23}^2 + a_z^2 s_{23}^2 + 2a_x a_y c_1 s_1 c_{23}^2 \tag{2}$$

$$- a_x a_z c_1 c_{23} s_{23} - 2a_y a_z s_1 c_{23} s_{23}$$

$$c_5^2 = a_x^2 c_1^2 s_{23}^2 + a_y^2 s_1^2 s_{23}^2 + a_z^2 c_{23}^2 + a_x a_y c_1 s_1 s_{23}^2 \tag{3}$$

$$+ 2a_x a_z c_1 s_{23} c_{23} + 2a_y a_z s_1 c_{23} s_{23}$$

따라서 (1) (2) (3)을 합하면

$$s_5^2 + c_5^2 = a_x^2 \left(s_1^2 + c_1^2\right) + a_y^2 \left(s_1^2 + c_1^2\right) + a_z^2 \left(s_{23}^2 + c_{23}^2\right)$$

$$+ a_x a_z \left(-2c_1 c_{23} s_{23} + 2c_1 s_{23} c_{23}\right) + a_x a_y \left(-2s_1 c_1 + 2c_1 s_1 c_{23}^2 + 2c_1 s_1 s_{23}^2\right)$$
$$+ a_y a_z \left(-2s_1 c_{23} s_{23} + 2s_1 c_{23} s_{23}\right)$$

위 식을 정리하면 다음과 같다.

$$(s_4 s_5)^2 + (c_4 s_5)^2 + c_5^2 = a_x^2 + a_y^2 + a_z^2 = 1$$

[Example 5.4.8]

Fig 5.2.7에 표시된 Euler angles 세트는 yaw, pitch, roll을 나타내며 실제로 로봇팔 end effector의 회전을 나타내는 경우에 유용하게 사용된다. 식(5.2.34)에 역운동학을 적용하여 ψ, γ, ρ 를 구해라. 단 § 5.4의 처음 부분에 소개된 삼각함수의 기본식들을 사용해라.

[Solution]

식(5.2.37)에서

$$\begin{bmatrix} a_x & s_x & n_x \\ a_y & s_y & n_y \\ a_z & s_z & n_z \end{bmatrix} = \begin{bmatrix} c\psi c\rho & c\psi s\rho s\gamma - s\psi c\gamma & c\psi s\rho c\gamma + s\psi s\gamma \\ s\psi c\rho & s\psi s\rho s\gamma + c\psi c\gamma & s\psi s\rho c\gamma - c\psi s\gamma \\ -s\rho & c\rho s\gamma & c\rho c\gamma \end{bmatrix}$$

$$a_x = c\psi c\rho$$

$$a_y = s\psi c\rho$$

$$a_y c\psi - a_x s\psi = 0$$

따라서 삼각함수 기본식의 4에 해당하므로

$$\psi = \tan^{-1}\left(\frac{a_y}{a_x}\right) \quad \text{and} \quad \psi = \tan^{-1}\left(\frac{-a_y}{-a_x}\right)$$

마찬가지 방법으로

$$n_z = c\gamma\, c\rho$$

$$s_z = s\gamma\, c\rho$$

$$s_z c\gamma - n_z s\gamma = 0$$

역시 삼각함수 기본식의 4에 해당하므로

$$\gamma = \tan^{-1}\left(\frac{s_z}{n_z}\right) \quad \text{and} \quad \gamma = \tan^{-1}\left(\frac{-s_z}{-n_z}\right)$$

같은 방법이 적용된다.

$$s_p = -a_z$$

$$c\rho = a_x\, c\rho + a_y s\psi$$

이 경우는 삼각함수 기본식의 3에 해당된다. 따라서

$$\rho = \tan^{-1}\left(\frac{-a_z}{a_x c\psi + a_y s\psi}\right)$$

또는

$$s_p = -a_z$$

$$c\rho = n_z\, c\gamma + s_z s\gamma$$

이 경우도 역시 삼각함수 기본식의 3에 해당된다. 따라서 다음 식을 얻을 수 있다.

$$\rho = \tan^{-1}\left(\frac{-a_z}{n_z c\gamma + s_z s\gamma}\right)$$

5.4.4 Scara Robot

정운동학에서 유도한 식들을 이용하여 구한다.

$$a_1^2 + 2a_1 a_2 \cos\theta_2 + a_2^2 = p_x^2 + p_y^2 \tag{5.4.131}$$

식(5.4.130)은 오직 하나의 변수 θ_2 를 포함하고 있다. 나머지 인자들은 모두 고정된 값을 가진다. 따라서 θ_2 는 다음과 같다.

$$\theta_2 = \pm tan^{-1} \frac{p_x^2 + p_y^2 - a_1^2 - a_2^2}{2a_1 a_2} \tag{5.4.132}$$

위 식들을 전개하여 다시 정리하면

$$(a_1 + a_2 cos\theta_2) cos\theta_1 + (a_2 sin\theta_2) sin\theta_1 = p_x \tag{5.4.133}$$

$$(-a_2 sin\theta_2) cos\theta_1 + (a_1 + a_2 cos\theta_2) sin\theta_1 = p_y \tag{5.4.134}$$

식 (5.4.133) 와 (5.4.134)는 $cos\theta_1$ 과 $sin\theta_1$를 변수로 하는 선형방정식이다. 따라서 두 개의 변수 $cos\theta_1$ 과 $sin\theta_1$를 구하면 다음과 같다.

$$cos\theta_1 = \frac{(a_1 + a_2 cos\theta_2) p_x - a_2 sin\theta_2\, p_y}{(a_2 sin\theta_2)^2 + (a_1 + a_2 cos\theta_2)^2} \tag{5.4.135}$$

$$sin\theta_1 = \frac{a_2 sin\theta_2\, p_x + (a_1 + a_2 cos\theta_2) p_y}{(a_2 sin\theta_2)^2 + (a_1 + a_2 cos\theta_2)^2} \tag{5.4.136}$$

위 두 식에서 두 번째 변수 θ_1 을 구하면 다음과 같다.

$$\theta_1 = tan^{-1} 2\frac{a_2 sin\theta_2\, p_x + (a_1 + a_2 cos\theta_2) p_y}{(a_1 + a_2 cos\theta_2) p_x - a_2 sin\theta_2\, p_y} \tag{5.4.137}$$

마지막으로 Joint-3에서 직선운동을 하는 선형모터의 수직이동거리는 다음과 같다.

$$d_3 = d_1 - d_4 - p_z \tag{5.4.138}$$

따라서 긴 과정을 거쳐서 SCARA 로봇에서 공구점(tool point)에 주어진 작업점이 변하는 경우 그 작업점을 찾아가기 위하여 순간적으로 Joint-2에서 θ_2, Joint-1에서 θ_1과 같은 각도로 모터를 회전하거나 Joint-3에서 d_3의 직선거리만큼 이동해야 하는 값을 구했다. 여기까지의 과정이 역운동학의 완결을 의미한다.

이러한 과정은 로봇공학에서 기초가 되는 매우 중요한 과정이다. 많은 연구자들이 그동안 다양한 방법들을 제시하였으나 본서에서 적용한 D-H

방식을 기준으로 여기에서 발전된 형태의 Shilling 방법이 널리 사용되고 있으며, 비교적 간단한 방식이다. 다양한 로봇시스템에 효과적으로 적용할 수 있는 유용한 방식이다.

§ 5.5 결론

본 장에서는 로봇공학에서 다루는 정운동학과 역운동학의 기본적인 사항들을 다루었다. 국내외적으로 많은 관련 서적이 있으며 각각 약간씩 특성이 다르게 서술하고 있다. 본 장의 내용들은 D'Souza 교수의 강의 내용과 Wolovich 교수의 방법대로 서술되었다. 마찬가지로 Shilling의 방법이 포함되었다. 아울러서 본 장을 기본으로 제어에 관련된 응용식들을 유도하고 이해하는데 기본이 될 것이다.

[Reference]

[1] D'Souza, A. F. and Garg, V. K., *Advanced Dynamics, Modeling and Analysis*, Prentice-Hall Publishing, Englewood Cliffs, New Jersey, 1984.

[2] Dnavit, J. and Hartenberg, R. S., "A Kinematic Notation for Lower-Pair Mechanisms Based on Matrices", *Journal of Applied Mechanics*, pp. 215-221, June, 1955.

[3] Wolovich, W. A., *Robotics: Basic Analysis and Design*, CBS College Publishing, New York, New York, 1986.

[4] Shilling, R. J., *Fundamentals of Robotics, Analysis and Control*, Prentice-Hall Publishing, Englewood Cliffs, New Jersey, 1990.

Chapter **6**

로봇의 동역학

Biorobotics

§ 6.1 개론

보행로봇에 적용되는 보행은 동물이나 곤충의 보행에서 볼 수 있는 바와 같이 정적 보행(static locomotion)과 동적 보행(dynamic locomotion)으로 구분된다. 이들의 보행 특성을 보행로봇의 설계와 보행 시퀀스에 적용하면 안정적으로 보행이 가능한 모델의 제작이 가능하다.

Quasi-static locomotion : 일반적으로 말하면, 안정도(stability)의 관점에서 보행은 정적으로 안정된(statically stable) 또는 동적으로 안정된(dynamically stable) 상태를 의미한다. 정적으로 안정된 상태는 작은 곤충 등에서 흔히 전형적으로 관찰되는 보행으로, 다리들이 항상 몸체를 지지하고 있으며, 따라서 무게중심의 투영점이 항상 지지다각형 내에 존재하는 보행을 의미한다.

저속으로 보행하는 척추동물의 경우에도 이에 해당한다. 동적으로 안정된 상태는 무게중심의 투영점이 지지다각형 내 존재여부에 관계없이 동적 평형을 유지하는 보행을 의미한다. 더욱이 정적 평형과 반대로 동적 평형의 보행에서는 전 과정에서 몸체는 어느 다리에 의해서 지지되지 않는다.

말의 보행에서 running과 trotting의 경우가 좋은 예가 된다. 하지만 동물의 경우 매우 복잡한 보행 특성 때문에 이러한 동역학적 보행원리들을 인공적인 보행로봇의 설계에 적용하는 것은 극히 최근의 일이다. 실제로 제어방식의 한계와 그 외의 여러 제약 때문에 최근까지의 보행로봇의 연구는 상대적으로 간단하고, 정역학적으로 안정한 작동방식을 적용하는 방향으로 연구가 집중되었다. 보행로봇의 모델이 정적으로 안정되어 보행하기에, 다음과 같은 한계를 가지고 있다.

1) 모델은 일정 상태의 작동조건, 즉 일정한 보행속도를 갖는 제약조건.
2) 동역학적인 영향력이 발휘되지 않도록 충분히 저속으로 보행할 것.
3) β 는 0.75보다 클 것.
4) Gait Diagram 에서 적어도 3개의 다리는 지지상에 있을 것.

Dynamic locomotion : 각 쌍의 다리, 즉 L-1과 L-2 또는 L-3와 L-4 는 동일한 치수와 동일한 기계적 특성을 갖는다. 보행에서 다리는 두 종류의 상(phase)을 가지며 지지상(support phase)과 이동상(transfer phase)으로 구성된다. 지지상에서 다리들은 일정한 속도로 R_f의 전방한계(forward stroke limit)에서 R_r의 후방한계(backward stroke limit)까지 움직인다.

이동상에서는 다리들은 R_r의 후방한계에서 들려져 시간의 함수로 표시된 다항식이 그리는 궤적을 따라서 움직인다. 다리들은 이동상 동안 가속과 감속을 반복한다. 보행 중 다리들은 연속적으로 가속, 감속 또는 일정한 속도를 가지고 지지상과 이동상을 반복하며 동역학적 역할을 한다. 보행로봇에서의 다리들은 일반 제조용 로봇의 로봇 팔의 역할과 같다. 따라서 연속된 링크와 관절로 구성된 로봇 팔에서 사용되는 정운동학, 역운동학의 이론들이 그대로 보행로봇의 다리에 적용된다.

보행로봇 다리 메커니즘에 관한 동역학은 다리에 작용하는 힘과 토크를 다루며 해당하는 다리의 운동학적 조건들을 연구한다. 다리가 달린 보행로봇의 동역학적 특성을 이해하기 위해서는, 동역학적 모델이 설정되어야 하며 이 모델은 동역학적 운동방정식이라고 불리는 일련의 비선형 미분방정식을 이루고 있다. 이러한 운동방정식은 아래의 경우에 매우 유용하게 쓰여진다는 사실을 Lee가 발표하였다.[1]

1) 링크운동의 컴퓨터 시뮬레이션.
2) 적절한 제어방정식의 설계.
3) 운동학적 구조의 평가.

많은 연구자들이 로봇 팔의 동역학적 모델링 방법을 발전시켰다. 이와 관련된 중요한 방법들은 아래와 같다.[2]

1) Lagrange-Euler Method
2) Recursive Lagrange Method
3) Newton-Euler Method
4) Generalized D'Alembert's Method

모델링된 보행로봇에 대하여 위에서 언급한 방식들을 적용하여 얻게 되는 운동방정식에서 원하는 근을 구하는 방법들은 매우 복잡하고 어렵지만 각각의 방식에서 얻어지는 그 결과는 어느 방식을 적용하든 모두 동일하다.

Silver[3]는 개방형(open chain) 로봇 팔의 동역학에서 사용되는 순환공식에서, Lagrange 운동방정식의 형태는 회전동역학 방식에 의한 Newton-Euler 운동방정식과 동일하다는 것을 발표하였다. 하지만 위의 네 가지 방식 중 Lagrange-Euler 방식과 Newton-Euler 방식이 로봇 연구자들이 로봇시스템의 운동방정식을 구하는데 가장 많이 사용하는 방식이다. Lee는 로봇 메커니즘의 동역학적 해석에서 Lagrange-Euler 방식이 상대적으로 쉽고 체계적이라는 것을 발표하였다.

실제 계산에서 효율의 관점에서 Lagrange-Euler 방식은 매우 비효율적이다. 다른 방식인 Newton-Euler 방법은 계산에서의 빠른 속도와 정확성의 장점 때문에 많은 연구자들의 관심을 끌었다. Lagrange-Euler 방식을 적용하면 일련의 2차 미분방정식 형태의 운동방정식을 구할 수 있다. 이러한 방정식들에 의해서 관절에 작용하는 힘과 토크를 구할 수 있다. Orin[4]과 Luh[5]는 반복성과 회전운동학의 개념을 적용하여 일련의 전 방향과 후 방향 반복 운동방정식들을 구했다.

힘과 토크를 계산하는데 사용되는 식들이 체계적이고 또 반복성의 특징이 있으므로, 관련된 계산에서 Newton-Euler 방식이 상대적으로 매우 간단하므로 이 방식을 적용하여 본 장에서 힘과 토크를 구할 것이다. 이 방식에서 보행로봇의 다리에 장착된 관절에 작용하는 토크를 구하는 알고리즘은 두 부분으로 구성된다.

첫 번째 부분은 처음 링크부터 시작하여 순차적으로 마지막 링크까지 순환적으로 링크의 속도와 가속도를 구하며 각각의 링크에 대하여 Newton-Euler 식이 적용된다. 설명한 바와 같이 모든 링크에는 $i, i+1$ 등의 기호가 부여되며 $i = 1, 2, 3, \cdots$ 처럼 숫자가 증가할수록 반복되는 식의 형태가 일정하므로 Newton-Euler 방식을 시스템에 적용하기가 간단해지는 장점이 있다.

두 번째의 경우에는 처음의 경우와 반대의 순서로 마지막 링크에서부터 시작하여 처음 링크의 순서로, 관절에 작용하는 힘과 토크를 구한다. 아래의 장에서 이들의 방식을 시스템에 어떻게 적용하는가를 살펴보자.

§ 6.2 Iterative Newton-Euler Method

Fig 6.2.1에 표시된 바와 같이, 좌표계 {A}에서 Q점의 운동은 위치벡터 P_{BORG}^A 와 변환행렬 R_B^A에 의해서 표시할 수 있다. 좌표계 {B}는 좌표계 {A}에 대해서 직선운동과 회전운동을 한다. {A}좌표에 대하여 Q점의 속도를 구하면 다음과 같다.

$$\vec{v}_Q^A = \vec{v}_{BORQ}^A + R_B^A \vec{v}_Q^A + \vec{\omega}_B^A \times R_B^A \vec{Q}^B \tag{6.2.1}$$

좌표계에 대하여 점의 선형가속도는 식(6.2.1)을 시간에 대하여 미분하여 구할 수 있다. 따라서,

$$\dot{\vec{v}}_Q^A = \dot{\vec{v}}_{BORQ}^A + \frac{d}{dt}(R_B^A \vec{v}_Q^B) + \dot{\vec{\omega}}_B^A \times R_B^A \vec{Q}^B + \vec{\omega}_B^A \times \frac{d}{dt}(\vec{Q}^B) \tag{6.2.2}$$

$$\dot{\vec{v}}_Q^A = \dot{\vec{v}}_{BORQ}^A + \frac{d}{dt}(R_B^A \vec{v}_Q^B + \vec{\omega}_B^A \times R_B^A \vec{v}_Q^B) + \dot{\vec{\omega}}_B^A \times R_B^A \vec{Q}^B +$$

$$\vec{\omega}_B^A \times (R_B^A \vec{v}_Q^B + \vec{\omega}_B^A \times R_B^A \vec{Q}^B)$$

이 식을 다시 정리하면 다음의 형태를 가진다.

$$\dot{\vec{v}}_Q^A = \dot{\vec{v}}_{BORQ}^A + R_B^A \dot{\vec{v}}_Q^B + 2\vec{\omega}_B^A \times R_B^A \vec{v}_Q^B) + \dot{\vec{\omega}}_B^A \times R_B^A \vec{v}_Q^B +$$

$$\vec{\omega}_B^A \times (\vec{\omega}_B^A \times R_B^A \vec{Q}^B) \tag{6.2.3}$$

연속되는 다리의 각 분절에서 $\vec{v}_Q^B$ 와 $\dot{\vec{v}}_Q^B$ 는 0 이 되므로 식 (6.2.3)은 아래와 같이 간단히 정리된다.

$$\vec{v}\,^A_Q \;=\; \vec{v}\,^A_{BORQ} \;+\; \vec{\omega}\,^A_B \times R^A_B\,\vec{Q}^B \;+\; \vec{\omega}\,^A_B \times (\vec{\omega}\,^A_B \times R^A_B\,\vec{Q}^B) \quad (6.2.4)$$

{B}좌표계가 {A}좌표계에 대하여 $\vec{\omega}\,^A_B$ 의 각속도로 회전하며 역시 {C}좌표계가 {B}좌표계에 대하여 $\vec{\omega}\,^B_C$ 의 각속도로 회전하는 경우에, {C}좌표계의 {A}좌표계에 대한 각속도 $\vec{\omega}\,^A_C$ 는 다음과 같다.

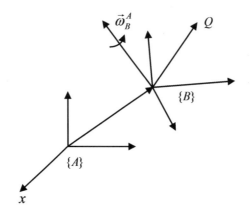

Figure 6.2.1 Frame is translating and rotating with respect to frame

$$\vec{\omega}\,^A_Q \;=\; \vec{\omega}\,^A_B \;+\; R^A_B\,\vec{\omega}\,^B_C \qquad\qquad (6.2.5)$$

각 가속도의 경우에는 식(6.2.5)를 시간에 대하여 미분하여 다음과 같이 구해진다.

$$\dot{\vec{\omega}}\,^A_Q = \dot{\vec{\omega}}\,^A_B + \frac{d}{dt}(R^A_B\;\vec{\omega}\,^B_Q) = \dot{\vec{\omega}}\,^A_B \times R^A_B\;\vec{\omega}\,^B_Q + \vec{\omega}\,^A_B \times R^A_B\,\vec{\omega}\,^B_Q \qquad (6.2.6)$$

속도, 가속도, 힘, 모멘트의 벡터는 공간상에서 변환행렬 R을 적용하여 크기에 영향을 주지 않고 어느 좌표계에 대해서도 표현에 가능하다. 좌표계$\{i+1\}$의 원점의 절대속도와 가속도는 좌표계 $\{i\}$에 대해서 표현이 가능하다.

Fig 6.2.2는 연속되는 링크 i와 $i+1$을 나타내며, 각 링크의 속도벡터와 좌표계가 지정되었다. 링크 $i+1$의 각속도는 링크 i 의 각속도와 관절 $i+1$에서 회전속도에 의해 발생되는 새로운 항목이 추가된다. 따라서 좌표계$\{i\}$에 대해서 각속도는 다음과 같다.

$$\omega_{i+1}^i = \omega_i^i + R_{i+1}^i \, \dot{\theta}_{i+1}^i \, \vec{z}_{i+1}^{i+1} \tag{6.2.7}$$

좌표계$\{i+1\}$을 기준으로 링크 $i+1$의 각속도는 식(6.2.7)의 양변에 R_i^{i+1}을 곱해서 구할 수 있다.

$$\omega_{i+1}^{i+1} = R_i^{i+1} \, \omega_i^i + \dot{\theta}_{i+1} \, \vec{z}_{i+1}^{i+1} \tag{6.2.8}$$

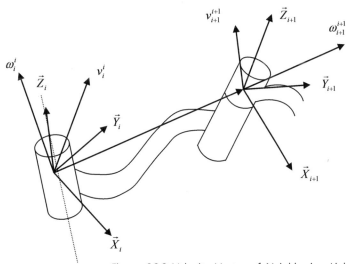

Figure 6.2.2 Velocity Vector of Neighboring Links

좌표계$\{i+1\}$의 원점의 선형속도는 좌표계 $\{i\}$의 원점의 속도에 대해서 링크 i의 회전에 의해 발생되는 새로운 속도 성분을 합한 값이다. 이것은 식(6.2.1)에서 두 번째 항이 소거된 경우이다. 따라서 그 결과는 다음과 같다.

$$\vec{v}_{i+1}^i = \vec{v}_i^i \times \vec{p}_{i+1}^i \tag{6.2.9}$$

좌표계$\{i+1\}$에 대하여 링크 $i+1$의 속도는 식의 양변에 R_i^{i+1}을 곱해서 구할 수 있다. 그러므로

$$\vec{v}_{i+1}^{\,i+1} = R_i^{i+1} + (\vec{v}_i^{\,i} + \omega_i^i \times \vec{p}_{i+1}^{\,i}) \tag{6.2.10}$$

식(6.2.5)를 적용하면 식(6.2.10)은 다음의 결과를 보여준다.

$$\dot{\vec{\omega}}_{i+1}^{\,i+1} = R_i^{i+1} \, \dot{\omega}_i^i \, + R_i^{i+1} \, \omega_i^i \times \dot{\theta}_{i+1} \, \vec{z}_{i+1}^{\,i+1} + \ddot{\theta}_{i+1} \, \vec{z}_{i+1}^{\,i+1} \tag{6.2.11}$$

마찬가지로 식(6.2.11)에서

$$\dot{\vec{v}}_{i+1}^{\,i+1} = R_i^{i+1} \dot{\vec{v}}_{i+1}^{\,i} + R_i^{i+1} \dot{\vec{v}}_i^{\,i} + \omega_i^i \times (\omega_i^i \times \vec{p}_{i+1}^{\,i}) + \dot{\omega}_i^i \times \vec{p}_{i+1}^{\,i} \tag{6.2.12}$$

각 링크에 작용하는 힘과 토크를 구하기 위해서는 선형가속도가 필요하며 식(6.2.9)를 적용하여 구할 수 있다.

$$\dot{\vec{v}}_{ci+1}^{\,i+1} = R_i^{i+1} \, \dot{\vec{v}}_{ci+1}^{\,i} \tag{6.2.13}$$

$$= R_i^{i+1} \dot{\omega}_{i+1}^i \times \vec{p}_{ci+1}^{\,i} + \omega_{i+1}^i \times (\omega_{i+1}^i \times \vec{p}_{i+1}^{\,i}) + \dot{\vec{v}}_{i+1}^{\,i}$$

식을 정리하면 다음과 같다.

$$\dot{\vec{v}}_{ci+1}^{\,i+1} = R_i^{i+1} \dot{\vec{v}}_{ci+1}^{\,i} \tag{6.2.14}$$

$$= \dot{\omega}_{i+1}^{i+1} \times \vec{p}_{ci+1}^{\,i+1} + \omega_{i+1}^{i+1} \times (\omega_{i+1}^{i+1} \times \vec{p}_{i+1}^{\,i+1}) + \dot{\vec{v}}_{i+1}^{\,i+1}$$

위의 과정들을 통해서 각 링크의 무게중심에서의 선형가속도 및 각가속도가 구해졌으므로, 각 링크에 작용하는 힘과 관절에 작용하는 토크를 구할 수 있다. 이를 위해서 § 6.1 에서 설명된 Newton-Euler 식이 사용된다. Fig 6.2.3에서, 링크 i에 작용하는 힘들의 평형상태를 이루는 경우 다

음의 식이 성립된다.

$$F_i^i = f_i^i - f_{i+1}^i \tag{6.2.15}$$

동일한 방법을 적용하여 토크가 구해진다.

$$
\begin{aligned}
N_i^i &= n_i^i - n_{i+1}^i - (p_{i+1}^i - p_i^i) \times f_{i+1}^i \\
&= n_i^i - R_{i+1}^i\, n_{i+1}^{i+1} - p_{ci}^i \times f_i^i - p_{i+1}^i \times f_{i+1}^i + p_{ci}^i \times f_{i+1}^i
\end{aligned} \tag{6.2.16}
$$

위의 식 (6.2.16)을 정리하면 다음과 같은 결과를 얻는다.

$$
\begin{aligned}
N_i^i &= n_i^i - R_{i+1}^i\, n_{i+1}^{i+1} - p_{ci}^i \times (f_i^i - f_{i+1}^i) - p_{i+1}^i \times f_{i+1}^i \\
&= n_i^i - R_{i+1}^i\, n_{i+1}^{i+1} - p_{ci+1}^i \times F_i^i - p_{i+1}^i \times R_{i+1}^i \times f_{i+1}^{i+1}
\end{aligned} \tag{6.2.17}
$$

링크의 마지막부터 처음 부분으로 순환관계를 적용하기 위하여 위에서 구한 힘과 토크의 관계식을 적용한다. 이러한 식들은 마지막 링크인 n에서 시작하여 로봇의 고정부위인 좌표가 위치한 내부방향으로 계속 계산을 반복한다. 보행로봇의 경우에는 발부터 다리가 고착된 몸체를 향하여 계산을 반복한다.

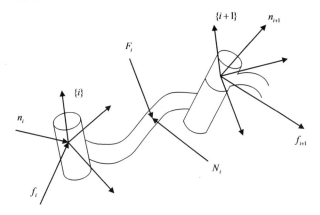

Figure 6.2.3 Force equilibrium acting on the link-i

$$f_i^i = F_{i+1}^i + R_{i+1}^i f_{i+1}^{i+1} \tag{6.2.18}$$
$$n_i^i = N_i^i + R_{i+1}^i n_{i+1}^{i+1} + p_{ci}^i \times F_i^i + p_{i+1}^i \times R_{i+1}^i \times f_{i+1}^{i+1}$$

마지막으로 관절에 작용하는 토크가 필요하다. 식(6.2.19)의 n_i^i 에서 z 축에 대한 성분을 구하면 다음과 같이 관절에 작용하는 토크가 구해진다.

$$\tau_i = n_i^i \; \vec{z}_i^{\,i} \tag{6.2.20}$$

Chap. 7에서의 모델링 방법에 표시된 바와 같이 Quadruped는 8개의 다리로 구성되어 있으며 각각의 다리는 3개의 관절을 포함하고 있으므로 전체적으로 12개의 관절에 작용하는 토크의 합에 의해서 보행 중 소모되는 전체에너지를 구할 수 있다.

§ 6.3 모델에 적용 예

지금까지 유도된 식들을 보행로봇의 모델에 적용하여보자. 식의 적용을 위해서 필요한 요소들을 구해야 한다. 처음으로 각속도 ω가 필요하다. 따라서

$$\omega_1^1 = R_0^1 \omega_0^0 + \dot{\theta}_1 = \begin{bmatrix} 0 \\ 0 \\ \dot{\theta}_1 \end{bmatrix} \tag{6.3.1}$$

$$\omega_2^2 = R_1^2 \omega_1^1 + \dot{\theta}_2 z_2^2 = \begin{bmatrix} -\sin\theta_2 \, \dot{\theta}_1 \\ -\cos\theta_2 \, \dot{\theta}_1 \\ \dot{\theta}_2 \end{bmatrix} \tag{6.3.2}$$

$$\omega_3^3 = R_2^3 \omega_2^2 + \dot{\theta}_3 z_3^3 = \begin{bmatrix} (-\sin\theta_2 + \theta_3) \, \dot{\theta}_1 \\ (-\cos\theta_2 + \theta_3) \, \dot{\theta}_1 \\ \dot{\theta}_2 + \dot{\theta}_3 \end{bmatrix} \tag{6.3.3}$$

각 가속도 $\dot{\omega}$ 는 다음과 같이 구해진다.

$$\dot{\omega}_1^1 = R_0^1 \dot{\omega}_0^0 + R_0^1 \omega_0^0 \times \dot{\theta}_1 z_1^1 + \ddot{\theta}_1 z_1^1 = \begin{bmatrix} 0 \\ 0 \\ \ddot{\theta}_1 \end{bmatrix} \tag{6.3.4}$$

$$\dot{\omega}_2^2 = R_1^2 \dot{\omega}_1^1 + R_1^2 \omega_1^1 \times \dot{\theta}_2 z_2^2 + \ddot{\theta}_2 z_2^2 = \begin{bmatrix} -\sin\theta_2 \ddot{\theta}_1 - \cos\theta_2 \dot{\theta}_1 \dot{\theta}_2 \\ -\cos\theta_2 \ddot{\theta}_1 + \sin\theta_2 \dot{\theta}_1 \dot{\theta}_2 \\ \ddot{\theta}_2 \end{bmatrix} \tag{6.3.5}$$

$$\dot{\omega}_3^3 = R_2^3 \dot{\omega}_2^2 + R_2^3 \omega_2^2 \times \dot{\theta}_3 z_3^3 + \ddot{\theta}_3 z_3^3 \tag{6.3.6}$$

$$= \begin{bmatrix} -\sin(\theta_2 + \theta_3)\ddot{\theta}_1 - \cos(\theta_2 + \theta_3)(\dot{\theta}_2 + \dot{\theta}_3)\dot{\theta}_1 \\ -\cos(\theta_2 + \theta_3)\ddot{\theta}_1 + \sin(\theta_2 + \theta_3)(\dot{\theta}_2 + \dot{\theta}_3)\dot{\theta}_1 \\ \ddot{\theta}_2 + \ddot{\theta}_3 \end{bmatrix}$$

가속도 a는 다음과 같이 구해진다.

$$\dot{v}_1^1 = R_0^1 \dot{\omega}_0^0 \times P_1^0 + \omega_0^0 \times (\omega_0^0 \times P_1^0) + \dot{v}_0^0 = \begin{bmatrix} 0 \\ 0 \\ -g \end{bmatrix} \tag{6.3.7}$$

$$\dot{v}_2^2 = R_1^2 \dot{\omega}_1^1 \times P_2^1 + \omega_1^1 \times (\omega_1^1 \times P_2^1) + \dot{v}_1^1 = \begin{bmatrix} \sin\theta_2\, g \\ \cos\theta_2\, g \\ 0 \end{bmatrix} \tag{6.3.8}$$

$$\dot{v}_3^3 = R_2^3 \dot{\omega}_2^2 \times P_3^2 + \omega_2^2 \times (\omega_2^2 \times P_3^2) + \dot{v}_2^2 \tag{6.3.9}$$

관련항들을 대입하고 정리하면 다음의 가속도가 유도된다.

$$\dot{v}_3^3 = \begin{bmatrix} l_2\sin\theta_3 \ddot{\theta}_2 + l_2\cos\theta_2\cos(\theta_2 + \theta_3)\dot{\theta}_1^2 - l_2\cos\theta_3\, \dot{\theta}_2^2 + \sin(\theta_2 + \theta_3)g \\ l_2\cos\theta_3 \ddot{\theta}_2 + l_2\cos\theta_2\sin(\theta_2 + \theta_3)\dot{\theta}_1^2 - l_2\sin\theta_3\, \dot{\theta}_2^2 + \cos(\theta_2 + \theta_3)g \\ l_2\cos\theta_2 \ddot{\theta}_1 - 2\sin\dot{\theta}_1\dot{\theta}_2 \end{bmatrix}$$

$$\tag{6.3.10}$$

위에서 계산한 각속도 ω, 각가속도 $\dot{\omega}$, 선형속도 v, 선형가속도 a를 이용하여 운동방정식(equation of motion)을 구하면 다음과 같은 비선형 운동방정식이 구해진다.

보행로봇의 각각의 다리를 구성하고 있는 3개의 관절에서의 토크를 구할 수 있으며 이러한 토크들은 보행로봇의 한 보행사이클을 완성하는데 소요되는 기계적 에너지를 계산하는데 사용된다.

계산하는 과정은 많은 시간이 소요되며 정확한 결과를 얻기 위해서 각별한 주위가 요구된다. 보행로봇의 모델에서 첫 관절에 작용하는 토크 τ_1 은 계산결과 다음과 같다.

$$\tau_1 = A\ddot{\theta}_1 - 2B\dot{\theta}_1\dot{\theta}_2 + 2C\dot{\theta}_1\dot{\theta}_3 \tag{6.3.11}$$

여기서

$$A = I_2\cos^2\theta_2 + I_3\cos^2(\theta_2 + \theta_3) + m_3(l_2\cos\theta_2 + l_{c3}\cos(\theta_2 + \theta_3)) \tag{6.3.12}$$

$$B = -2I_2\sin\theta_2\cos\theta_2 + I_3\cos(\theta_2 + \theta_3)\sin(\theta_2 + \theta_3) + m_3(l_2\cos\theta_2 \tag{6.3.13}$$
$$+ l_{c3}\cos(\theta_2 + \theta_3))(l_2\sin\theta_2 + l_{c3}\sin(\theta_2 + \theta_3))$$

$$C = I_3\cos(\theta_2 + \theta_3)\sin(\theta_2 + \theta_3)\cos\theta_2 + m_3(l_2\cos\theta_2 + l_{c3}\cos(\theta_2 + \theta_3))$$
$$+ l_{c3}\sin(\theta_2 + \theta_3) \tag{6.3.14}$$

모델의 세 번째 관절에 작용하는 토크 τ_3 는 계산결과 다음과 같다.

$$\tau_3 = D\ddot{\theta}_2 + E\ddot{\theta}_3\dot{\theta}_2 + F\dot{\theta}_1^2 + G\dot{\theta}_2^2 + H \tag{6.3.15}$$

여기서

$$D = I_3 + m_3(l_2\cos\theta_3 + I_{c3})l_{c3} \tag{6.3.16}$$

$$E = I_3 + m_3 l_{c3}^2 \tag{6.3.17}$$

$$F = I_3\cos(\theta_2 + \theta_3)\sin(\theta_2 + \theta_3) + m_3 l_2\cos\theta_2 + l_{c3}\cos(\theta_2 + \theta_3) \tag{6.3.18}$$
$$l_{c3}\sin(\theta_2 + \theta_3)$$

$$G = m_3 l_2 I_{c3}\sin\theta_3 \tag{6.3.19}$$

$$H = m_3 g\, l_{c3}\cos(\theta_2 + \theta_3) + f_z l_2\cos(\theta_2 + \theta_3) + f_z l_2\sin(\theta_2 + \theta_3) \tag{6.3.20}$$

모델의 두 번째 관절에 작용하는 토크 τ_2 는 계산 결과 다음과 같다.

$$\tau_2 = \tau_3 + J\ddot{\theta}_2 + K\ddot{\theta}_3 + L\dot{\theta}_{23}^2 + M\dot{\theta}_1^2 + N \tag{6.3.21}$$

여기서

$$J = I_2 + m_2 l_{c3}^2 + m_3 l_2 (l_{c3} \cos\theta_3 + l_2) \qquad (6.3.22)$$

$$K = I_3 + m_3 l_2^2 l_{c3} \cos\theta_3 \qquad (6.3.23)$$

$$L = m_3 l_2 I_{c3} \sin\theta_3 \qquad (6.3.24)$$

$$M = I_2 \cos\theta_2 + \sin\theta_3 + m_3 (l_2 \cos\theta_2) + l_{c3} \cos(\theta_2 + \theta_3) l_z \sin\theta_2 \qquad (6.3.25)$$

$$N = (m_2 l_{c2} + m_3 l_2) \cos\theta_2 G + f_z l_2 \cos\theta_2 + f_z l_2 \sin\theta_2 \qquad (6.3.26)$$

$$H = m_3 g l_{c3} \cos(\theta_2 + \theta_3) + f_z l_2 \cos(\theta_2 + \theta_3) + f_x l_2 \sin(\theta_2 + \theta_3) \qquad (6.3.27)$$

§ 6.4 D'Alembert 원리의 적용

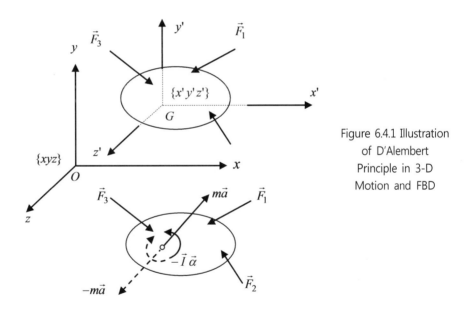

Figure 6.4.1 Illustration of D'Alembert Principle in 3-D Motion and FBD

D'Alembert 원리는 Beer와 Johnston[6]이 처음으로 강체의 운동을 2차원 평면에 적용하였다. 그 후 오랜 시간이 지난 후에 3차원 운동을 해석하는데 사용되었으며 이를 D'Alembert 원리의 확장으로 불렸다. 이 원리는 "강체에 작용하는 외력의 합은 강체를 구성하는 입자들에 작용하는 유효 힘과 동일하다"로 간단히 정의된다. 입자에 작용하는 유효 힘은 다음

과 같이 정의된다.

$$F = \sum m_i a_i \qquad (6.4.1)$$

Fig 6.4.1은 강체에 여러 개의 외력 F_1, F_2, ⋯ 외력이 작용하는 경우를 나타낸다. 물체의 무게중심의 질량을 m, 가속도를 $\vec{a}$ 라고 하면, 관성좌표계 {xyz}에 대해서 물체의 무게중심 G의 운동은 다음과 같이 나타낸다.

$$\vec{F} = m\,\vec{a} \qquad (6.4.2)$$

좌표계 $\{x', y', z'\}$ 에 대해서 몸체의 운동은 다음과 같이 나타낸다.

$$\sum \vec{M}_G = \dot{\vec{H}}_G \qquad (6.4.3)$$

여기서 $\dot{\vec{H}}_G$ 는 $\vec{H}_G$ 의 시간에 대한 변화량을 나타내며 마찬가지로, $\vec{H}_G$는 무게중심 G에 대한 각운동량(angular momentum)을 나타낸다.

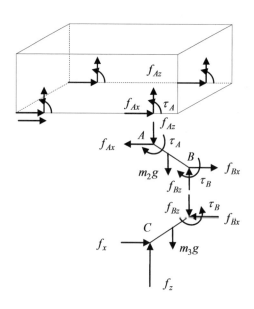

Figure 6.4.2 FBD of One Leg in a Quadruped[7]

몸체에 작용하는 외력의 힘 F_1, F_2, $\cdots$, 몸체의 무게중심의 가속도 $\vec{a}$, 각 가속도 사이에는 기본적인 관계가 존재한다. 이러한 관계는 Fig 6.4.1 에 잘 나타나 있다. 강체에 작용하는 힘들에 의해서 발생되는 가속도와 각가속도를 결정하거나, 반대로 주어진 운동을 발생시키는 힘들을 결정하는데 사용된다. D'Alembert 원리를 Fig 6.4.2의 FBD에 적용하여, 운동방정식과 4-족 보행로봇의 구속식들(constraints)을 구할 수 있다.

Fig 6.4.2에서 $\overrightarrow{BC}$ 부분은 척추동물의 경우에 경골부위에 해당된다. D'Alembert 원리를 경골부위에 적용하면 $x - z$ 평면에 대하여 다음의 관계가 성립된다.

$$\sum F_x = \sum (F_x)_{eff} \tag{6.4.4}$$

$$\sum F_z = \sum (F_z)_{eff} \tag{6.4.5}$$

$$\sum F_y = \sum (F_y)_{eff} \tag{6.4.6}$$

위의 식에서 아래첨자 eff는 유효 힘 또는 유효 모멘트를 나타낸다. 위의 식(6.4.4), (6.4.5), (6.4.6)를 Fig 6.4.2의 shank 부위의 FBC 에 적용하면 오랜 계산과정을 거쳐 다음의 결과를 얻는다.

$$f_{Bx} = f_x + m_3 l_2 \cos\theta_2 \dot{\theta}_2^2 + l_2 \sin\theta_2\ \ddot{\theta}_2 + (\ddot{\theta}_2 + \ddot{\theta}_3) l_{c3} \sin(\theta_2 + \theta_3) +$$
$$(\dot{\theta}_2 + \dot{\theta}_3)^2\, l_{c3} \cos(\theta_2 + \theta_3) \tag{6.4.7}$$

$$f_{Bz} = f_z - m_3 l_2 \sin\theta_2 \dot{\theta}_2^2 - l_2 \cos\theta_2\ \ddot{\theta}_2 - (\ddot{\theta}_2 + \ddot{\theta}_3) l_{c3} \cos(\theta_2 + \theta_3) +$$
$$(\dot{\theta}_2 + \dot{\theta}_3)^2\, l_{c3} \sin(\theta_2 + \theta_3) - m_3 g \tag{6.4.8}$$

$$\tau_B = I_{y3} + m_3 (l_2 \cos\theta_3 + l_{c3}) l_{c3}\ \ddot{\theta}_2 + (I_{y3} + m_3 l_{c3}^2) \ddot{\theta}_3 + m_3 l_2 l_{c3} \sin\theta_3$$

$$\dot{\theta}_2^2 + m_3 g l_{c3} \cos(\theta_2 + \theta_3) + f_x l_3 \sin(\theta_2 + \theta_3) + f_z l_3 \cos(\theta_2 + \theta_3) \tag{6.4.9}$$

마찬가지로 Fig 6.4.2에서 thigh $\overline{AB}$ 부위의 FBD에 적용하면 오랜 계산과정을 거쳐 다음의 결과를 얻는다.

$$f_{Ax} = f_x + m_3 l_2 \cos\theta_2 \dot\theta_2^2 + m_3(l_2 \sin\theta_2 + l_{c3}\sin(\theta_2+\theta_3))\ddot\theta_2 + \quad (6.4.10)$$

$$m_3 l_{c3}\sin(\theta_2+\theta_3)\ddot\theta_3 + m_3 l_{c3}\cos(\theta_2+\theta_3)(\dot\theta_2+\dot\theta_3)^2 +$$

$$m_2 l_{c2}\cos\theta_2 \dot\theta_2^2 + m_2 l_{c2}\sin\theta_2 \ddot\theta_2$$

$$f_{Az} = f_z + (m_2+m_3)g - (m_3 l_2 + m_2 l_{c2})\sin\theta_2 \dot\theta_2^2 + m_3(l_2\cos\theta_2 + (6.4.11)$$

$$l_{c3}\cos(\theta_2+\theta_3)) + m_3 l_{c3}\ddot\theta_3 - m_3 l_{c3}\sin(\theta_2+\theta_3)(\dot\theta_2+\dot\theta_3)^2 +$$

$$m_3 l_{c3}\cos(\theta_2+\theta_3)(\dot\theta_2+\dot\theta_3)^2$$

$$\tau_A = \tau_B + (I_{y2} + m_2 l_{c2}^2 + m_3 l_2(l_{c3}\cos\theta_3 + l_2))\ddot\theta_2 + m_3 l_2 l_{c3}\cos\theta_3 \ddot\theta_3 - (6.4.12)$$

$$m_3 l_2 l_{c3}\sin\theta_3(\dot\theta_2+\dot\theta_3)^2 + (m_2 l_{c2} + m_3 l_2)\cos\theta_2 g + f_x l_2 \sin\theta_2 +$$

$$f_z l_2 \cos\theta_2$$

보행로봇이 보행 중에는 네 개의 다리가 계속 움직이므로, 반력과 hip joint에 작용하는 모멘트는 다리의 위치에 따라서 계속 변한다. 보행로봇이 일정한 속도로 보행하는 경우에, D'Aembert의 확장 원리가 보행로봇 몸체의 FBD에 적용된다. 식(6.4.4)~(6.4.6)을 몸체의 FBD에 적용하면 다음의 관계식들이 얻어진다.

$$\sum F_x = \sum F_{Axi} \qquad (6.4.13)$$
$$= f_{Ax1} + f_{Ax2} + f_{Ax3} + f_{Ax4}$$
$$= 0$$

$$\sum F_z = \sum F_{Azi} + mg \qquad (6.4.14)$$
$$= f_{Az1} + f_{Az2} + f_{Az3} + f_{Az4} + mg$$
$$= 0$$

$$M_z = f_{Ax1}W/2 + f_{Ax3}W/2 - f_{Ax2}W/2 - f_{Ax4}W/2 \qquad (6.4.15)$$
$$= 0$$

$$M_z = -\tau_{A1} - \tau_{A2} - \tau_{A3} - \tau_{A4} + f_{Az4}P_r + f_{Az3}P_r - f_{Az1}P_f - f_{Az4}P_f$$
$$= 0$$

$$(6.4.16)$$

위 식에서 W, P_f, P_r 는 모델에 표시된 바와 같이 몸체의 폭, 전방 피치 거리, 후방 피치거리를 각각 나타낸다.

§ 6.5 Lagrangian Dynamics

지금까지 뉴턴의 법칙을 적용하여 보행로봇의 다리에 작용하는 힘과 모멘트, 그리고 각각의 관절에 작용하는 토크를 구했다. 본 장에서는 보행로봇에 작용하는 운동방정식을 구하기 위하여 **Lagrange**가 제시한 방식을 살펴보자. Lagrange 동역학에서 자유도(degree of freedom, DOF), 변형방식(variational methods), 구속식(constraints) 등에 대한 정확한 이해가 필수적이다. Lagrange 동역학에서 여러 물체로 구성된 시스템은 각각의 물체들로 분리되어 고려되지 않고 전체를 하나의 물체로 간주된다. 스칼라 양인 운동에너지와 일의 항에 의해서 식이 구성되며 일을 하지 않는 구속힘들은 포함되지 않는 특징이 있다.

변형방식 : 변형방식은 특정한 좌표계에 구속되지 않고 물리량에 의해서만 식을 제공하는 매우 유용한 방법이다. 좌표계에 구속되지 않으므로 전 장에서처럼 좌표변환 행렬의 복잡한 계산들을 할 필요가 없다. 변형방식에서는 여러 개의 물체로 구성된 시스템이 각각의 요소들로 고려되지 않고 한 개의 요소로 취급되며, 운동에너지와 일에 의해서 시스템이 구성된다. 따라서 뉴턴역학을 적용한 경우보다 관련 식들이 쉽고 단순하게 구성된다.

자유도 : 공간상에서 물체의 위치를 지정하는데 필요한 요소들의 개수는 각각의 좌표축의 회전을 나타내는 요소 3개와 위치를 나타내는 3개의 요소를 포함하여 전체의 자유도는 6 이 된다. 만약 N 개로 구성된 시스템에서 R 개의 구속식이 존재하는 경우에, 시스템의 자유도는 다음과 같다.

$$n = 3N - R \qquad (6.5.1)$$

일반좌표계의 수는 자유도의 수와 같으며, 자유도가 n 인 경우 일반좌표계 $q_1, q_2, \ldots q_n$ 은 독립적인 시스템을 구성하게 된다.

가상일 : 가상일(virtual work)은 고전역학에서 **Bernoulli**에 의해 처음으로 제안된 사항이다. 가상변위란 실제의 변위가 아니며 시간의 변화가 없는 순간에 구속식을 만족하며 좌표상 미소량의 변화를 나타낸다. 시스템을 구성하는 M 개의 좌표를 $x_1, x_2, \ldots x_M$ 이라고 하고 여기에 R 개의 구속식이 존재한다고 하면 Pfaffians 이 제시한 식의 형태는 다음과 같다.

$$a_{j0}\, dt + \sum_{k=1}^{M} a_{jk}\, dx_k = 0 \tag{6.5.2}$$

여기서 $j = 1, 2, \ldots, R$ 이다. 이 경우에 자유도는 $M - R$ 이다. 식(6.5.2)의 경우에 아래와 같은 각각의 조건에 따라 다음과 같은 경우가 존재한다.

ⅰ. Catastatic : 모든 $a_{j0} = 0$ 인 경우
ⅱ. Acatastatic : 적어도 하나가 $a_{j0} \neq 0$ 인 경우
ⅲ. Holonomic : $df_j(x_1, x_2, \ldots x_n, t) = 0$ $j = 1, 2, \ldots R$
ⅳ. Non-holonomic : **Pfaffian** is not integrable
ⅴ. Scleronomic : in holonomic system, there is no term in
$$f_j(x_1, x_2, \cdots x_M)$$
ⅵ. Rheonomic : in holonomic system, there appears t term.

식(6.5.2)에서 실제의 변위 $dt = 0$ 이므로, 가상변위식을 만족시켜야 한다. 그리고 시간 δx_k 는 다음 식을 만족해야 한다.

$$\sum_{k=1}^{M} a_{jk}\, \delta x_k = 0 \tag{6.5.3}$$

물체의 위치가 $\vec{r}$ 이며 이 물체에 작용하는 합력 $\vec{F}$ 인 경우를 보자. 만약 물체의 가상변위가 $\delta \vec{r}$ 이며 정적 평형상태에서 $\vec{F}$ 이므로 가상일은

$$\delta W = \overrightarrow{F} \cdot \delta \overrightarrow{r} = 0 \tag{6.5.4}$$

합력 $\overrightarrow{F}$ 가 가해지는 힘 $\overrightarrow{F}^*$ 와 구속힘 $\overrightarrow{R}$ 로 구성되는 경우에 $\overrightarrow{F} = \overrightarrow{F}^* + \overrightarrow{R}$ 이므로 위의 식에 넣으면

$$\delta W = \overrightarrow{F}^* \cdot \delta \overrightarrow{r} + \overrightarrow{R} \cdot \delta \overrightarrow{r} = 0 \tag{6.5.5}$$

가상변위는 구속식에 영향을 미치지 않으므로 가상변위에 의한 일의 두 번째 항 은 $\overrightarrow{R} \cdot \delta \overrightarrow{r} = 0$ 이 된다. 따라서 위 식은 다음으로 정리된다.

$$\delta W = \overrightarrow{F}^* \cdot \delta \overrightarrow{r} = 0 \tag{6.5.6}$$

D'Alembert의 원리를 적용하는 경우 가상일의 원리는 다음과 같이 나타낼 수 있다. N 개의 물체가 존재하는 시스템에서 $i-th$ 물체에 대해서 뉴턴의 법칙을 적용하면 다음의 관계식을 얻을 수 있다.

$$\overrightarrow{F}^*{}_i + \overrightarrow{R}_i - \frac{d}{dt}(m_i \overrightarrow{r}_i) = 0 \tag{6.5.7}$$

동역학에서 가상일의 경우에는

$$\delta W = \sum_{i=1}^{N} [\overrightarrow{F}^*{}_i - \frac{d}{dt}(m_i \overrightarrow{r}_i)] \cdot \delta \overrightarrow{r}_i = 0 \tag{6.5.8}$$

위의 식을 적용하여 Lagrange의 운동방정식을 구해보자. 시스템에서 N 개의 물체로 구성된 시스템에서 D'Alembert의 원리와 가상일의 원리를 적용하면 식(6.5.8)은 다음과 같이 나타낼 수 있다.

$$\sum_{i=1}^{N} [\overrightarrow{F}^*{}_i - \frac{d}{dt}(m_i \overrightarrow{r}_i)] \cdot \delta \overrightarrow{r}_i = 0 \tag{6.5.9}$$

여기서 $\vec{F}*_i$ 는 질량이 m_i개인 $i-th$ 물체에 작용하는 가해지는 힘을 나타낸다. 시스템의 자유도를 n 이라고 하고 q_1, q_2, $\cdots\cdots$, q_n 을 n 개의 일반좌표계라고 하면 다음의 관계식으로 표현된다.

$$\vec{r}_i = \vec{r}_i(q_1, q_2, \cdots\cdots, q_n, t) \tag{6.5.10}$$

시스템을 구성하는 물체들의 속도는 다음의 식으로 나타낼 수 있다.

$$\dot{\vec{r}}_i = \sum_{i=1}^{n} \frac{\partial r_i}{\partial q_k} \frac{dq_k}{dt} + \frac{\partial \vec{r}_i}{\partial t} \tag{6.5.11}$$

가상변위는

$$\vec{r}_i = \sum_{i=1}^{n} \frac{\partial r_i}{\partial q_k} \delta q_k \tag{6.5.12}$$

식(6.5.11)의 처음 항에서 $\vec{F}*_i$ 의 가상일은 다음과 같이 나타낼 수 있다.

$$\sum_{i=1}^{N} \vec{F}*_i \cdot \delta\vec{r}_i = \sum_{i=1}^{N}\sum_{k=1}^{n} \vec{F}*_i \cdot \frac{\partial r_i}{\partial q_k} \delta q_k = \sum_{k=1}^{n} Q_k \delta q_k \tag{6.5.13}$$

마지막 항에서 Q_k 는 식에 표시된 대로 다음의 식을 나타내며 물리적인 의미는 $i-th$ 일반좌표계에서 방향으로 작용하는 일반힘을 나타낸다.

$$Q_k = \sum_{i=1}^{N} \vec{F}*_i \cdot \frac{\partial r_i}{\partial q_k} \tag{6.5.14}$$

마찬가지로 식(6.5.11)의 두 번째 항에서

$$\sum_{i=1}^{N} m_i \ddot{\vec{r}}_i \cdot \delta\vec{r}_i = \sum_{i=1}^{N}\sum_{k=1}^{n} m_i \ddot{\vec{r}}_i \cdot \frac{\partial r_i}{\partial q_k} \delta q_k \tag{6.5.15}$$

위 식의 마지막 항은 다음과 같다.

$$\sum_{i=1}^{N} m_i \vec{r}_i \cdot \frac{\partial r_i}{\partial q_k} = \sum_{i=1}^{N} \left(\frac{d}{dt} \left(m_i \vec{r}_i \cdot \frac{\partial r_i}{\partial q_k} \right) - m_i \vec{r}_i \cdot \frac{d}{dt} \left(\frac{\partial r_i}{\partial q_k} \right) \right) \quad (6.5.16)$$

마지막 항은

$$\frac{d}{dt} \left(\frac{\partial \vec{r}_i}{\partial q_k} \right) = \frac{\partial}{\partial q_k} \left(\frac{d \vec{r}_i}{dt} \right) = \frac{\partial \vec{r}_i}{\partial q_k} \quad (6.5.17)$$

가 된다. 따라서 관성력에 의한 가상일은 다음과 같이 나타낼 수 있다. 식(6.5.16)에서,

$$\sum_{i=1}^{N} m_i \vec{r}_i \cdot \delta \vec{r}_i = \sum_{k=1}^{n} \left(\frac{d}{dt} \left(\frac{\partial T}{\partial \dot{q}_k} \right) - \frac{\partial T}{\partial q_k} \right) \delta q_k \quad (6.5.18)$$

여기서

$$T = \sum_{i=1}^{N} \frac{1}{2} m_i \vec{r}_i \cdot \vec{r}_i \quad (6.5.19)$$

위 식들을 정리하면 다음과 같은 Lagrange 의 운동방정식이 구해진다.

$$\frac{d}{dt} \left(\frac{\partial T}{\partial \dot{q}_k} \right) - \frac{\partial T}{\partial q_k} = Q_k \quad (6.5.20)$$

여기서 $k = 1, 2, 3, \cdots, n$ 이며 개의 운동방정식이 구해진다. 이 운동방정식은 n개의 2차 방정식으로 구성된다. 이러한 운동방정식은 뉴턴방식에 의한 방법보다 구하는 과정이 간단하다는 것을 알 수 있다. 마찬가지로 Lagrange의 운동방정식에서 변형된 발전된 형태의 식을 구할 수 있으며 그 식은 다음과 같이 표현된다.

$$\frac{d}{dt} \left(\frac{\partial L}{\partial \dot{q}_k} \right) - \frac{\partial L}{\partial q_k} = Q_k \quad (6.5.21)$$

여기서 $k = 1, 2, 3, \cdots, n$ 이며 holonomic 시스템의 경우에 해당되며

L 은 Lagrangian이라고 하며 식(6.5.19)와 같은 운동에너지와 위치에너지의 차이를 나타낸다.

$$L = T - V \qquad (6.5.22)$$

식(6.5.22)에 표시된 Lagrange 운동방정식을 어떠한 시스템에 정확히 적용하기 위해서는 여러 조건들을 검토하여 운동방정식에 적용해야 한다. 각각의 조건들은 관련 식들의 유도과정에서 자세히 설명된다.

실제로 Lagrange 운동방정식의 유도를 위해서는 중간과정에서 설명되는 Hamilton 식의 이해가 요구된다. 자세한 식들의 유도를 위해서는 고급 동역학에서 다루는 내용의 이해가 필수적이며 관련 자료들을 참고가 요구된다.보행로봇 동역학에서 필요한 운동방정식을 유도하기 위하여 Lagrange 운동방정식이 적용되는 간단한 예를 들어보자.

[Example 6.1]

다음의 시스템에서 운동방정식을 구해라.

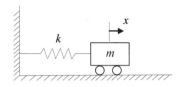

[Solution]

운동에너지 T 와 위치에너지 V 는 다음과 같다.

$$T = \frac{1}{2}mv^2 = \frac{1}{2}m\dot{x}^2 \qquad V = \frac{1}{2}kx^2$$

위의 경우에 $q = x,\ \dot{q} = \dot{x}$

$$L = T - V = \frac{1}{2}m\dot{x}^2 - \frac{1}{2}kx^2$$

$$\frac{\partial L}{\partial \dot{q}_k} = \frac{\partial L}{\partial \dot{x}} = 2\frac{1}{2}m\dot{x} = m\dot{x} \qquad \frac{\partial L}{\partial x} = -\frac{1}{2}k2x = -kx$$

$$\frac{d}{dt}\left(\frac{\partial L}{\partial \dot{q}_k}\right) = \frac{d}{dt}\left(\frac{\partial L}{\partial \dot{x}}\right) = \frac{d}{dt}(m\dot{x}) = m\ddot{x}$$

관련된 항들을 식 (6.5.21)의 Lagrange 식에 넣으면 다음과 같은 운동방정식이 구해진다.

$$m\ddot{x} + kx = 0$$

이 결과는 동역학에서 구한 결과와 일치함을 알 수 있다.

[Example 6.2]

다음의 단진자 운동에서의 운동방정식을 구해라.

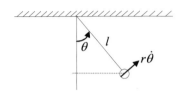

[Solution]

운동에너지 T 와 위치에너지 V 는 다음과 같다.

$$L = \frac{1}{2}mv^2 = \frac{1}{2}m(r\dot{\theta})^2$$

$$V = mgh = mg(l - l\cos\theta)$$

위의 경우에 $q = \theta$, $\dot{q} = \dot{\theta}$

$$L = T - V = \frac{1}{2}mr^2\dot{\theta}^2 - mg(l - l\cos\theta)$$

$$\frac{\partial L}{\partial \dot{q_k}} = \frac{\partial L}{\partial \dot{\theta}} = mr^2\dot{\theta} \qquad \frac{\partial L}{\partial \theta} = -mgl\sin\theta$$

$$\frac{d}{dt}\left(\frac{\partial L}{\partial \dot{q_k}}\right) = \frac{d}{dt}\left(\frac{\partial L}{\partial \dot{\theta}}\right) = mr^2\ddot{\theta}$$

관련된 항들을 식 (6.5.21)의 Lagrange 식에 넣으면 다음과 같은 운동방정식이 구해진다.

$$\ddot{\theta} + \frac{g}{l}\theta = 0$$

마찬가지로 이 결과는 동역학 등에서 구한 결과와 일치함을 알 수 있다.

[Example 6.3]

다음의 단진자에서 링크가 탄성체로서 탄성계수가 k 인 경우의 운동방정식을 구해라.

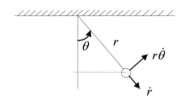

[Solution]

매달린 단진자의 속도는

$$v = \sqrt{(\dot{r})^2 + (r\dot{\theta})^2}$$

위치에너지는

$$PE_1 = -mgr cos\theta \qquad PE_2 = \frac{1}{2}k(r - l_0)^2$$

위의 경우에 위의 경우에 $q_1 = r$, $\dot{q_1} = \dot{r}$, $q_2 = \theta$, $\dot{q_2} = \dot{\theta}$

$$L = T - V = \frac{1}{2}m(\dot{r}^2 + (r\dot{\theta})^2)^2 - (-mgr cos\theta) - \frac{1}{2}k(r - l_0)^2$$

Lagrangian L을 변수 q_1, q_2 에 대하여 (6.5.21)의 Lagrange 식에 적용하면

$$\frac{d}{dt}\left(\frac{\partial L}{\partial \dot{r}}\right) - \frac{\partial L}{\partial r} = 0 \qquad \frac{d}{dt}\left(\frac{\partial L}{\partial \dot{\theta}}\right) - \frac{\partial L}{\partial \theta} = 0$$

따라서 위의 두식을 대입하여 정리하면 아래와 같은 두 개의 운동방정식이 구해진다.

$$m\ddot{r} - mr\dot{\theta}^2 - mg cos\theta + k(r - l_0) = 0$$
$$mr^2\ddot{\theta} + 2mr\dot{r}\dot{\theta} + mgr sin\theta = 0$$

§ 6.6 결론

보행로봇의 보행은 동역학적(dynamic) 보행과 정역학적(quasi-static) 보행으로 나누어진다. 정역학적 보행의 경우에는 보행로봇의 무게중심을 지표면에 투영한 점이 항상 지지다각형 내부에 존재하는 경우이다.

하지만 동역학적 보행의 경우에는 이러한 조건에 관계가 없다. 지금까지 보행로봇의 발전과정을 보면, 제작된 모든 경우의 보행로봇은 실험실 바닥을 저속으로 보행하는 경우가 거의 대부분이었다.

정역학적 보행의 경우에는 각 다리의 보행공간이 현재면(present plane과 목적면(destination plane)을 연결하는 경우에만 장애물을 넘을 수 있다. 하지만 동역학적 보행의 경우에는 이러한 제약이 존재하지 않으며 장애물의 횡단능력은 후족에 의해서 발생되는 최대 추진력에 의해서 결정된다. 따라서 동역학적 보행의 경우에는 보행속도가 빠르며 장애물의 횡단 능력이 크게 증가한다. 말이나 개 등의 척추동물의 보행의 경우가 이에 해당된다.

수많은 동물이나 곤충의 운동에서 볼 수 있는 바와 같이 이들의 동역학적 연구는 매우 광범위하며 이들의 구조와 보행특성들을 보행로봇의 설계와 보행에 적용하는 경우에 보행로봇의 큰 발전을 기대할 수 있다.

[Reference]

1. Sheth, P. N. and Uicker, J. J., "A Generalized Symbolic Notation fot Mechanisms", *Journal of Engineering for Industry*, Vol. 93, pp.102-112, Feb. 1971.

2. Lee, C. S. G., Gonzales, R. C., and Fu, K. S.. "Robot Arm Dynamics", *Tutorial on Robotics*, pp. 117-119, 1986.

3. Silver, W. M., "On the Equivalence of the Lagrangian and Newton-Euler dynamics for manipulators", *International Journal of Robotics Research*, Vol. 1(2), pp. 60-70, 1982.

4. Orin, D. E., McGhee, R. B., Vukobratovic, M., and Hartoch, G., "Kinematic and kinetic Analysis of open-chain linkages utilizing Newton-Euler methods", *Mathematical Biosciences*, Vol. 43, pp.107-130, 1979.

5. Luh, J. Y. S., Walker, M. W., and Paul, R. P., "On-line computational scheme for mechanical manipulators", *ASME J. Dynamic Systems, Measurement, and Control*, Vol. 120, pp.69-76, 1980.

6. Beer, F. P. and Johnston, E. R., *Vector mechanics for engineers*, 4th Ed., McGraw Hill Book Co. NewYork, NY., 1984.

7. Park, S. H., "Dynamic Modeling and Link Mechanism Design of Four-Legged Mobile Robot" *Dissertation*, University of Alabama, Tuscaloosa, 1994.

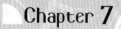

Chapter 7

Simulation

Biorobotics

§ 7.1 개론

언급된 바와 같이 생물학에서 오래전부터 동물들의 구조 및 운동에 관한 연구가 진행되었으며 이들은 1970년대 후반부터 로봇공학에 응용되기 시작하여 드디어 생물학과 공학의 융합연구가 시작되었다.

본 장에서는 생물체들을 기계공학적 관점에서 하나의 동역학적 시스템으로 간주하여 보행 중에 발생되는 운동특성을 해석할 수 있는 모델로 표현한다. 척추동물의 몸체는 여러 개의 척추뼈가 연결되어 있으며, 즉 여러 개의 링크와 조인트로 연결되어 있지만, 보행 중에는 거의 움직이지 않으므로 고정된 하나의 링크로 간주한다.

각각의 다리는 여러 개의 링크로 구성된 로봇팔로 간주된다. 정확한 운동특성 분석을 위해서는 더 많은 수의 링크와 조인트로 구성할 수 있지만 본 장에서는 한 가지 방법을 소개하여 효과적인 접근방식을 제안한다. 움직이는 동역학 시스템이 한 사이클을 완료하는 동안 소비하는 에너지와 이에 따른 에너지 효율을 구한다.

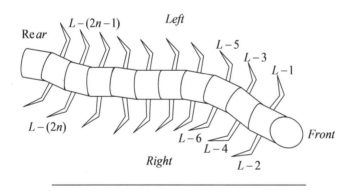

Figure 7.1.1 Example of Leg Numbering in Centipede

§ 7.2 보행로봇의 모델링

Leg Numbering, L-n : 보행로봇의 연구에 사용되는 일반적인 모델링 방법을 보자. 보행을 수행하는 다리에는 각각 고유의 숫자가 부여된다. 보행의 방향을 기준으로 우측 방향의 다리들은 전방에서부터 L-1, L-3, L-5 … 등의 홀수가 부여되고, 좌측 방향의 다리들은 전방에서부터 L-2, L-4, L-6 … 등의 짝수가 연속적으로 부여된다. L-1, L-2 는 쌍(pair)을 이룬다고 하며 보행로봇의 좌/우측 다리들은 대칭을 이루며 보행 중 몇 가지 특징들을 반복한다.

Leg Pair : 몸체를 중심으로 좌/우측에 위치한 한 쌍의 다리, 예를 들면 L-1과 L-2 또는 L-3와 L-4 등은 같은 크기와 기계적 특성을 가진다. 기계적 특성은 다리를 구성하는 근육, 무게, 관성모멘트 등 동역학적 계산에 필요한 모든 내용들을 포함한다. 4-족 보행로봇의 경우에는 L-1과 L-2는 전족쌍(front pair legs), L-3와 L-4는 후족쌍(rear pair legs)이라고 한다.

보행로봇 다리의 쌍(pair)들은 보행 중 서로 다른 기능을 담당하며 그 기능에 적합하도록 서로 다른 구조와 기계적 특성들을 가지고 있다. 다람쥐나 토끼 등의 뒷다리가 앞다리보다 길고 강한 구조를 가지며 이는 그 예가 될 것이다.

Figure 7.2.1 몸체에 부착된 다리의 위치

Leg Attachment : 다리가 달린 수많은 종류의 생명체가 자연계에 존재하고 있지만 로봇공학의 대상이 되는 경우는 척추동물과 곤충 등이다. 보는 관점에 따라서 많은 분류방법이 있지만 보행로봇의 모델링과 관련하여서 다음의 두 가지 경우가 기준이 된다.

1. 다리가 몸체에 부착된 위치
2. 다리의 회전범위와 내부형태(Internal Geometry)

오랫동안 자동차를 대신하던 말은 Fig 7.2.1(a)와 같다. 이 경우 다리는 몸체에 일직 선상에 위치하며 최대의 속도가 보장된다. (b)는 악어와 같은 파충류의 경우로서 다리가 몸체의 측면에 위치하며 일반적으로 (a)의 경우보다 보행속도가 느리다. 몸체와 지면과의 거리가 가까우므로 보행 중에 안정도가 유지되는 장점이 있다.

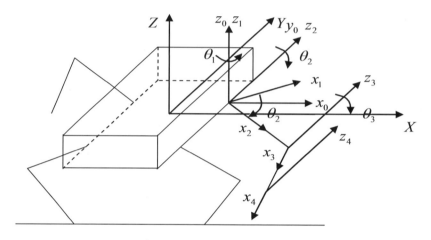

Figure 7.2.2 모델의 몸체와 다리의 좌표계 구성[1]

나머지 한 가지 경우는 insect type의 경우로 척추동물에서는 거의 존재하지 않으며 크기가 작은 곤충이나 게와 같은 갑각류에서 볼 수 있는 구조다. 다리는 (b)와 같이 몸체의 측면에 있으나, 다리의 길이가 길고 다리의 높이가 몸체의 높이보다 높다. 또 하나의 특징으로는 뒷다리는 insect type의 구조를 갖지만 앞다리는 (b)의 구조를 가지는 경우가 많다.

곤충의 경우는 다리의 개수가 6개 이상이며, 갑각류의 경우는 8개를 초과한다. 곤충들은 상위 포식자들의 공격을 피하기 위하여 나름대로 최적의 구조를 가지고 있으며 이를 이용하여 빠르게 위험을 벗어나고 있다.

Coordinate System · Fig 7.2.2는 4-족 보행로봇의 보행을 해석하는 좌표계를 나타낸다. 다리의 수가 많은 6-족, 또는 8-족 이상의 경우에도 동일한 방법이 적용되며 몸체 좌표계와 다리 좌표계로 표시된다. 다리 좌표계의 수는 다리를 구성하고 있는 뼈와 같은 링크의 수와 동일하다.

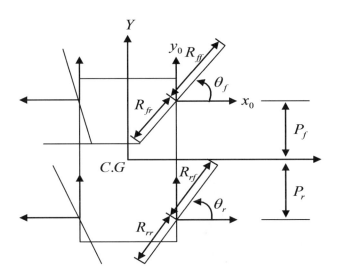

Figure 7.2.3 Top View of the Model, Including Coordinate System

몸체를 다리와 연결시키는 대퇴부에는 고관절 좌표계(Hip Joint Coordinate System)가 있으며 고관절과 다리를 연결하는 무릎에는 무릎 좌표계(Knee Joint Coordinate System)가 있다.

실제로 생물체의 경우에는 더 많은 링크가 존재하므로 정확한 해석을 위해서는 링크의 개수대로 좌표가 지정되어야 하지만 모델링의 경우 Fig 7.2.2, 3과 같이 단순화하여 좌표계가 지정된다.

몸체좌표계 XYZ의 원점은 몸체의 무게중심과 일치하며 XYZ 좌표계로 표시되고, Y축은 머리가 달린 방향 또는 보행방향을 나타낸다. Z축은 몸체에 수직인 위 방향을 나타내며 X축 방향은 공학에서 일반적으로 좌표축을 결정할 때 사용되는 오른손 법칙에 의해서 선택된다.

Fig 7.2.3은 4-족 보행로봇 모델을 위에서 바라본 모습을 나타낸다. Fig 7.2.5와 비교하면 고관절(Coxal)의 내전근(Adductor)과 외전근(Abductor)의 기능은 θ_1, θ_f, θ_r의 운동으로 대체된다. 느린 속도로 보행하는 포유동물의 경우에는 전족과 후족쌍의 다리들의 $\theta_1 = 90^o$이다.

속도가 증가되는 경우에는 전족쌍 다리의 θ_1은 감소되고 후족쌍의 다리의 θ_1 각도는 증가된다. 마찬가지로, Fig 7.2.3의 **Coxal Promotor**와

Remotor의 기능은 θ_2 각도로 대체되며 Extensor와 Flexor의 기능은 모델의 θ_3로 대체된다.

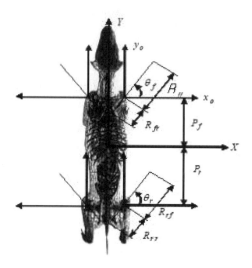

Figure 7.2.4 Schematic top-view of the dog model

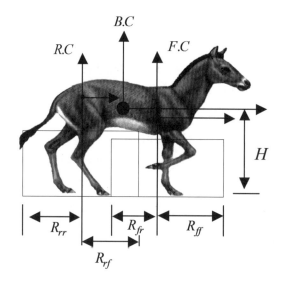

Figure 7.2.5 Four Stroke Distances and Vertical Height in Horse[1]

위의 두 그림에서 정의된 인자들과 로봇공학에서 사용되고 있는 정운동학의 방법들을 그대로 적용하여 몸체좌표계 또는 고관절좌표계에 대하여 운동 중 발의 위치가 시간의 함수로 정확히 표현된다. 마찬가지로 분수함수(Fractional Function) 등과 같은 이미 정의된 용어들이 사용된다.

Fig 7.2.5의 경우는 척추동물의 일반적 모델링 방식을 나타낸다. 전후방 다리쌍들은 환경조건에 따라 몸의 구조가 특성화 되었으며 마찬가지로 보행특성들이 각각 다르므로 simulation program "Walk"에 적용할 때 특성화해야 한다. 프로그램 적용 시 20여 개의 요소들이 적용되었지만 실제적으로 정확한 data 획득을 위하여 더 많은 요소들이 프로그램에 적용될 필요가 있다.

속도가 증가되는 경우에는 전족쌍 다리의 θ_1은 감소되고 후족쌍의 다리의 θ_1 각도는 증가된다. 마찬가지로, Fig 7.2.5의 **Coxal Promotor**와 **Remotor**의 기능은 θ_2 각도로 대체되며 Extensor와 Flexor의 기능은 모델의 θ_3로 대체된다.

모델링 방법은 동물의 구조에 따라서 또는 움직임 형태에 따라서 응용적용이 가능하다. Fig 7.2.2에서 Fig 7.2.7 까지 언급된 모델들을 최근에 개발된 모델들과 비교하면 가장 큰 차이점은 몸체에 부착된 다리사이의 거리가 변수형태라는 점이다. 이 거리를 조절하여 안정도를 높일 수 있으며 넘어진 상태에서 회복에 걸리는 시간을 줄일 수 있다.

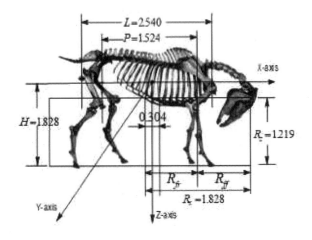

Figure 7.2.6 Sample model (1) for the simulation

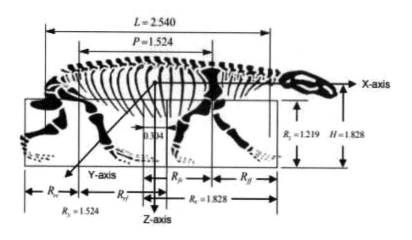

Figure 7.2.7 Sample model (2) for the simulation.

§ 7.3 보행로봇의 기계적 효율

보행로봇의 다리들은 보행 중 지지상과 이동상을 반복하며 이러한 현상은 시스템의 운동에너지를 연속적으로 진동시킨다(continuous fluctuation). 운동에너지가 상대적으로 일정한 기존의 바퀴로 움직이는 **mobile robot과** 가장 큰 차이점이다.

다리운동은 stroke의 시작점에서 가속을 위하여 에너지가 필요하며 마찬가지로 stroke의 끝점에서는 감속을 위하여 에너지를 제거해야 한다. 두 경우 모두 운동에너지를 열로 방출시키며 에너지 손실이 발생한다.

Waldron과 Kinzel[2]은 이 세대의 보행로봇은 브레이크 역할을 하는 actuator의 역할이 충분하지 않으므로 에너지 효율이 매우 낮다고 하였다.

Gabrielli과 Karman[3]은 아래와 같은 non-dimensional parameter인 specific resistance를 제안하여 보행로봇의 에너지 효율을 측정하였다.

$$\epsilon = \frac{P\beta L}{MB} \tag{7.1}$$

여기서 E 는 보행에 필요한 에너지, M 은 보행시스템의 전체 중량, L 은 보행거리를 나타낸다. 따라서 mechanical specific resistance는 단위 중량을 단위거리 만큼 이동시키는데 요구되는 에너지의 총량을 의미한다.

보행시스템의 중량과 속도의 곱이 전체 소모된 에너지에 대한 비율로 계산하는 방식이 Hirose[4]에 의해 제안되었으며 다음 식으로 표현이 가능하다.

$$\epsilon = \frac{P}{MV} = \frac{P\beta}{MR} \qquad (7.2)$$

식에서 P 는 보행에 필요한 파워를 나타내며 V 는 보행속도를 나타낸다. 본서에서 계산되는 SR의 경우는 Hirose의 방식에 따른다.

순간 에너지 소비량은 회전하는 모터의 경우는 모터 각속도와 actuator 모멘트를 곱한 방식으로 계산되며 직선운동을 하는 선형 모터의 경우는 직선속도와 actuator 힘을 곱해서 구한다. 한 사이클에서 전체 순간 에너지 소모량은

$$\delta P_{ij}(t) = \delta\left\{ M_{ij}^s(t)\,\dot{\theta}_{ij}^s + M_{ij}^t(t)\,\dot{\theta}_{ij}^t \right\} \qquad (7.3)$$
$$= \delta\left\{ F_{ij}^s(t)\,\dot{x}_{ij}^s + F_{ij}^t(t)\,\dot{x}_{ij}^t \right\}$$

§ 7.4 보행 중 다리의 위치

보행 중 모든 다리의 끝점들은 일정한 사이클을 주기로 계속 움직인다. 다시 말하면 지지상과 이동상을 반복하면서 일정한 궤적을 그린다. 이미 4장에서 다룬 바와 같이 모든 척추동물의 경우에 지지상과 이동상을 이루는 시간의 크기가 서로 다르며 특히 같은 동물의 경우라도 보행의 속도에

따라서 다르다. 이미 공학에서 정의된 용어들을 사용하여 움직이는 보행 로봇 족점의 위치를 구할 수 있다.

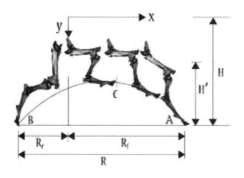

Figure 7.4.1 Foot trajectory in transfer phase, with respect to the hip joint

지지상에서, local phase는 β보다 작다. L-I 의 발의 위치는 시간의 함수로 Fig 7.2.3의 몸체의 고정좌표계에 대해서 다음의 식으로 나타낼 수 있다. 모든 식들은 4장에서 정의된 용어들이 기본적으로 사용되었다.

아래와 같이 정의된 용어들을 사용하여 나타내는 족점의 위치는 보행의 프로그래밍에 기본적으로 사용되는 중요한 역할을 하므로 완전한 이해가 필요한 사항들이다.

$$P_{x1} = \frac{W}{2} + (R_{ff} - L\phi_1 \frac{R_f}{\beta})\cos\theta_f \qquad (7.4.1)$$

$$P_{y1} = P_f + (R_{ff} - L\phi_1 \frac{R_f}{\beta})\sin\theta_f \qquad (7.4.2)$$

$$P_{z1} = -H \qquad (7.4.3)$$

$$P_{x2} = -P_{x1} \qquad (7.4.4)$$

$$P_{y2} = P_{y1} \qquad (7.4.5)$$

$$P_{z2} = -H \qquad (7.4.6)$$

$$P_{x3} = \frac{W}{2} + (R_{rf} - L\phi_3 \frac{R_r}{\beta})\cos\theta_r \qquad (7.4.7)$$

$$P_{y3} = -P_r + (R_{rf} - L\phi_3 \frac{R_r}{\beta})\sin\theta_r \qquad (7.4.8)$$

$$P_{z3} = -H \qquad (7.4.9)$$

$$P_{x4} = -P_{x3} \qquad (7.4.10)$$

$$P_{y4} = P_{y3} \qquad (7.4.11)$$

$$P_{z4} = -H \qquad (7.4.12)$$

이동상에서는, local phase는 β보다 크거나 같다. L-I 의 발 위치는 시간의 함수로 Fig 7.4.1 의 몸체 좌표계에 대해서 다음의 식으로 나타낼 수 있다. 역시 모든 식들은 3장 용어설명에서 기본적으로 정의된 사항들을 사용하였다.

$$P_{x1} = \frac{W}{2} - R_{fr}\cos\theta_f + \left\{(L\phi_1 - \beta)\frac{R_f}{1-\beta}\right\}\cos\theta_f \qquad (7.4.13)$$

$$P_{y1} = P_f - R_{fr}\sin\theta_f + \left\{(L\phi_1 - \beta)\frac{R_f}{1-\beta}\right\}\sin\theta_f \qquad (7.4.14)$$

$$P_{x2} = -P_{x1} \qquad (7.4.15)$$

$$P_{y2} = P_{y1} \qquad (7.4.16)$$

$$P_{x3} = \frac{W}{2} - R_{rr}\cos\theta_r + \left\{(L\phi_3 - \beta)\frac{R_r}{1-\beta}\right\}\cos\theta_r \qquad (7.4.17)$$

$$P_{y3} = -P_r - R_{rr}\sin\theta_r + \left\{(L\phi_3 - \beta)\frac{R_r}{1-\beta}\right\}\sin\theta_r \qquad (7.4.18)$$

$$P_{x4} = -P_{x3} \qquad (7.4.19)$$

$$P_{y4} = P_{y3} \qquad (7.4.20)$$

위에서 정의된 식들은 보행로봇의 이동상에서 발의 위치를 구하기 위하여 오랫동안 사용되어 왔으나 발의 궤적을 단순화된 직선으로 가정한 단점이 있었다. 이러한 단점을 보완하여 이동상의 발의 위치를 나타내는 5-차 다항식이 다음 장에서 유도 될 것이다.

모델의 각 다리들은 3-자유도(Degree of Freedom)를 가진다. 다시 말하면 발을 위치시키기 위하여 θ_1, θ_2, θ_3의 회전이 필요하다. 원하는 위치에 발을 위치시키기 위하여 처음에 θ_1 을 독립적으로 회전시키고 난 후에 θ_2 을 회전시킨다.

마지막으로 θ_3 을 회전시켜 보행을 완료한다. 다리를 이루고 있는 두 링크가 움직이는 시간의 차이는 곤충들의 경우에 쉽게 관찰된다. 특히 이러한 현상은 곤충이나 동물들이 불규칙한 지반 위에서 또는 장애물을 횡단하는 경우에 확실히 볼 수 있다.

§ 7.5 발 끝점의 궤적(Foot Trajectory)

현장에서 주어진 작업을 수행하는 로봇팔의 끝점은 보행로봇의 경우에는 다리의 끝에 위치한 발에 해당된다. 이번 장에서는 보행중인 발의 궤적을 구하는 방법에 대해서 알아보자. 발의 궤적을 구하는 일반적인 두 가지 방법이 있다.

조인트 공간(Joint Space Scheme)에 의한 방법에서는, 궤적은 원하는 위치와 조인트의 회전각에 의해 정의되며, 즉 직각좌표계에 표현된 좌표가 역운동학에 의해서 조인트의 회전으로 변한다. 그리고, 끝점으로 도달하는 동안 전체 n-개의 조인트들이 적당한 간격으로 움직이며 완만한 곡선의 궤적을 이루게 된다.

직각좌표 공간(Cartesian Space Scheme)에 의한 방법에서는, 궤적은 위치와 회전각을 계산하는 함수로 표현되며 시간의 함수이다. 이 방법은 궤적을 이루는 분절(Trajectory Segment)의 특징을 잘 나타내는 장점이 있으나 좌표계상의 점들을 빠른 시간 내에 조인트로 변환시키는데 시간이 걸리는 단점이 있다. 궤적을 구하는 다양한 방법들이 제안되었으며 아래에 Brady[5]가 제안한 내용을 살펴보자.

1) 궤적은 계산과 실제 수행이 효과적이어야 한다.
2) 궤적은 미리 예상할 수 있어야 하며 정확해야 한다.
3) 위치, 속도, 가속도는 완만한 시간의 함수이어야 한다.
4) 궤적의 점이 작업공간 내에 존재하는가를 효과적으로 결정할 수 있어야 하며

속도와 가속도가 실제적으로 가능한가를 결정할 수 있어야 한다.

생산라인 등에서 작업하는 로봇의 경우에는 미리 작업하는 궤적이 정해져 있으며 작업내용을 변경하는 경우에는 작업궤적을 간단히 수정하면 된다. 하지만 보행로봇이 평평한 지면에서 보행하는 경우에는 일반적인 주기 걸음새를 사용하므로 발의 궤적은 사용자가 원하는 형태로 일정하게 지정할 수 있다.

Fig 7.4.1은 보행중인 발의 궤적을 나타내며 그 궤적은 시간과 위에서 정의된 인자들의 함수로 표현된다. 궤적은 3개의 분절로 나누어져 있으며 처음 분절 $\overline{AB}$는 지지상을 나타낸다. 지지상에서 발의 x 좌표는 아래의 시간의 함수로 나타낼 수 있다.

$$x(t) = R_f - vt \tag{7.5.1}$$
$$\dot{x}(t) = -v$$
$$\ddot{x}(t) = 0$$

여기서 R_f는 전방의 거리를 나타내며 v는 보행로봇의 보행속도를 나타낸다. 두 번째 분절 $\overline{BC}$는 이동상에서 발을 들어 올리는 과정을 나타낸다. 이 과정에서 발은 가속도를 가지며 몸체 좌표계에 대해서 x 방향의 속도는 음에서 양으로 변한다. y 방향의 발의 속도는 양 끝단에서 0이며 발은 가속 후 감속의 과정을 거친다. 세 번째 분절 $\overline{CA}$는 이동상에서 발을 지면에 내리는 과정을 나타낸다. 이 과정에서 발의 y 방향의 속도는 양 끝단에서 0가 된다.

Fig 7.4.1에 나타난 발의 궤적을 3개의 분절로 나누어 설명하였다. 그 과정에는 결국 분절의 양 끝점에서 6개의 경계조건이 포함되었다. 따라서 발의 궤적은 시간 t의 함수로 나타낼 수 있으며 결국 다음의 5차 다항식으로 표현할 수 있다.

$$q(t) = a_5 t^5 + a_4 t^4 + a_3 t^3 + a_2 t^2 + a_1 t + a_0 \tag{7.5.2}$$

발의 속도와 가속도는 위의 식을 시간 t 에 대해서 각각 미분하여 구할 수 있다.

$$\dot{q}(t) = 5a_5t^4 + 4a_4t^3 + 3a_3t^2 + 2a_2t + a_1 \qquad (7.5.3)$$

$$\ddot{q}(t) = 20a_5t^3 + 12a_4t^2 + 6a_3t + 2a_2 \qquad (7.5.4)$$

(1) 분절 $\overline{BCA}$ 에서의 $\boldsymbol{x}$ 좌표: $\boldsymbol{B}$ 점은 $\overline{AB}$ 분절의 끝점이며 동시에 $\overline{BCA}$ 의 시작점이다. 시간이 $t = T_1$ 인 경우에 $\boldsymbol{x}$ 좌표는 다음과 같다.

$$x(t = T_1) = R_f - vT_1 = R_f - \frac{R}{T_1} = R_f - R \qquad (7.5.5)$$

다항식 (7.5.2)에서 $t = 0$ 인 경우에
$$x(t = 0) = a_0$$
따라서
$$a_o = R_f - R \qquad (7.5.6)$$

식(7.5.5)에서 시간이 $t = T_1$ 인 경우에 $\boldsymbol{x}$ 의 속도는 다음과 같다.
$$\dot{x}(t = T_1) = -v = -\frac{R}{T_1}$$

다항식 (7.4.3)에서 $t = 0$ 인 경우에
$$\dot{x}(t = 0) = a_1$$
따라서
$$a_1 = -v = -\frac{R}{T_1} \qquad (7.5.7)$$

마찬가지로 가속도는
$$\ddot{x}(t = 0) = 0$$
$t = 0$ 인 경우에
$$\ddot{x}(t = 0) = 2a_2$$

따라서

$$a_2 = 0$$

A 점은 분절 $\overline{AB}$의 시작점이 되며 동시에 분절 $\overline{BCA}$의 마지막 점이다. 식(7.5.5)에서 시간이 $t = 0$ 인 경우에

$$x(t = 0) = R_f$$

위의 다항식에서 $t = T_2$ 인 경우에

$$x(t = T_2) = a_5 T_2^5 + a_4 T_2^4 + a_3 T_2^3 - v T_2 + R_f - R$$

따라서

$$a_5 T_2^5 + a_4 T_2^4 + a_3 T_2^3 = v T_2 + R \tag{7.5.8}$$

속도를 나타내는 식에서 시간이 $t = 0$인 경우와 시간이 $t = T_2$인 경우에

$$\dot{x} = -v$$

$$\dot{x}(t = T_2) = 5a_5 T_2^4 + 4a_4 T_2^3 + 3a_3 T_2^2 - v$$

따라서

$$5a_5 T_2^4 + 4a_4 T_2^3 + 3a_3 T_2^2 = 0 \tag{7.5.9}$$

가속도를 나타내는 식에서 시간이 $t = 0$인 경우와 시간이 $t = T_2$ 인 경우에

$$\ddot{x} = 0$$

$$\ddot{x}(t = T_2) = 20a_5 T_2^3 + 12a_4 T_2^2 + 6a_3 T_2$$

따라서

$$10a_5 T_2^2 + 6a_4 T_2 + 3a_3 = 0 \tag{7.5.10}$$

각각의 분절에 대해서 경계조건을 대입한 결과들은 각각의 식들에 나타나 있다. 그 결과들을 정리하여 풀면 처음에 가정한 다항식 (7.5.2)를 구성하는 다음의 상수들을 구할 수 있다.

$$a_5 = \frac{6}{T_2^5}(vT_2 + R) \qquad (7.5.11)$$

$$a_4 = -\frac{15}{T_2^4}(vT_2 + R) \qquad (7.5.12)$$

$$a_3 = \frac{10}{T_2^3}(vT_2 + R) \qquad (7.5.13)$$

지금까지 계산된 상수들을 원식에 대입하면 다음의 다항식을 구할 수 있다.

$$x(t) = \frac{6}{T_2^5}(vT_2 + R)t^3 - \frac{15}{T_2^4}(vT_2 + R)t^4 + \frac{10}{T_2^3}(vT_2 + R)t^3 \qquad (7.5.14)$$
$$- vt + R_f - R$$

여기서 $V = R/T_1$ 이며 T_1 은 지지상에서 사이클 시간을 나타내며 T_2 는 이동상 사이클 시간을 나타낸다.

(2) 분절 $\overline{BC}$ 에서의 y좌표: B 점에서 시간은 $t = 0$ 이며 $t = T_{21}$가 지난 후 발은 궤적의 최대높이에 도달한다고 가정하자. 식 (7.5.7)에서 $t = T_{21}$이고 식 (7.5.9)에서 $t = 0$ 인 경우에는

$$y = H$$
$$y(t = 0) = a_0$$

따라서

$$a_0 = H \qquad (7.5.15)$$

y 방향의 속도를 나타내는 식 (7.5.11)에서 $t = T_{21}$, 그리고 식(7.5.13)에서 $t = 0$ 인 경우에는

$$\dot{y} = 0$$
$$\dot{y}(t = 0) = a_1$$

그러므로

$$a_1 = 0 \qquad\qquad (7.5.16)$$

가속도를 나타내는 식에서 시간이 $t = T_{21}$ 인 경우와 식 가속도 식에서 $t = 0$인 경우에는

$$\ddot{y} = 0$$

$$\ddot{y}(t = 0) = 2a_2$$

따라서

$$a_2 = 0 \qquad\qquad (7.5.17)$$

마찬가지로 $t = T_{21}$ 인 경우 C 점에서는

$$y = H - H'$$

$$y(t = T_{21}) = a_5 T_2^5 + a_4 T_2^4 + a_3 T_2^3 + H$$

속도의 경우에는

$$\dot{y} = 0$$

$$\dot{y}(t = T_{21}) = 5a_5 T_2^4 + 4a_4 T_2^3 + 3a_3 T_2^2$$

가속도의 경우에는

$$\ddot{y} = 0$$

$$\ddot{y}(t = T_{21}) = 20a_5 T_{21}^3 + 12a_4 T_{21}^2 + 6a_3 T_{21}$$

위의 결과들을 정리하여 다항식을 구성하는 상수를 구하면 다음과 같다.

$$a_3 = -10 \frac{H'}{T_{21}^3} \qquad\qquad (7.5.18)$$

$$a_4 = 15 \frac{H'}{T_{21}^4} \qquad\qquad (7.5.19)$$

$$a_5 = -6 \frac{H'}{T_{21}^5} \qquad\qquad (7.5.20)$$

다항식에 대입하면 다음 결과식을 얻는다.

$$y(t) = -6 \frac{H'}{T_{21}^5} t^5 + 15 \frac{H'}{T_{21}^4} t^4 - 10 \frac{H'}{T_{21}^3} t^3 + H \qquad (7.5.21)$$

(3) 분절 $\overline{CA}$ 에서의 y 좌표: C 점에서 시간은 $t = 0$ 에서 시작하며

$t = T_{22}$가 지난 후 발은 원래의 점 A에 도달한다고 하자. 위의 식들에 의해서,

$$y = H - H'$$
$$y(t = 0) = a_o$$

따라서

$$a_o = H - H' \qquad (7.4.22)$$

같은 방법으로 속도를 고려하면

$$\dot{y} = 0$$
$$\dot{y}(t = 0) = a_1$$

따라서

$$a_1 = 0 \qquad (7.5.23)$$

역시, 같은 방법으로 가속도를 고려하면

$$\ddot{y} = 0$$
$$\ddot{y}(t = 0) = 2a_2$$

따라서

$$a_2 = 0 \qquad (7.5.24)$$

A점에서의 시간 $t = T_{22}$ 은

$$y = H$$
$$y(t = T_{22}) = a_5 T_3^{5} + a_4 T_3^{4} + a_3 T_3^{3} + H - H'$$

속도는

$$\dot{y} = 0$$
$$\dot{y}(t = T_{22}) = 5a_5 T_3^{4} + 4a_4 T_3^{3} + 3a_3 T_3^{2}$$

가속도는

$$\ddot{y} = 0$$
$$\ddot{y}(t = T_{22}) = 20a_5 T_3^{3} + 12a_4 T_3^{2} + 6a_3 T_3$$

따라서 위의 세 가지 경계조건의 결과에 의해서 다음의 상수를 구할 수 있다.

$$a_3 = 10 \frac{H^{\,\prime}}{T_{22}^{\,3}} \tag{7.5.25}$$

$$a_4 = -15 \frac{H^{\,\prime}}{T_{22}^{\,4}} \tag{7.5.26}$$

$$a_5 = 6 \frac{H^{\,\prime}}{T_{22}^{\,5}} \tag{7.5.27}$$

따라서 위에서 구한 3개의 상수를 다항식에 대입하면 분절 $\overline{CA}$ 궤적의 y 좌표는 다음의 5차 시간의 함수로 표현된다.

$$y(t) = 6 \frac{H^{\,\prime}}{T_{22}^{\,5}} t^5 - 15 \frac{H^{\,\prime}}{T_{22}^{\,4}} t^4 + 10 \frac{H^{\,\prime}}{T_{22}^{\,3}} t^3 + H - H^{\,\prime} \tag{7.5.28}$$

Fig 7.4.1에 표현된 바와 같이, 보행로봇의 발이 움직이는 궤적은 지지상과 이동상에 대해서 고려해야 한다. 지지상은 하나의 분절 $\overline{BCA}$ 경우로 나타낼 수 있으며, 이동상은 두 개의 분절 $\overline{BC}$ 와 $\overline{CA}$ 경우로 나타내어 경계조건을 적용하였다. 이러한 과정을 통하여 발이 움직이는 전체의 궤적을 시간을 변수로 하는 5차 다항식으로 표현하였다.

§ 7.6 Computer Simulation Work

5장에서 로봇공학의 기본이 되는 정운동학과 역운동학을 다루었다. 마찬가지로 여러 가지의 모델들에 대하여 관련 중요한 식들을 유도하였다. 본장에서는 일반적인 척추동물의 모델에 대해서 관련 식들을 유도하였다. 이러한 식들을 사용하여 보행로봇이 움직이는 전 과정들을 프로그램화 하여 변수들에 대한 특징을 그래프로 나타냈다. 제안된 모델에 관련된 요소들을 Table 7.1에 제시되었다.

모델들은 다리가 몸체에 붙어있는 위치에 따라서 animal type, insect type, reptile type으로 분류되었다. 물론 실제로는 이러한 분류방식 이외에 이들을 특징짓는 다른 요소들이 많이 있지만 연구의 목적상 한 가지 방식만으로 접근하였다.

보행로봇의 에너지 효율을 구하기 위한 적용방법으로 SR이 사용되었으며 이는 §7.3에서 설명된 Hirose방식이 사용되었다. 보행로봇이 보행 중 소모하는 에너지는 과거 생물학에서는 마우스피스를 사용하여 생명체가 소모하는 산소량으로 측정하였으나 본 장에서는 동역학적 방식에 의하여 계산되었다.

생물학적으로 많은 요소들이 에너지를 소비하지만 공학적 대상인 보행로봇에서 소비하는 에너지를 측정하기 위해서는 생물학의 원리인 Principle of Minimum Energy Expenditure를 적용하였다. 즉 에너지 소비를 최소화시키는 몸체의 구조 및 보행 원리들을 제시하였다. 각각의 경우는 Table 7.1에 주어진 데이터에 근거하여 최적의 경우가 그래프와 함께 제시되었다.

Symbol	Dimension	Description
l_i	0.5, 0.735 m	Front link-i length
	0.75, 0.935 m	Rear link-i length
l_{ci}	$l_i/2$	Link-i gravity center
m_i	10　l_i　kg	Link-i mass
I_i		Link-i moment of inertia
H	0.89 m	height of body gravity center
H'	0.15 m	max. height of gravity center
M	100 N	body mass
α	0.6	time ratio in transfer phase
β	0.75	duty factor
R_f		front stroke
R_{ff}	0.73 m	front forward stroke
R_{fr}	0.45 m	front backward stroke

R_r		rear stroke
R_{rf}	0.64 m	rear forward stroke
R_{rr}	0.44 m	rear backward stroke
P_f	0.51 m	front pitch distance
P_r	0.635 m	rear pitch distance
θ_f	60°	front direction angle
θ_r	70°	rear direction angle

Table 7.1 Symbol dimensions of the simulation model

아래의 경우는 프로그램 작성방식을 나타내고 있으며 특히 본서에서 설명한 보행로봇의 모델, 구체적 명칭 및 운동방식을 사용하였다. 다른 모델링 방법에 대해서 다양한 운동특성들을 적용할 수 있다.

```
C*************************************************************
C
C   112-95
C
C  FOUR-LEGGED MOBILE ROBOT
C  MECHANICAL EFFICIENCY DURING ONE CYCLE
C
C   (1) TYPE  1. ANIMAL TYPE
C              2. REPTILE TYPE
C              3. INSECT TYPE
```

〈척추동물의 다리가 몸체의 측면에 부착되어 있는바 1. animal type,
2. reptile type, 3. insect type으로 나누어서 simulation 됨. 다리가 몸체에 부착된 위치는 보행 중 안정도(stability) 유지와 보행속도와 밀접한 관련이 있다.〉

```
C
C    (2)  TRANSFER  PHASE  =  FIFTH  DEGREE  POLYNOMIAL
                            EQUATION
C                      =  LEG  LIFTING  AND  LEG  PLACING
C                         (THEIR  RATIO  =  ALPHA )
```

〈식(7.4.21)에서 유도한 바와 같이 foot이 이동상에 있을 때 궤적을 5차 방정식으로 표시되며 ALPHA는 이동상과 지지상의 시간비를 나타낸다.〉

```
C
C    (3)  FRONT  PAIR  AND  REAR  PAIR  LEGS
C                  =  HAVE  DIFFERENT  LENGTH
C                  =  HAVE  DIFFERENT  MECHANICAL  PROPERTY
```

〈Front pair와 rear pair leg는 서로 다른 구조를 가지고 있으며 마찬가지로 서로 다른 보행특성들을 가지고 있다.〉

```
C
C    (4)  MODEL  HAS  12  JOINTS  AND  9  LINKS
```

〈1. 각 다리는 3개의 joints와 3개의 links로 구성되며 몸체 link가 추가된다.
 2. Chap3, 4의 그림에 나타난 바와 같이 실제로 척추동물과 곤충들은 세분화되어 더 많은 link와 joint들로 구성되어 있지만 연구 목적상 12개의 joint와 9개의 링크로 구성하였다.
 3. 하지만 생명체들은 더 복잡한 형태로 구성되어 있으며 생명체들이 가진 구조적 특성들을 로봇에 적용시킬수록 첨단의 우수한 보행로봇의 구현이 가능하다.〉

```
C
C******************************************************************
C
```

```
      PROGRAM MAIN
      DIMENSION  D(4),DS(4,4),PH(4),FFOR(4),FPOT(4,4)
      DIMENSION  AL(4,2),AC(4,2),AM(4,3),BIM(4,3),
     &     PT(3,4),DPT(3,4),DDPT(3,4),EEFF(100),
     &     TH1(4),TH2(4),TH3(4),DTH(3,4,100),DDTH1(4),
     &     DDTH2(4),DDTH3(4),DDTH4(4),TAU(3,4,100),TAUW(3,4)
C
C*************************************************************
C
C  AL(I,J)  : LINK "J" LENGTH OF LEG "I"
C  AC(I,J)  : GRAVITY CENTER POSITION OF AL(I,J)
C  AM(I,J)  : MASS OF AL(I,J)
C  BIM(I,J) : MOMENT OF INERTIA OF AL(I,J)
C
C  W        : WIDTH OF BODY
C  WGT      : BODY WEIGHT
```

〈AL(I,J): 다리 I 의 링크 J

AC(I,J): AL(I,J)의 무게중심의 위치

AM(I,J): AL(I,J)의 무게

BIM(I,J): AL(I,J)의 관성모멘트(Moment of Inertia)

W: Body의 Width

WGT: Body의 무게

다음의 사항들은 모델에 주어진 각 부위의 수치를 나타냄〉

```
C
C*************************************************************
C
      AL(1,1)  = 0.5
C     DO 19 II=50,150,1
```

```
C     AL(1,2)=FLOAT(II)/100.
      AL(1,2)  = 0.735
      AL(3,1)  = 0.5
      AL(3,2)  = 0.735
      AL(2,1)  = AL(1,1)
      AL(2,2)  = AL(1,2)
      AL(4,1)  = AL(3,1)
      AL(4,2)  = AL(3,2)
C
      DO 99 K = 1,4
      AC(K,1)  = AL(K,1)/2.
      AC(K,2)  = AL(K,2)/2.
      AM(K,1)  = 0.0
      AM(K,2)  = AL(K,1)*10./4.
      AM(K,3)  = AL(K,2)*10./4.
      BIM(K,1) = 0.0
      BIM(K,2) = AM(K,2)*(AL(K,2)**2)/3.
      BIM(K,3) = AM(K,3)*(AL(K,3)**2)/3.
   99 CONTINUE
C
      W   = 1.27
      PI  = 3.14159265
      G   = 9.8
      WGT = 100.
C
C  ALPHA = TIME RATIO OF LIFTING AND PLACING
      ALPHA = 0.6
```

〈Alpha : leg의 support phase 와 transfer phase 의 시간비로서 움직임 특성을 나타내며 생명체마다 다르다.〉

```
C*****************************************
C     DO 19 IJ=1,10,1
C     CT= FLOAT(IJ)
      CT=1.0
      DELTA = 100.
C*****************************************
C
C  Phase is determined by gait pattern
C  (1)  X Type  PH(1) = 0          PH(2) = 1/2
C               PH(3) = BETA       PH(4) = F(BETA-1/2)
C
C  (2)  Y Type  PH(1) = 0          PH(2) = BETA
C               PH(3) = 1/2        PH(4) = F(BETA-1/2)
C
C  (3) - X Type  PH(1) = 0         PH(2) = 1/2
C                PH(3) = 1-BETA    PH(4) = F(3/2-BETA)
C
C  (4) - Y Type  PH(1) = 0         PH(2) = 1-BETA
C                PH(3) = 1/2       PH(4) = F(3/2-BETA)
C
C  (5)  Z Type  PH(1) = 0          PH(2) = BETA
C               PH(3) = F(BETA-1/2)  PH(4) = 1/2
C
C  (6) - Z Type  PH(1) = 0         PH(2) = F(BETA-1/2)
C               PH(3) = BETA       PH(4) = 1/2
```

〈1. 서로 다른 6개 gait pattern을 나타내며 각 pattern의 phase를 나타내는
    식이다. 각 다리의 움직임을 simulation 하는데 가장 기초적이고 중요한
    식이다.
  2. 이러한 분류방식은 생물학적 방식이 아닌 공학적 방식에 의해 제시된 사

항이다.〉

```
C
C*****************************************
C
C  PF = FRONT PITCH DISTANCE
C  PR = REAR PITCH DISTANCE
      PF= 0.51
      PR= 0.635
C*****************************************
C
C  RFF = FRONT FORWARD STROKE DISTANCE
C  RFR = FRONT BACKWARD STROKE DISTANCE
C  RRF = REAR FORWARD STROKE DISTANCE
C  RRR = REAS BACKWARD STROKE DISTANCE
C
```

〈1. Fig 7,2,3~5 에 표시된 바와 같이 몸체와 앞다리가 부착된 위치에서부터 전방 측 끝까지를 R_{ff}, 후방 측 끝가지를 R_{fr}, 마찬가지로 뒷다리가 부착된 위치에서부터 전방 측 끝까지를 R_{rf}, 후방 측 끝가지를 R_{rr}으로 정의됨.

 2. 이러한 4가지 요소들은 에너지 소모를 최소화하는 optimal data가 존재하며 이들은 "WALK"을 simulation하여 얻어지며 graph 상에 표시된다. Fig 7.7.4~7에 표시되어 있으며 각각의 경우에 에너지 소모를 최소화하는 값이 존재한다.〉

```
C*************************************************
C Forward Stroke Distance              *
*************************************************
      DO 19 II=0,73
```

```
      RFF= FLOAT(II)/100.
C     RFF= 0.73
      RF=RFF
C*********************************************
C Backward Stroke Distance              *
C*********************************************
C     DO 19 II=0,64
C     RRF= FLOAT(II)/100.
      RRF= 0.64
      RRR= 0.44


C*********************************************
C  BETA  = DUTY FACTOR                  *
C  PH(I) = PHASE OF LEG-I               *
C  F1    = FRACTIONAL FUNCTION              *
C          SEE THE DEFINITION OF CHAPTER 2     *
C          F1 FUNCTION SUBPROGRAM IS ATTACHED *
C                    AT THE END OF PROGRAM *
C*********************************************
C
C     DO 73 IK=1,4
C     BETA=0.7.05*FLOAT(IK)
      BETA=0.75
      PH(1)=0.
      PH(2)=0.5
      PH(3)=BETA
C
C******************************************************
C                                                    *
C  DIRECTIONAL ANGLE                                 *
```

```
C                                                             *
C  THF = FORWARD DIRECTION ANGLE                              *
C            ANGLE BETWEEN THE DIRECTION OF FRONT LEG
PLANE AND*
C                  THAT OF BODY MOTION                  *
C  THR = REAR DIRECTION ANGLE                           *
C            ANGLE BETWEEN THE DIRECTION OF REAR LEG
PLANE AND *
C                  THAT OF BODY MOTION                  *
C
```

⟨1. THF는 Fig 7.2.3에 표시된 바와 같이 전방 측 다리가 몸체의 진행방향
과 이루는 각도를 나타내며, 마찬가지로 THR은 후방 측 다리가 몸체의
진행방향과 이루는 각도를 나타낸다.

2. 마찬가지로 이러한 2개 요소들도 에너지 소모를 최소화하는
optimal value가 존재하며 이들은 "WALK"를 simulation하여 얻어지며
graph 상에 표시된다.⟩

```
C******************************************************
C
C     DO 19 II=50,130,1
C     GTHR= FLOAT(II)
      GTHR = 70.0
      THF  = PI*GTHF/180.
      THR  = PI*GTHR/180.
C******************************************************
C                                                             *
C  HGT = HEIGHT OF GRAVITY CENTER OF BODY FROM THE
GROUND  *
C  HFT = MAXIMUM HEIGHT OF TRAJECTORY              *
```

```
C          MAXIMUM HEIGHT OF OBSTACLE, LOCATED IN THE
PATHWAY*
C                                                              *
C***********************************************************
C     DO 73 IK=1,3
C     HGT= 0.335.2*FLOAT(IK)
      HGT = 0.935
C
      DO 73 IK=1,3
C     HFT= 0.15
C
C***********************************************************
C
      SUM1 = 0.0
      SUM2 = 0.0
      SUM3 = 0.0
      SUM4 = 0.0
C
      N = 99
C
      DO 10 J = 1, N
      DEF=FLOAT(J)
      TIME=DEF/DELTA
C
C***********************************************************
C
C FPOT(1,J) = X-COORDI. OF FOOT-J W.R.T. BODY COOR. SYS
C FPOT(2,J) = Y-COORDI. OF FOOT-J W.R.T. BODY COOR. SYS
C FPOT(3,J) = Z-COORDI. OF FOOT-J W.R.T. BODY COOR. SYS
C
```

```
C   PT(1,J) = X-COORDI. OF FOOT-J W.R.T. FIXED HIP JOINT
COOR. SYS
C   PT(2,J) = Y-COORDI. OF FOOT-J W.R.T. FIXED HIP JOINT
COOR. SYS
C   PT(3,J) = Z-COORDI. OF FOOT-J W.R.T. FIXED HIP JOINT
COOR. SYS
C
C   DPT(1,J) = X-VEL. OF FOOT-J W.R.T. FIXED HIP JOINT
COOR. SYS
C   DPT(2,J) = Y-VEL. OF FOOT-J W.R.T. FIXED HIP JOINT
COOR. SYS
C   DPT(3,J) = Z-VEL. OF FOOT-J W.R.T. FIXED HIP JOINT
COOR. SYS
C
C   DDPT(1,J) = X-ACC. OF FOOT-J W.R.T. FIXED HIP JOINT
COOR. SYS
C   DDPT(2,J) = Y-ACC. OF FOOT-J W.R.T. FIXED HIP JOINT
COOR. SYS
C   DDPT(3,J) = Z-ACC. OF FOOT-J W.R.T. FIXED HIP JOINT
COOR. SYS
C
C
```

〈FPOT(1,J): 몸체좌표계에서 다리 J의 X-좌표
FPOT(2,J): 몸체좌표계에서 다리 J의 Y-좌표
FPOT(3,J): 몸체좌표계에서 다리 J의 Z-좌표

PT(1,J): Hip Joint 좌표계에서 다리 J의 X-좌표
PT(2,J): Hip Joint 좌표계에서 다리 J의 Y-좌표
PT(3,J): Hip Joint 좌표계에서 다리 J의 Z-좌표

DPT(1,J): 고정된 Hip Joint 좌표계에서 다리 J의 X-좌표의 속도

DPT(2,J): 고정된 Hip Joint 좌표계에서 다리 J의 Y-좌표의 속도

DPT(3,J): 고정된 Hip Joint 좌표계에서 다리 J의 Z-좌표의 속도

DDPT(1,J): 고정된 Hip Joint 좌표계에서 다리 J의 X-좌표의 가속도

DDPT(2,J): 고정된 Hip Joint 좌표계에서 다리 J의 Y-좌표의 가속도

DDPT(3,J): 고정된 Hip Joint 좌표계에서 다리 J의 Z-좌표의 가속도〉

```
C
C ***********************************************
C *                                             *
C * LEG-1, FOOT POINTS AT SUPPORT PHASE         *
C *                                             *
C ***********************************************
C
      I=1
      IF (T .LT. BETA*CT) THEN
C
      FPOT(1,1)=W/2. RFF*COS(THF) - T*RF*COS(THF)/
      (BETA*CT)
      FPOT(3,1) = -HGT
C
      PT(1,1) = FPOT(1,I) - W/2.
      PT(2,1) = FPOT(2,I) - PF
      PT(3,1) = -HGT
C
      DPT(1,1) = -RF*COS(THF)/(BETA*CT*DELTA)
      DPT(2,1) = -RF*SIN(THF)/(BETA*CT*DELTA)
      DPT(3,1) = 0.
C
```

```
      DDPT(1,1)= 0.
      DDPT(2,1)= 0.
      DDPT(3,1)= 0.
C

      GO TO 11
C

      ELSE IF (T. EQ. BETA*CT) THEN
      FPOT(1,1)=FPOT(1,1)
      FPOT(2,1)=FPOT(2,1)
      PT(1,1)=PT(1,1)
      PT(2,1)=PT(2,1)
      PT(3,1)=FPOT(3,1)

      DPT(2,1)=DPT(2,1)
      DPT(3,1)=0.0
      DDPT(1,1)=0.0
      DDPT(2,1)=0.0
      DDPT(3,1)=0.0
      GO TO 11
C
C     *********************************************
C     *                                           *
C     *  LEG-1, FOOT POINTS AT TRANSFER PHASE I    *
C     *                                           *
C     *********************************************
C
      ELSE IF (T .LE. BETA*CT³*(1.-BETA)*CT) THEN
C
      V= RF/(BETA*CT*DELTA)
      TT=T-BETA*CT
```

```
      T22=ALPHA*T2
C

      FPOT(1,1) = W/2.  ( 6.*(V*T2)*(TT**5)/(T2**5) -
     &                  15.*(V*T2)*(TT**4)/(T2**4)
     &                  10.*(V*T2)*(TT**3)/(T2**3) -
     &                  V*TT  RFF - RF )*COS(THF)
      FPOT(2,1) = PF    (6.*(V*T2)*(TT**5)/(T2**5) -
     &                  15.*(V*T2)*(TT**4)/(T2**4)
     &                  10.*(V*T2)*(TT**3)/(T2**3) -
     &                  V*TT  RFF - RF)*SIN(THF)
      FPOT(3,1) = - ( -6.*HFT*(TT**5)/(T22**5)
     &                15.*HFT*(TT**4)/(T22**4) -
     &                10.*HFT*(TT**3)/(T22**3)  HGT )
C

      PT(1,1) = FPOT(1,1) - W/2.
C

      DPT(1,1) =  ( 30.*(V*T2)*(TT**4)/(T2**5) -
     &         60.*(V*T2)*(TT**3)/(T2**4)
     &         30.*(V*T2)*(TT**2)/(T2**3) - V)*COS(THF)/
     &         DELTA
C

      DPT(2,1) =  ( 30.*(V*T2)*(TT**4)/(T2**5) -
     &          60.*(V*T2)*(TT**3)/(T2**4)
     &          30.*(V*T2)*(TT**2)/(T2**3) -V )*SIN(THF)/
     &          DELTA
C

      DPT(3,1) = -( -30.*HFT*(TT**4)/(T22**5)
     &          30.*HFT*(TT**2)/(T22**3)    )/DELTA
C

      DDPT(1,1)=  ( 120.*(V*T2)*(TT**3)/(T2**5) -
```

```
     &                180.*(V*T2)*(TT**2)/(T2**4)
     &                 60.*(V*T2)*TT/(T2**3)             )*COS(THF)/
                      DELTA
C
      DDPT(2,1)=  ( 120.*(V*T2)*(TT**3)/(T2**5) -
     &                180.*(V*T2)*(TT**2)/(T2**4)
     &                 60.*(V*T2)*TT/(T2**3)            )*SIN(THF)/
                      DELTA
C
      DDPT(3,1)= -(-120.*HFT*(TT**3)/(T22**5)
     &                180.*HFT*(TT**2)/(T22**4) -
     &                 60.*HFT*TT/(T22**3)              )/DELTA
      GO TO 11
C
C           **********************************************
C           *                                            *
C           * LEG-1, FOOT POINTS AT TRANSFER PHASE II *
C           *                                            *
C           **********************************************
C
      ELSE
      TT=T-BETA*CT
      T2=(1.0-BETA)*CT
C
      FPOT(1,1) = W/2. (   6.*(V*T2)*(TT**5)/(T2**5) -
     &                    15.*(V*T2)*(TT**4)/(T2**4)
     &                    10.*(V*T2)*(TT**3)/(T2**3) -
     &                     V*TT  - RF         )*COS(THF)
      FPOT(2,1) = PF    (  6.*(V*T2)*(TT**5)/(T2**5) -
     &                    15.*(V*T2)*(TT**4)/(T2**4)
```

```
     &                    10.*(V*T2)*(TT**3)/(T2**3) -
     &                    V*TT   RFF - RF        )*SIN(THF)
C
      PT(1,1) = FPOT(1,1) - W/2.
      PT(2,1) = FPOT(2,1) - PF
C
      DPT(1,1) = (  30.*(V*T2)*(TT**4)/(T2**5) -
     &              60.*(V*T2)*(TT**3)/(T2**4)
C
      DPT(2,1) = (  30.*(V*T2)*(TT**4)/(T2**5) -
     &              60.*(V*T2)*(TT**3)/(T2**4)
     &              30.*(V*T2)*(TT**2)/(T2**3) - V)*SIN(THF)/
                    DELTA
      DDPT(1,1)= ( 120.*(V*T2)*(TT**3)/(T2**5) -
     &             180.*(V*T2)*(TT**2)/(T2**4)
C
      DDPT(2,1)= ( 120.*(V*T2)*(TT**3)/(T2**5) -
     &             180.*(V*T2)*(TT**2)/(T2**4)
     &              60.*(V*T2)*TT/(T2**3)          )*SIN(THF)/
                    DELTA
C
C            *****************************************
C            *                                       *
C            * For the Z-direction, time starts from 0 *
C            * from zero and different and different   *
C            * equation is applied.                    *
C            *                                       *
C            *****************************************
C
      TT =  T-(BETA*CT**3*(1.-BETA)*CT)
```

```fortran
      T3=(1.0-ALPHA)*T2
C
      FPOT(3,1) = - (  6.*HFT*(TT**5)/(T3**5) -
     &              15.*HFT*(TT**4)/(T3**4)
     &              10.*HFT*(TT**3)/(T3**3)  HGT - HFT )
C
      PT(3,1)= FPOT(3,1)
C
      DPT(3,1)  = - ( 30.*HFT*(TT**4)/(T3**5) -
     &              60.*HFT*(TT**3)/(T3**4)
     &              30.*HFT*(TT**2)/(T3**3)    )/DELTA
C
      DDPT(3,1) = - ( 120.*HFT*(TT**3)/(T3**5) -
     &              180.*HFT*(TT**2)/(T3**4)
     &              60.*HFT*TT/(T3**3)          )/DELTA
C
      GO TO 11
C
      ENDIF
C
C ***********************************************
C *                                             *
C * LEG-2, FOOT POINTS AT SUPPORT PHASE         *
C *                                             *
C ***********************************************
C
   11 I=2
      IF (T .LT. BETA*CT) THEN
C
      FPOT(1,2) = - ( W/2.  RFF*COS(THF) - T*RF*COS(THF)/
```

```
      (BETA*CT) )
      FPOT(3,2) = -HGT
C

      PT(1,2) = FPOT(1,I)  W/2.
      PT(2,2) = FPOT(2,I) - PF
      PT(3,2) = -HGT
C

      DPT(1,2) = - ( -RF*COS(THF)/(BETA*CT*DELTA) )
      DPT(2,2) = -RF*SIN(THF)/(BETA*CT*DELTA)
      DPT(3,2) = 0.
C

      DDPT(1,2)= 0.
      DDPT(2,2)= 0.
      DDPT(3,2)= 0.
C

      GO TO 21
C

      ELSE IF (T. EQ. BETA*CT) THEN
      FPOT(1,2)=FPOT(1,2)
      FPOT(3,2)=-HGT.00001
      PT(1,2)=PT(1,2)
      PT(2,2)=PT(2,2)
      PT(3,2)=FPOT(3,2)
      DPT(1,2)=DPT(1,2)
      DPT(2,2)=DPT(2,2)

      DDPT(1,2)=0.0
      DDPT(2,2)=0.0
      DDPT(3,2)=0.0
      GO TO 21
```

```fortran
C
C       **********************************************
C       *                                            *
C       *  LEG-2, FOOT POINTS AT TRANSFER PHASE I    *
C       *                                            *
C       **********************************************
C
        ELSE IF (T .LE. BETA*CT³*(1.-BETA)*CT) THEN
C
        V= RF/(BETA*CT*DELTA)
        TT=T-BETA*CT

        T22=ALPHA*T2
C
        FPOT(1,2) = - W/2. ( 6.*(V*T2)*(TT**5)/(T2**5) -
     &                      15.*(V*T2)*(TT**4)/(T2**4)
     &                      10.*(V*T2)*(TT**3)/(T2**3) -
     &            V*TT  RFF - RF           )*COS(PI-THF)
        FPOT(2,2) = PF  ( 6.*(V*T2)*(TT**5)/(T2**5) -
     &                   15.*(V*T2)*(TT**4)/(T2**4)
     &                   10.*(V*T2)*(TT**3)/(T2**3) -
     &            V*TT  RFF - RF           )*SIN(PI-THF)
        FPOT(3,2) = - ( -6.*HFT*(TT**5)/(T22**5)
     &                  15.*HFT*(TT**4)/(T22**4) -
     &                  10.*HFT*(TT**3)/(T22**3)  HGT )
C
        PT(1,2) = FPOT(1,2)  W/2.
        PT(2,2) = FPOT(2,2) - PF
        PT(3,2) = FPOT(3,2)
C
```

```
      DPT(1,2) = (  30.*(V*T2)*(TT**4)/(T2**5) -
     &             60.*(V*T2)*(TT**3)/(T2**4)
     &             30.*(V*T2)*(TT**2)/(T2**3) -V  )
C
      DPT(2,2) = (  30.*(V*T2)*(TT**4)/(T2**5) -
     &             60.*(V*T2)*(TT**3)/(T2**4)
     &             30.*(V*T2)*(TT**2)/(T2**3) -V )
     &                      *SIN(PI-THF)/DELTA
C
      DPT(3,2) = -( -30.*HFT*(TT**4)/(T22**5)
     &             30.*HFT*(TT**2)/(T22**3)   )/DELTA
C
      DDPT(1,2)= ( 120.*(V*T2)*(TT**3)/(T2**5) -
     &            180.*(V*T2)*(TT**2)/(T2**4)
     &         60.*(V*T2)*TT/(T2**3)   )*COS(PI-THF)/DELTA
C
      DDPT(2,2)= ( 120.*(V*T2)*(TT**3)/(T2**5) -
     &            180.*(V*T2)*(TT**2)/(T2**4)
     &         60.*(V*T2)*TT/(T2**3)   )*SIN(PI-THF)/DELTA
C
      DDPT(3,2)= -(-120.*HFT*(TT**3)/(T22**5)
     &            180.*HFT*(TT**2)/(T22**4) -
     &            60.*HFT*TT/(T22**3)          )/DELTA
      GO TO 21
C
C
C         *******************************************
C         *                                         *
C         * LEG-2, FOOT POINTS AT TRANSFER PHASE II  *
C         *******************************************
C
```

```
      ELSE
      V= RF/(BETA*CT*DELTA)
      TT=T-BETA*CT
C
      FPOT(1,2) = -W/2.  (  6.*(V*T2)*(TT**5)/(T2**5) -
     &                      15.*(V*T2)*(TT**4)/(T2**4)
     &                      10.*(V*T2)*(TT**3)/(T2**3) -
     &             V*TT  RFF - RF        )*COS(PI-THF)
      FPOT(2,2) = PF    (  6.*(V*T2)*(TT**5)/(T2**5) -
     &                      15.*(V*T2)*(TT**4)/(T2**4)
     &                      10.*(V*T2)*(TT**3)/(T2**3) -
     &             V*TT  RFF - RF           )*SIN(PI-THF)
C
      PT(1,2) = FPOT(1,2)  W/2.
      PT(2,2) = FPOT(2,2) - PF
C
      DPT(1,2) = (  30.*(V*T2)*(TT**4)/(T2**5) -
     &              60.*(V*T2)*(TT**3)/(T2**4)
     &              30.*(V*T2)*(TT**2)/(T2**3) -V )
     &                      *COS(PI-THF)/DELTA
C
      DPT(2,2) = (  30.*(V*T2)*(TT**4)/(T2**5) -
     &              60.*(V*T2)*(TT**3)/(T2**4)
     &              30.*(V*T2)*(TT**2)/(T2**3) - V )
     &                      *SIN(PI-THF)/DELTA
      DDPT(1,2)= ( 120.*(V*T2)*(TT**3)/(T2**5) -
     &             180.*(V*T2)*(TT**2)/(T2**4)
     &             60.*(V*T2)*TT/(T2**3)  )*COS(PI-THF)/DELTA
C
      DDPT(2,2)= ( 120.*(V*T2)*(TT**3)/(T2**5) -
```

```
     &                180.*(V*T2)*(TT**2)/(T2**4)
     &                60.*(V*T2)*TT/(T2**3)   )*SIN(PI-THF)/DELTA
C
C
C              ******************************************
C              *                                        *
C              *  For the Z-direction, time starts from 0 *
C              *  from zero and different and different   *
C              *  equation is applied.                   *
C              *                                        *
C              *                                        *
C              ******************************************
C
      TT =  T-(BETA*CT³*(1.-BETA)*CT)
      T3=(1.0-ALPHA)*T2
C
      FPOT(3,2) = - (  6.*HFT*(TT**5)/(T3**5) -
     &              15.*HFT*(TT**4)/(T3**4)
     &              10.*HFT*(TT**3)/(T3**3)  HGT - HFT )
C
      PT(3,2)= FPOT(3,2)
C
      DPT(3,2)  = - ( 30.*HFT*(TT**4)/(T3**5) -
     &              60.*HFT*(TT**3)/(T3**4)
     &              30.*HFT*(TT**2)/(T3**3)     )/DELTA
C
      DDPT(3,2) = - ( 120.*HFT*(TT**3)/(T3**5) -
     &              180.*HFT*(TT**2)/(T3**4)
     &              60.*HFT*TT/(T3**3)          )/DELTA
C
      GO TO 21
C
```

```
      ENDIF
C
C *********************************************
C *                                           *
C * LEG-3, FOOT POINTS AT SUPPORT PHASE        *
C *                                           *
C *********************************************
C
   21 I=3
      T=F1(TIME-PH(I))*CT
      IF (T .LT. BETA*CT) THEN
C
      FPOT(1,3)=W/2.RRF*COS(THR)-T*RR*COS(THR)/
      (BETA*CT)
      FPOT(2,3)=-PR RRF*SIN(THR)-T*RR*SIN(THR)/ (BETA*CT)
      FPOT(3,3) = -HGT
C
      PT(1,3) = FPOT(1,I) - W/2.
      PT(2,3) = FPOT(2,I)  PR
      PT(3,3) = -HGT
C
      DPT(1,3) = -RR*COS(THR)/(BETA*CT*DELTA)
      DPT(2,3) = -RR*SIN(THR)/(BETA*CT*DELTA)
      DPT(3,3) = 0.
C
      DDPT(1,3)= 0.
      DDPT(2,3)= 0.
      DDPT(3,3)= 0.
C
      GO TO 31
```

```
C
      ELSE IF (T. EQ. BETA*CT) THEN
      FPOT(1,3)=FPOT(1,3)
      FPOT(2,3)=FPOT(2,3)
      FPOT(3,3)=-HGT.00001
      PT(1,3)=PT(1,3)
      PT(2,3)=PT(2,3)
      PT(3,3)=FPOT(3,3)
      DPT(1,3)=DPT(1,3)
      DPT(2,3)=DPT(2,3)
      DPT(3,3)=0.0
      DDPT(1,3)=0.0
      DDPT(2,3)=0.0
      DDPT(3,3)=0.0
      GO TO 31
C
C      ************************************************
C      *                                              *
C      * LEG-3, FOOT POINTS AT TRANSFER PHASE I      *
C      *                                              *
C      ************************************************
C
      ELSE IF (T .LE. BETA*CT³*(1.-BETA)*CT) THEN
C
      V   = RR/(BETA*CT*DELTA)
      TT  = T-BETA*CT
      T2  = (1.0-BETA)*CT
      T22 = ALPHA*T2
C
      FPOT(1,3) = W/2. ( 6.*(V*T2)*(TT**5)/(T2**5) -
```

```fortran
     &                        15.*(V*T2)*(TT**4)/(T2**4)
     &                        10.*(V*T2)*(TT**3)/(T2**3) -
     &                        V*TT  RRF - RR        )*COS(THR)
      FPOT(2,3) = -PR   ( 6.*(V*T2)*(TT**5)/(T2**5) -
     &                        15.*(V*T2)*(TT**4)/(T2**4)
     &                        10.*(V*T2)*(TT**3)/(T2**3) -
     &                        V*TT  RRF - RR          )*SIN(THR)
      FPOT(3,3) = - ( -6.*HFT*(TT**5)/(T22**5)
     &                15.*HFT*(TT**4)/(T22**4) -
     &                10.*HFT*(TT**3)/(T22**3)  HGT )
C
      PT(1,3) = FPOT(1,3) - W/2.
      PT(2,3) = FPOT(2,3)  PR
      PT(3,3) = FPOT(3,3)
C
      DPT(1,3) = ( 30.*(V*T2)*(TT**4)/(T2**5) -
     &             60.*(V*T2)*(TT**3)/(T2**4)
     &             30.*(V*T2)*(TT**2)/(T2**3) - V )*COS(THR)/
     &             DELTA
C
      DPT(2,3) = ( 30.*(V*T2)*(TT**4)/(T2**5) -
     &             60.*(V*T2)*(TT**3)/(T2**4)
     &             30.*(V*T2)*(TT**2)/(T2**3) - V )*SIN(THR)/
     &             DELTA
C
      DPT(3,3) = -( -30.*HFT*(TT**4)/(T22**5)
     &             60.*HFT*(TT**3)/(T22**4) -
     &             30.*HFT*(TT**2)/(T22**3)   )/DELTA
C
      DDPT(1,3)= ( 120.*(V*T2)*(TT**3)/(T2**5) -
```

```
      &                 180.*(V*T2)*(TT**2)/(T2**4)
      &           60.*(V*T2)*TT/(T2**3)           )*COS(THR)/DELTA
C

      DDPT(2,3)= ( 120.*(V*T2)*(TT**3)/(T2**5) -
      &                 180.*(V*T2)*(TT**2)/(T2**4)
      &           60.*(V*T2)*TT/(T2**3)           )*SIN(THR)/DELTA
C

      DDPT(3,3)= -(-120.*HFT*(TT**3)/(T22**5)
      &                 180.*HFT*(TT**2)/(T22**4) -
      &                 60.*HFT*TT/(T22**3)           )/DELTA
      GO TO 31
C
C      *******************************************
C      *                                         *
C      * LEG-3, FOOT POINTS AT TRANSFER PHASE II *
C      *                                         *
C      *******************************************
C

      ELSE
      V= RR/(BETA*CT*DELTA)
      TT=T-BETA*CT
      T2=(1.0-BETA)*CT
C

      FPOT(1,3) = W/2. (   6.*(V*T2)*(TT**5)/(T2**5) -
      &                     15.*(V*T2)*(TT**4)/(T2**4)
      &                     10.*(V*T2)*(TT**3)/(T2**3) -
      &                     V*TT  - RR                 )*COS(THR)
      FPOT(2,3) = - PR   (  6.*(V*T2)*(TT**5)/(T2**5) -
      &                     15.*(V*T2)*(TT**4)/(T2**4)
      &                     10.*(V*T2)*(TT**3)/(T2**3) -
```

```fortran
      &                      V*TT  RRF - RR           )*SIN(THR)
C
      PT(2,3) = FPOT(2,3)  PR
C
      DPT(1,3) = ( 30.*(V*T2)*(TT**4)/(T2**5) -
      &             60.*(V*T2)*(TT**3)/(T2**4)
      &        30.*(V*T2)*(TT**2)/(T2**3) - V )*COS(THR)/DELTA
C
      DPT(2,3) = ( 30.*(V*T2)*(TT**4)/(T2**5) -
      &             60.*(V*T2)*(TT**3)/(T2**4)
      &        30.*(V*T2)*(TT**2)/(T2**3) - V )*SIN(THR)/DELTA

      DDPT(1,3)= ( 120.*(V*T2)*(TT**3)/(T2**5) -
      &             180.*(V*T2)*(TT**2)/(T2**4)
      &             60.*(V*T2)*TT/(T2**3)      )*COS(THR)/DELTA
C
      DDPT(2,3)= ( 120.*(V*T2)*(TT**3)/(T2**5) -
      &             180.*(V*T2)*(TT**2)/(T2**4)
      &             60.*(V*T2)*TT/(T2**3)      )*SIN(THR)/DELTA
C
C
C         *******************************************
C         *                                         *
C         *  For the Z-direction, time starts from 0 *
C         *  from zero and different and different   *
C         *  equation is applied.                    *
C         *                                         *
C         *******************************************
C
      TT =  T-(BETA*CT**3*(1.-BETA)*CT)
      T3=(1.0-ALPHA)*T2
```

```
C
      FPOT(3,3) = - (   6.*HFT*(TT**5)/(T3**5) -
     &               15.*HFT*(TT**4)/(T3**4)
     &               10.*HFT*(TT**3)/(T3**3)  HGT - HFT )
C
      PT(3,3)= FPOT(3,3)
C
      DPT(3,3)  = - ( 30.*HFT*(TT**4)/(T3**5) -
     &               60.*HFT*(TT**3)/(T3**4)
     &               30.*HFT*(TT**2)/(T3**3)     )/DELTA
C
      DDPT(3,3) = - ( 120.*HFT*(TT**3)/(T3**5) -
     &               180.*HFT*(TT**2)/(T3**4)
     &               60.*HFT*TT/(T3**3)          )/DELTA
C
      GO TO 31
C
      ENDIF
C
C ***********************************************
C *                                             *
C * LEG-4, FOOT POINTS AT SUPPORT PHASE         *
C *                                             *
C ***********************************************
C
   31 I=4
      T=F1(TIME-PH(I))*CT
      IF (T .LT. BETA*CT) THEN
C
      FPOT(1,4) = -W/2.-RRF*COS(THR) T*RR*COS(THR)/ (BETA*CT)
```

```
      FPOT(2,4) = -PR  RRF*SIN(THR) - T*RR*SIN(THR)/ (BETA*CT)
      FPOT(3,4) = -HGT
C

      PT(1,4) = FPOT(1,I)  W/2.
      PT(2,4) = FPOT(2,I)  PR
      PT(3,4) = -HGT
C

      DPT(1,4) =  RR*COS(THR)/(BETA*CT*DELTA)
      DPT(2,4) = -RR*SIN(THR)/(BETA*CT*DELTA)
      DPT(3,4) = 0.
C

      DDPT(1,4)= 0.
      DDPT(2,4)= 0.
      DDPT(3,4)= 0.
C

      GO TO 41
C

      ELSE IF (T. EQ. BETA*CT) THEN
      FPOT(2,4)=FPOT(2,4)
      FPOT(3,4)=-HGT.00001
      PT(1,4)=PT(1,4)
      PT(2,4)=PT(2,4)
      PT(3,4)=FPOT(3,4)
      DPT(1,4)=DPT(1,4)
      DPT(2,4)=DPT(2,4)
      DPT(3,4)-0.0
      DDPT(1,4)=0.0
      DDPT(2,4)=0.0
      DDPT(3,4)=0.0
      GO TO 41
```

```
C
C      ************************************************
C      *                                              *
C      * LEG-4, FOOT POINTS AT TRANSFER PHASE I      *
C      *                                              *
C      ************************************************
C
       ELSE IF (T .LE. BETA*CT³*(1.-BETA)*CT) THEN
C
       V   = RR/(BETA*CT*DELTA)
       TT  = T-BETA*CT
       T2  = (1.0-BETA)*CT
       T22 = ALPHA*T2
C
       FPOT(1,4) = -W/2.  ( 6.*(V*T2)*(TT**5)/(T2**5) -
     &                    15.*(V*T2)*(TT**4)/(T2**4)
     &                    10.*(V*T2)*(TT**3)/(T2**3) -
     &                    V*TT  RRF - RR        )*COS(PI-THR)
       FPOT(2,4) = -PR    ( 6.*(V*T2)*(TT**5)/(T2**5) -
     &                    15.*(V*T2)*(TT**4)/(T2**4)
     &                    10.*(V*T2)*(TT**3)/(T2**3) -
     &                    V*TT  RRF - RR        )*SIN(PI-THR)
       FPOT(3,4) = - ( -6.*HFT*(TT**5)/(T22**5)
     &                15.*HFT*(TT**4)/(T22**4) -
     &                10.*HFT*(TT**3)/(T22**3)  HGT )
C
       PT(1,4) = FPOT(1,4)  W/2.
       PT(2,4) = FPOT(2,4)  PR
       PT(3,4) = FPOT(3,4)
C
```

```
      DPT(1,4) =  ( 30.*(V*T2)*(TT**4)/(T2**5) -
     &             60.*(V*T2)*(TT**3)/(T2**4)

     &                              *COS(PI-THR)/DELTA
C
      DPT(2,4) =  ( 30.*(V*T2)*(TT**4)/(T2**5) -
     &             60.*(V*T2)*(TT**3)/(T2**4)
     &             30.*(V*T2)*(TT**2)/(T2**3) - V )
     &                              *SIN(PI-THR)/DELTA
C
      DPT(3,4) = -( -30.*HFT*(TT**4)/(T22**5)
     &             60.*HFT*(TT**3)/(T22**4) -
     &             30.*HFT*(TT**2)/(T22**3)    )/DELTA
C
      DDPT(1,4)= ( 120.*(V*T2)*(TT**3)/(T2**5) -
     &             180.*(V*T2)*(TT**2)/(T2**4)
     &          60.*(V*T2)*TT/(T2**3)  )*COS(PI-THR)/DELTA
C
      DDPT(2,4)= ( 120.*(V*T2)*(TT**3)/(T2**5) -
     &             180.*(V*T2)*(TT**2)/(T2**4)
     &          60.*(V*T2)*TT/(T2**3)  )*SIN(PI-THR)/DELTA
C
      DDPT(3,4)= -(-120.*HFT*(TT**3)/(T22**5)
     &             180.*HFT*(TT**2)/(T22**4) -
     &             60.*HFT*TT/(T22**3)    )/DELTA
      GO TO 41
C
C         *********************************************
C         *                                           *
C         * LEG-4, FOOT POINTS AT TRANSFER PHASE II   *
```

```
C          *                                              *
C          ***********************************************
C
      ELSE
      V= RR/(BETA*CT*DELTA)
      TT=T-BETA*CT
      T2=(1.0-BETA)*CT
C
      FPOT(1,4) = -W/2.  (   6.*(V*T2)*(TT**5)/(T2**5) -
     &                   15.*(V*T2)*(TT**4)/(T2**4)
     &                   10.*(V*T2)*(TT**3)/(T2**3) -
     &               V*TT  - RR          )*COS(PI-THR)
      FPOT(2,4) = - PR    ( 6.*(V*T2)*(TT**5)/(T2**5) -
     &                   10.*(V*T2)*(TT**3)/(T2**3) -
     &                   V*TT  RRF - RR      )*SIN(PI-THR)
C
      PT(1,4) = FPOT(1,4)   W/2.
      PT(2,4) = FPOT(2,4)   PR
C
      DPT(1,4) = (  30.*(V*T2)*(TT**4)/(T2**5) -
     &            60.*(V*T2)*(TT**3)/(T2**4)
     &                         *COS(PI-THR)/DELTA
C
      DPT(2,4) = (  30.*(V*T2)*(TT**4)/(T2**5) -
     &            60.*(V*T2)*(TT**3)/(T2**4)
     &            30.*(V*T2)*(TT**2)/(T2**3) - V )
     &                         *SIN(PI-THR)/DELTA
      DDPT(1,4)= ( 120.*(V*T2)*(TT**3)/(T2**5) -
     &            180.*(V*T2)*(TT**2)/(T2**4)
     &            60.*(V*T2)*TT/(T2**3)   )*COS(PI-THR)/DELTA
```

```
C
      DDPT(2,4)= ( 120.*(V*T2)*(TT**3)/(T2**5) -
     &          180.*(V*T2)*(TT**2)/(T2**4)
     &          60.*(V*T2)*TT/(T2**3)   )*SIN(PI-THR)/DELTA
C
C      *********************************************
C      *                                           *
C      *  For the Z-direction, time starts from 0  *
C      *  from zero and different and different     *
C      *  equation is applied.                      *
C      *                                           *
C      *********************************************
C
      TT =  T-(BETA*CT**3*(1.-BETA)*CT)
      T3=(1.0-ALPHA)*T2
C
      FPOT(3,4) = - (  6.*HFT*(TT**5)/(T3**5) -
     &          15.*HFT*(TT**4)/(T3**4)
     &          10.*HFT*(TT**3)/(T3**3)  HGT - HFT )
C
      PT(3,4)= FPOT(3,4)
C
      DPT(3,4)  = - ( 30.*HFT*(TT**4)/(T3**5) -
     &          60.*HFT*(TT**3)/(T3**4)
     &          30.*HFT*(TT**2)/(T3**3)    )/DELTA
C
      DDPT(3,4) = - ( 120.*HFT*(TT**3)/(T3**5) -
     &          180.*HFT*(TT**2)/(T3**4)
     &          60.*HFT*TT/(T3**3)          )/DELTA
C
```

```
      GO TO 41
C
      ENDIF
C
C
C
C*****************************************************
C                                                   *
C  REACTION FORCES ACTING ON EACH FOOT,             *
C  ---------------                                  *
C                    WHICH ARE CONTINUOUSLY CHANGING *
C                    ACCORDING TO THE FOOT POSITIONS. *
C                                                   *
C*****************************************************
C
   41 IF (FPOT(3,1) .NE. -HGT) THEN
      SSI=0.0
      MU =0.0


      D(4) = SQRT( (FPOT(1,4)-SSI)**2(FPOT(2,4)-MU)**2 )
      DS(2,3) = SQRT( (FPOT(1,2)-FPOT(1,3))**2
     &                (FPOT(2,2)-FPOT(2,3))**2   )
      DS(2,4) = SQRT( (FPOT(1,2)-FPOT(1,4))**2
     &                (FPOT(2,2)-FPOT(2,4))**2   )
      DS(3,4) = SQRT( (FPOT(1,3)-FPOT(1,4))**2
     &                (FPOT(2,3)-FPOT(2,4))**2   )
      FFOR(1)=0.
      FFOR(2)=( (D(3)(4)-DS(3,4))/(DS(2,3)(2,4)-DS(3,4)) )*WGT
      FFOR(3)= (WGT*D(4)-DS(2,4)*FFOR(2))/DS(3,4)
      FFOR(4)= WGT-FFOR(2)-FFOR(3)
```

```
      GO TO 55
C
C

      ELSE IF (FPOT(3,2) .NE. -HGT) THEN
      SSI=0.0
      MU =0.0
      D(3) = SQRT( (FPOT(1,3)-SSI)**2(FPOT(2,3)-MU)**2 )

      DS(1,3) = SQRT( (FPOT(1,1)-FPOT(1,3))**2
     &                (FPOT(2,1)-FPOT(2,3))**2 )
      DS(1,4) = SQRT( (FPOT(1,1)-FPOT(1,4))**2
     &                (FPOT(2,1)-FPOT(2,4))**2 )
      DS(3,4) = SQRT( (FPOT(1,3)-FPOT(1,4))**2
     &                (FPOT(2,3)-FPOT(2,4))**2 )
        FFOR(2)=0.
        FFOR(1)=((D(3)(4)-DS(3,4))/(DS(1,3)(1,4)-DS(3,4)))*WGT
        FFOR(4)= (WGT*D(3)-DS(1,3)*FFOR(1))/DS(3,4)
        FFOR(3)= WGT-FFOR(1)-FFOR(4)
      GO TO 55
C
      ELSE IF (FPOT(3,3) .NE. -HGT) THEN
      SSI=0.0
      MU =0.0
      D(1) = SQRT( (FPOT(1,1)-SSI)**2(FPOT(2,1)-MU)**2 )
      D(2) = SQRT( (FPOT(1,2)-SSI)**2(FPOT(2,2)-MU)**2 )
      DS(1,2) = SQRT((FPOT(1,1)-FPOT(1,2))**2
     &                (FPOT(2,1)-FPOT(2,2))**2 )
      DS(1,4) = SQRT((FPOT(1,1)-FPOT(1,4))**2
     &                (FPOT(2,1)-FPOT(2,4))**2 )
      DS(2,4) = SQRT((FPOT(1,2)-FPOT(1,4))**2
```

```
     &                    (FPOT(2,2)-FPOT(2,4))**2 )
          FFOR(3)=0.
          FFOR(4)=((D(1)(2)-DS(1,2))/(DS(1,4)(2,4)-DS(1,2)))*WGT
          FFOR(2)=(WGT*D(1)-DS(2,4)*FFOR(4))/DS(1,2)
          FFOR(1)= WGT-FFOR(2)-FFOR(4)
       GO TO 55
C
       ELSE IF (FPOT(3,4) .NE. -HGT) THEN
       SSI=0.0
       MU =0.0
       D(1) = SQRT( (FPOT(1,1)-SSI)**2(FPOT(2,1)-MU)**2 )
       D(2) = SQRT( (FPOT(1,2)-SSI)**2(FPOT(2,2)-MU)**2 )
       DS(1,2) = SQRT((FPOT(1,1)-FPOT(1,2))**2
     &                    (FPOT(2,1)-FPOT(2,2))**2 )
       DS(1,3) = SQRT((FPOT(1,1)-FPOT(1,3))**2
     &                    (FPOT(2,1)-FPOT(2,3))**2 )
       DS(2,3) = SQRT((FPOT(1,2)-FPOT(1,3))**2
     &                    (FPOT(2,2)-FPOT(2,3))**2 )
          FFOR(4)=0.
          FFOR(3)=((D(1)(2)-DS(1,2))/(DS(1,3)(2,3)-DS(1,2)))*WGT
          FFOR(2)= (WGT*D(1)-DS(1,3)*FFOR(3))/DS(1,2)
          FFOR(1)= WGT-FFOR(3)-FFOR(2)
       GO TO 55
C
       ELSE
       SSI=0.0
       MU =0.0
       D(1) = SQRT( (FPOT(1,1)-SSI)**2(FPOT(2,1)-MU)**2 )
       D(2) = SQRT( (FPOT(1,2)-SSI)**2(FPOT(2,2)-MU)**2 )
       D(3) = SQRT( (FPOT(1,3)-SSI)**2(FPOT(2,3)-MU)**2 )
```

```fortran
      D(4) = SQRT( (FPOT(1,4)-SSI)**2(FPOT(2,4)-MU)**2 )
      DS(1,2) = SQRT((FPOT(1,1)-FPOT(1,2))**2
     &               (FPOT(2,1)-FPOT(2,2))**2 )
      DS(1,3) = SQRT((FPOT(1,1)-FPOT(1,3))**2
     &               (FPOT(2,1)-FPOT(2,3))**2 )
      DS(1,4) = SQRT((FPOT(1,1)-FPOT(1,4))**2
     &               (FPOT(2,1)-FPOT(2,4))**2 )
      DS(2,3) = SQRT((FPOT(1,2)-FPOT(1,3))**2
     &               (FPOT(2,2)-FPOT(2,3))**2 )
      DS(2,4) = SQRT((FPOT(1,2)-FPOT(1,4))**2
     &               (FPOT(2,2)-FPOT(2,4))**2 )
      DS(3,4) = SQRT( (FPOT(1,3)-FPOT(1,4))**2
     &                (FPOT(2,3)-FPOT(2,4))**2 )
       E1= (D(3)-DS(1,3)*D(2)/DS(1,2)-DS(2,3)*D(1)/DS(1,2))*WGT
       E2 = -2.0*DS(1,3)*DS(2,3)/DS(1,2)
       E3 = -(DS(1,3)*DS(2,4)(2,3)*DS(1,4)-DS(1,2)*DS(3,4))
       E4 = (D(4)-DS(2,4)*D(1)/DS(1,2)-DS(1,4)*D(2)/DS(1,2))*WGT
       E5 = DS(3,4)-DS(1,3)*DS(2,4)/DS(1,2)-DS(1,4)*DS(2,3)/DS(1,2)
       E6 = -2.0*DS(1,4)*DS(2,4)/DS(1,2)
      FFOR(3) = (E1*E6-E3*E4)/(E2*E6-E3*E5)
      FFOR(4) = (E2*E4-E1*E5)/(E2*E6-E3*E5)
      FFOR(1) = (D(2)*WGT-DS(2,3)*FFOR(3)-FFOR(4)*DS(2,4))/DS(1,2)
      FFOR(2) = WGT-FFOR(1)-FFOR(3)-FFOR(4)
      GO TO 55
C
      ENDIF
C
C**********************************************
C                                             *
C  JOINT ANGLES                               *
```

```
C                                                      *
C********************************************
C
   55 TH1(1)=THF
      TH1(2)=PI-THF
      TH1(3)=THR
      TH1(4)=PI-THR
C
      DO 66 I = 1,4
C
      DO 77 KK=1,4
      DTH(1,KK,J)=0.
      DDTH1(KK)=0.
   77 CONTINUE
C
      AI=-2.*AL(I,1)*PT(1,I)/COS(TH1(I))
      BI= 2.*AL(I,1)*PT(3,I)
      CI= ( PT(1,I)/COS(TH1(I)) )**2  PT(3,I)**2
     &      AL(I,1)**2-AL(I,2)**2
C
      IF (AI**2**2-CI**2 .LT. 0.0) THEN
C      WRITE(6,53) J, RFF
C   53 FORMAT(I3,4X,F8.4)
      GO TO 17
      ENDIF
C
      DI= SQRT(AI**2**2-CI**2)
      TH2(I)=2.*ATAN((-BI-DI)/(CI-AI))
C
   17 AJ=-2.*AL(I,2)*PT(1,I)/COS(TH1(I))
```

```fortran
      CJ= ( PT(1,I)/COS(TH1(I)) )**2  PT(3,I)**2
     &       AL(I,2)**2-AL(I,1)**2
C

      IF (AJ**2**2-CJ**2 .LT. 0.0) THEN
C     WRITE(6,52) J, RFR
C  52 FORMAT(I3,4X,F8.4)
      GO TO 18
      ENDIF
C

      TH3(I)=2.*ATAN((-BJ)/(CJ-AJ))-TH2(I)
C
C************************************************
C                                              *
C  DEFINING FOR THE SIMPLE CALCULATIONS         *
C                                              *
C************************************************
C

   18 SI1  = SIN(TH1(I))
      SI2  = SIN(TH2(I))
      SI3  = SIN(TH3(I))
      SI12 = SIN(TH1(I)(I))
      SI23 = SIN(TH2(I)(I))
      CO1  = COS(TH1(I))
      CO2  = COS(TH2(I))
      CO3  = COS(TH3(I))
      CO12 = COS(TH1(I)(I))
      CO23 = COS(TH2(I)(I))
C
C************************************************
```

```
C                                                    *
C   ANGULAR VELOCITIES                                 *
C                                                    *
C***********************************************
C
      DJJ= -AL(I,1)*AL(I,2)*SI3
      DJ2= -(DPT(1,I)*AL(I,2)*CO23)/CO1   DPT(3,I)*AL(I,2)*SI23
      DJ3=-(AL(I,1)*SI2(I,2)*SI23)*DPT(3,I)
     &      (AL(I,1)*CO2(I,2)*CO23)*(DPT(1,I)/CO1)
     DTH(2,I,J)=DJ2/DJJ
     DTH(3,I,J)=DJ3/DJJ
C
C***********************************************
C                                                    *
C   ANGULAR ACCELERATIONS                              *
C                                                    *
C***********************************************
C
      AK = - ( DDPT(1,I)/CO1
     &         AL(I,2)*CO23*( (DTH(2,I,J)∩(3,I,J))**2 )
     &                       AL(I,1)*CO2*(DTH(1,I,J)**2)    )
      BK = - DDPT(3,I)
     &       AL(I,2)*SI23*( (DTH(2,I,J)∩(3,I,J))**2 )
     &                     AL(I,1)*SI2*(DTH(2,I,J)**2)
      DDJJ = -AL(I,1)*AL(I,2)*SI3
      DDJ2 = (AK*CO23 - BK*SI23)*AL(I,2)
      DDJ3 = (AL(I,1)*SI2(I,2)*SI23)*BK-
     &       (AL(I,1)*CO2(I,2)*CO23)*AK
     DDTH2(I) = DDJ2/DDJJ
     DDTH3(I) = DDJ3/DDJJ
```

```
C
C**********************************************
C                                            *
C  TORQUE ACTING AT EACH JOINT               *
C                                            *
C                                            *
C    TAU(I,J,K)---- (I,  ) : JOINT LOCATION  *
C                   (  J, ) : LEG NUMBER      *
C                   (    K) : TIME            *
C                                            *
```

〈 각각의 joint 에 작용하는 torque
       TAU(I, J, K)
         I Joint의 위치
         J Leg Number
          K 시간   〉

```
C**********************************************
C
      TAU(1,I,J)= ( BIM(I,1)(I,2)*(CO2**2)(I,3)*(CO23**2)
     &            AM(I,3)*(AL(I,1)*CO2(I,2)*CO23)**2)*DDTH1(I) -
     &      2.*( BIM(I,2)*SI2*CO2(I,3)*CO23*SI23(I,3)*(AL(I,1)*
     &          CO2  AC(I,2)*CO23)*(AL(I,1)*SI2  AC(I,2)*SI23) )*
     &            DTH(1,I,J)*DTH(2,I,J) -
     &      2.*( BIM(I,3)*CO23*SI23(I,3)*(AL(I,1)*CO2(I,2)*CO23)*
     &          AC(I,2)*SI23 )*DTH(1,I,J)*DTH(3,I,J)
C
      TAU(3,I,J)= ( BIM(I,3)  AM(I,3)*(AL(I,1)*CO3
     &            AC(I,2))*AC(I,2) )*DDTH2(I)
     &          ( BIM(I,3)(I,3)*(AC(I,2)**2) )*DDTH3(I)
```

```
     &       ( BIM(I,3)*CO23*SI23(I,3)*(AL(I,1)*CO2(I,2)*CO23)*
     &            AC(I,2)*SI23  )*(DTH(1,I,J)**2)
     &            AM(I,3)*AL(I,1)*AC(I,2)*SI3*(DTH(2,I,J)**2)
     &            AM(I,3)*G*AC(I,2)*CO23   FFOR(I)*AL(I,2)*CO23
C
       TAU(2,I,J)= TAU(3,I,J)( BIM(I,2)(I,2)*(AC(I,1)**2)
     &              AM(I,3)*AL(I,1)*(AC(I,2)*CO3(I,1)) )*DDTH2(I)
     &              AM(I,3)*AL(I,1)*AC(I,2)*CO3*DDTH3(I) -
     & AM(I,3)*AL(I,1)*AC(I,2)*SI3*(  (DTH(2,I,J)∩(3,I,J))**2  )
     & (BIM(I,2)*CO2*SI2(I,3)*(AL(I,1)*CO2(I,2)*CO23  )*AL(I,1)*
     &                         SI2 )*(DTH(1,I,J)**2)
     & ( AM(I,2)*AC(I,1)(I,3)*AL(I,1)  )*CO2*GↃ(I)*AL(I,1)*CO2
C
   66 CONTINUE
C
       TAUW(1,1) = 0.
       TAUW(2,1) = 0.
       TAUW(3,1) = 0.
       TAUW(1,2) = 0.
       TAUW(2,2) = 0.
       TAUW(3,2) = 0.
       TAUW(1,3) = 0.
       TAUW(2,3) = 0.
       TAUW(3,3) = 0.
       TAUW(1,4) = 0.
       TAUW(2,4) = 0.
       TAUW(3,4) = 0.
       TAUW(1,1) = TAUW(1,1)   ABS(TAU(1,1,J))*ABS(DTH(1,1,J))
       TAUW(2,1) = TAUW(2,1)   ABS(TAU(2,1,J))*ABS(DTH(2,1,J))
       TAUW(3,1) = TAUW(3,1)   ABS(TAU(3,1,J))*ABS(DTH(3,1,J))
```

```
      TAUW(1,2) = TAUW(1,2)  ABS(TAU(1,2,J))*ABS(DTH(1,2,J))
      TAUW(2,2) = TAUW(2,2)  ABS(TAU(2,2,J))*ABS(DTH(2,2,J))
      TAUW(3,2) = TAUW(3,2)  ABS(TAU(3,2,J))*ABS(DTH(3,2,J))
      TAUW(1,3) = TAUW(1,3)  ABS(TAU(1,3,J))*ABS(DTH(1,3,J))
      TAUW(2,3) = TAUW(2,3)  ABS(TAU(2,3,J))*ABS(DTH(2,3,J))
      TAUW(3,3) = TAUW(3,3)  ABS(TAU(3,3,J))*ABS(DTH(3,3,J))
      TAUW(1,4) = TAUW(1,4)  ABS(TAU(1,4,J))*ABS(DTH(1,4,J))
      TAUW(2,4) = TAUW(2,4)  ABS(TAU(2,4,J))*ABS(DTH(2,4,J))
      TAUW(3,4) = TAUW(3,4)  ABS(TAU(3,4,J))*ABS(DTH(3,4,J))
      SUM1 = SUM1  TAUW(1,1)  TAUW(2,1)  TAUW(3,1)
      SUM2 = SUM2  TAUW(1,2)  TAUW(2,2)  TAUW(3,2)
      SUM3 = SUM3  TAUW(1,3)  TAUW(2,3)  TAUW(3,3)
      SUM4 = SUM4  TAUW(1,4)  TAUW(2,4)  TAUW(3,4)
C
C**********************************************
C                                          *
C     ( M ) : LEG NUMBER                       *
C                                          *
C*******************************************************************
C
      SUMFF= FFOR(1)Ð(2)Ð(3)Ð(4)
C
C     WRITE(*,56) J,PT(2,1),PT(3,1),DPT(2,1),DDPT(2,1),DPT(3,1)
C
C     WRITE(8,56) J,PT(2,1),PT(3,1),DPT(2,1),DDPT(2,1),DPT(3,1)
C
C     WRITE(6,56) J,AL(1,2),PT(3,1),PT(2,3),PT(3,3)
C     WRITE(6,56) J,FFOR(1),FFOR(2),FFOR(3),FFOR(4),SUMFF
C     WRITE(6,56) J,TH2(4),TH3(4),DTH2(4),DTH3(4)
C     WRITE(6,56) J,DDTH2(1),DDTH3(1),DDTH2(2),DDTH3(2)
```

```fortran
C      WRITE(6,56) J,TAU(2,4,J),TAU(3,4,J)
C  56 FORMAT(I3,6(4X,F8.4))
   10 CONTINUE
C*************************************************************
C      WRITE(6,56) J,SUM1,SUM2,SUM3,SUM4
C  56 FORMAT(I3,4(4X,F8.4))
C

       ENER= SUM1  SUM2  SUM3  SUM4
       EEFF(IK)= ENER/(WGT*G*VELL)
C
C      WRITE(6,54)
C      WRITE(6,56) RFF,EEFF
C  56 FORMAT(2F10.3)
C  56 FORMAT(/,6F10.3)
C*************************************************************
   73 CONTINUE
   56 FORMAT(4F10.3)
   19 CONTINUE
       STOP
       END
C*************************************************************
       FUNCTION F1(FUN)
         ABC=FUN
         IF (ABC.LT.0.) GO TO 71
         ABC=ABC-IFIX(ABC)
         GO TO 72
   71 AB=ABS(ABC)
      ABC=AB-IFIX(AB)
      ABC=1.-ABC
```

```
72  F1=ABC
    RETURN
    END
```

§ 7.7 Simulation Results

　보행로봇의 움직임을 프로그래밍한 전 장의 "Walk"을 이용하여 얻은
결과들을 그래프로 표시하였다. 모델로 제시한 로봇에 대한 치수와 보행
특성들을 프로그램에 적용하여 생물학에서 제시한 최소소비의 원리를 충
족시키는 최적의 조건들을 유도하였다.

7.7.1 Reaction Force

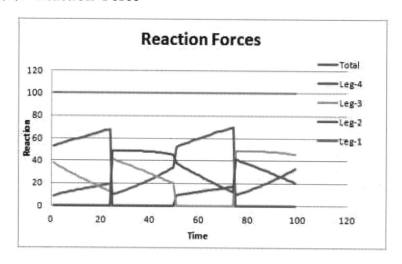

Figure 7.7.1 Reaction forces of four-Legs

　척추동물이 보행하는 동안 전후방 4개의 다리에 작용하는 반력의 크기
가 Fig 7.7.1에 표시되었다. Chap 3, 4에서 **H-D method**를 사용하여 정
운동학과 역운동학 방식으로 구한 식들이 과연 올바르게 유도되었는가를
확인하는 방법은 실제 움직임을 그래프에서 확인하는 방법밖에 없다.

4개 다리의 움직임, 발의 궤적 및 속도 등을 그래프 상에 표현하여 과연 이러한 움직임의 궤적이 타당한가를 판단해야 한다. 만약 이들의 궤적이 타당하지 않은 경우에는 처음부터 식들을 다시 유도하여 과정들을 다시 체크해야 한다. Fig 7.7.1에 표시된 반력의 경우에도 식 유도과정의 타당성을 판단하는 기준이 될 수 있다. 하지만 프로그램에서 정의한 footpoint의 궤적이 적절히 그려지는 경우 식의 validity가 입증된다.

7.7.2 Direction Angle

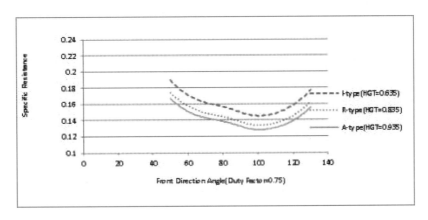

Figure 7.7.2 Specific resistance for the Front direction angle

위 그래프에서 x-축은 전방 방향각(front direction angle)을 나타내며 y-축은 SR을 나타낸다. HGT의 숫자는 보행로봇 몸체의 무게중심의 위치를 나타내며 이 위치에 따라 insect type, reptile type, animal type으로 분류되었다.

$H = 0.935\,m$ 인 A-type에서 $\beta = 0.75$ 이며 전방 몸체각이 98^o에서 104° 까지 변하는 경우 $SR = 0.128$ 의 최솟값이 존재한다.

$H = 0.835\,m$ 인 R-type에서 $\beta = 0.75$ 이며 전방 몸체각이 97^o에서 105° 까지 변하는 경우 $SR = 0.134$ 의 최솟값이 존재한다.

마찬가지로 $H = 0.635\,m$ 인 I-type에서 $\beta = 0.75$ 이며 전방 몸체각이 100^o에서 102° 까지 변하는 경우 $SR = 0.145$의 최솟값이 존재한다.

Fig 7.7.2에 나타난 바와 같이 몸체 무게중심의 높이가 증가할수록 SR

은 감소한다. 생물학에서 1800년대에 이미 발표된 내용과 같이 척추동물들은 보행속도에 따라 걸음새의 형태를 달리하며 특히 그래프에 나타난 다리의 방향각도도 바꾼다. Fig 7.2.3에 표시된 top view에서 이러한 관계를 이해할 수 있으며 사자나 말과 같은 척추동물들의 고속 보행에서 이와 같은 현상들을 볼 수 있다. Fig 7.7.3 는 Fig 7.7.2 의 경우와 비교하여 $\beta = 0.8$ 인 경우를 나타낸다. 두 그래프를 비교하면 그 특징을 알 수 있다.

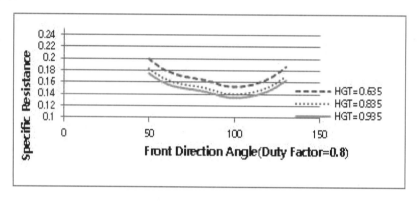

Figure 7.7.3 SR for the Front direction angle($\beta = 0.8$)

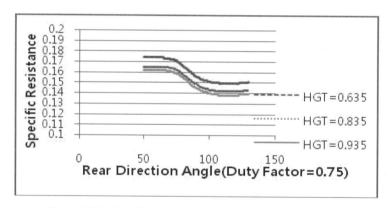

Figure 7.7.4 Specific resistance for the rear direction angle

Fig 7.7.4는 위의 그래프와 마찬가지로 y-축은 SR, x-축은 후방 방향각(rear direction angle)을 나타낸다. 무게중심 높이에 따라 3가지 형태를 갖는다. $H = 0.935\,m$ 인 A-type에서 $\beta = 0.75$ 이며 전방 몸체각이 107^o에서 122° 까지 변하는 경우로 $SR = 0.138$ 의 최솟값이 존재한다.

$H = 0.835\,m$ 인 R-type에서 $\beta = 0.75$ 이며 전방 몸체각이 105°에서 125° 까지 변하는 경우 $SR = 0.142$ 의 최솟값이 존재한다.

마찬가지로 $H = 0.635\,m$ 인 I-type에서 $\beta = 0.75$ 이며 전방 몸체각이 108°에서 122° 까지 변하는 경우 $SR = 0.149$ 의 최솟값이 존재한다.

Fig 7.7.3에 나타난 바와 SR 을 최소화하는 후방 방향각의 범위는 전방 방향각의 범위보다 더 넓은 범위를 차지한다. 동물이나 곤충의 경우 후방측 다리가 전방측 다리에 비하여 더 길고 튼튼하다. 보행속도를 증가시키거나 비행의 전 단계로 추력발생을 위하여 후방측 다리는 전방측 다리보다 길이, 중량과 관성모멘트가 크다. 실제로 보행 중에 다리는 이동상과 지지상을 반복하면서 마찬가지로 몸체가 상하로 움직이지만 본 프로그램에서는 몸체의 경우는 직선운동으로 가정한다.

7.7.3 Front Forward Stroke Distance

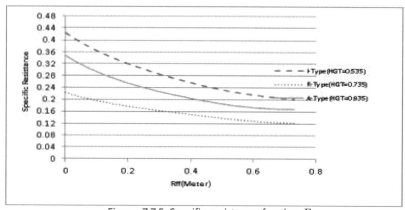

Figure 7.7.5 Specific resistance for the R_{ff}

위 그래프에서 x-축은 전전방 스트로크(front forward stroke distance)를 나타내며 y-축은 SR 을 나타낸다. HGT의 숫자는 보행로봇 몸체의 무게중심의 높이를 나타낸다.

$\beta = 0.75$ 이며 R_{ff}의 범위는 $0 \sim 0.73\,m$ 로 정한다. $H = 0.935\,m$ 인 A-type에서는 $R_{ff} = 0.68 \sim 0.73$ 의 범위에서 $SR = 0.169$ 의 최솟값이 존재한다.

3-Type 모두 R_{ff}가 커질수록 SR은 작아진다. 말이나 사자같이 먹이를 획득하기 위해 높은 속도로 달리는 척추동물들의 전방 다리들의 움직임을 보면 이러한 현상을 이해 할 수 있다.

7.7.4 Front Rear Stroke Distance

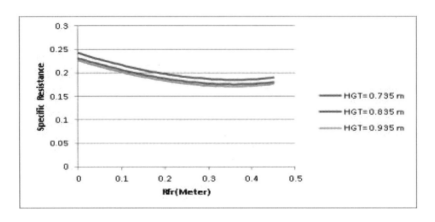

Figure 7.7.6 Specific Resistance for the R_{fr}

위 그래프에서 x-축은 전후방 스트로크(front backward stroke distance)를 나타내며 y-축은 SR을 나타낸다. HGT의 숫자는 보행로봇 몸체의 무게중심의 높이를 나타낸다.

$\beta = 0.75$ 이며 R_{fr} 의 범위는 $0 \sim 0.45\,m$ 으로 정한다. $H = 0.935\,m$ 인 A-type에서는 $R_{fr} = 0.34 \sim 0.38$ 의 범위에서 $SR = 0.171$ 의 최솟값이 존재한다. R-type에서는 $R_{fr} = 0.36$ 에서 $SR = 0.175$ 의 최솟값이 존재한다. I-type에서는 A-type과 마찬가지로 $R_{fr} = 0.34 \sim 0.38$ 의 범위에서 $SR = 0.185$ 의 최솟값이 존재한다.

3-Type 모두 R_{fr}의 크기에 따라 SR을 최소화하는 최적의 값들이 존재한다. 따라서 생명체들은 생물학의 최소에너지 소비원리(Principle of Minimum Energy Expenditure)를 만족시키기 위한 보행을 수행한다.

7.7.5 Rear Forward Stroke Distance

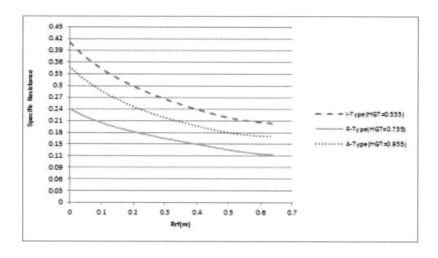

Figure 7.7.7 Specific Resistance for the R_{rf}

위 그래프에서 x-축은 Rear Forward Stroke Distance를 나타내며 y-축은 SR을 나타낸다. HGT의 숫자는 보행로봇 몸체의 무게중심의 높이를 나타낸다.

$\beta = 0.75$ 이며 R_{rf} 범위는 $0 \sim 0.64\,m$ 으로 정한다. $H = 0.935\,m$ 인 A-type에서는 $R_{rf} = 0.63 \sim 0.64\,m$ 의 범위에서 $SR = 0.17$ 의 최솟값이 존재한다. R-type에서는 $R_{rf} = 0.64 \sim 0.65\,m$ 에서 $SR = 0.123$ 의 최솟값이 존재한다. I-type에서는 $R_{rf} = 0.64\,m$ 에서 $SR = 0.203$ 의 최솟값이 존재한다. 3-Type 모두 R_{rf}의 크기가 클수록 SR을 최소화하며 이러한 현상은 R_{ff} 의 경우와 같다.

7.7.6 Rear Backward Stroke Distance

다음 그래프에서 x-축은 전방 방향각(Front Direction Angle)을 나타내며 y-축은 SR을 나타낸다. HGT의 숫자는 보행로봇 몸체의 무게중심의 위치를 나타내며 이 위치에 따라 insect type, reptile type, animal type으로 분류되었다.

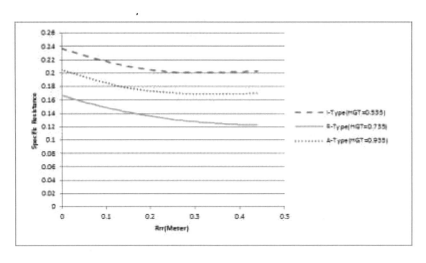

Figure 7.7.8 Specific Resistance for the R_{rr}

$H = 0.935\,m$ 인 A-type에서 $\beta = 0.75$ 이며 R_{rr}이 $0 \sim 0.44\,m$ 구간에서 변하는 경우 $R_{rr} = 0.28 \sim 0.41\,m$ 의 구간에서 $SR = 0.169$ 의 최솟값이 존재한다.

R-type에서 $\beta = 0.75$ 이며 $R_{rr} = 0.4 \sim 0.44\,m$ 의 구간에서 $SR = 0.123$ 의 최솟값이 존재한다.

마찬가지로 $H = 0.535\,m$ 인 I-type에서 $\beta = 0.75$ 이며

$R_{rr} = 0.26 \sim 0.37\,m$의 구간에서 $SR = 0.201$ 의 최솟값이 존재한다.

4개의 Stroke 관련 그래프들을 비교하면 여러 특징들을 찾을 수 있다. 마찬가지로 프로그램에 포함된 치수 또는 변수들을 simulation 하여 에너지 소모를 최소화하는 최적값을 구할 수 있다.

§ 7.8 결론

본 장에서는 보행로봇을 공학적으로 모델링 하는 일반적인 방법을 설명하였다. 3장에서 다룬 바와 같이 생물학에서 발전된 내용들이 공학적 보행로봇 연구에 큰 역할을 하였다. 모델링은 보행로봇에 관한 연구를 수행하기 위하여 기본적으로 중요한 사항이다. 모델링은 computer simulation

작업에 필수적으로 요구되는 사항이다. 보통 많이 다루는 4-족, 6-족, 또는 8-족의 생물체를 모방하여 모델을 만들 수 있으며, 특히 그들의 운동특성을 보행 시뮬레이션에 적용하면 흥미로운 결과들을 얻을 수 있다.

마지막에 다룬 궤적의 경우는 일반적인 한 가지 경우만 다루었다. 마찬가지로 다양한 궤적을 수학적으로 표현 할 수 있으며, 특히 비주기 걸음새의 경우, 또는 장애물 횡단의 경우도 관심을 끄는 궤적이 될 수 있다.

[연습문제]

1. 척추동물의 모델링에서 척추동물의 구조적 특징을 표현할 수 있는 요소들을 제시하라.

2. 전족쌍과 후족쌍을 모델링하는 경우 구조적 차이를 나타내는 모델링을 그림으로 표시해라.

3. 전족쌍과 후족쌍의 움직임을 simulation 에 나타내기 위한 움직임의 특징들은 무엇인가?

4. Fig 7.2.3 에서 y-axis을 회전시킬 수 있는 각도를 지정하는 경우의 모델링방법을 써서 정/역운동학의 식을 구하면?

5. 보행로봇이 flip-down 한 경우 이를 원위치 시킬 수 있는 최적의 구조에 대해서 토의해라.

[Reference]

[1] Park, S. H. and Chung, J. C., "Quasi-static obstacle crossing of an animal type four-legged walking machine", *Robotica*, Vol. 18, Part 5, Cambridge Univ. Press, September/October 2000.

[2] Waldron, K. J. and Kinzel, G. L., "The Relationshop Between actuator geometry and mechanical efficiency in Robotics", *Proceedings of 4th CISM-IFToMM Symposium on Theory and Practice of Robot and Manipulators,* Warsaw, Poland, pp.366-374, 1981.

[3] Gabrille, G. and Von Karman, T. H., "What price speed", *Mechanical Engineering,* Vol. 72, No. 10, pp. 775-781, 1950.

[4] Hirose, S., "A study of the design and conytol of a quadruped walking vehicle", *IJRR*, Vol. 3(2), pp. 113-133, 1984.

[5] Brady, M., *Planning and Control, Robot Motion*, MIT Press, 1982.

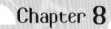

Chapter **8**

Motion Kinematics

Biorobotics

§ 8.1 개론

5장의 정운동학과 역운동학의 과정을 통하여 로봇팔의 끝점의 위치와 여기에 도달하기 위해서 움직여야 할 링크 변수를 구하는 과정을 복습하였다.

$$\text{Cartesian Variables : x(t), y(t)}$$
$$\text{Link Variables : } \theta(t), h(t)$$

즉, x(t), y(t) 위치에 도달하기 위하여 $\theta(t), h(t)$를 조절해야 한다. 주어진 로봇팔과 관련된 운동방정식(motion kinematic equation) 또는 Cartesian variables과 이러한 운동을 발생시킬 수 있는 link variables 사이의 관계를 알아야 한다. 주어진 로봇팔의 링크들을 이동시키는 경우 속도와 가속도와 관련된 물리적 구속식(constraints)들이 존재할 것이다. 따라서 원하는 Cartesian velocity는 링크 운동으로 도달할 수 있는 사항인가가 관심일 것이다. 일반적인 3-D 운동에서 다음에 설명되는 방식으로 운동방정식을 구할 수 있다.

주어진 로봇팔의 끝점을 X 로 표시하는 경우, X 는 n 개의 link 함수로 표시되며 위 식에서 이는 Θ 으로 표시된다. Planar robot에서 X는 3개의 벡터 $p_x \ p_y \ \alpha$ 으로 표시되며 일반적인 3-D 운동의 경우는 6개의 벡터를 필요로 한다.

Θ 는 n 개의 movable links 로 구성된다. Planar robot의 경우에 Θ 는 3개의 벡터 $\theta \ h \ \psi$으로 구성된다. 식 (8.1.1)을 적용하는 경우 이러한 관계를 정확히 기억해야 한다.

X 를 시간에 대하여 미분하여 $\dot{X}$, Cartesian velocity를 구할 수 있으며 편미분항들로 구성된 행렬식을 구할 수 있으며 이 식은 Jacobian J 라고 한다. 이 J는 식(8.1.1)에 표시된 바와 같이 $\dot{\Theta}$ 와 $\dot{X}$ 를 연결시켜 준다. 상대적으로 간단한 forward velocity kinematic relation 식이 다음과 같이 구해진다.[1]

$$\dot{X} = \begin{bmatrix} \dfrac{\partial X_1}{\partial \Theta_1} & \dfrac{\partial X_1}{\partial \Theta_2} & \cdots & \dfrac{\partial X_1}{\partial \Theta_n} \\[3mm] \dfrac{\partial X_2}{\partial \Theta_1} & \dfrac{\partial X_2}{\partial \Theta_2} & \cdots & \dfrac{\partial X_2}{\partial \Theta_n} \\[3mm] \vdots & \vdots & & \vdots \\[3mm] \dfrac{\partial X_{3or6}}{\partial \Theta_1} & \dfrac{\partial X_{3or6}}{\partial \Theta_2} & \cdots & \dfrac{\partial X_{3or6}}{\partial \Theta_n} \end{bmatrix} \begin{bmatrix} \dot{\Theta}_1 \\[2mm] \dot{\Theta}_2 \\ \vdots \\ \dot{\Theta}_n \end{bmatrix} = \begin{bmatrix} \dfrac{\partial X_i}{\partial \Theta_j} \end{bmatrix} \dot{\Theta} = \begin{bmatrix} J_{ij} \end{bmatrix} \dot{\Theta} \qquad (8.1.1)$$

식(8.1.1)에서 Cartesian velocity $\dot{X}$ 를 링크 속도 $(\dot{\Theta})$ 의 함수로 구할 수 있다. 만약 Jacobian J 가 square matrix인 경우에는 간단히 식 (4.1.1)의 전방에 J^{-1} 를 곱해서 link velocities를 Cartesian velocities 의 항으로 구할 수 있다. 물론 이 경우에 J 는 역행렬이 존재하고 non-singular 이어야 한다. 즉 다음 조건을 만족해야 한다.

$$|J| \neq 0 \qquad (8.1.2)$$

$$J^{-1} = \frac{J^+}{|J|} \qquad (8.1.3)$$

여기서 J^+ 는 J 의 adjoint matrix 라고 한다. 만약 식(8.1.2) 가 만족되면 식 (8.1.1)에서 다음식이 성립된다.

$$\dot{\Theta} = \frac{J^+}{|J|} \dot{X} = J^{-1} \dot{X} \qquad (8.1.4)$$

이러한 관계를 예를 들어서 적용하자. Cartesian configuration 이 3개의 독립적 요소, 즉 위치 (p_x, p_y) 와 회전각 α 가 있으며 식(5.4.46) 와 (5.4.47)에 의해서

$$X = \begin{bmatrix} X_1 \\ X_2 \\ X_3 \end{bmatrix} = \begin{bmatrix} p_x \\ p_y \\ \alpha \end{bmatrix} = \begin{bmatrix} dc\theta - hs\theta - fs\theta\psi \\ ds\theta + hc\theta + fc\theta\psi \\ \theta + \psi \end{bmatrix} \qquad (8.1.5)$$

위 식 (8.1.5)를 식(8.1.1) 에 넣으면

$$\dot{X}=\begin{bmatrix}\dot{X}_1\\\dot{X}_2\\\dot{X}_3\end{bmatrix}=\begin{bmatrix}\dot{p}_x\\\dot{p}_y\\\dot{\alpha}\end{bmatrix}=\begin{bmatrix}\dfrac{\partial p_x}{\partial\theta}&\dfrac{\partial p_x}{\partial h}&\dfrac{\partial p_x}{\partial\psi}\\[2mm]\dfrac{\partial p_y}{\partial\theta}&\dfrac{\partial p_y}{\partial h}&\dfrac{\partial p_y}{\partial\psi}\\[2mm]\dfrac{\partial\alpha}{\partial\theta}&\dfrac{\partial\alpha}{\partial h}&\dfrac{\partial\alpha}{\partial\psi}\end{bmatrix}\begin{bmatrix}\dot{\theta}\\\dot{h}\\\dot{\psi}\end{bmatrix}$$

각 요소들을 넣어서 계산하면

$$a_{11}=\frac{\partial}{\partial\theta}\{dc\theta-hs\theta-fs\theta\psi\}=-ds\theta-hc\theta-fc\theta\psi$$

$$a_{12}=\frac{\partial}{\partial h}\{dc\theta-hs\theta-fs\theta\psi\}=-s\theta$$

$$a_{13}=\frac{\partial}{\partial\psi}\{dc\theta-hs\theta-fs\theta\psi\}=-fc\theta\psi$$

$$a_{21}=\frac{\partial}{\partial\theta}\{ds\theta+hc\theta+fc\theta\psi\}=dc\theta-hs\theta-fs\theta\psi$$

$$a_{22}=\frac{\partial}{\partial h}\{ds\theta+hc\theta+fc\theta\psi\}=c\theta$$

$$a_{23}=\frac{\partial}{\partial\psi}\{ds\theta+hc\theta+fc\theta\psi\}=-fs\theta\psi$$

$$a_{31}=\frac{\partial}{\partial\theta}\{\theta+\psi\}=1$$

$$a_{32}=\frac{\partial}{\partial h}\{\theta+\psi\}=0$$

$$a_{33}=\frac{\partial}{\partial\psi}\{\theta+\psi\}=1$$

따라서

$$\dot{X}=\begin{bmatrix}-ds\theta-hc\theta-fc\theta\psi&-s\theta&-fc\theta\psi\\dc\theta-hs\theta-fs\theta\psi&c\theta&-fs\theta\psi\\1&0&1\end{bmatrix}\begin{bmatrix}\dot{\theta}\\\dot{h}\\\dot{\psi}\end{bmatrix}=J\begin{bmatrix}\dot{\Theta}_1\\\dot{\Theta}_2\\\dot{\Theta}_3\end{bmatrix}=J\dot{\Theta}_1 \qquad(8.1.6)$$

위의 식에서 Jacobian J 는 다음과 같다.

$$J = \begin{bmatrix} -ds\theta - hc\theta - fc\theta\psi & -s\theta & -fc\theta\psi \\ dc\theta - hs\theta - fs\theta\psi & c\theta & -fs\theta\psi \\ 1 & 0 & 1 \end{bmatrix} \tag{8.1.7}$$

$X(\dot{X})$의 성분들은 모두가 전부 Cartesian distances(translational velocities)가 아니며 마찬가지로 $\Theta(\dot{\Theta})$도 모두가 전부 link angles (angular velocities)가 아니다. Planar robot에서 $X_1 = \alpha$ 는 회전각도이며 $\Theta_2 = h$ 는 직선으로 이동한 거리를 나타낸다.

Planar robot의 경우, 식(8.1.7)에서

$$|J| = c\theta(-ds\theta - hc\theta - fc\theta\psi) + s\theta(fs\theta\psi) + c\theta(fc\theta\psi) + s\theta(dc\theta - hs\theta - fs\theta\psi)$$
$$= -h(s^2\theta + c^2\theta) = -h \tag{8.1.8}$$

$$\dot{\Theta} = \begin{bmatrix} \dot{\theta} \\ \dot{h} \\ \dot{\psi} \end{bmatrix} = \frac{\begin{bmatrix} c\theta & s\theta & fc\psi \\ -dc\theta + hs\theta & -ds\theta - hc\theta & -dfc\psi - hfs\psi \\ -c\theta & -s\theta & -h - fc\psi \end{bmatrix}\begin{bmatrix} \dot{p}_x \\ \dot{p}_y \\ \dot{\alpha} \end{bmatrix}}{-h}$$

$$= \frac{J^+ \dot{X}}{|J|} = J^{-1}\dot{X}_1 \tag{8.1.9}$$

따라서 식 (8.1.9)에 의해서 planar robot의 link velocities $\dot{\theta}$, $\dot{h}$, $\dot{\psi}$ 를 구할 수 있다. 물론 위 식에서 $h \neq 0$을 만족시키는 경우이다.

식(8.1.4)를 시용히는 경우 항상 $\Theta(t)$를 알아야 하고 J 가 $\Theta(t)$를 구성하는 요소들의 함수라는 것을 기억해야 한다. 다시 말하면, Inverse configuration kinematics equation은 식 (8.1.4)이 해당 link velocities

를 구하는데 사용하기 전에 link displacement values를 구해야 한다. 이를 위해서 식 (5.4.46) (5.4.47) (5.4.48)가 사용된다.

식(8.1.4)를 사용하기 위해서는 J 는 반드시 non-singular 이어야 한다. 즉 $|J| \neq 0$ 가 만족되어야 한다. Square matrix에서 Det가 0 인 경우를 singular라고 한다. 그러므로 J 가 singular matrix 인 경우 $|J| = 0$ 이 되는 link values 군으로 정의한다. 식(8.1.4)의 정의에서 만약 로봇팔의 형태가 singular set에 근접하면 J^+ 는 제한된 값을 가지는 반면에 J^{-1} 은 엄청 커진다.

이 식의 관점에서 로봇팔을 어느 Cartesian 방향으로 움직이기에 필요한 링크 속도들의 일부는 커져서 무한대에 근접한다. 즉, $|J| = 0$ 인 경우다. 이러한 극한의 경우는 움직임의 자유도가 제한되므로 degenerate configuration 상태라고 한다. 이와 같이 운동이 불가능한 특별한 Cartesian 방향을 constraint(Cartesian) directions이라고 한다.

Singular sets of link values와 관련한 constraint directions를 잘 알아야 한다. 특히 식(8.1.4)을 정리하면 다음 식이 된다.

$$|J|\dot{\Theta} = J^+ \dot{X} \tag{8.1.10}$$

따라서 any singular set of link variables를 갖는 Jacobian을 J_o 라고 하면

$$|J_o| = 0 \tag{8.1.11}$$

위 두 식에서

$$|J_o|\dot{\Theta} = 0 = J_o^+ \dot{X} \tag{8.1.12}$$

Planar robot의 경우 J^+ 는 (8.1.9)에서 구해진다. $|J| = -h = 0$ 인 경우에 link values의 모든 singular sets는 식(8.1.7)에서 $h = 0$ 를 대입한 경우이다. 따라서

$$J^+(h=0) \equiv J_o^+ = \begin{bmatrix} c\theta & s\theta & fc\psi \\ -dc\theta & -ds\theta & -dfc\psi \\ -c\theta & -s\theta & fc\psi \end{bmatrix} \qquad (8.1.13)$$

식 (8.1.6)의 관점에서 식(8.1.12)를 직접 적용하면

$$J_o^+\dot{X} = c\theta\,\dot{p}_x + s\theta\,\dot{p}_y + fc\psi\,\dot{\alpha} = 0 \qquad (8.1.14)$$

이 식에서 $\dot{X}$ 는 다음과 같다.

$$\dot{X} = \begin{bmatrix} \dot{p}_x \\ \dot{p}_y \\ \dot{\alpha} \end{bmatrix}$$

식(8.1.14)는 $h=0$ 인 Cartesian 속도벡터 $\dot{X}$ 의 구속식들이다.

(1) $\theta=0$, $\psi=90^o$ 인 경우에 (물론 h=0 포함), 식(8.1.14)는

$$\dot{p}_x = 0 \qquad (8.1.15)$$

이 식에서 x 방향으로 0이 아닌 성분을 가진 tool original motion은 사실상 불가능하다. 다른 경우는 planar robot에서처럼 오직 y 방향으로만 움직이는 것이 가능하다.

(2) Planar robot의 다른 degenerate configuration의 경우를 보자. 즉 $\theta=30^o$, $\psi=90^o$ 인 경우에 (물론 h=0 포함) 식(8.1.14)에서

$$0.866\,\dot{p}_x + 0.5\dot{p}_y = 0 \qquad (8.1.16)$$

이 경우에 planar motion은 $\dot{p}_x = -0.577\dot{p}_y$ 에서 가능하며, 다시 말하면

그리퍼의 손가락 방향에 수직인 미끄럼 방향에서만 생긴다.

(3) $\theta = 30^o$, $\psi = 45^o$ 인 경우에 (물론 h=0 포함) 식(8.1.14)에서

$$0.866\,\dot{p}_x + 5\dot{p}_y = -0.707f\dot{\alpha} \qquad (8.1.17)$$

이 경우에 각속도가 식(8.1.17)을 만족시키면 어느 방향 어느 속도 $\dot{p}_x$, $\dot{p}_y$ 로 움직임이 가능하다.

Cartesian/link velocity 관련식들을 구하는 내용을 보자. 특히 식 (8.1.1)을 미분하면 Cartesian 가속도와 link 가속도의 관계, 즉 forward acceleration kinematics relation을 구할 수 있다. 식(8.1.1)에서 $\dot{X} = J\dot{\theta}$ 이므로

$$\ddot{X} = \dot{J}\dot{\theta} + J\ddot{\theta} \qquad (8.1.18)$$
$$J\ddot{\theta} = \ddot{X} - \dot{J}\dot{\theta}$$

J 가 non-singular 이면 inverse acceleration 관계식은

$$\ddot{\theta} = J^{-1}(\ddot{X} - \dot{J}\dot{\theta}) \qquad (8.1.19)$$

$\dot{J}$ 는 Jacobian J 를 시간에 대해서 미분하여 얻을 수 있다. 우리가 처음부터 사용했던 예제인 planar robot에서의 $\dot{J}$ 는 다음과 같이 구해진다.

$$\dot{J} = \begin{bmatrix} \dot{\theta}(hs\theta - dc\theta + fs\theta\psi) - \dot{h}c\theta + \dot{\psi}fs\theta\psi & , & -\dot{\theta}c\theta & , & (\dot{\theta}+\dot{\psi})fs\theta\psi \\ \dot{\theta}(-hc\theta - ds\theta - fc\theta\psi) - \dot{h}sc\theta - \dot{\psi}fc\theta\psi & , & -\dot{\theta}sc\theta & , & -(\dot{\theta}+\dot{\psi})fc\theta\psi \\ 0 & , & 0 & , & 0 \end{bmatrix}$$

$$(8.1.20)$$

[Example 8.1.1]

식(8.1.9)으로 표시된 J^{-1}는 (8.1.7)로 나타난 planar robot 의 자코비 안의 역행렬임을 증명해라.

[Solution]

$$J = \begin{bmatrix} -ds\theta - hc\theta - fc\theta\psi, & -s\theta, & -fc\theta\psi \\ dc\theta - hs\theta - fs\theta\psi, & c\theta, & -fs\theta\psi \\ 1 & , & 0, & 1 \end{bmatrix}$$

$$J^{-1} = \begin{bmatrix} c\theta & , & s\theta & , & fc\psi \\ -dc\theta + hs\theta, & -ds\theta - hc\theta, & -dfc\psi - hfs\psi \\ -c\theta, & -s\theta, & -h - fc\psi, & 1 \end{bmatrix}$$

$$JJ^{-1} = \frac{\begin{bmatrix} a_{11}, & a_{12}, & a_{13} \\ a_{21}, & a_{22}, & a_{23} \\ a_{31}, & a_{32}, & a_{33} \end{bmatrix}}{-h}$$

$a_{11} = d(-s\theta c\theta + s\theta c\theta) + h(-c^2\theta - s^2\theta) + f(-c\theta\psi c\theta + c\theta\psi c\theta) = h^2$

$a_{12} = d(-s^2\theta + s^2\theta) + h(-s\theta c\theta + s\theta c\theta) + f(-c\theta\psi s\theta + c\theta\psi s\theta) = 0$

$a_{13} = df(-s\theta c\psi + s\theta c\psi) + hf(-c\theta c\psi + s\theta s\psi + c\theta\psi) - f^2(c\theta\psi c\psi - c\theta\psi c\psi) = 0$

$a_{21} = d(c^2\theta - c^2\theta) + h(-c\theta s\theta + s\theta c\theta) + f(-s\theta\psi c\theta + s\theta\psi c\theta) = 0$

동일한 방법에 의해서 $a_{22}, a_{23}, a_{31}, a_{32}, a_{33}$ 를 구하면 다음과 같다.

$$a_{22} = h^2, \ a_{23} = 0, \ a_{31} = 0, \ a_{32} = 0, \ a_{33} = h^2$$

따라서

$$JJ^{-1} = \begin{bmatrix} -h, & 0, & 0 \\ 0, & -h, & 0 \\ 0, & 0, & -h \end{bmatrix}/(-h) = I$$

[Example 8.1.2]

아래의 그림은 planar robot을 나타낸다. 2-D 좌표상에서 고정좌표계에서 로봇팔의 끝점을 표시하기 위해서는 p_x, p_y, α의 3개 요소가 필요하다. 이 경우에 정운동식을 구하고 각 식을 미분하여 J를 구해라.

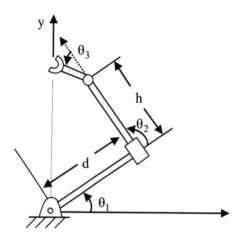

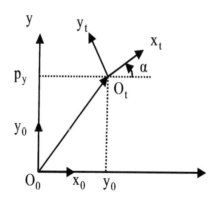

[Solution]

1) $p_x = dcos\theta_1 + hcos(\theta_1 + \theta_2)$

$p_y = dsin\theta_1 + hsin(\theta_1 + \theta_2)$

$\alpha = \theta_1 + \theta_2 + \theta_3)$

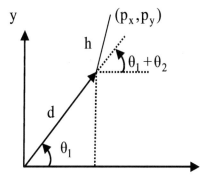

2) $J = \begin{bmatrix} -ds_1 - hs_{12} & -hs_{12} & 0 \\ dc_1 + hc_{12} & hc_{12} & 0 \\ 1 & 1 & 1 \end{bmatrix}$

3) $J^{-1} = \dfrac{\begin{bmatrix} hc_{12} & hs_{12} & 0 \\ -dc_1 - hc_{12} & ds_1 - hs_{12} & 0 \\ dc_1 & ds_1 & dhs_2 \end{bmatrix}}{dhs_2}$

$= \begin{bmatrix} \dfrac{c_{12}}{ds_2} & \dfrac{s_{12}}{ds_2} & 0 \\ \dfrac{-dc_1 - hc_{12}}{dhs_2} & \dfrac{-ds_1 - hs_{12}}{dhs_2} & 0 \\ \dfrac{c_1}{hs_2} & \dfrac{s_1}{hs_2} & 1 \end{bmatrix}$

§ 8.2 Three-Dimensional Case

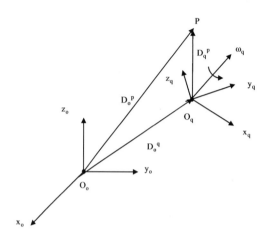

Figure 8.2.1 3-D motion

End effector configuration과 관련하여 3개의 위치성분과 3개의 회전성분이 있는 바 6-DOF이 존재한다. 이러한 경우에 Cartesian configuration 벡터 X는 6개의 성분으로 다음 식과 같이 구성된다.

$$X = \begin{bmatrix} X_1 \\ X_2 \\ X_3 \\ X_4 \\ X_5 \\ X_6 \end{bmatrix} = \begin{bmatrix} p_x \\ p_y \\ p_z \\ \phi_x \\ \phi_y \\ \phi_z \end{bmatrix} \tag{8.2.1}$$

여기서 p_x, p_y, p_z 는 {o} 좌표계에 대한 Cartesian position을 나타낸다. Orientation components of X, 즉 ϕ_x, ϕ_y, ϕ_z 는 외부에 보이게 정의되지 않지만 적절한 회전좌표변환 행렬식, R_o^t 으로 표시되며 전체는 9개 요소들로 구성된다.

Fig 8.2.1은 동역학의 내용과 같다. {p} 좌표계 상에서 D_q^p 으로 표시된 P 점의 3-D 운동을 나타낸다. {q} 좌표계 상에서 운동이 정해진 P 점을 {o} 좌표상에 표시하는 과정을 나타낸다. 그림에 표시된 바와 같이 {q} 좌표계의 각속도를 ω_q 라 하자. {o} 좌표계에 대한 P 점의 속도는 다음과 같다.

$$\frac{d(D_o^p)}{dt} = \frac{d(D_o^q)}{dt} + \omega_q \times R_o^q \, D_q^p + R_o^q \, \frac{d(D_q^p)}{dt} \qquad (8.2.2)$$

여기서 $d(D_o^q)/dt$ 는 {o} 좌표계에 대한 {q} 좌표계 원점의 속도, ω_q 는 좌표계 {q} 의 각속도, D_p^q 는 {q} 좌표계의 원점 O_q 에서 P 점까지의 displacement vector를 나타낸다.

R_o^q 는 {q} 좌표계를 {o} 좌표계로의 orientation coordinate transformation matrix를 나타낸다. 따라서 $R_o^q D_q^p$ 는 좌표계{q}에 표시된 D_q^p 의 성분을 좌표계 {o}으로 표시한 내용이다.

Motion kinematic equation을 구하기 위하여 P 점을 {q+1} 좌표계의 원점으로 하는 경우 다음 식이 성립한다.

$$\frac{d(D_o^{q+1})}{dt} = \frac{d(D_o^q)}{dt} + \omega_q \times R_o^q \, D_q^{q+1} + R_o^q \, \frac{d(D_q^{q+1})}{dt} \qquad (8.2.3)$$

따라서 식(8.2.3)은 연속되는 링크의 속도를 고정좌표계(base coordinate system)에 대해서 연속적으로 적용된다. 앞에서 운동학식들을 구한 Microbor(n=3) 또는 PUMA 560(n=6)와 같이 n개의 연속되는 회전관절을 가진 경우를 보자. 로봇팔에서 좌표계의 속도는 모든 (n) z_q축, $q = 1, 2, 3 \cdots n$, 에 대한 동시 회전운동에 의해 발생된다. 따라서 식(8.2.3)에서 마지막 항은 다음과 같다.

$$R_o^q \, \frac{d(D_q^{q+1})}{dt} = 0 \qquad (8.2.4)$$

D_q^{q+1} 는 O_q 에서 O_{q+1} 까지의 고정된 거리를 나타내므로 0가 된다. 이

경우 (8.2.3)은

$$\frac{d(D_o^{q+1})}{dt} = \frac{d(D_o^q)}{dt} + \omega_q \times R_o^q \, D_q^{q+1} \tag{8.2.5}$$

위 식에서 $q = 1$ 인 경우는

$$\frac{d(D_o^2)}{dt} = \frac{d(D_o^1)}{dt} + \omega_1 \times R_o^1 \, D_1^2 = \omega_1 \times R_o^1 D_1^2 \tag{8.2.6}$$

위 식에서 $q = 2$ 인 경우는

$$\frac{d(D_o^3)}{dt} = \frac{d(D_o^2)}{dt} + \omega_2 \times R_o^2 \, D_2^3 = \omega_1 \times R_o^1 D_1^2 + \omega_2 \times R_o^2 D_2^3 \tag{8.2.7)}$$

위의 과정들은 $q = 3, 4, \cdots t-1$ 으로 계속 반복된다. 그러므로

$$\frac{d(D_o^t)}{dt} = \omega_1 \times R_o^1 D_1^2 + \omega_2 \times R_o^2 D_2^3 + \cdots + \omega_{t-1} \times R_o^{t-1} D_{t-1}^t \tag{8.2.8}$$

여기서 D_o^t 는 지구(base)좌표계 {o}에 대한 tool position을 나타낸다.

Configuration kinematic equations을 구하기 위해 Denavit-Hartenberg procedure를 사용하는 것은 좌표계 운동과 관련된 ω_q 는 z_q 축을 중심으로 θ_q 회전한 것이다. 연속되는 좌표축의 각운동은 모든 이전 위치의 좌표축에 종속된다. 특히 연속되는 회전관절에 대해서는 $\omega_1 = \dot{\theta}_1 k_1$, $\omega_2 = \dot{\theta}_1 k_1 + \dot{\theta}_2 k_2$, $\cdots$ 와 같이 된다. 따라서 어느 좌표계 {q}의 각속노는

$$\omega_q = \sum_{r=1}^{q} \dot{\theta}_r \, k_r \tag{8.2.9}$$

여기서 k_r 은 z_r 축 방향의 단위벡터를 나타낸다. 만약 식(8.2.9)를 (8.2.8)에 넣으면 다음의 식을 구할 수 있다.

$$\frac{d(D_o^t)}{dt} = k_1\dot{\theta}_1 \times R_o^1 D_1^2 + (k_1\dot{\theta}_1 + k_2\dot{\theta}_2) \times R_o^2 D_2^3 + \cdots \qquad (8.2.10)$$

$$(k_1\dot{\theta}_1 + k_2\dot{\theta}_2 + \cdots + k_{t-1}\dot{\theta}_{t-1}) \times R_o^{t-1} D_{t-1}^t$$

위 식을 정리하면

$$\frac{d(D_o^t)}{dt} = k_1 \times (R_o^1 D_1^2 + R_o^1 D_1^2 + \cdots + R_o^{t-1} D_{t-1}^t)\dot{\theta}_1 +$$

$$k_2 \times (R_o^2 D_2^3 + R_o^3 D_3^4 + \cdots + R_o^{t-1} D_{t-1}^t)\dot{\theta}_2 + \cdots$$

$$k_{t-1} \times (R_o^{t-1} D_{t-1}^t)\dot{\theta}_{t-1} \qquad (8.2.11)$$

만약 $q < t$ 인 경우

$$D_q^t = D_q^{q+1} + R_q^{q+1} D_{q+1}^{q+2} + \cdots + R_q^{t-1} D_{t-1}^t \qquad (8.2.12)$$

따라서 다음 관계가 성립된다.

$$R_o^q D_q^t = R_o^q D_q^{q+1} + R_o^{q+1} D_{q+1}^{q+2} + \cdots + R_q^{t-1} D_{t-1}^t \qquad (8.2.13)$$

식 (8.2.13)을 (8.2.11)에 넣으면 $q = 1, 2, \cdots t-1$ 에 대하여 다음 결과를 얻을 수 있다.

$$\frac{d(D_o^t)}{dt} = (k_1 \times R_o^1 D_1^t)\dot{\theta}_1 + (k_2 \times R_o^2 D_2^t)\dot{\theta}_2 + \cdots \qquad (8.2.14)$$

$$+ (k_{t-1} \times R_o^{t-1} D_{t-1}^t)\dot{\theta}_{t-1}$$

다음 단계로 식(8.2.14)를 적용하기 위해서 모든 벡터들을 k_q 를 포함하

여 {o} 좌표계로 표시해야 한다. 하지만 {o} 좌표계의 k_q 성분들은 회전
좌표변환행렬식 R_o^q 의 3번째 열에 해당된다. 만약 R_o^q 의 3번째 열을
R_{o3}^q 이라고 하면

$$k_q = R_{o3}^q \tag{8.2.15}$$

식 (8.2.15)를 (8.2.14) 에 넣으면

$$\frac{d(D_o^t)}{dt} = (R_{03}^1 \times R_o^1 D_1^t)\dot{\theta}_1 + R_{03}^2 \times R_o^2 D_2^t)\dot{\theta}_2 + \cdots + \tag{8.2.16}$$
$$(R_{o3}^{t-1} \times R_o^{t-1} D_{t-1}^t)\dot{\theta}_{t-1}$$

식(8.2.16)에서 ×(cross product)는 단순화 시킬 수 있다. $r = 1, 2, 3$
이며 D_1^t의 r 번째 행을 D_1^{tr} 이라고 하고, R_{01}^q 를 단위벡터 I, R_{02}^q를 단
위벡터 j, R_{03}^q 를 단위벡터 k 라고 하면 $q = 1, 2, \cdots, t-1$ 에 대해서

$$R_{03}^q \times R_o^q D_q^t = R_{03}^q \times [R_{01}^q D_q^{t1} + R_{02}^q D_q^{t2} + R_{03}^q D_q^{t3}] \tag{8.2.17}$$
$$= k \times [i\, D_q^{t1} + j\, D_q^{t2} + k D_q^{t3}]$$
$$= j\, D_q^{t1} - i\, D_q^{t2} = R_{02}^q D_q^{t1} - R_{01}^q D_q^{t1}$$

식(8.2.17)을 (8.2.16)에 넣으면 다음의 결과를 얻는다.

$$\frac{d(D_0^t)}{dt} = (R_{02}^1 D_1^{t1} - R_{01}^1 D_1^{t2})\dot{\theta}_1 + (R_{02}^2 D_2^{t1} - R_{01}^2 D_2^{t2})\dot{\theta}_2 + \cdots$$

$$+ (R_{02}^{t-1} D_{t-1}^{t1} - R_{01}^{t-1} D_{t-1}^{t2})\dot{\theta}_{t-1} \tag{8.2.18}$$

이 식은 revolute manipulator의 tool origin의 속도를 링크의 각속도
$\dot{\theta}_q$와 이미 알고 있는 회전좌표변형행렬식과 변형벡터로 나타낸 것이다.

식(8.2.18)에 포함된 중요 항들을 보면

$$D_o^t = \begin{bmatrix} p_x \\ p_y \\ p_z \end{bmatrix} \qquad (8.2.19)$$

$$\frac{d(D_o^t)}{dt} = \begin{bmatrix} \dot{p}_x \\ \dot{p}_y \\ \dot{p}_z \end{bmatrix} \qquad (8.2.20)$$

식(8.2.18)에서 $\dot{\theta}_q$ 를 곱하는 항들은 Jacobian J 의 처음 3행들을 나타낸다.

$$\omega_t = \begin{bmatrix} \omega_x \\ \omega_y \\ \omega_z \end{bmatrix} = \begin{bmatrix} \dot{\phi}_x \\ \dot{\phi}_y \\ \dot{\phi}_z \end{bmatrix} = \sum_{r=1}^{t} R_{03}^r \, \dot{\theta}_r = R_{03}^1 \, \dot{\theta}_1 + R_{03}^2 \, \dot{\theta}_2 + \cdots + R_{03}^t \, \dot{\theta}_t \quad (8.2.21)$$

따라서

$$\dot{X} = \begin{bmatrix} \dot{X}_1 \\ \dot{X}_2 \\ \dot{X}_3 \\ \dot{X}_4 \\ \dot{X}_5 \\ \dot{X}_6 \end{bmatrix} = \begin{bmatrix} \dot{p}_x \\ \dot{p}_y \\ \dot{p}_z \\ \dot{\phi}_x \\ \dot{\phi}_y \\ \dot{\phi}_z \end{bmatrix} = \begin{bmatrix} \dot{p}_x \\ \dot{p}_y \\ \dot{p}_z \\ \omega_x \\ \omega_y \\ \omega_z \end{bmatrix} = J \begin{bmatrix} \dot{\Theta}_1 \\ \dot{\Theta}_2 \\ \vdots \\ \dot{\Theta}_n \end{bmatrix} = J\dot{\Theta} \qquad (8.2.22)$$

이 식의 Jacobian J 는 다음과 같다.

$$J = \begin{bmatrix} R_{02}^1 D_1^{t1} - R_{01}^1 D_1^{t2}, & R_{02}^2 D_2^{t1} - R_{01}^2 D_2^{t2}, & \cdots & R_{02}^{t-1} D_{t-1}^{t1} - R_{01}^{t-1} D_{t-1}^{t2}, & 0 \\ R_{03}^1 & , & R_{03}^2 & , \cdots & R_{03}^{t-1} & , R_{03}^t \end{bmatrix}$$

$$(8.2.23)$$

(8.2.23)에서 J 의 처음 3행은 위치를 나타내고 나머지 3행은 회전을 나타낸다.

Fig 5.3.4의 **Microbot**에서 정운동학과 역운동학의 내용을 다루었으며 이와 관련된 식들을 자세히 유도하였다. 이 경우의 Jacobian J 를 식 (8.2.23)를 이용하여 구해보자. 이 경우 t=4 이므로 이미 구해진 T_o^1, T_1^2, T_2^3, T_3^4 를 적용하여 구한다. 식(5.3.9)~(5.3.12)에서 다음을 구할 수 있다.

$$R_o^1 = \begin{bmatrix} c_1 & -s_1 & 0 \\ s_1 & c_1 & 0 \\ 0 & 0 & 1 \end{bmatrix} \tag{8.2.24}$$

$$R_{o3}^1 = \begin{bmatrix} 0 \\ 0 \\ 1 \end{bmatrix} \tag{8.2.25}$$

마찬가지로

$$R_o^2 = R_o^1 R_1^2 = \begin{bmatrix} c_1 c_2 & -c_1 s_2 & s_1 \\ s_1 c_2 & -s_1 s_2 & -c_1 \\ s_2 & c_2 & 0 \end{bmatrix} \tag{8.2.26}$$

$$R_{o3}^2 = \begin{bmatrix} s_1 \\ -c_1 \\ 0 \end{bmatrix} \tag{8.2.27}$$

같은 방법으로

$$R_o^3 = R_o^2 R_2^3 = \begin{bmatrix} c_1 c_{23} & -c_1 s_{23} & s_1 \\ s_1 c_{23} & -s_1 s_{23} & -c_1 \\ s_{23} & c_{23} & 0 \end{bmatrix} \tag{8.2.28}$$

$$R_{o3}^3 = \begin{bmatrix} s_1 \\ -c_1 \\ 0 \end{bmatrix} \tag{8.2.29}$$

다음에 적용되는 사항들은 이미 5장에서 배운 다음의 내용들이다. 다음 식들의 내용을 보자. 5장의 식(5.3.6)에서

$$T_o^n = \begin{bmatrix} & R_o^n & & D_o^n \\ 0 & 0 & 0 & 1 \end{bmatrix} \tag{8.2.30}$$

식(5.3.8) 에서

$$T_{i-1}^i = \begin{bmatrix} & R_{i-1}^i & & D_{i-1}^i \\ 0 & 0 & 0 & 1 \end{bmatrix} \tag{8.2.31}$$

이 식에 i=4를 대입하면

$$T_3^4 = \begin{bmatrix} & R_3^4 & & D_3^4 \\ 0 & 0 & 0 & 1 \end{bmatrix} = \begin{bmatrix} 1 & 0 & 0 & f \\ 0 & 1 & 0 & 0 \\ 0 & 0 & 1 & 0 \\ 0 & 0 & 0 & 1 \end{bmatrix} \tag{8.2.32}$$

따라서

$$D_3^4 = \begin{bmatrix} f \\ o \\ o \end{bmatrix} \tag{8.2.33}$$

(5.3.14)에서

$$D_q^r = D_q^k + R_q^k D_k^r \tag{8.2.34}$$

$r = 4, q = 2$ 인 경우

$$D_2^4 = D_2^3 + R_2^3 D_3^4 = \begin{bmatrix} e \\ 0 \\ 0 \end{bmatrix} + \begin{bmatrix} c_3 & -s_3 & 0 \\ s_3 & c_3 & 0 \\ 0 & 0 & 1 \end{bmatrix} \begin{bmatrix} f \\ 0 \\ 0 \end{bmatrix} = \begin{bmatrix} e + fc_3 \\ fs_3 \\ 0 \end{bmatrix} \tag{8.2.35}$$

$r = 4, q = 1$ 인 경우

$$D_1^4 = D_1^k + R_1^k D_k^4 = D_1^2 + R_1^2 D_2^4 = \begin{bmatrix} 0 \\ 0 \\ 0 \end{bmatrix} + \begin{bmatrix} c_2 & -s_2 & 0 \\ 0 & 0 & -1 \\ s_2 & c_2 & 0 \end{bmatrix} \begin{bmatrix} e + fc_3 \\ fs_3 \\ 0 \end{bmatrix}$$

$$= \begin{bmatrix} ec_2 + fc_2c_3 - fs_2s_3 \\ 0 \\ es_2 + fs_2c_3 + fc_2s_3 \end{bmatrix} = \begin{bmatrix} ec_2 + fc_{23} \\ 0 \\ es_2 + fs_{23} \end{bmatrix} \qquad (8.2.36)$$

지금까지 식(8.2.24)에서 (8.2.36)까지 유도된 식들을 Jacobian J 를 구하는 식 (8.2.23)에 대입해야 한다.

$$R_{02}^1 \, D_1^{41} - R_{01}^1 \, D_1^{42} = \begin{bmatrix} -s_1 \\ c_1 \\ 0 \end{bmatrix} (ec_2 + fc_{23}) - \begin{bmatrix} c_1 \\ s_1 \\ 0 \end{bmatrix} (0)$$

$$= \begin{bmatrix} -s_1(ec_2 + fc_{23}) \\ c_1(ec_2 + fc_{23}) \\ 0 \end{bmatrix} \qquad (8.2.37)$$

그리고

$$R_{02}^2 \, D_2^{41} - R_{01}^2 \, D_2^{42} = \begin{bmatrix} -c_1s_2 \\ s_1s_2 \\ c_2 \end{bmatrix} (e + fc_3) - \begin{bmatrix} c_1c_2 \\ s_1c_2 \\ s_2 \end{bmatrix} (fs_3)$$

$$= \begin{bmatrix} -c_1(es_2 + fs_{23}) \\ -s_1(es_2 + fs_{23}) \\ ec_2 + fc_{23} \end{bmatrix} \qquad (8.2.38)$$

같은 방법으로 다음의 식을 얻을 수 있다.

$$R_{02}^3 \, D_3^{31} - R_{01}^3 \, D_3^{42} = \begin{bmatrix} -fc_1s_{23} \\ -fs_1s_{23} \\ fc_{23} \end{bmatrix} \qquad (8.2.39)$$

위의 결과들을 식(8.2.23)에 넣으면 다음의 Jacobian J 가 구해진다.

$$J = \begin{bmatrix} -s_1(ec_2 + fc_{23}) & -c_1(es_2 + fs_{23}) & -fc_1s_{23} \\ c_1(ec_2 + fc_{23}) & -s_1(es_2 + fs_{23}) & -fs_2s_{23} \\ 0 & ec_2 + fc_{23} & fc_{23} \\ 0 & s_1 & s_1 \\ 0 & -c_1 & -c_1 \\ 1 & 0 & 0 \end{bmatrix} \tag{8.2.40}$$

식(8.2.23)의 Jacobian J 에서 4번째 열, 즉 $\begin{bmatrix} 0 & R_{03}^4 \end{bmatrix}^T$ 는 생략되었다. 왜냐하면 4번째 링크는 $\dot{\theta}_4 = 0$ 으로 움직일 수 없기 때문이다.

Jacobian J 의 처음 3열은 로봇팔 위치를 나타내는 식을 미분하여 구할 수 있다. 예를 들면 Microbot 의 경우 식(5.4.26)에서

$$p_x = ec_1c_2 + fc_1c_{23} \tag{8.2.41}$$

따라서 위 식을 미분하면

$$\dot{p}_x = e(-s_1)\dot{\theta}_1c_2 - ec_1s_2\dot{\theta}_2 - fs_1c_{23}\dot{\theta}_1 - fc_1s_{23}\dot{\theta}_2 - fc_1s_{23}\dot{\theta}_3 \tag{8.2.42}$$

$$= -s_1(ec_2 + fc_{23})\dot{\theta}_1 - c_1(e + fs_{23})\dot{\theta}_2 - fc_1s_{23}\dot{\theta}_3$$

이 식은 (8.2.40)의 Jacobian J의 처음 행과 같다. 마찬가지로 (5.4.27) (5.4.28)의 $\dot{p}_y, \dot{p}_z$ 의 경우도 같은 결과를 얻을 수 있다. 즉 p_x, p_y, p_z 를 직접 미분하여 Jacobian J 를 구하는 것이 (8.2.23)을 적용하여 구하는 것보다 훨씬 쉬운 방법이다.

따라서 미분에 의한 방식이 positional Jacobian을 구하는 추천하는 방식이지만 대안으로 식 (8.2.23)을 사용하는 방법이 효과적인 경우도 있다. 즉 힘과 모멘트의 관계식의 경우에는 Jacobian J 는 (8.2.23)의 방식이 적용된다.

3개의 DOF를 고려하는 경우에 3개의 선형속도는 3개의 각속도는 J 의 위치를 나타내는 행과 관련이 있다. 즉, 위치를 나타내는 Jacobian J_p 와 다음의 관련이 있다.

위의 식에서 Jacobian J 는 다음과 같다.

$$\dot{X} = \begin{bmatrix} \dot{X}_1 \\ \dot{X}_2 \\ \dot{X}_3 \\ \dot{X}_4 \\ \dot{X}_5 \\ \dot{X}_6 \end{bmatrix} = \begin{bmatrix} \dot{p}_x \\ \dot{p}_y \\ \dot{p}_z \\ \dot{\phi}_x \\ \dot{\phi}_y \\ \dot{\phi}_z \end{bmatrix} = \begin{bmatrix} \dot{p}_x \\ \dot{p}_y \\ \dot{p}_z \\ \omega_x \\ \omega_y \\ \omega_z \end{bmatrix} = J \begin{bmatrix} \dot{\Theta}_1 \\ \dot{\Theta}_2 \\ \vdots \\ \dot{\Theta}_n \end{bmatrix} = J\dot{\Theta}$$

따라서

$$\begin{bmatrix} \dot{p}_x \\ \dot{p}_y \\ \dot{p}_z \end{bmatrix} = J_p \begin{bmatrix} \dot{\Theta}_1 \\ \dot{\Theta}_2 \\ \vdots \\ \dot{\Theta}_n \end{bmatrix} = J_p \begin{bmatrix} \dot{\theta}_1 \\ \dot{\theta}_2 \\ \dot{\theta}_3 \end{bmatrix} \tag{8.2.43}$$

Jacobian J_p 는 다음과 같다.

$$Jp = \begin{bmatrix} -s_1(ec_2 + fc_{23}) & -c_1(es_2 + fs_{23}) & -fc_1s_{23} \\ c_1(ec_2 + fc_{23}) & -s_1(es_2 + fs_{23}) & -fs_2s_{23} \\ 0 & ec_2 + fc_{23} & fc_{23} \end{bmatrix} \tag{8.2.44}$$

$$|J_p| = -efs_3(ec_2 + fc_{23}) \tag{8.2.45}$$

이 식의 경우 3×3 square matrix 이므로 degenerate position을 구할 수 있다.

$$Jp^{-1} = \frac{Jp^+}{|J_p|}$$

$$= \frac{\begin{bmatrix} efs_1s_3 + fc_{23}) & -ec_1s_3 & 0 \\ -fc_1c_{23}(ec_2 + fc_{23}) & -fs_1c_{23}(ec_2 + fc_{23}) & -fs_{23}(ec_2 + fc_{23}) \\ c_1(ec_2 + fc_{23})^2 & s_1(ec_2 + fc_{23})^2 & (ec_2 + fc_{23})(es_2 + fs_{23}) \end{bmatrix}}{-efs_3(ec_2 + fc_{23})}$$

위 식을 계산하고 정리하면 다음의 결과식을 얻는다.

$$J_p^{-1} = \begin{bmatrix} \dfrac{-s_1}{ec_2 + fc_{23}} & \dfrac{c_1}{ec_2 + fc_{23}} & 0 \\[3mm] \dfrac{s_1 c_{23}}{es_3} & \dfrac{s_1 c_{23}}{es_3} & \dfrac{s_{23}}{es_3} \\[3mm] \dfrac{-c_1(ec_2 + fc_{23})}{efs_3} & \dfrac{-s_1(ec_2 + fc_{23})}{efs_3} & \dfrac{-es_2 - fs_{23})}{efs_3} \end{bmatrix}$$

(8.2.47)

식(8.2.46)에서 $|J_p| = 0$ 를 만드는 경우 positional singular sets를 만든다. 따라서 다음의 경우이다.

$$\sin\theta_3 = 0 \quad \text{or} \quad \theta_3 = 0$$

(8.2.48)

실제로 θ_3 는 $\pm 180^o$ 에 도달이 불가능하다. 그리고 또 다른 경우는

$$e\cos\theta_2 + f\cos(\theta_2 + \theta_3) = 0$$

(8.2.49)

[Example 8.2.1]
식(5.3.18)~(5.3.22)를 사용하여 (8.2.38)의 식을 증명해라.

[Solution]
식(5.3.18)~(5.3.22)에서

$$T_0^1 = \begin{bmatrix} \cos\theta_1 & -\sin\theta_1 & 0 & 0 \\ \sin\theta_1 & \cos\theta_1 & 0 & 0 \\ 0 & 0 & 1 & h \\ 0 & 0 & 0 & 1 \end{bmatrix}$$

$$T_1^2 = \begin{bmatrix} \cos\theta_2 & -\sin\theta_2 & 0 & 0 \\ 0 & 0 & -1 & 0 \\ \sin\theta_2 & \cos\theta_2 & 0 & 0 \\ 0 & 0 & 0 & 1 \end{bmatrix}$$

$$T_2^3 = \begin{bmatrix} \cos\theta_3 & -\sin\theta_3 & 0 & e \\ \sin\theta_3 & \cos\theta_3 & 0 & 0 \\ 0 & 0 & 1 & 0 \\ 0 & 0 & 0 & 1 \end{bmatrix}$$

$$T_3^4 = \begin{bmatrix} 1 & 0 & 0 & f \\ 0 & 1 & 0 & 0 \\ 0 & 0 & 1 & 0 \\ 0 & 0 & 0 & 1 \end{bmatrix}$$

$$R_0^2 = R_0^1 R_1^2 = \begin{bmatrix} c_1c_2 & -c_1s_2 & s_1 \\ s_1c_2 & -s_1s_2 & -c_1 \\ s_2 & c_2 & 0 \end{bmatrix} \qquad D_2^4 = \begin{bmatrix} e+fc_3 \\ fs_3 \\ 0 \end{bmatrix}$$

$$R_{02}^2 D_2^{41} - R_{01}^2 R_2^{42} = \begin{bmatrix} -c_1s_2 \\ -s_1s_2 \\ c_2 \end{bmatrix}(e+fc_3) - \begin{bmatrix} c_1c_2 \\ s_1c_2 \\ sc_2 \end{bmatrix}fs_3$$

$$= \begin{bmatrix} -c_1(es_2 + fs_2c_3 + fc_2s_3) \\ -s_1(es_2 + fs_2c_3 + fc_2s_3) \\ ec_2 + f(c_2c_3 - s_2s_3) \end{bmatrix}$$

$$R_{02}^2 D_2^{41} - R_{01}^2 R_2^{42} = \begin{bmatrix} -c_1(es_2 + fs_{23}) \\ -s_1(es_2 + fs_{23}) \\ ec_2 + fc_{23} \end{bmatrix}$$

계산한 이 식의 결과는 식(8.2.38)과 같다.

[Example 8.2.2]
식(8.2.44)로 주어진 J_p 의 Det 는 (8.2.45)가 됨을 증명해라.

[Solution]
식(8.2.44) 의 J_p 는

$$J_p = \begin{bmatrix} -s_1(ec_2+fc_{23}) & -c_1(es_2+fs_{23}) & -fc_1s_{23} \\ c_1(ec_2+fc_{23}) & -s_1(es_2+fs_{23}) & -fs_1s_{23} \\ 0 & ec_2+fc_{23} & fc_{23} \end{bmatrix}$$

$$\begin{aligned}
|J_p| &= fs_1^2c_{23}(ec_2+fc_{23})(fs_{23}+es_2) - fc_1^2s_{23}(ec_2+fc_{23})^2 \\
&\quad - fs_1^2s_{23}(ec_2+fc_{23})^2 + fc_1^2c_{23}(ec_2+fc_{23})(es_2+fs_{23}) \\
&= fc_{23}(ec_2+fc_{23})(fs_{23}+es_2) - fs_{23}(ec_2+fc_{23})^2 \\
&= f(ec_2+fc_{23})(es_2c_{23}+fs_{23}c_{23}-ec_2s_{23}-fs_{23}c_{23}) \\
&= f(ec_2+fc_{23})(-es_3)
\end{aligned}$$

[Example 8.2.3]
식(8.2.44)로 주어진 J_p 의 J_p^{-1}를 구해라. 근은 (8.2.46)과 같아야 한다.

[Solution]
식(8.2.44) 의 J_p 는

$$\begin{aligned}
(J^+)_{11} &= -fs_1c_{23}(fs_{23}+es_2) + fs_1s_{23}(ec_2+fc_{23}) \\
&= efs_1(-s_2c_{23}+c_2s_{23}) \\
&= efs_1s_3
\end{aligned}$$

$$\begin{aligned}
(J^+)_{12} &= fc_1c_{23}(fs_{23}+es_2) - fc_1s_{23}(ec_2+fc_{23}) \\
&= -efc_1(-s_2c_{23}+c_2s_{23}) \\
&= -efc_1s_3
\end{aligned}$$

$$(J^+)_{13} = fc_1 s_1 s_{23}(fs_{23} + es_2) - fc_1 s_1 s_{23}(fs_{23} + es_2)$$

$$= 0$$

$$(J^+)_{11} = -fs_1 c_{23}(fs_{23} + es_2) + fs_1 s_{23}(ec_2 + fc_{23})$$

$$= efs_1(-s_2 c_{23} + c_2 s_{23})$$

$$= efs_1 s_3$$

$$(J^+)_{21} = -fc_1 c_{23}(ec_2 + fc_{23})$$

$$(J^+)_{22} = -fs_1 c_{23}(ec_2 + fc_{23})$$

$$(J^+)_{23} = -fs_1^2 s_{23}(ec_2 + fc_{23}) - fc_1^2 s_{23}(ec_2 + fc_{23})$$

$$= -fs_{23}(ec_2 + fc_{23})$$

$$(J^+)_{31} = c_1(ec_2 + fc_{23})^2$$

$$(J^+)_{32} = s_1(ec_2 + fc_{23})^2$$

$$(J^+)_{33} = s_1^2(ec_2 + fc_{23})(es_2 + fs_{23}) + c_1^2(ec_2 + fc_{23})(es_2 + fs_{23})$$

$$= -(ec_2 + fc_{23})(es_2 + fs_{23})$$

[Example 8.2.4]

식(8.2.23)을 사용하여 PUMA560 robot의 J_p 를 구해라.

[Solution]

식(8.2.23)에서 J_p 다음과 같다.

$$J_p = \left[R_{02}^1 D_1^{41} - R_{01}^1 D_1^{42}, \ R_{02}^2 D_2^{41} - R_{01}^2 D_2^{42}, \ R_{02}^3 D_3^{41} - R_{01}^3 D_3^{42} \right] \tag{1}$$

$$R_0^1 = \begin{bmatrix} c_1 & -s_1 & 0 \\ s_1 & c_1 & 0 \\ 0 & 0 & 1 \end{bmatrix}$$

$$R_0^2 = \begin{bmatrix} c_1 c_2 & -c_1 s_2 & -s_1 \\ s_1 c_2 & -s_1 s_2 & c_1 \\ 0 & 0 & 1 \end{bmatrix}$$

$$R_0^2 = \begin{bmatrix} c_1 c_{23} & -c_1 s_{23} \\ s_1 c_{23} & -s_1 s_{23} \\ -s_{23} & -c_{23} \end{bmatrix}$$

$$D_3^4 = \begin{bmatrix} 0 \\ f \\ 0 \end{bmatrix} \qquad D_0^2 = R_2^3 D_3^4 + D_2^3 = \begin{bmatrix} -f s_3 \\ f c_3 \\ 0 \end{bmatrix} + \begin{bmatrix} e \\ 0 \\ g \end{bmatrix} = \begin{bmatrix} e - f s_3 \\ f c_3 \\ g \end{bmatrix}$$

$$D_1^4 = R_1^2 D_2^4 + D_1^2 = \begin{bmatrix} c_2 & -s_2 & 0 \\ 0 & 0 & 1 \\ -s_2 & -c_2 & 0 \end{bmatrix} \begin{bmatrix} e - f s_3 \\ f c_3 \\ g \end{bmatrix} + \begin{bmatrix} 0 \\ 0 \\ 0 \end{bmatrix} = \begin{bmatrix} e c_2 - f s_{23} \\ g \\ e s_2 - f c_{23} \end{bmatrix}$$

$$R_{02}^1 D_1^{41} - R_{01}^1 D_1^{42} = \begin{bmatrix} -s_1 \\ c_1 \\ 0 \end{bmatrix} (e c_2 - f s_{23}) - \begin{bmatrix} c_1 \\ s_1 \\ 0 \end{bmatrix} g \qquad (2)$$

$$= \begin{bmatrix} f s_1 s_{23} - e s_1 c_2 - g c_1 \\ -f c_1 s_{23} + e c_1 c_2 - g s_1 \\ 0 \end{bmatrix}$$

$$R_{02}^2 D_2^{41} - R_{01}^2 D_2^{42} = \begin{bmatrix} -c_1 s_2 \\ -s_1 s_2 \\ -c_2 \end{bmatrix} (e - f s_3) - \begin{bmatrix} c_1 c_2 \\ s_1 c_2 \\ -s_2 \end{bmatrix} (f c_3)$$

$$= \begin{bmatrix} -f c_1 c_{23} - e c_1 s_2 \\ -f s_1 c_{23} - e s_1 s_2 \\ f s_{23} - e c_2 \end{bmatrix} \qquad (3)$$

$$R_{02}^3 D_3^{41} - R_{01}^3 D_3^{42} = \begin{bmatrix} -c_1 s_{23} \\ -s_1 s_{23} \\ -c_{23} \end{bmatrix} (0) - \begin{bmatrix} c_1 c_{23} \\ s_1 c_{23} \\ -s_{23} \end{bmatrix} (f) = \begin{bmatrix} -f c_1 c_{23} \\ -f s_1 c_{23} \\ -f s_{23} \end{bmatrix} \qquad (4)$$

(2) (3) (4) 의 결과를 (1)에 넣으면 J_p 가 된다.

§ 8.3 결론

본 장에서는 Jacobian J 를 유도하였다. 아울러서 5장에서의 정운동학과 역운동학에서 유도한 식들을 사용하여 J 를 구했으며 아울러서 주어진 링크가 도달할 수 없는 singular points들을 구했다. 이와 관련된 사항들은 다음 단계에서 다루어져야 할 사항들이므로 본서에서는 다루지 않는다. 하지만 로봇공학에서 가장 중요한 사항은 이미 5장과 6장에서 상세히 다루었으며 이들을 근거로 하여 동역학, 제어공학 등을 추가하면 로봇공학의 거의 모든 사항들이 쉽게 해결될 것이다.

J 는 행렬식으로 여러 요소들을 포함하고 있다. 본서에서 공부한 내용들은 로봇공학의 가장 중요한 기본사항으로 꼭 이해해야 할 내용들이다. Jacobian J 는 어느 로봇시스템의 제어를 위해 요구되는 항목이다. 특히, 많은 논문들에서 로봇의 식을 해석할 때 널리 사용된다. 그리고 이를 위해서는 행렬식의 특성들을 잘 알아야 한다.

다음 단계의 배워야 할 내용들은 로봇에 작용하는 힘과 모멘트, motion trajectory, Dynamics, motion control 등이다. 본서에서는 이들을 배우기 위한 기본적 내용들을 다루었다.

[Reference]

1. Wolovich, W. A., *Robotics: Basic Analysis and Design*, CBS College Publishing. New York, NY, 1986.

주어진 삼각함수의 근

$\cos\theta = b$ $\qquad\qquad \theta = \tan^{-1}2\left\{\dfrac{\pm\sqrt{1-b^2}}{b}\right\}, \qquad \theta \text{ and } -\theta$

$\sin\theta = a$ $\qquad\qquad \theta = \tan^{-1}2\left\{\dfrac{a}{\pm\sqrt{1-a^2}}\right\}, \qquad \theta \text{ and } (180^o - \theta)$

$\begin{aligned}\sin\theta &= a\\ \cos\theta &= b\end{aligned}$ $\qquad\qquad \theta = \tan^{-1}2\left\{\dfrac{a}{b}\right\}$

$a\cos\theta - b\sin\theta = 0$ $\qquad \theta = \tan^{-1}2\left\{\dfrac{a}{b}\right\} \text{ and}$

$\qquad\qquad\qquad\qquad\qquad \tan^{-1}2\left\{\dfrac{-a}{-b}\right\}, \qquad\qquad \theta \text{ and } \theta \pm 180^o$

$\begin{aligned}\sin\theta\ \sin\psi &= a\\ \cos\theta\ \sin\psi &= b\end{aligned}$ $\qquad \theta = \tan^{-1}2\left\{\dfrac{a}{b}\right\} \text{ and}$

$\qquad\qquad\qquad\qquad\qquad \tan^{-1}2\left\{\dfrac{-a}{-b}\right\}, \qquad \text{or} \qquad \theta \pm 180^o$

Also if $\cos\psi = c$ $\qquad \psi = \tan^{-1}2\left\{\dfrac{\sqrt{a^2+b^2}}{c}\right\} \text{ and}$

$\qquad\qquad\qquad\qquad\qquad \tan^{-1}2\left\{\dfrac{-\sqrt{a^2+b^2}}{c}\right\}, \qquad \text{or} \qquad -\psi$

$\begin{aligned}a\cos\theta - b\sin\theta &= c\\ a\sin\theta + b\cos\theta &= d\end{aligned}$ $\qquad \theta = \tan^{-1}2\left\{\dfrac{ad-bc}{ac+bd}\right\}$

$\qquad\qquad\qquad\qquad\qquad\quad a^2 + b^2 = c^2 + d^2$

Index

바이오로보틱스
Biorobotics

초판 1쇄 인쇄일 2024년 02월 13일
초판 1쇄 발행일 2024년 02월 20일
지은이 박성호
만든이 이정옥
만든곳 평민사
서울시 은평구 수색로 340 〈202호〉
전화 : 02) 375-8571
팩스 : 02) 375-8573
http://blog.naver.com/pyung1976
이메일 pyung1976@naver.com
등록번호 25100-2015-000102호
ISBN 978-89-7115-838-8 93550
정 가 33,000원